Das Apolloprogramm 1

Saturn Trägerraketen

Abbildung 1: Dieses Buch ist den Verdiensten von Wernher von Braun für die Raumfahrt und dem Apolloprogramm gewidmet

Das Apolloprogramm 1

Saturn Trägerraketen

Bibliografische Information der Deutschen Nationalbibliothek.
Die Deutsche Nationalbibliothek verzeichnet diese Publikation in der Deutschen Nationalbibliografie; detaillierte bibliografische Daten sind im Internet über http://dnb.d-nb.de abrufbar.

Edition Raumfahrt kompakt

http://www.raumfahrtbuecher.de
Herstellung und Verlag: Books on Demand GmbH, Norderstedt
ISBN-13: 978-3-73920-380-5

Inhaltsverzeichnis

Vorwort.......7
Einführung.......9
Wie funktioniert ein Triebwerk?.......19
Saturn I.......49
Die erste Stufe S-I.......53
Das H-1 Triebwerk.......58
Die zweite Stufe S-IV.......65
Das Triebwerk RL10.......69
Internal Unit IU.......77
Kameras.......81
Einsatzgeschichte.......85
Start einer Saturn I.......87
Saturn IB.......93
Die erste Stufe S-IB.......95
Die zweite Stufe S-IVB.......98
Das Triebwerk J-2.......110
Internal Unit (IU).......119
Geschichtliche Bedeutung und Einsatz.......130
Start der Saturn IB.......131
Saturn IB Centaur.......139
Saturn V.......143
Die erste Stufe S-1C.......149
Das F-1 Triebwerk.......165
Die zweite Stufe S-II.......179
Die dritte Stufe S-IVB.......198
Daten der Saturn V Starts.......202
Saturn C-8 / Nova.......211
Startvorbereitungen und Start.......217
Abbruchmodi.......225
Startanlagen.......228
Nie gebaute Saturn V Varianten.......232
Das F-1A.......233

Das J-2S....236
Feststoffbooster als Startunterstützung....239
Nukleare Oberstufen....241
Kleine Saturns....244
Reserven reduzieren....245
Die Saturn – 50 Jahre danach....247
Die Starts der Saturn....252
Starts der Saturn IB....270
Starts der Saturn V....285
N-1....307
Entwicklung....308
Triebwerke....312
Aufbau....317
Testflüge....339
Das Ende der N-1....345
Datenlage....348
N1-F....352
Zusammenfassung....362
Quellen....365
Weiterführende Literatur....368
Abkürzungsverzeichnis....372

Vorwort

Das Apolloprogramm ist ein Meilenstein der bemannten Raumfahrt. Nicht nur, weil seitdem niemand mehr auf dem Mond gelandet ist. Es wurde in einer heute unvorstellbar kurzer Zeit – acht Jahre lagen zwischen Kennedys Mondrede und der Landung von Apollo 11 – durchgeführt. In den sieben Jahren, bis zur Einstellung von Bushs Mondprogramm „Constellation", konnte nicht mal die Entwicklung abgeschlossen werden. Zudem demonstrierte die NASA bei Apollo 13, dass sie unter Zeitdruck fähig ist, eine Besatzung mit einem nahezu unbewohnbaren Kommandomodul aus 300.000 km Entfernung zu retten. Diese Leistung stufe ich persönlich höher ein, als die Landung auf dem Mond.

Ich habe mich schwer getan mit einem Buch über das Apolloprogramm. Das liegt daran, dass ich mich primär für die Technik interessiere. Doch die meisten Bücher und Filme über Apollo handeln von der Geschichte, dem Projekt, den Missionen oder den Menschen. Auf der anderen Seite gibt es im deutschsprachigen Raum keine Bücher, welche die Technik des Apollo-Programms tiefergehend erklären. Ich will mit diesem Buch über die Saturn zumindest eine Lücke schließen. In den Literaturhinweisen finden sie Verweise auf weitere Bücher, die sich mehr mit den Missionen, der Geschichte und dem Gesamtprogramm beschäftigen.

Ich habe mich auf die Technik der Saturn beschränkt: Natürlich ist dies nicht alles. Im Apolloprogramm wurden enorme Summen in das Bodensegment investiert. Die Startrampen 39A/B werden bis heute benutzt, ebenso das VAB und der Crawler für den Transport. Das gilt auch für die Teststände der Triebwerke. Dies alles würde ein weiteres Buch füllen, ebenso die Projektgeschichte, über die es zahlreiche Bücher der NASA gibt.

Selbst bei der Hardware musste ich Schwerpunkte setzen. Es gibt von der NASA enorm viel Literatur zum Apolloprogramm. Ich habe mich auf das beschränkt, was ich für technisch interessant hielt. Das sind bei Raketen die Triebwerke. Dagegen habe ich (für mich) „langweilige" Dinge wie Strukturen, Tanks, Ventile, Leitungen, Antennen, Sender usw. relativ kurz beschrieben.

Ich habe mich in diesem Buch auf das konzentriert, was ich meistens nicht in anderen Büchern fand: eine genaue Beschreibung der Technik. Mit den dazugehörigen Fakten und Zahlen, die bei vielen Autoren keine Rolle spielen.

Zahlen habe ich, sofern es mehr als einige wenige Werte waren, in Tabellen zusammengefasst, die man beim Lesen überspringen kann, beim Nachschlagen aber leicht findet. Da das Buch sowohl in einem Rutsch wie auch kapitelweise lesbar sein soll, ließen sich Wiederholungen nicht vermeiden. Sie dienen der Bekämpfung des RDS (siehe S. 378).

Da sich dieses Buch nur mit den Trägerraketen beschäftigt, habe ich es um ein Kapitel ergänzt, in dem das russische Gegenstück, die N-1, beschrieben wird. Es folgen noch Band 2 über die Raumschiffe (CSM und LM) und Band 3 über Mondauto, Anzug, Experimente und die Little Joe.

Viele der Zahlenwerte sind so krumm, dass man an eine genaue technische Auslegung glauben möchte. Doch dem ist nicht so. Diese Werte entstehen durch Umrechnung der Originalwerte im „imperialen" Einheitensystem in metrische Einheiten. So hatten die F-1 einen Nennschub von 1,5 Millionen Pfund, was 6.672 kN entspricht. Der Durchmesser der S-IC betrug 10,01 m, was in den USA 33 Fuß entspricht. Ich habe daher beim ersten Erwähnen eines Wertes in Klammern den Wert in US-Einheiten angegeben. Interessanterweise findet man in dem von ehemaligen deutschen Raketenwissenschaftlern geführten MSFC in den Dokumenten vorwiegend metrische Einheiten. Bei den Dokumenten der US-Industrie werden durchgehend die imperialen Einheiten verwendet. Dabei war schon damals in den USA in Wissenschaft und Technik das metrische System gesetzlich vorgeschrieben.

Dieses Einheitenwirrwar existiert bis heute und führte 1998 zum spektakulären Verlust des Mars Climate Orbiters, als bei der Korrektur von Kursabweichungen das JPL mit Newton, die von Lockheed-Martin erstellte Software aber mit „Pounds of Force" rechnete.

Ostfildern im März 2019 Bernd Leitenberger

Einführung

Die Saturn-Trägerraketen sind einzigartig im Arsenal der US-Träger. Keine andere Raketenfamilie war so erfolgreich (kein einziger Fehlstart) und keine andere Schwerlastrakete wurde in ähnlich kurzer Zeit entwickelt. Alle Saturn wurden von Wernher von Braun entworfen. Die Entwicklung fand im Marshall Raumfahrtzentrum (**M**arshall **S**pace **F**light **C**enter, MSFC) in Huntsville, Alabama statt. Zum Höhepunkt des Apollo-Programms, 1965/66 arbeiteten im MSFC 7.500 Personen. Ein großer Teil der Führungspositionen war mit Deutschen besetzt. 225.000 Personen waren insgesamt in irgendeiner Weise mit Entwicklung und Bau der Saturn V beschäftigt. Zur Spitzenzeit gingen von den 1,8 Milliarden Dollar des Jahresetats des MSFC 90 Prozent an die Industrie weiter.

Die Entwicklung der Saturn begann bereits vor Kennedys „Mondrede". Allerdings gab es zu diesem Zeitpunkt für die Saturn IB und V nur Studien. Das Apolloprogramm erscheint heute als ein Programm, in Wirklichkeit begannen die Entwicklungen zu unterschiedlichen Zeitpunkten:

- Der Vorschlag für die Saturn I taucht erstmals im Dezember 1957 auf, nur wenige Monate nach dem Start von Sputnik 1 und vor dem Start des ersten US-Satelliten. Zwei Jahre später, am 15.12.1959, wurde ihre Entwicklung offiziell beschlossen. Zuerst nur die der ersten Stufe, am 26.4.1960 auch die Entwicklung der zweiten Stufe.

- Die Einwicklung der Saturn IB wurde am 31.3.1961 beschlossen.

- Die Ausschreibung für das CSM wurde am 12.9.1960 veröffentlicht, damals noch für Erdorbitmissionen und einem geplanten Start auf der Saturn I. Der Vorvertrag mit North American wurde am 12.12.1961 abgeschlossen.

- Die Konzeption der Saturn V wurde im August 1962 abgeschlossen und die Aufträge an die Firmen vergeben.

- Die Konzeption des LM war erst möglich, nachdem das LOR-Verfahren für die Mondlandung selektiert wurde. Der Vertrag mit Grumman wurde erst im Januar 1963 abgeschlossen.

Das bedeutet, dass die Entwicklung der Saturn I drei Jahre vor der des LM begann. Daraus ergab sich, dass die Komponenten in der Reihenfolge Saturn I – Saturn IB – CSM – Saturn V – LM zur Verfügung stehen würden, zumindest wenn alle Teilprojekte gleich lange dauern würden. Erstaunlicherweise trat genau das ein, obwohl die geplante Entwicklungsdauer unterschiedlich war. So sollte eigentlich das LM vor der Saturn V einsatzfähig sein.

Die Aufgaben wurden aufgeteilt. So erfolgte die Entwicklung der Raketen sowie die Tests der Triebwerke und Stufen in Huntsville / Stennis. Die Fertigung wurde an Industriebetriebe vergeben. Dabei achtete das MSFC auf eine Streuung, um das erworbene Know-how möglichst vielen Firmen zukommen zu lassen. Die ersten Träger einer jeden Serie wurden in Huntsville gefertigt. Bei der Saturn I waren es sogar die ersten acht Stück. Diese Vorgehensweise war damals unüblich. Die normale Vorgehensweise war: Die Regierung veröffentlicht einen **R**equest **f**or **P**roposals (RFP), eine Ausschreibung, in der sie kurz umreist, was sie plant. Industriefirmen antworten mit konkreten Vorschlägen, aus denen von einem Ausschuss einer ausgewählt wird und diese Firma erhält den Auftrag.

Wernher von Braun kannte von Peenemünde ein anderes System. Dort wurden, um die Entwicklung zu beschleunigen, die Firmen in die Entwicklung integriert. Sie arbeiteten vor Ort und konnten so schneller reagieren. Als weiteren Vorteil haben am Ende der Entwicklung sowohl Regierungsorganisation (NASA) wie auch die Firmen einen Erkenntnisgewinn. Das konnte er bei den folgenden Projekten und den Saturn beibehalten. Ein Vorteil war, dass mit dem Michoud Assembly Facility eine regierungseigene Fabrik zur Verfügung stand, die groß genug für die riesigen Stufen der Saturn war. Diese wurden dort von der Industrie zusammengebaut.

Allerdings war das MSFC in der Industrie berüchtigt. Jede Firma, die mit ihm zusammenarbeitete, musste damit rechnen, Besuch von den Ingenieuren zu bekommen, welche sich alles genau ansahen. Dabei legte von Braun die Kontrolle weit aus. MSFC Ingenieure besuchten auch im Mercuryprogramm den Hersteller der

Kapsel, obwohl das MFSC nur die Redstone für das Programm stellte und mit dem Raumschiff gar nichts zu tun hatte. Als sie feststellten, dass dort ein altes Schweißverfahren und andere veraltete Vorgehensweisen eingesetzt wurden, schrieb von Braun deswegen den Leiter des Mercuryprogramms Robert Gilruth an, der davon nicht begeistert war. Innerhalb der NASA nannte man dieses Vorgehen „Kontraktorinfiltration" und einige Unternehmen bezeichneten es als „Feindliche Übernahme durch die Regierung".

Ein zweiter Punkt, welcher die Saturn erfolgreich, aber auch teuer machte, war die Qualitätssicherung. Eine der ersten Erfahrungen, die Wernher von Braun bei der ersten US-Rakete machte, war ein Fehlstart. Am 3.5.1954 explodiert die dritte Redstone beim Start. Als General Toftoy fragt „Wernher, why did the rocket explode?" weiß von Braun keine Antwort. Nach gründlicher Untersuchung stellte sich heraus, dass jemand schon bei der Fertigung geschlampt hatte und er antwortet Toftoy: „It exploded, because the damn son of a bitch blew up!". In den USA, wo Aerospace-Firmen bei einem Auftrag massenweise ungelernte Arbeiter für die Montage einstellen und bei Auftragsende wieder freisetzen, „Hire and Fire" genannt, kamen solche Fehler vor. Sie sind bei einer Rakete meistens katastrophal. Wernher von Braun führte bei Chrysler (Hersteller der Redstone) ein rigides Qualitätsmanagement ein, das er in der Folge beibehielt.

Die Qualitätssicherung war durchaus nicht gängig. Als die NASA die Titan für Gemini selektierte, mussten die ICBM angepasst werden. Dies erledigte eine weitere Gruppe von Martin, dem Hersteller der ICBM. Die ersten Raketen, die der Verantwortliche bekam, schickte er wieder zurück, obwohl sie von seinem eigenen Arbeitgeber kamen. Es gab Risse in den Triebwerken und er attestiert den Arbeitern, die sie herstellen, „poor workmanship". Auch nach dem Brand von Apollo 1 wurden zahlreiche Fertigungsmängel in der Kapsel festgestellt. Der Preis für die rigide Kontrolle war, dass die Entwicklung der Saturn der größte Posten im Apollo-Budget war und die Raketen sehr teuer waren.

Von den Saturn wurden mehr produziert, als letztlich benötigt wurden. Das lag zum einen daran, dass die NASA glaubte, viel mehr Testflüge durchführen zu müssen, bis die Rakete zuverlässig genug für den bemannten Einsatz war. Die Saturn V sollte erst nach dem achten bis zehnten Start bemannt sein, die Mondlandung mit dem 13-ten bis 14.ten Flug stattfinden. Das Konzept des „All up“ reduzierte die Zahl der Testflüge auf zwei, mit einem dritten als Reserve bei einem Fehlstart. Zum anderen lag es an den Programmänderungen. So wurden die letzten Apollomissionen gestrichen. Doch die Saturn V dafür befanden sich bereits in der Produktion. Später wurde ein Teil der übrig gebliebenen Träger im Skylabprogramm eingesetzt.

Die Wahl der Trägerrakete ist die grundlegende und erste Entscheidung, die in einem Raumfahrtprojekt getroffen werden muss. Denn ihre Nutzlastkapazität ist die Grenze, die nicht überschritten werden kann. Beim Apolloprojekt gab es zwei wesentliche Unterschiede zu den beiden vorhergehenden Projekten Mercury und Gemini: Es wurde keine existierende Trägerrakete verwendet, sondern ein neuer Träger entwickelt. Wie schwer die Nutzlast war, stand damals noch nicht fest.

Dies ergab sich aus der Diskussion über das Verfahren der Mondlandung. Eine Besonderheit des Apolloprogramms war, dass man schon vor dem Programm mit der Entwicklung der F-1 und H-1 Triebwerke begonnen hatte. Die Trägerraketen sollten diese Triebwerke in der ersten Stufe einsetzen. Zuerst favorisierte das MSFC die Technik des **E**arth **O**rbit **R**endezvous (EOR). Bei ihm würden mehrere Raketen eine Stufe im Erdorbit auftanken und zuletzt das Raumfahrzeug starten. Die favorisierte Lösung dafür war die Saturn C-2. Die Saturn C-2 hatte zwei Triebwerke von 4,45 MN Schub (die erste Version des F-1, erst später wurde der Schub auf 6,672 MN erhöht) in der ersten Stufe, eines in der zweiten Stufe und ein J-1 Triebwerk in der dritten Stufe. Mit einer Startmasse von etwa 700 t hätte man viele Starts pro Mondlandung benötigt, um den Treibstoff in den Orbit zu befördern.

Parallel verlief am MSFC die Planung für die Saturn C-8 oder Nova, da die STG (**S**pace **T**ask **G**roup) die direkte Landung favorisierte. Sie hätte acht F-1 Triebwerke in der ersten Stufe benötigt.

Während die Wahl von Sauerstoff und Kerosin für die ersten Stufen aller Versionen nie zur Disposition stand, war die Frage des Treibstoffs der Oberstufen offen. Im Laufe des Jahres 1959 fiel die Entscheidung für die Benutzung von Wasserstoff in den Oberstufen. Wernher von Braun war besorgt, weniger wegen des Antriebs als vielmehr wegen des Handlings der großen Mengen an Wasserstoff am Startplatz. Er konnte aber durch die Erfahrungen, die beim Lewis-Forschungszentrum in den vergangenen Jahren mit wasserstoffangetriebenen Flugzeugen gewonnen wurden, überzeugt werden. Im Herbst stand die Forderung für den Antrieb der Oberstufe: er sollte 150.000 Pfund (667,2 kN) Schub aufbringen. Das wurde zu Jahresende auf 200.000 Pfund (890 kN) erhöht. Das war die Vorgabe für das J-2 Triebwerk.

Im Februar 1961 gab das MSFC die C-2 auf und plante die C-3 mit drei Triebwerken in der ersten Stufe. Damit benötigte man weniger Flüge für das EOR-Verfahren. Im Laufe des Jahres 1961 tauchten dann noch die Entwürfe für die C-4 mit vier Triebwerken in der ersten Stufe und die C-5 mit fünf Triebwerken zu Jahresende auf. Weitere Varianten kamen hinzu, indem die Zahl der J-2 Triebwerke in den Oberstufen wechselte oder F-1 Triebwerke in den Oberstufen durch J-2 ersetzt wurden. So sollten C-2 und C-3 zuerst das F-1 Triebwerk in der zweiten Stufe einsetzen. Ein späterer Vorschlag für die C-3 sah vier J-2 in der zweiten, zwei J-2 Triebwerke in der dritten Stufe aber nur noch zwei F-1 in der ersten Stufe vor.

Dieses Durcheinander endete am Jahresende 1961, als sich das MSFC intern auf die Entwicklung der Saturn C-5 einigte. Die erste Version der Saturn C-5 hatte noch vier J-2 Triebwerke in der zweiten Stufe S-II. Am 6.11.1961 wechselt das MFSC, um die Nutzlast zu erhöhen, auf fünf Triebwerke in der S-II. Am 25.1.1962 gab das NASA-Hauptquartier das Okay für die Entwicklung der Saturn C-5. Sie hatte eine projektierte Nutzlast von 113 t in den Erdorbit und 41 t zum Mond.

Im Frühjahr 1962 gab das MSFC die Entwicklung der Nova endgültig auf. Sie hätte acht bis zehn F-1 Triebwerke in der ersten Stufe erfordert. Dazu ein neu entwickeltes M-1 Triebwerk, das Wasserstoff verbannte, in der zweiten Stufe. Der Hauptgrund für die Aufgabe war die Terminvorgabe. Die größere Nova brauchte länger für die Entwicklung und es gab seit dem 25.5.1961 die Deadline „bis zum Ende des Jahrzehnts“. Die C-5 war kleiner, aber dadurch ein Jahr früher fertig. Damals rechnete man mit einem operationellen Betrieb ab November 1967. Real erfolgte der erste Start zwar im November 1967. Doch in den operationellen Betrieb ging der Träger erst ab Dezember 1968.

Anders verlief die Entwicklung der Saturn I. Sie wurde als Saturn C-1 vor dem Apolloprogramm entwickelt, mit dem Ziel, die NASA-Flotte um eine Trägerrakete mit einer Nutzlast von 10 t zu erweitern. Geplant als dreistufige Trägerrakete (S-I /

S-IV / S-V), wurde zwischen Januar und Mai 1961 die dritte Stufe S-V gestrichen. Dadurch blieb die Saturn I auf Erdorbitmissionen beschränkt. Mit dem Beschluss des Baus der Saturn V wurde die Entscheidung getroffen, die letzte Stufe S-IVB auf der Saturn I einzusetzen. Diese Version, Saturn IB, wurde damit zu einen Testvehikel. Die neue Oberstufe war deutlich größer war als die bisher geplanten Stufen S-IV und S-V. Damit war es möglich, Teile von Apollo, wie das CSM ohne Treibstoff oder den Mondlander, alleine im Erdorbit zu testen. Dies entlastete den Zeitplan.

Im Frühjahr 1963 gab die NASA die neue Nomenklatur bekannt. Danach fielen die bisher intern benutzten Bezeichnungen weg. Man konnte die Evolution aber weiterhin an den Nummern erkennen. Aus der Saturn C-1 wurde die Saturn I, aus der „Upgrated Saturn" oder C-1B die Saturn IB, aus der Saturn C-5 die Saturn V. An die früheren Planungen erinnern noch die Stufenbezeichnungen.

An die hochtrabenden Pläne erinnern auch die Startanlagen für die Saturn. Es entstand zuerst die Startrampe LC-34 für die Saturn I. Geplant waren zwei Startrampen. Doch die Gefahr, dass eine Explosion beide Startrampen lahmlegen könnte, führten im August 1961 zum Beschluss des Baus des Launchkomplexes LC-37 mit zwei weiteren Rampen, von LC-34 räumlich getrennt. Das war, bevor die Entscheidung für die Mondrakete fiel. So war LC-37 für Raketen mit bis zu 13.700 kN Startschub ausgelegt und sollte ab Ende 1962 zur Verfügung stehen. Dafür kaufte die NASA 320 km² Land abseits der bisherigen Startplätze, um einen möglichst großen Abstand von Fernstraßen zu haben. Denn 13.700 kN entsprachen in etwa dem zehnfachen Schub, der bisher maximal auftrat.

Die Planungen erwiesen sich bald als überdimensioniert. Schon von LC-37 wurde nur die Rampe B genutzt, da durch den Brand von Apollo 1 viele Erdorbitflüge mit Saturn IB wegfielen. Geplant waren zeitlich abgestimmte Starts von LM und CSM mit je einer Saturn IB, dafür hätte man beide Startrampen benötigt.

Für LC-39, den Startplatz der Saturn V, waren sogar vier Launchpads geplant. Die Wahl des LOR-Verfahren reduzierte die Zahl auf zwei. Da eine Saturn V etwa drei Monate auf der Startrampe vorbereitet wurde, brauchte man für die geplante Flugfolge von fünf bis sechs Starts pro Jahr zwei Rampen. Doch nur 1968/9 wurde diese Flugzahl erreicht. Lediglich 1969 wurde LC-39B für die Saturn V genutzt. Danach wurde die Rampe 39B für die Saturn IB umgebaut. Von ihr aus starteten von 1973 bis 1975 die Missionen Skylab 2 bis 4 und Apollo-Sojus. Selbst später blieb das Ungleichgewicht. Als das Space Shuttle LC 39 nutzte, wurde 39A weitaus häufiger eingesetzt als 39B. Bisher gab es 109 Starts von 39A und nur 58 von 39B.

LC-37B wird inzwischen für Starts der Delta 4 genutzt. LC-39A/B wurden von 1981 bis 2011 vom Space Shuttle benutzt. Seit 2015 startet die Firma SpaceX von LC-39A ihre Falcon 9 und Falcon Heavy. Von LC-39B wird die SLS starten. LC-34 und LC-37A wurden abgerissen, nur noch die Betonsockel erinnern an die Startplätze.

In diesem Kapitel habe ich die Komponenten einer Rakete jeweils dort besprochen, wo sie erstmals eingesetzt worden. Also das H-1 Triebwerk bei der Saturn I, das J-2, die S-IVB und IU bei der Saturn IB. Darüber hinaus enthält das Buch kurze Beschreibungen von verschiedenen Varianten, die zumindest einige Zeit in der Planung waren, bzw. Pläne für die Aufrüstung der Saturn V.

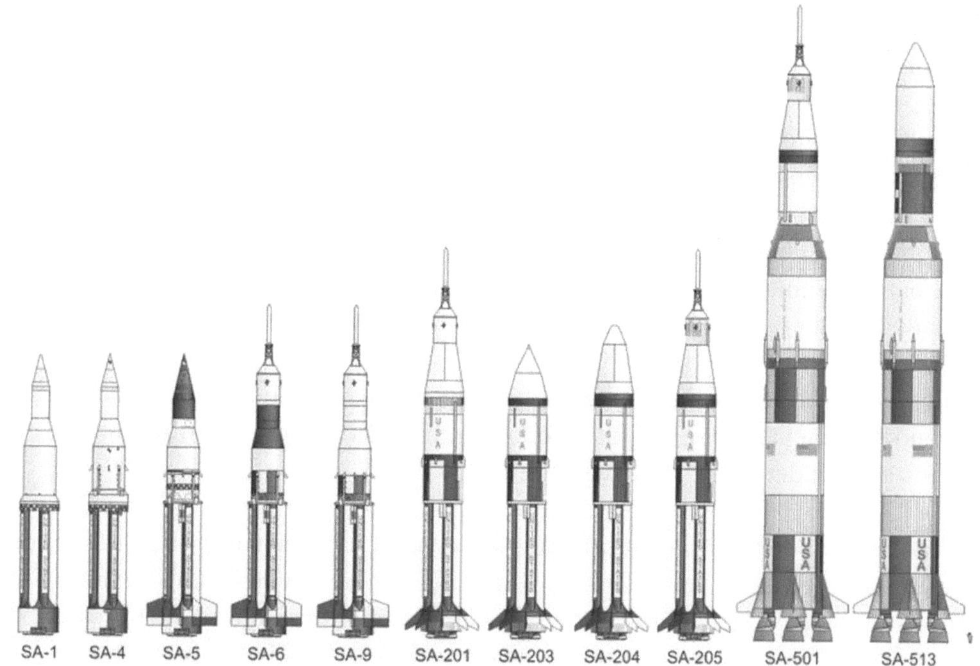

Abbildung 2: Die geflogenen Versionen der Saturn

Nomenklatur

Das System der Startbezeichnung änderte sich im Laufe der Zeit. Die Saturn I Flüge wurden SA-1 bis SA-10 benannt. SA stand für „**S**aturn-**A**pollo". Schon bei Mercury wurde ein solches System eingeführt. Dort gab es die Flüge MR-1 bis 4 (MR für „**M**ercury **R**edstone") und MA-1 bis 9 (MA für „**M**ercury **A**tlas"). Bei Gemini gab es dann die Missionen GT-1 bis 12 („**G**emini-**T**itan"). Doch schon bei den Flügen der unbemannten Ziele für Kopplungsmanöver gab es diese Nummerierung nicht mehr. Diese hießen GATV („**G**emini **A**gena **T**arget **V**ehicle") und die Nummerierung war nicht chronologisch, sondern ein GATV hatte die gleiche Nummer, wie assoziierte bemannte Mission.

Wesentlich populärer waren die Missionsbezeichnungen. Bei Mercury war dies das Funkrufzeichen der Kapsel (beginnend mit „Freedom") und die Ziffer 7. Ursprünglich wurde die „7" von Alan Shepard gewählt, weil er die Kapsel mit der Seriennummer 7 hatte. Doch dies wurde von der Presse als Reminiszenz an die sieben Mercuryastronauten verstanden. So änderte die NASA die Ziffer bei den folgenden Flügen nicht mehr.

Bei Gemini nummerierte man die Missionen einfach durch: Gemini 1 bis 12. Bei den Saturn I Flügen wurden nur Modelle von Apollo gestartet. Vielleicht stellte man daher die Trägerrakete (Saturn) vor das Raumschiff (Apollo), anders als bei den vorherigen Flügen. Ab SA-6 wurden auch Boilerplates, Massemodelle des CSM ohne jegliche Funktion, mit den Saturn I gestartet. Deren Mission erhielt eine fortlaufende Nummer, beginnend mit A101 beim Start von SA-6.

Bei der Saturn IB wurde das Kürzel umgedreht und passte nun wieder in das bisher verwendete Schema: AS-2xx für „**A**pollo-**S**aturn". Die Nummerierung startete mit 201, um sie von der Saturn I abzugrenzen.

Für AS-204 war die erste bemannte Mission geplant. Für Sie hatte Gus Grissom die Bezeichnung „Apollo 1" gewählt. Allerdings fanden bereits vorher unbemannte Flüge mit funktionsfähigen CSM statt. In den vorherigen Programmen gab es unbemannte Testflüge mit der Programmbezeichnung MR 1+2, MA 1-5 und GT-1/2.

Zu diesem Zeitpunkt waren die Missionen Apollo 2 (Wiederholung des Flugs von Apollo 1 durch die Crew von Schirra, jedoch mit anspruchsvolleren Zielen) und Apollo 3 (Ankopplung der Crew von McDivitt an ein separat gestartetes LM im niedrigen Erdorbit) geplant.

Nach dem Brand von Apollo 1 beschloss die NASA, diese Nummer nicht mehr zu verwenden. Sie änderte auch die Bezeichnungen der beiden geplanten Missionen. Die erste durchgeführte Apollo-Mission war daher Apollo 4, der Jungfernflug der Saturn V. Anders als bei den unbemannten Saturn IB Flügen bekam diese eine Apollobezeichnung. Apollo 7 wurde dann die erste bemannte Mission mit den Zielen von Apollo 1. Es wurde bei den Bezeichnungen nicht mehr zwischen Saturn V und Saturn IB oder bemannt/unbemannt unterschieden.

Neben dieser Missionsbezeichnung bekam jede Trägerrakete eine Bezeichnung, ähnlich wie die LM und CSM Seriennummern hatten. Die Saturn V erhielten dann die Bezeichnung „SA-5xx“. Apollo 4 war der erste Start einer Saturn V mit der Nummer SA-501. Der letzte Start war die Mission Skylab 1 mit SA-513.

Es gibt im Apolloprogramm einen bunten Mix an Bezeichnungen. Die Nummerierung ist mit drei Ausnahmen streng chronologisch. SA-9 flog vor SA-8, da die Rakete in der Produktion weiter fortgeschritten war. AS-203 flog vor AS-202. AS-202 war ein Test des Block I Apollo CSM. Es stand jedoch nicht rechtzeitig vor dem Start zur Verfügung. So zog man den Start AS-203 vor, bei dem keine Nutzlast mitflog. Die Rakete hatte eine modifizierte S-IVB, bei der man den Effekt von Treibstoffen in der Schwerelosigkeit, wichtig für die geplante Wiederzündung bei Saturn V Starts, erproben wollte.

Die letzte Differenz in der Nummerierung gab es bei der letzten Saturn IB Mission. Nach der letzten Skylabmission AS-208 müsste AS-209 folgen. Diese Mission war konkret geplant, es war der Rettungseinsatz eines Apollo-Raumschiffs für den Fall, das die Besatzung von Skylab 4 nicht zur Erde zurückkehren konnte. Parallel wurde das Apollo-Sojus-Testprojekt vorbereitet und dieses hatte schon die nächste Trägerrakete AS-210 zugewiesen bekommen.

Die folgende Tabelle informiert über die Saturn-Varianten, die in der Überlegung waren. Viele Angaben wurden während der Entwicklung geändert, so die Triebwerksart oder der Durchmesser der Stufen.

Projektname	Stufe 1	Stufe 2	Stufe 3	Geplante Nutzlast (1960-62) / Bemerkung
Saturn C-1	8 × H-1	6 × RL-10 1 × J-2		11,8 t LEO-Orbit: Saturn I 18,6 t LEO Orbit: Saturn IB
Saturn C-2	2 × F-1 8 × H-1	2 × J-2 1 × F-1	4 × RL10 1 × J-2	18,1 bis 20,4 t LEO, 7,8 t Fluchtkurs. 6,6 m Durchmesser, 65,8 m Höhe
Saturn C-3	2 × F-1	4 × J-2 1 × F-1	2 × J-2	36,3 bis 45,3 t LEO Orbit, 13,6 t Fluchtkurs, 8,1 bis 9,7 m Durchmesser, 75 m Höhe
Saturn C-3‘	3 × F-1	4 × J-2	1 × J-2	78 t LEO Orbit
Saturn C-4	4 × F-1	4 × J-2	1 × J-2	41,5 t zum Mond, kurze Zeit als Mondrakete bevorzugt
Saturn C-5	5 × F-1	4/5 × J-2	1 × J-2	113 t: LEO Orbit, 41 t zum Mond: Saturn V
Saturn C-8	8 × F-1	8 × J-2	1 × J-2	136 bis 150 t LEO Orbit, 58 bis 65 t zum Mond
Nova	8-10 × F-1	2 × M-2	1 × J-2	170 t, 15.2 m Durchmesser, 77,8 bis 81,6 t zum Mond

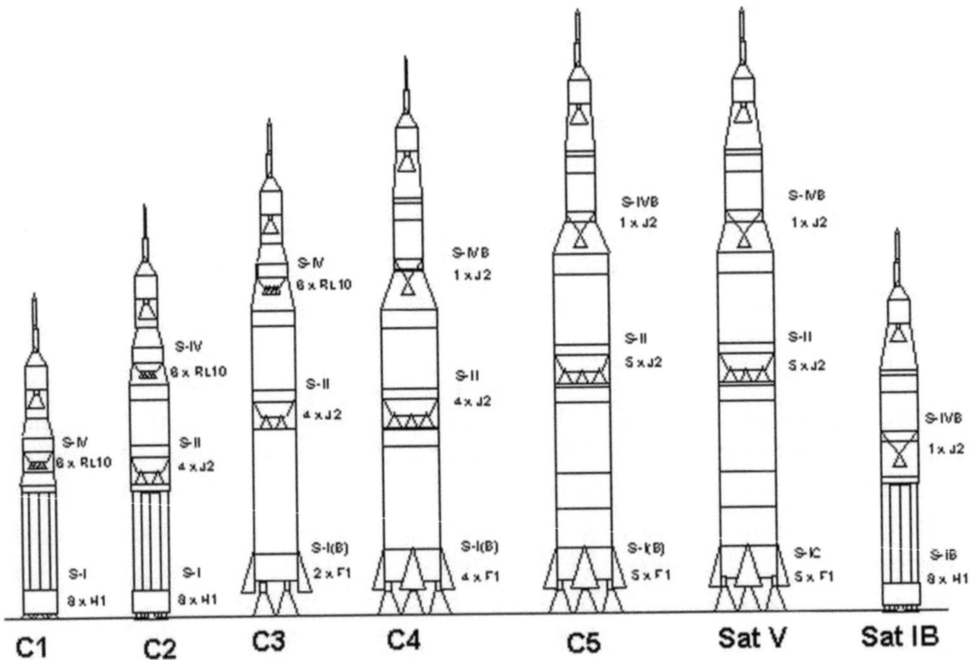

Abbildung 3: Die vorgeschlagenen Varianten der Saturn

Wie funktioniert ein Triebwerk?

Die Saturn V war die letzte Rakete, die Wernher von Braun entwickelte. Er begann fast 40 Jahre vorher mit der Konstruktion seiner ersten Rakete, der A-1. Sein Name ist eng verknüpft mit der Entwicklung des Raketentriebwerks für flüssige Treibstoffe. Die Entwicklung verlief vom explodierenden Prototypen mit wenigen Newton Schub bis zum F-1, dem größten und zuverlässigsten Raketentriebwerk, das jemals gebaut wurde. Dieses Kapitel ist eine kleine Einführung in den Aufbau und Funktionsweise eines Raketentriebwerks, das flüssige Treibstoffe verbrennt. Zum Glück kann man ein Raketentriebwerk in verschiedene Teile aufteilen. Man kann sie getrennt entwickeln und testen. Dann werden sie zusammenbaut und das Triebwerk als Ganzes getestet. Normalerweise werden diese Teile von verschiedenen Firmen gebaut. In Europa entstehen die Teile eines Vulcain-Triebwerks z. B. in Schweden, Deutschland und Frankreich. Ein Triebwerk kann aus folgenden Teilen bestehen:

- Gasgenerator / Vorbrenner: Er erzeugt heißes Gas als Antrieb für die Turbinen.

- Turbine: Wandelt die thermische Energie des Arbeitsgases in mechanische Energie um. Treibt die Treibstoffpumpe an.

- Pumpe: Fördert den Treibstoff und presst ihn unter hohem Druck in die Brennkammer.

- Brennkammer: Verbrennt den Treibstoff und entlässt ihn durch die Düse.

- Düse: Das expandierende Gas überträgt weitere Energie auf das Gefährt, dass es antreibt.

Ein Triebwerk muss nicht aus allen Komponenten bestehen. Druckgeförderte Triebwerke kommen mit Brennkammer und Düse aus. Die Teile sind austauschbar. Als man das J-2X aus dem J-2S entwickelte, verlängerte man die Düse um einen ungekühlten Teil und ersetzte die Turbopumpe (die Kombination aus Turbine und Pumpe) durch ein neueres Exemplar. Analog ging EADS Astrium Mitte der 90er bei der Verbesserung der Ariane 5 vor. Sie schlugen der ESA vor, das bisher druckgeförderte Oberstufentriebwerk um eine Turbopumpe zu ergänzen. Das hätte den Schub des Triebwerks verdoppelt.

Wie bei jedem technischen Gerät steigt die Zuverlässigkeit eines Triebwerks, wenn es weniger Teile enthält. So gelten druckgeförderte Triebwerke als weniger fehleranfällig als aktiv geförderte, weshalb auch alle Triebwerke des Apolloraumschiffs und des Mondlanders rein druckgefördert waren.

Bei allen Triebwerken der Saturn wurden zwei Komponenten verbrannt. Ein Verbrennungsträger mit dem Oxidationsmittel (Oxidator). Bei Verbrennungen im Alltag benötigt man nur den Verbrennungsträger, denn man dann Treibstoff nennt. Der Oxidator steckt in der Luft, es ist gasförmiger Sauerstoff. Sauerstoff ist auch der Oxidator bei den Triebwerken der Saturn. Dort ist es flüssiger Sauerstoff, der nur zwischen -218 und -182 °C flüssig ist. Dafür ist er 780-mal dichter als gasförmiger Sauerstoff unter Atmosphärendruck. Da der Ausdruck „Treibstoff“ bei zwei Komponenten missverständlich ist, benutzt man den Ausdruck „Verbrennungsträger“ für die Komponente, die durch den Oxidator oxidiert wird. Bei den Saturn ist es das Kerosin oder der flüssige Wasserstoff.

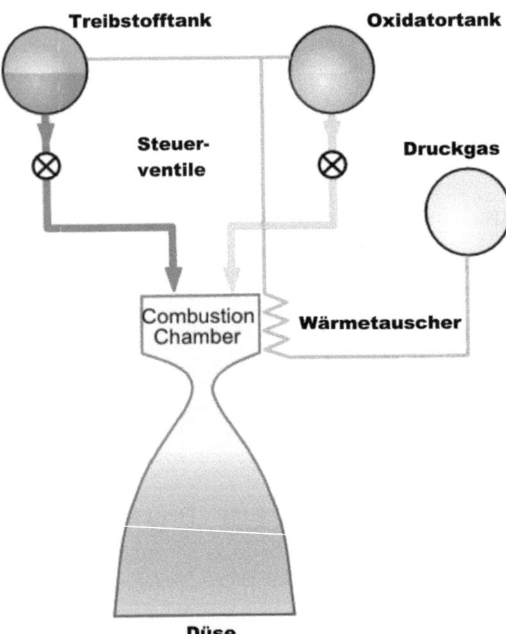

Abbildung 4: Antriebsschema eines druckgeförderten Triebwerks

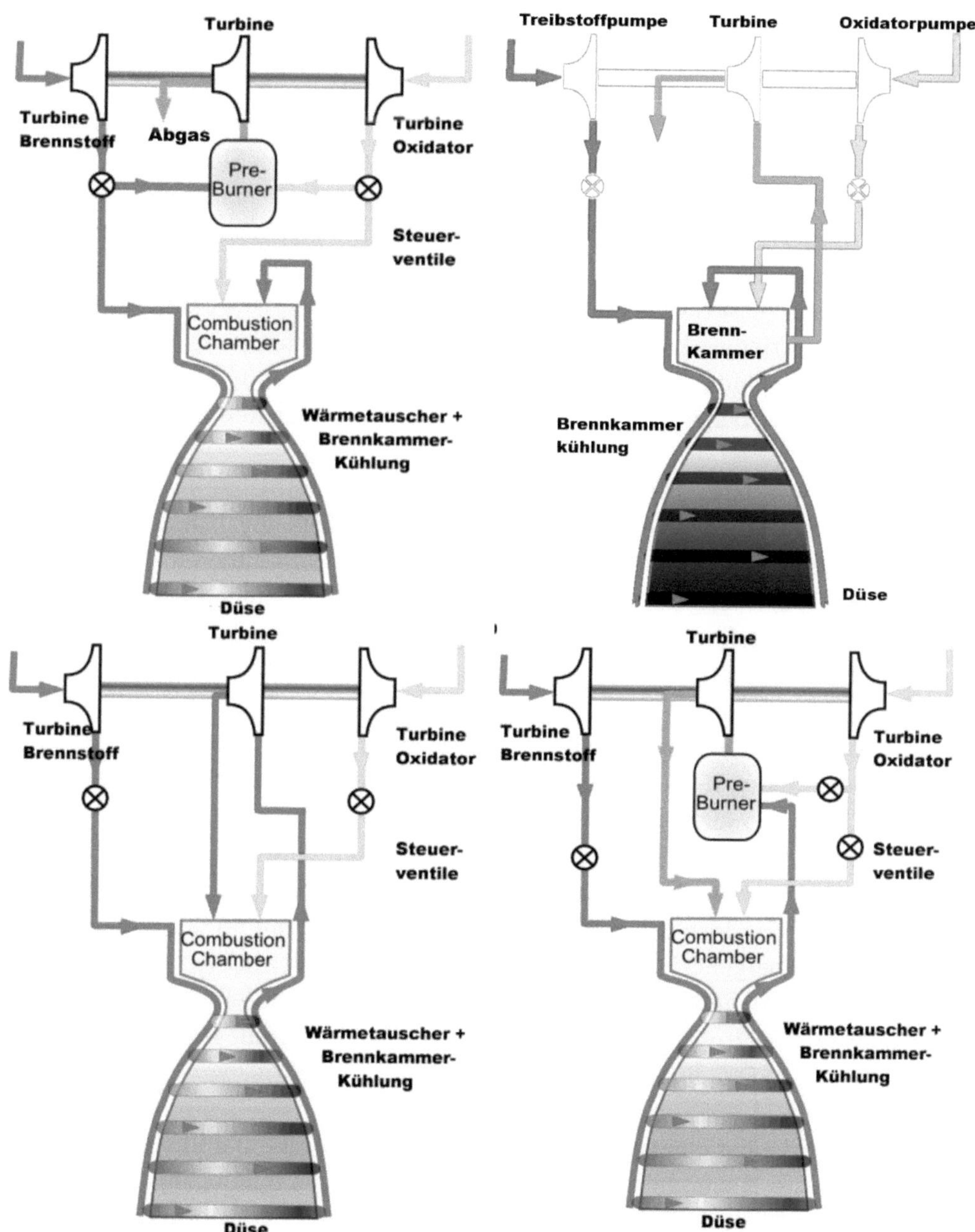

Abbildung 5: Die aktiven Antriebsverfahren: Gasgenerator, Tapp-off, Expander Cycle, Staged Combustion (im Uhrzeigersinn)

Die Brennkammer

Das erste Problem, das man bei der Raketenentwicklung lösen musste: Wie verhindert man, dass die Brennkammer eines Triebwerks selbst verbrennt. In der Brennkammer wird der Treibstoff verbrannt, aber mit einem hohen Stoffumsatz. Bei jedem F-1 Triebwerk waren es über 2 t Treibstoff/Oxidator pro Sekunde. Die dabei entstehende Energie ist so groß, dass die Brennkammer in Kürze schmilzt, wenn auch nur ein Teil der Wärme auf sie übergeht. Das passierte Wernher von Braun bei seinen ersten Versuchen. In den zwanziger Jahren des letzten Jahrhunderts, als man die ersten Triebwerke mit flüssigen Raketentreibstoffen konstruierte, gab es Tote durch Explosionen. Am 17.6.1930 starb der zu dieser Zeit führende Raketenforscher Max Valier bei der Explosion eines von ihm entwickelten Antriebs.

Nun gab es schon damals Raketen mit festen Treibstoffen. Diese hatten das Problem nicht. Zum einen erreicht bei einer Feststoffrakete die Flammenfront die Wand erst, wenn der Treibstoff nahezu verbrannt ist. Zum anderen dient die gesamte Hülle als Brennkammer – die Belastung pro Flächeneinheit ist somit geringer. Zum Dritten liefern feste Treibstoffe weniger Energie und haben niedrigere Verbrennungstemperaturen.

Sehr kleine Triebwerke kommen ohne Kühlung aus. Die Größe einer Brennkammer wird von dem Schub, den das Raketentriebwerk liefern soll, bestimmt – je kleiner der Schub ist, desto kleiner die Brennkammer. Eine weitere Einflussgröße ist der Brennkammerdruck. Hier gilt: je höher der Brennkammerdruck, desto kleiner ist die Brennkammer. Eine Brennkammer, die mit niedrigem Druck arbeitet, ist daher größer als die eines Hochdrucktriebwerks. Da die Energie nur an der Wand auf die Brennkammer übergeht, ist die Gesamtfläche der Brennkammerwand wesentlich. Eine kleine Brennkammer hat daher im Verhältnis zu ihrem Volumen eine größere Oberfläche als eine große, da das Volumen in der dritten Potenz ansteigt, die Oberfläche aber nur im Quadrat.

Kleine Triebwerke mit einem Brennkammerdruck von etwa 8 Bar und einem Schub von maximal 400 N kommen noch ohne Kühlung aus. Bei ihnen geht so viel Energie auf die Wand über, wie diese Fläche in der gleichen Zeit abstrahlen kann. Die Wände erhitzen sich, bis sie rot glühend werden, erreichen aber nicht die Temperatur, bei der das Material erweicht. Solche Triebwerke werden in Satelliten und Raumsonden als Antrieb oder für die Lageregelung eingesetzt.

Bei mehr Schub muss man die Brennkammer schützen. Der erste Ansatz war, die Brennkammerwand mit einem Material zu bedecken, dass langsam verdampft und dabei die Energie aufnimmt. Dieser Ablationsschutz war anfangs aus Graphit, da reiner Kohlenstoff nicht schmilzt, sondern bei etwa 3.750 Grad Celsius direkt in den gasförmigen Zustand übergeht. Graphit wird heute noch eingesetzt, meist allerdings, um die Düsen zu schützen. Sein Nachteil ist, dass er schwer verarbeitbar ist. Er hat nur eine geringe Härte und Festigkeit, wie jeder von Bleistiftminen aus Graphit weiß. Bei den Antrieben von Servicemodul und Mondlander im Apolloprogramm nutzte man einen Ablationsschutz für die Triebwerke. Eingesetzt wurde dort glasfaserverstärkter Kunststoff, der aus Glasfasern in einem ausgehärteten Epoxidharz besteht. Er kann leicht in Form gebracht werden, bevor das Harz ausgehärtet ist. Nach dem Aushärten ist er leicht bearbeitbar. Das Harz verkohlt und die entstehende Schicht aus Graphit schützt dann wie aufgetragener Graphit. Aus demselben Material wurden damals auch Hitzeschutzschilde hergestellt.

Diese Methode ist für Triebwerke nutzbar, die in druckgeförderten Oberstufen eingesetzt werden. Auch hier muss für ein günstiges Flächenverhältnis der Brennkammerdruck klein sein. Das AJ-10 Triebwerk im SPS (**S**ervice **P**ropulsion **S**ystem) des Apollo-Servicemoduls ist das größte jemals entwickelte passiv gekühlte Raketentriebwerk mit 92 kN Schub.

Ein Triebwerk wie das F-1, mit 6.700 kN Schub, ist nicht passiv kühlbar. Schon in den dreißiger Jahren kam man auf die Methode, die bis heute eingesetzt wird: Die **regenerative Kühlung**. Ein Teil des Treibstoffs wird durch die Brennkammerwand gepumpt, nimmt dabei Wärme auf und erwärmt sich. Danach wird der erwärmte Treibstoff mit dem Rest des Treibstoffs in die Brennkammer injiziert, geht also nicht verloren. Genutzt wird eine Komponente des Treibstoffs, meist der Verbrennungsträger. In den Triebwerken der Saturn waren die Kühlmittel Kerosin und flüssiger Wasserstoff.

Von Braun setzte für die Kühlung seiner ersten Antriebe eine doppelwandige Brennkammerwand ein. Zwischen beiden Wänden konnte der Treibstoff zirkulieren und die innere Wand kühlen. Doppelwandige Brennkammerwände setzten alle frühen Raketen ein, so die A-4, die Redstone, aber auch die russischen Nachbauten der A-4 bis zur R-7. Mit der nordkoreanischen Unha und iranischen Safir, die auf der russischen Kurzstreckenrakete Scud aus den frühen 50-er Jahren basieren, gibt heute noch zwei Raketen mit doppelwandigen Brennkammern.

Später setzte man auf eine leichtere Konstruktion, auch wenn sie produktionstechnisch deutlich aufwendiger ist. Die Triebwerke der Saturn I und V haben Brennkammern aus vielen Hundert miteinander verschweißten Röhren. Die Röhren haben meist einen U-Förmigen Aufbau, d. h. die Röhre führt nach unten und dreht am Ende der Brennkammer wieder nach oben, wo sie am Injektor endet. Ein Hohlprofil ist bei gegebener Wandstärke viel stabiler als eine doppelte Wand. Zur Erhöhung der Stabilität werden die Röhren außen von einem Blech oder Versteifungsringen umhüllt, um die Kräfte gleichmäßiger zu verteilen. Es ist üblich, das unterschiedliche Materialien zum Einsatz kommen, so z. B. an der Innenseite der Brennkammerwand hochtemperaturfeste Legierungen und für die innen liegenden Kühlkanäle Kupfer mit einer viel besseren Wärmeleitfähigkeit.

Eine einfachere Methode als die regenerative Kühlung ist die **Filmkühlung**, die Wernher von Braun auch bei der A-4 einsetzte. Bei der Filmkühlung ist ebenfalls die Brennkammerwand doppelwandig oder besteht aus Röhren. Zusätzlich hat sie in der Innenseite zahlreiche kleine Öffnungen, durch die ein Teil des Treibstoffs in die Brennkammer eindringen kann. Zuerst kühlt der Treibstoff durch Verdampfen die Wand. Er bildet an der Brennkammerwand eine Zone, die reich an Verbrennungsträger ist. Die Verbrennung ist dadurch unvollständig. Deswegen sinken die Temperaturen in dieser Zone ab. Diese Konstruktion hat den Nachteil, dass dieser Teil des Treibstoffs nicht optimal ausgenutzt wird, da er nicht wie der Hauptteil im Injektor intensiv vermischt und optimal verbrannt wird.

Bei vielen Substanzen wie Kerosin oder dem bei der A-4 und Redstone verwendeten Alkoholwassergemisch ist viel Energie notwendig um die Substanz zu verdampfen. Daher ist die Filmkühlung eine sehr effektive Kühlmethode. Zuletzt führte man die Filmkühlung beim Vulcain 2 ein, als sich nach dem Jungfernflug zeigte, das die regenerative Kühlung alleine nicht ausreichte.

Düsen

Für die Düsen gilt im Prinzip das gleiche wie für die Brennkammer. Auch sie müssen gekühlt werden und dem Druck standhalten. Es gibt jedoch einen Unterschied. Die Düsen weiten sich auf, d. h. die Temperatur- und Druckbeanspruchung nimmt ab. Üblich ist daher, dass man die Düsen nur im oberen Teil aktiv kühlt oder einen Ablationsschutz aufträgt. Sie werden oben wie die Brennkammer aus Röhren gefertigt. Unten reicht ein in Glockenform gewalztes Blech aus einer beanspruchbaren Legierung aus. Der untere Teil wird nicht aktiv gekühlt.

Frühe Düsen hatten eine konische Form (die eines abgeschnittenen Kegelstumpfes). Heutige Düsen haben eine Glockenform, da sie bei gleichem Expansionsverhältnis kürzer und leichter sind. So haben die Triebwerke der Saturn Glockendüsen, die Kurve einer Parabel. Unter dem **Expansionsverhältnis** versteht man das Verhältnis der Fläche eines Schnitts durch die Düse an der engsten und weitesten Stelle. Die engste Stelle ist der Düsenhals, der 70 Prozent des Durchmessers der Brennkammer hat und die weiteste Stelle ist die Düsenmündung.

Je höher das Expansionsverhältnis ist, umso mehr, der in dem Gas steckenden Energie wird auf die Rakete übertragen. Damit steigt der Schub und der Treibstoff wird besser genutzt, was am höheren spezifischen Impuls erkennbar ist. Ein Maßstab für die Restenergie sind Temperatur und Druck des Gases beim Verlassen der Düse. Allerdings wird bei einer immer längeren Düse der Gewinn kleiner, während die Fläche und damit das Gewicht der Düse immer höher werden. Es gibt daher für jedes Triebwerk ein Optimum.

Das höchste Flächenverhältnis aller Triebwerke im Einsatz hat das Vinci Triebwerk mit 240. Moderne Triebwerke haben manchmal eine ausfahrbare Düsenverlängerung. Der untere Teil der Düse ist beim Start über dem oberen Teil angebracht und wird vor der Zündung nach unten ausgefahren und fixiert. Dieser Teil besteht aus leichten Kohlefaserverbundwerkstoffen und wird nicht gekühlt. Der Vorteil dieser aufwendigen Konstruktion ist, dass der Stufenadapter verkürzt wird. Der Adapter zur unteren Stufe würde sonst schon bei schubschwachen Triebwerken wie den RL-10B2 oder Vinci 5 bis 6 m lang sein und das zusätzliche Gewicht des Adapters würde jeden Performancegewinn durch eine lange Düse zunichtemachen.

Die Düsen für Erststufentriebwerke sind deutlich kürzer, denn die Raketen werden am Erdboden gezündet, bei einem Umgebungsdruck von etwa 1 Bar (1000 hPa). Ist der Düsenmündungsdruck zu klein, so kann das Gas nicht durch laminare Strömung nach außen gelangen. Es wird durch die umgebende Luft verlangsamt und es entstehen turbulente Strömungen, welche die Düsen beschädigen können. Der Düsenmündungsdruck ist bei Triebwerken, die für den Start benötigt werden, relativ hoch. Für das Prometheus-Triebwerk wurde er z. B. auf 0,4 bar festgelegt.

Vom Laien wird immer die Brennkammer als der Teil angesehen, der die größte Herausforderung bei der Entwicklung ist, weil dort sehr hohe Temperaturen und Kräfte herrschen. Die Brennkammer ist mit Ausnahme des Injektors aber relativ einfach aufgebaut und massiv. Wenn man den Kühlfluss korrekt eingestellt hat, gibt es keine bösen Überraschungen. Die Brennkammer ist von allen Teilen eines Raketentriebwerks oft als Erstes qualifiziert. An ihr erfolgen zumeist die ersten Tests, lange bevor die Treibstoffförderung entwickelt ist.

Trotzdem gibt es hier Überraschungen. Als das Vulcain 2 den ersten Flugeinsatz hatte, verformten sich Brennkammerwand und Düse. Es zeigte sich, das die Kühlung nicht ausreichend dimensioniert war. Das Vulcain 2 war intensiv getestet worden, aber nur in Bodenprüfständen. Bei diesen drückte die Außenluft mit 1 Bar gegen das Triebwerk und wirkte als zusätzliche Kühlung. Man perforierte daraufhin die Röhren und schuf eine zusätzliche Filmkühlung. Außerdem spannte man Metallbänder um die Brennkammer und die Düse, um ihre Festigkeit zu erhöhen.

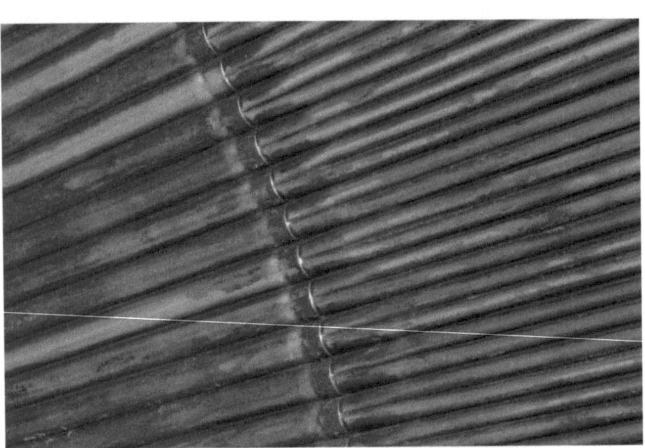

Abbildung 6: Detail der F-1 Kühlröhren die sich in zwei Teilröhren aufspalten

Der Injektor

Der technisch anspruchsvollste Teil der Brennkammer ist der Injektor. Der Injektor hat die Aufgabe, Verbrennungsträger und Oxidator intensiv miteinander zu vermischen, damit sie gleichmäßig verbrennen. Das ist sehr wichtig. Ist die Vermischung nicht vollständig, gibt es lokale Überschüsse an Verbrennungsträger und Oxidator. Das führt dazu, dass der Druck in der Brennkammer an dieser Stelle geringer ist. Dadurch werden Strömungen in der Brennkammer induziert. Das führt zu Schwankungen des Brennkammerdrucks. Weil das Treibstoffförderungssystem den Treibstoff gegen den Brennkammerdruck einspritzt, führt das zu einem schwankenden Stoffumsatz, der diese Druckschwankungen noch verstärkt. Das kann bis zur Zerstörung der Brennkammer führen.

Es gibt zwei Bauformen des Injektors. Die gängige ist der Injektor am oberen Ende der Brennkammer, gegenüber der Düse. Der Injektor besteht aus vielen kleinen Löchern oder Minidüsen und funktioniert wie ein Duschkopf. Es gibt zahlreiche Variationen. So können in jeder Düse beide Treibstoffe eingebracht werden oder sich die Düsen von Oxidator mit denen vom Verbrennungsträger abwechseln oder es gibt konzentrische Kreise aus Düsen, in die jeweils eine Komponente eintritt.

Ein zweites, seltener eingesetztes Prinzip ist der radiale Injektor. Bei ihm gibt es in der oberen Brennkammerwand viele kleine Öffnungen, durch die Treibstoff und Oxidator eintreten. Dieses vom Deutschen Karl-Heinz Bringer erfundene Prinzip setzten französische Lenkwaffen und Raketen, darunter Ariane 1 bis 4 ein.

Eine Sonderform ist der Pintle-Injektor, der im Mondlanderabstiegstriebwerk eingesetzt wurde. Er setzt einen Zapfen ein, der die innere Leitung für eine Komponente und die äußere Leitung für die andere Komponente, welche die innere als Kreisring umgibt, abschließt. Je weiter er weggezogen wird, desto mehr Fläche wird frei. Solche Triebwerke sind im Schub regelbar und man benötigt nur eine Öffnung anstatt vieler kleiner Düsen.

Als man die Saturn V baute, war die Entwicklung der Injektoren ein Problem. Der Injektor war die Hauptursache für die Verbrennungsinstabilitäten. Sie führen zu den obigen Problemen. Diese Störungen nicht sind vorhersagbar. Damals konnte man nur eines tun: testen, testen, testen.

Trat eine Verbrennungsinstabilität auf, so änderte man etwas am Injektor und testete erneut. Die Veränderungen bestanden meistens im Einfügen, Verändern oder Entfernen von Blenden im brennkammerzugewandten Teil des Injektors. Bei den Triebwerken der Saturn I führte das MSFC erstmals eine Methode ein, bei der man die Instabilität gezielt auslöste. Bei den „Bomb Tests" explodierte kurz nach der Zündung durch die Hitze ein kleiner Sprengsatz an der Brennkammerwand. Die entstehende Druckwelle löste eine Verbrennungsinstabilität aus. So waren systematische Versuche möglich, bis man eine Konfiguration gefunden hatte, bei der der Injektor die Druckwelle dämpfte und sich der normale Brennkammerdruck innerhalb von Sekundenbruchteilen wieder einstellte.

Verbrennungsinstabilitäten waren die Hauptprobleme bei der Raketenentwicklung in den Fünfziger und Sechziger Jahren. Sie sind der Grund, warum Triebwerke damals viel intensiver als heute getestet wurden. Später traten durch bessere Testmethoden Verbrennungsinstabilitäten seltener auf, ganz verschwunden sind sie aber nicht. So erreichte die Ariane 5 bei ihrem zehnten Start eine zu niedrige Bahn, weil durch eine Verbrennungsinstabilität in der Oberstufe eine der beiden Treibstoffkomponenten schneller aufgebraucht wurde. Dadurch sank die Treibstoffausbeute und es blieben Reste der nicht verbrauchten, zweiten Komponente im Tank zurück.

Abbildung 7: Blick auf den Injektor eines F-1 Triebwerks

Gasgenerator und Vorbrenner

Mit der Brennkammer und der Düse ist ein druckgefördertes Triebwerk schon fertig beschrieben. In jeder Brennkammer entsteht durch den Übergang der flüssigen Treibstoffe in die Gasphase und den Temperaturanstieg ein Druck, der Brennkammerdruck. Seine Höhe hängt vom Treibstoffdurchsatz und der Größe der Brennkammer ab. Die Treibstoffe müssen im Injektor gegen diesen Druck eingespritzt werden, also einen höheren Einspritzdruck aufweisen. Bei druckgeförderten Triebwerken steht der Treibstoff in den Tanks unter Druck. Damit die Treibstofftanks, die diesen Tankdruck aushalten müssen, nicht zu schwer werden, arbeiten druckgeförderte Triebwerke mit einem niedrigen Brennkammerdruck. Der Vorteil dieser Technologie ist, dass sie sehr zuverlässig ist, da es nur wenige Fehlermöglichkeiten und wenige bewegliche Teile gibt.

Druckgeförderte Triebwerke wurden im CSM und Mondlander eingesetzt. Sowohl die Triebwerke für den Antrieb wie auch die Lageregelungstriebwerke waren druckgefördert. Daneben werden sie in Oberstufen eingesetzt, bei denen der Schub nicht so wichtig ist. Typischerweise haben druckgeförderte Triebwerke einen Schub von maximal 40 kN. Das Apollo-SPS ist mit 92 kN das schubkräftigste druckgeförderte Triebwerk. Es gibt keine physikalische Grenze für druckgeförderte Triebwerke. Doch die Größe der Brennkammer ist direkt an den Brennkammerdruck gekoppelt – so ist das SPS-Triebwerk des Servicemoduls genauso groß wie das Space Shuttle Haupttriebwerk. Das SSME ist zwanzigmal schubkräftiger, hat aber auch den zwanzigfachen Brennkammerdruck. In der Praxis kann ein Triebwerk maximal so groß werden, wie es Raum im Stufenadapter für die Düse gibt.

Alle anderen Triebwerke müssen den Treibstoff unter Druck setzen, um ihn in die Brennkammer einzuspritzen. Dazu gibt es eine Kette aus drei Komponenten:

Der Gasgenerator oder Vorbrenner liefert das Arbeitsgas für eine Turbine. Diese Gasturbine setzt die thermische Energie des Arbeitsgases in mechanische Energie um, die als Antrieb für eine Pumpe genutzt wird. Diese Pumpe setzt den Treibstoff unter Druck. Oft sitzen Turbine und Pumpe in einem gemeinsamen Gehäuse und werden dann als **Turbopumpe** bezeichnet.

Der **Gasgenerator** ist eine ungekühlte Brennkammer im Kleinen. Damit das funktioniert, wird das Treibstoff-/Oxidatormischungsverhältnis verändert. Es wird eine der beiden Komponenten im Überschuss zugesetzt. Sie kann nicht vollständig verbrennen und wirkt als inerter Stoff, der mit erhitzt wird. So werden die Verbrennungstemperaturen auf 450 bis 700 °C begrenzt. Bei der Kombination Kerosin/Sauerstoff wird meist der Sauerstoff überdosiert, da bei der unvollständigen Verbrennung von Kerosin Graphit entsteht, der sich in Turbine oder Pumpe ablagern kann. Bei der Kombination Wasserstoff/Sauerstoff ist es dagegen der Wasserstoff, da er achtmal weniger als der Sauerstoff wiegt. So wird weniger Treibstoff für den Gasgenerator benötigt.

Die ersten Raketen nutzen für den Gasgenerator eigene Treibstoffe, so die A-4, Redstone und R-7. Sie nutzten die Zersetzung von hochprozentigem Wasserstoffperoxid durch Kaliumpermanganat. Das entstehende Gas hatte von Natur aus eine niedrige Temperatur. Später verwandte man einen Teil der Treibstoffe, wobei die Menge und das Mischungsverhältnis durch den Durchmesser der Zuleitungen zum Gasgenerator vorgegeben sind.

Dieselbe Konstruktion wird auch als **Vorbrenner** bezeichnet. Die Funktion ist die Gleiche. Der begriffliche Unterschied resultiert aus den zwei Möglichkeiten, Triebwerke zu bauen: Gasgeneratoren werden in Nebenstromtriebwerken eingesetzt, Vorbrenner in Hauptstromtriebwerken. Die Begriffe sind historisch gewachsen. „Gasgenerator“ ist ein deutscher Begriff, denn der Gasgenerator wurde erstmals bei der von Braun entwickelten Rakete A-3 eingesetzt. So wurde der Begriff 1:1 in das englische „gas generator“ übersetzt. „Vorbrenner“ dagegen ist die deutsche Übersetzung des englischen Wortes „preburner“. Das Staged-Combustion Hauptstromverfahren das einen Vorbrenner einsetzt, wurde zwar in Deutschland entwickelt, aber von den USA praktisch umgesetzt, die dann die Begriffe einführten. Auch in einem Vorbrenner werden die beiden Treibstoffkomponenten unstöchiometrisch (eine Komponente im Überschuss) verbrannt.

Es gibt einen gewichtigen Unterschied: beim Gasgenerator werden 1 bis 6 Prozent des Gesamttreibstoffs umgesetzt, bei einem Vorbrenner wird eine Komponente ganz oder zum größten Teil verbrannt. Ein Vorbrenner liefert viel mehr Gas und die Turbopumpe kann dadurch sehr hohe Förderleistungen erbringen.

Es gibt zwei Alternativen zum Gasgenerator. Das eine ist der **Expander Cycle**, ein weiteres Hauptstromverfahren. Beim Expander Cycle durchströmt der gesamte Treibstoff zuerst Brennkammer und Düse, kühlt diese und verdampft dabei. Das heiße Gas treibt die Turbine an und wird danach der Treibstoffturbopumpe zur Verdichtung zugeführt. Der Expander Cycle ist nur einsetzbar, wenn der Treibstoff leicht verdampft, wie Wasserstoff oder Methan.

Das Verfahren eignet sich für kleine bis mittelgroße Triebwerke und mittlere Brennkammerdrücke. Die Triebwerkgröße spielt eine Rolle, da für den Wärmeübergang von der Brennkammer auf den Treibstoff die Fläche der Brennkammerwand wichtig ist. Größere Triebwerke haben im Vergleich zum Schub eine kleinere Fläche pro Brennkammervolumen. Der Expander Cycle kann bis maximal 250 kN Schub eingesetzt werden. Das schubstärkste Triebwerk mit Expander Cycle ist das Vinci mit 180 kN Schub. Trotzdem wird das Gas bei dieser Technik nie so heiß wie bei einer Verbrennung. Dadurch ist der Brennkammerdruck begrenzt. Das RL-10, das die Saturn I einsetzte, ist ein Triebwerk mit dem Expander Cycle. Es arbeitet, je nach Version, mit 20,7 bis 44 Bar Brennkammerdruck.

Die zweite Möglichkeit ist, das heiße Gas direkt von der Brennkammer zu beziehen. Schließlich gibt es dort genügend davon. Dieser **Tap-off** oder **Bleed-Cycle** führt eine Leitung von der oberen Brennkammerwand zur Turbine. Dies wurde beim J-2S eingesetzt. An ihm war oben an der Brennkammerwand eine Reihe von Bohrungen angebracht, durch die das Gas in eine, die Brennkammer als Ring umgebende, Leitung einströmen konnte. Verglichen mit den Temperaturen, die ein Gasgenerator erreichen konnte, war das Arbeitsgas mit bis zu 1.090 °C erheblich heißer. Auch das BE-3 Triebwerk von Blue Origin setzt diese Technik ein.

Die hohen Temperaturen des Arbeitsgases erfordert eine genaue Auslegung der Öffnungen zur Brennkammer. Sind sie zu groß, brennt die Konstruktion durch, sind sie zu klein, reicht die Gasmenge nicht für den Antrieb der Turbine aus. Dafür gibt es keine Schubbegrenzung wie beim Expander Cycle. Das J-2S und BE-3 sind die einzigen Triebwerke, bei dem der Bleed Cycle nicht nur untersucht, sondern auch praktisch umgesetzt wurde.

Turbopumpe

Das Gas aus dem Gasgenerator hat durch die hohe Temperatur und die Volumenvergrößerung einen hohen Druck. In der anschließenden **Turbine** wird dieser Druck in mechanische Energie, die Drehung des zentralen Schaftes, umgesetzt. Die Turbine ähnelt einer klassischen Gasturbine, wie sie in jedem Kraftwerk eingesetzt wird, das Strom erzeugt. Ein oder mehrere Rotorblätter mit vielen Turbinenschaufeln werden durch das heiße Gas in Rotation versetzt und treiben die Antriebswelle in der Mitte an. Von der Turbine in einem Kraftwerk unterscheidet sich die Turbine eines Raketentriebwerks vor allem in der Dimension. Die Turbopumpe eines typischen mittelgroßen Triebwerks hat die Größe eines Schuhkartons bei einer Leistung von mehreren Megawatt.

Der rotierende Schaft der Turbine treibt eine **Pumpe** an. Es gibt verschiedene Arten von Pumpen, die wichtigsten sind die Axial- und Radialpumpen. Je nach gewünschten Parametern wählt man die eine oder andere. Verbreiteter sind die Radialpumpen. Sie werden bei den meisten Antrieben verwendet, so beim F-1. Axialpumpen erreichen höhere Rotationsgeschwindigkeiten und werden für die Förderung von Wasserstoff eingesetzt. Wasserstoff hat eine sehr niedrige Dichte und damit ein hohes Volumen. Er verliert zudem durch das Verdampfen bei der Kühlung der Brennkammerwand an Druck. Das J-2 verwandte für den Sauerstoff eine Radial- und für den Wasserstoff eine Axialpumpe.

Eine Pumpe besteht wie eine Turbine aus einem Schaft und Rotorblättern, nur „verkehrt herum" montiert. So übertragen die Blätter Energie auf die Flüssigkeit, die vom Tank kommt. Sie tritt bei Radialpumpen in der Mitte am Schaft ein und wird durch die rotierenden Blätter nach außen hin beschleunigt, wo sie durch die Zentrifugalkräfte mit hohem Druck austritt.

Sind die Anforderungen an die Pumpe für den Treibstoff wie den Oxidator in etwa gleich, so kann man beide Pumpen auf den Schaft der Turbine montieren. Das war beim F-1 (S. 165) so. Benötigt man für eine der beiden Komponenten höhere Leistungen z. B., weil Fördervolumen oder Druck unterschiedlich sind, dann muss man die beiden Pumpen trennen. Die zweite Pumpe wird über ein Übersetzungsgetriebe angetrieben oder es gibt zwei Turbopumpen mit zwei Turbinen. Das ist bei Wasserstoff der Fall, da dann das dreifache Volumen verglichen mit dem Sauerstoff gefördert werden muss. Zudem wird ein höherer Förderdruck benötigt. Oft schaffen Wasserstoffturbopumpen die benötigte Leistung nicht mit einer Stufe. Dann gibt es zweistufige, hintereinander geschaltete Pumpen, bei der eine Pumpe den Druck erhöht und dabei Kavitation reduziert und die zweite Pumpe den Enddruck erreicht.

Das Gas, das die Turbopumpe passiert hat, wird beim Gasgeneratorverfahren oder Nebenstromverfahren nicht in die Brennkammer eingespritzt. Früher entließ man es durch einen „Auspuff" neben dem Treibwerk, so bei den ersten Versionen des H-1 (S. 58). Zudem nutzte man es für verschiedene Zwecke. Man konnte damit eine Pneumatik antreiben, mit der das Triebwerk geschwenkt wird. Es konnte durch Düsen expandiert und zur Lageregelung eingesetzt werden. Eine Rakete mit nur einem Triebwerk benötigt sonst zusätzliche Triebwerke für Korrekturen der Rollachse. Bei dem F-1 und J-2 (S. 110) wurde das Abgas der Turbopumpe nach dem oberen Drittel der Düse durch einen umlaufenden Ring mit Löchern in der Düsenwand in die Düse entlassen. Dort verbannte das Gas noch nach, da es reicher an Sauerstoff als das Abgas der Brennkammer war, und lieferte etwas zusätzlichen Schub. Das war an dem Punkt möglich, bei dem der Druck in der Düse kleiner war als der Druck, den das Gas nach Passage der Turbopumpe noch hatte. In die Brennkammer hätte man es nicht einspritzen können, dafür war der Druck zu gering.

Da eine Pumpe eine um so höhere Leistung braucht, je höher der Brennkammerdruck ist, benötigt man mit steigendem Brennkammerdruck immer mehr Arbeitsgas vom Gasgenerator, damit die Turbine die nötige Leistung liefern kann. Gleichzeitig steigt der spezifische Impuls als wichtiger Parameter für die Effizienz eines Antriebs mit steigendem Brennkammerdruck. Allerdings geschieht das nicht linear. Bildet man den Gesamtimpuls unter Berücksichtigung der Treibstoffmenge, die man für den Gasgenerator braucht und die nicht an der Verbrennung teilnimmt, so gibt es ein Maximum bei etwa 90 Bar Brennkammerdruck.

Staged Combustion Cycle

Will man einen höheren Brennkammerdruck erreichen, ohne die Treibstoffverluste, die beim Gasgeneratorverfahren entstehen, muss man auf das Staged Combustion Verfahren, ein **Hauptstromverfahren** wechseln. Das Gasgeneratorverfahren und das Tap-Off Verfahren sind Nebenstromverfahren. Es gibt einen zweiten Strom, der nicht in der Brennkammer endet, sondern separat entlassen wird. Expander Cycle und Staged Combustion sind Hauptstromverfahren – der ganze Treibstoff gelangt in die Brennkammer.

Beim Staged Combustion Verfahren wird eine Komponente vollständig mit einem Teil der anderen im Vorbrenner verbrannt. So wird viel mehr Gas und ein höherer Druck als beim Gasgeneratorverfahren erzeugt. Die LOX-Turbopumpe des SSME hält mit 521 Bar für den Sauerstoff nach Passage der Pumpe den Rekord. Die Gasmenge wird nach Passage der Turbopumpe zusammen mit dem Rest der zweiten Komponente in die Brennkammer eingespritzt. Russland entwickelte bereits in den sechziger Jahren Triebwerke nach dem Hauptstromverfahren. Sie werden heute auf der Proton, Zenit und Atlas V eingesetzt. Die USA entwickelten das SSME (**S**pace **S**huttle **M**ain **E**ngine) nach diesem Verfahren. Es basiert auf einem deutschen Patent von MBB. Das BE-4, das die New Glenn und Vulcan antreibt, ist das zweite US-Triebwerk nach dem Staged Combustionverfahren. Bei der Verbrennung von Sauerstoff und Wasserstoff, wie beim SSME, wird Wasserstoff im Überschuss im Vorbrenner verbrannt, bei der Kombination Sauerstoff mit Kerosin oder Methan dagegen der Sauerstoff.

Neben der Effizienz erlaubt der hohe Brennkammerdruck von 150 bis 220 Bar auch kleinere Triebwerke. Sie sind trotz des höheren Drucks leichter als Nebenstromtriebwerke mit demselben Schub. Die NK-Triebwerke der N-1 (S. 307) arbeiten nach dem Staged Combustion Verfahren.

Für Erststufentriebwerke ist wichtig, das durch den höheren Brennkammerdruck eine längere Düse möglich ist. Damit ist der spezifische Impuls nicht nur im Vakuum, sondern auch auf Meereshöhe größer. Oberstufentriebwerke können bei gleichem verfügbaren Platz im Stufenadapter längere Düsen einsetzen, welche den Treibstoff effizienter nutzen.

Schubregelung und Mischungsverhältnis

Die meisten Raketentriebwerke arbeiten mit einem Arbeitspunkt, also konstanten Leistungen. Der Schub und der Brennkammerdruck sind konstant, ebenso die Parameter der Pumpen wie Umdrehungszahl und Leistung. Beim Apollo Mondlander war dies nicht ausreichend. Das Triebwerk bremste den Mondlander anfangs um 3 m/s² ab. In der Endphase der Landung, wenn das Gewicht durch den verbrauchten Treibstoff auf die Hälfte gesunken war, wären es dann 6 m/s² gewesen. Doch die Mondgravitation beträgt nur 1,66 m/s². Durch den hohen Schub war es nicht möglich, über die Oberfläche zu schweben, um einen Landeplatz auszuwählen und anzufliegen. Der Schub musste reduzierbar sein.

Das Mondlandertriebwerk hatte als erstes Triebwerk die Fähigkeit zur Schubregulation. Dies ist bei einem druckgeförderten Triebwerk sehr einfach. Der Schub eines Triebwerks wird reguliert, indem Verbrennungsdruck oder Treibstoffzufluss gesenkt werden. Bei einem druckgeförderten Triebwerk reichen dazu Ventile, welche die Treibstoffmenge für die Brennkammer reduzieren. Dann sinkt automatisch der Stoffumsatz und dadurch der Brennkammerdruck. Bei einem Triebwerk mit Turbopumpe wird der Zufluss zum Gasgenerator oder Vorbrenner reduziert. Als Folge hat die Turbine eine kleinere Leistung und die Turbopumpe erreicht einen niedrigeren Förderdruck, der wiederum den Brennkammerdruck absinken lässt.

Im Schub regulierbare Triebwerke setzt man ein, wenn eine Erststufe eine vergleichsweise kleine Zweitstufe hat (und meist keine dritte Stufe). Dann kann es am Ende der Brennzeit zu einer sehr hohen Beschleunigung kommen. Dann fährt man das Triebwerk im Schub herunter. Beispiele sind die Triebwerke der Atlas V und Falcon 9. Die Schubsenkung wurde auch beim Space Shuttle eingesetzt. Dort war die Intension, die Beschleunigung auf 3 g zu begrenzen, um die Belastung für die Passagiere zu verringern.

Der Nachteil des Verfahrens ist, das der spezifische Impuls absinkt, wenn der Brennkammerdruck absinkt.

Mit Ausnahme von monergolen Triebwerken, bei den keine Verbrennung stattfindet, sondern ein chemisch instabiler Stoff zersetzt wird, setzen alle Raketentriebwerke zwei Komponenten ein, den Verbrennungsträger (vom Laien Treibstoff genannt) und den Oxidator. Dadurch ergibt sich die Möglichkeit, das Mischungsverhältnis dieser beiden Anteile zu verändern. Im Normalfall ist ein Triebwerk auf ein konstantes Mischungsverhältnis ausgelegt. Es kommt aber mit kleineren Schwankungen zurecht. Bei einem Triebwerk ergibt sich das Mischungsverhältnis aus mehreren Faktoren, die wichtigsten sind der Ausgangsdruck in dem Tank, die freie Fläche der Treibstoffleitungen und die Leistungen der Turbopumpen.

Bei den meisten Triebwerken wird das Mischungsverhältnis nicht verändert. Eine Ausnahme war das J-2 (S. 110). Es konnte mit einem Mischungsverhältnis von 1:4,5 bis 1:5,5 betrieben werden. Bei der Veränderung des Mischungsverhältnisses bleibt der Fluss einer Komponente konstant. Beim J-2 war dies der Wasserstoff. Der Fluss der anderen Komponente ist variierbar. Es gibt dazu mehrere Möglichkeiten. Beim J-2 gab es ein Bypass-Ventil, das einen Teil des Sauerstoffs nach Passage der Turbopumpe wieder zu dem Punkt vor der Turbopumpe leitete. Je nachdem, wie stark dieses Ventil geschlossen wurde, passierte eine kleine oder große Menge an Sauerstoff diesen Weg und gelangte nicht in die Brennkammer.

Mit der Veränderung des Mischungsverhältnisses schwanken Schub und der spezifische Impuls eines Antriebs.

In der Endphase des Betriebs nutzen einige Raketen eine leichte Anpassung des Mischungsverhältnisses, um beide Treibstoffe möglichst synchron zu verbrauchen. So verbleiben nur kleine Mengen einer Komponente, wenn die andere verbraucht ist und das Abschaltsignal generiert. Dazu dienen Sensoren im untersten Teil des Tanks, die über die Restmenge informieren. Die Regulation erfolgt, indem das Hauptventil für eine der beiden Komponenten teilweise geschlossen wird, sodass die Durchflussrate dieses Teils geringer ist.

Bei Triebwerken, die Wasserstoff als Verbrennungsträger nutzen, verzichtet man oft auf die Variation des Mischungsverhältnisses und füllt die Tanks mit einem Wasserstoffüberschuss. Das Gewichtsverhältnis von Wasserstoff zu Sauerstoff bei der Verbrennung beträgt zwischen 4,5 und 6 zu 1. Bei den Volumina sogar 16 zu 1. Man kann damit leben, das Triebwerk abzuschalten, wenn der Sauerstoff verbraucht wurde, auch wenn es noch Restmengen an Wasserstoff in den Tanks gibt.

Ein zweiter Grund ist, dass man so Verdampfungsverluste ausgleichen kann. Wasserstoff verdampft durch seine niedrigere Temperatur und geringe Dichte viel schneller als flüssiger Sauerstoff. Wasserstoff im Überschuss wurde bei den S-IVB und S-II zugeladen (siehe Tabelle S. 204), Kerosin bei der S-IB.

Abbildung 8: Querschnitt durch die F-1 Turbopumpe

Zündung

Ein Triebwerk muss gestartet werden. Dafür gibt es mehrere Methoden. Am einfachsten geht dies, wenn sich Oxidator und Treibstoff spontan bei Kontakt entzünden. Man spricht von **hypergolischen** Treibstoffen. Das ist der Fall, wenn man Salpetersäure oder ihr Anhydrid (wasserfreie Form) Stickstofftetroxid mit Hydrazin oder von Hydrazin abstammenden Derivaten verbrennt. Diese Treibstoffe sind bei Raumtemperatur flüssig und können leicht gelagert werden. Daher werden sie für den Antrieb von Satelliten eingesetzt. Im Apolloprogramm arbeiteten alle RCS-Triebwerke der Saturn und des Apollo-Raumschiffs mit diesen Treibstoffen. Außerdem auch die Hauptantriebe von Servicemodul und Mondlander.

Ist die Kombination nicht selbstentzündlich, wie Kerosin/Sauerstoff oder Wasserstoff/Sauerstoff, dann gibt es mehrere Möglichkeiten zur Entzündung. Man kann eine hypergol mit Sauerstoff reagierende Substanz zusetzen. Das ist z. B. Triethylaluminat (TEA). Das kann durch zusätzliches Einspritzen erfolgen. Man kann auch TEA in die Rohrleitungen einbringen. Die umgebende Membran wird gesprengt, wenn der Druck in den Leitungen ansteigt und TEA durchmischt sich mit dem Kerosin. Das Kerosin wird dadurch hypergol. Die separate Einspritzung erlaubt mehrere Zündungen. Doch bei Wasserstoff können hypergole Substanzen nicht eingesetzt werden. Für die Zündung müssen sie sich mit dem Wasserstoff vermischen. Doch flüssiger Wasserstoff ist so kalt, das sie dabei zu Eis gefrieren würden.

Ein Triebwerk kann elektrisch durch einen Zündfunken oder eine Zündfackel entzündet werden. Das funktioniert ähnlich wie eine Zündkerze in einem Ottomotor. Ganz neu ist die Entzündung durch einen Laser. In beiden Fällen wird das Stoffgemisch regional auf eine Temperatur gebracht, bei der es sich spontan entzündet.

Speziell für Gasgeneratoren haben sich Feststoffkartuschen eingebürgert. Das sind schnell abbrennende Feststofftreibstoffe, wie sie in Feststoffraketen eingesetzt werden. Sie erzeugen nicht nur heißes Gas, das den Treibstoff mitentzündet. Sie bieten auch den Vorteil, dass sie in Sekundenbruchteilen viel Gas erzeugen, welches die Turbine anlässt und die Turbopumpe startet. Da man jede Kartusche nur einmal einsetzen kann, hatte das J-2S Triebwerk (S. 236) drei dieser Kartuschen, jeweils mit eigenem elektrischen Zünder und Zugang zum Gasgenerator.

Das Anlassen eines Triebwerks mit aktiver Förderung ist ein komplexer Prozess. Dies wird deutlich, wenn man betrachtet, wie viele Subsysteme aufeinander abgestimmt werden müssen: der Gasgenerator muss Arbeitsgas für die Turbine liefern und diese wiederum den Treibstoff fördern. Gleichzeitig müssen die Ventile der Hauptleitungen geöffnet werden. Ohne geförderten Treibstoff würden die Pumpen beim Hochlaufen so hohe Drehzahlen erreichen, dass es zu ihrer Zerstörung kommt. Gleichzeitig soll eine Bildung eines explosiven Gemischs in der Brennkammer verhindert werden, die Zündung soll „sanft“ erfolgen.

Die A-4 hatte die erste Lösung für diese Aufgabe. Es war die Vorzündung. Der Gasgenerator wurde separat gestartet. Zuerst wurde von einem Starttank Alkohol, der Verbrennungsträger, gefördert. Erst danach wurden die Ventile zum Alkoholtank geöffnet. Der Starttank stand unter Druck und konnte dadurch die Turbine starten. Der flüssige Sauerstoff, der aus dem Haupttank hinzukam, startete den Gasgenerator und so kam das Triebwerk auf Touren. Solche Starttanks hatten viele Trägerraketen der Fünfziger Jahre, unter anderem die Redstone und die Europarakete. Als die Saturn V entwickelt wurde, gab es eine bessere Lösung: Die Öffnung der Ventile eines Systems startete das nächste System. Dazu gab es an den Ventilen Schalter. Wurde beim Öffnen eines Ventils eine bestimmte Stellung überschritten, öffneten sich andere Ventile. Federn verhinderten, das die Startposition zu schnell erreicht wurde. Die Vorgänge beim Start erfolgen trotzdem so schnell, dass ein Computer zu dieser Zeit überfordert gewesen wäre.

Beim J-2 Triebwerk gab es wieder einen Starttank. Die Ursache lag in der Wasserstoffpumpe. Sie hatte eine viel höhere Drehzahl als die Sauerstoffpumpe und das Startgas brachte sie schnell auf ihre Nenndrehzahl.

Das F-1 hatte eine komplexe Zündsequenz. Diese und die Tatsache, dass die Triebwerke der S-IC nicht gleichzeitig, sondern nacheinander gezündet wurden, führten dazu, dass 8,9 s zwischen Beginn der Zündsequenz und Abheben vergingen. Bei anderen Triebwerken, die Sauerstoff/Kerosin verbrannten, war diese Sequenz mit 3 bis 4 Sekunden deutlich kürzer.

Die Zündsequenz begann 8,9 s vor dem Abheben mit dem Schließen des Ventils, das die Hydraulikflüssigkeit wieder zurück zur Startbasis leitete, dem Abschalten der Heizelemente der Turbopumpe und das Anlegen von 500 V an die pyroelektrischen Zünder, die dadurch gezündet wurden. Zwei befanden sich in der Erweiterung der Düse und zwei im Gasgenerator. Sie brannten bis zum Abheben der Saturn. Die Flammen brachten Kupferdrähte in den Zündern zum Schmelzen und der dadurch ausbleibende Stromfluss öffnete das Triebwerkskontrollventil. Es lenkte Hydraulikflüssigkeit zu den beiden Sauerstoffkontrollventilen, die sich nun öffneten. Sauerstoff strömte durch die LOX-Pumpe und fuhr so die Turbopumpe auf niedrige Drehzahlen (etwa 700 bis 1.000 U/Min) hoch. Der erste flüssige Sauerstoff, der auf die viel wärmere Pumpe traf, verdampfte und das Gas verstärkte die Förderleistung. Der Sauerstoff gelangte in die Brennkammer, doch ohne Kerosin konnte noch kein Feuer entstehen.

Sobald das Ventil durch die Hydraulikflüssigkeit um 16,4 Prozent geöffnet war, öffneten Hebel am Ventil das Kugelventil zum Gasgenerator. Kerosin und Sauerstoff strömten in den Gasgenerator. Die Menge und das Verhältnis wurden durch den Durchmesser der Leitungen vorgegeben. Da dort schon die Zündung aktiv war, verbrannten beide zu einem Arbeitsgas, das die Turbine schneller auf Touren brachte. Dadurch stieg der Förderdruck rapide an. Das Abgas der Turbine floss an einem Wärmetauscher vorbei, wo es flüssigen Sauerstoff verdampfte. Der wurde in den Sauerstofftank geleitet und hielt den Tankdruck konstant. Schließlich kam das Abgas des Gasgenerators in den Ring, der die Düse umgab. Dieser Ring war mit Kerosin gefüllt worden und so bildete sich eine brennbare Mischung, die durch die Zünder im Düsenring entzündet wurde. Das Triebwerk hatte an dieser Stelle gezündet.

Der ansteigende Druck in den Leitungen durch die Tätigkeit der Turbopumpe öffnete ein weiteres Ventil, sobald ein Grenzwert überschritten war. Das dauerte etwa zwei bis drei Sekunden. Federn verhinderten, das es zu schnell ging. Das Ventil gab den Weg frei zu dem chemischen Zünder, Triethylaluminat (TEA) und Triethylboran (TEB) in einem Diaphragma. Das Diaphragma riss durch den Druck in den Leitungen und TEA/TEB strömten in den Injektor, wo es sich mit dem schon einströmenden LOX entzündete. Das Reißen der Diaphragmas brachte das von einer Feder bisher geschlossen gehaltene Ignition-Control-Ventil zum Öffnen. Solange es offen war, und das setzte einen genügend hohen Druck in den Leitungen voraus, leitete es Hydraulikflüssigkeit zu den beiden Hauptventilen am Kerosineinlass zum Triebwerk. Das öffnete die Hauptventile des Kerosins. Nun konnte auch das Kerosin in die Brennkammer strömen, wo die Verbrennung durch das TEA schon in Gang gekommen war. Der Schub stieg rasch an, um schließlich 80 Prozent des Normalschubs zu erreichen. Der Schub war in dieser Phase begrenzt, weil die Brennkammer mit Ethylenglykol getränkt war. Das war zum einen eine Kühlung. Zum anderen verbrannte zuerst eine Ethylenglykol-Wassermischung, die weniger Energie lieferte, als die Verbrennung des Kerosins. Sobald der Schub über die 90 Prozent Grenze stieg, schloss er als letzte Aktion das Ventil zur Hydraulikflüssigkeitsversorgung der Basis. Nun war das Triebwerk auf sich alleine gestellt. Es dauerte rund 6 Sekunden, bis ein Triebwerk hochgelaufen war.

Die Triebwerke wurden nicht gemeinsam gezündet, sondern in einem zeitlichen Abstand von 0,25 bis 0,3 Sekunden. Zuerst das zentrale Triebwerk 5, dann die beiden Diagonal gegenüberliegenden Triebwerke 2 und 4 und dann die beiden restlichen 1 und 3. Das addierte eine weitere halbe Sekunde zu der Sequenz. Am Schluss wurden alle Triebwerke mindestens 1 Sekunde lang (beim zentralen Triebwerk bis zu 2 Sekunden) lang betrieben, bis die Freigabe der Halteklammern erfolgte. Gab es eine Störung, z. B. ein hängendes Ventil oder Verbrennungsinstabilität, würde dies den Druck in den Leitungen beeinflussen und die Ventile zum Kerosin schließen. Die dadurch zurückgehende Verbrennung in der Brennkammer würde auch die Ventile zum Sauerstoff schließen.

Die gesamte Kontrolle des Starts erfolgte ohne aktive Steuerung durch den Bordrechner der **I**nternal **U**nit IU. Die IU musste nur zu einem vorgegebenen Zeitpunkt ein Signal, das alle Triebwerke vollen Schub hatten, überprüfen und die Halteklammern freigeben. Entweder die Saturn V hatte dann vollen Schub und hob ab, oder die Triebwerke wurden nun wieder von der IU abgestellt.

Natürlich verbrauchte das Hochlaufen Treibstoff. Das war mit einkalkuliert worden. Es waren zwischen 26.434 kg (Apollo 15) und 39.880 kg (Apollo 9) Treibstoff. Die meisten Missionen verbrauchten 32 bis 33 t Treibstoff vor dem Abgeben. Der Startschub bei den letzten Exemplaren betrug 34.020 kN. Die schwerste Saturn V war die von Apollo 16, die beim Start 2.965.291 kg wog. Die Startbeschleunigung hätte also nur 11,47 m/s² betragen, wenn kein Treibstoff verbraucht würde. Mit 32 t verbrauchtem Treibstoff steigt sie auf 11,60 m/s². Nicht viel, denn nach Abzug der Erdgravitation bleiben davon nur 1,79 bzw. 1,66 m/s² übrig. So entsteht durch den verbrauchten Treibstoff schon eine um 8 Prozent höhere Nettobeschleunigung. Trotzdem war die Beschleunigung anfangs sehr niedrig. Normal war damals bei Raketen, die flüssigen Treibstoff nutzten, eine Beschleunigung von anfangs 1,25 g, das sind 12,26 m/s².

Etwas anders verlief das Hochlaufen des J-2. Das lag primär an der Verwendung von flüssigem Wasserstoff. Flüssiger Wasserstoff verdampft schnell. Er ist nur zwischen -252 und -259 °C flüssig. Das hat einige Auswirkungen. Er soll nicht verdampfen, bevor er das Triebwerk erreicht. Geschieht dies in der Turbopumpe, können die entstehenden Gasblasen die Rotorblätter beschädigen, wenn sie kollabieren. Auch bei der Brennkammerkühlung führt gasförmiger Wasserstoff weniger Wärme ab als flüssiger. In der Brennkammer erreicht die Verbrennung eine höhere Temperatur als mit Kerosin. Gleichzeitig ist durch die geringe Dichte des Wasserstoffs das Fördervolumen dreimal größer als bei Sauerstoff. Die Wasserstoffturbopumpe muss viel schneller rotieren. Sie braucht dadurch länger, um ihre Nenndrehzahl zu erreichen.

Das J-2 wurde bis zur Zündung gechillt (vorgekühlt), eine bei Triebwerken, die Wasserstoff verbrennen, übliche Vorgehensweise. Dabei durchströmt gasförmiger Wasserstoff, der in den Tanks durch Verdampfen entsteht, das Triebwerk und tritt durch den Injektor aus. Kurz vor dem Zünden wird flüssiger Wasserstoff aktiv durch das Triebwerk gepumpt. Er kühlt die Turbopumpe und das Triebwerk. Mit Zündkommando der IU wurden nicht nur die Zündfunken in Gasgenerator und Triebwerk aktiviert, sondern auch ein Ventil zur Heliumdruckgasflasche geöffnet. Der Druck des Heliums schloss die Ventile für den gasförmigen Wasserstoff zum Vorkühlen des Triebwerks. Es gab für dieses Heliumdruckgas als Absicherung einen Ersatztank, der ausreichte, den nötigen Druck für die Pneumatik aufzubringen. Das Chillen fing in der Startbasis an, nur wurde dort anstatt des brennbaren Wasserstoffs genauso kaltes Helium verwendet.

Weiterhin öffnete der Druck des Heliums ein Bypassventil der LOX-Turbopumpe. Solange dieses Ventil offen war, wurde ein Teil des LOX-Stroms an der Turbine vorbei geführt. Mit dem Helium wurden auch der Gasgenerator und die Leitungen vom Sauerstofftank gespült.

Mit dem Zündkommando startete ein Zeitgeber für das **S**tart **T**ank **D**iscarde **V**alve (STDV). Ziel war es, vor der Zündung dem Wasserstoff genügend Zeit zu geben, das Triebwerk weiter abzukühlen (vorher war es verdampfender Wasserstoff aus dem Tank abgekühlt worden. Nun wurde flüssiger Wasserstoff durch die offenen Leitungen geleitet, also eine viel größere Menge, die entsprechend besser kühlte).

Die Zeit für das Vorkühlen variierte abhängig vom Startzeitpunkt. Die S-II Triebwerke wurden 3 Minuten nach dem Start gezündet. Sie waren vorher schon so weit heruntergekühlt, dass der Zeitgeber 1 Sekunde Verzögerung hatte. Beim ersten Start des J-2 der S-IVB waren dagegen schon fast 9 Minuten vergangen – der Zeitgeber lief über drei Sekunden. Und für die Wiederzündung war das Triebwerk über mindestens einem Orbit sich alleine überlassen und konnte sich erwärmen. Hier betrug die Zeitdauer acht Sekunden.

Zuletzt wurde das Hauptventil für den Wasserstoff langsam geöffnet. Außerdem öffnete sich ein Ventil, das Sauerstoff zum **A**ugmated **S**parc **I**gniter (ASI) leitet. Dieser Zünder befand sich im Injektor und sollte gewährleisten, dass sich am Injektor eine saubere Verbrennung etablierte.

Nun zündete am Injektor der ASI und verbrannte den Fluss von Sauerstoff und Wasserstoff. Damit verhinderte er, dass sich ein Knallgasgemisch in der Brennkammer bildete. Noch liefen aber die Turbopumpen und der Gasgenerator nicht.

Sobald das Hauptventil zum Wasserstoff 90 Prozent der Endposition erreicht hatte, schaltete es den Weg des Heliumdruckgases zu einem anderen Ventil frei. Dieses kontrollierte die Operation des STDV. Wenn der Zeitgeber des STDV ablief, prüfte er, ob das Kontrollventil offen war und war dies der Fall, dann konnte das eigentliche Hochfahren beginnen.

Das Ablaufen des STDV-Zeitgebers bei offenem Kontrollventil öffnete das Ventil des Starttanks. Er entleerte seinen Inhalt in die Leitungen zu den Turbinen. Diese begannen sich durch den Gasfluss zu drehen. Die Sauerstoffpumpe lief, wegen des weiterhin aktiven Bypass-Ventils, noch mit langsamer Drehzahl.

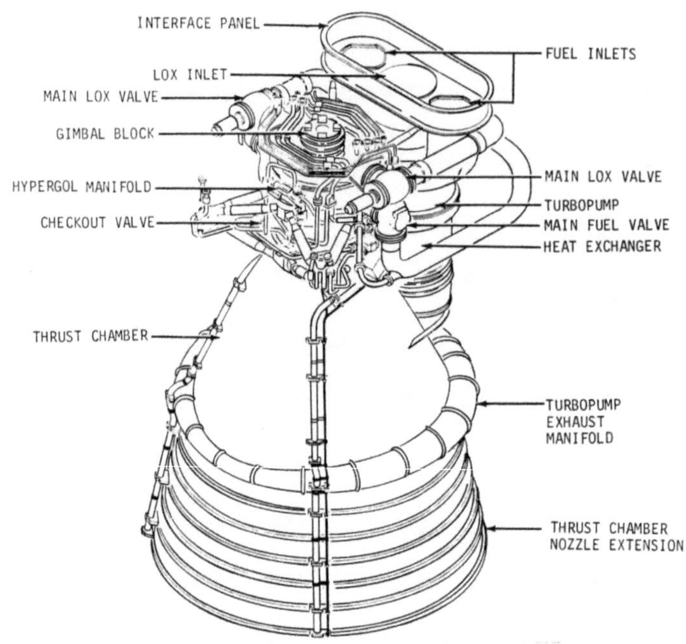

Abbildung 9: Aufbau des F-1 Triebwerks

Erst jetzt wurde das Hauptventil vom Sauerstofftank geöffnet. Das ähnlich wie das Ventil beim Wasserstofftank eine komplexe Sequenz auslöste. Zuerst öffnete es die Leitungen des Sauerstoffs zum Gasgenerator. Gleichzeitig schloss das sich öffnende Sauerstoffventil das Bypassventil. Der Gegendruck durch das Heliumdruckgas verhinderte, das dies nicht zu schnell geschah.

LOX und Wasserstoff strömten in den Gasgenerator und wurden von den zwei schon arbeitenden Zündfackeln entzündet. Das entstehende Arbeitsgas trieb die Turbinen an, die nun den Förderdruck drastisch erhöhten. Sobald beide Komponenten die Brennkammer erreichten, wurden sie durch den ASI entzündet. Weiter unten in der Brennkammer gab es zwei weitere Zünder. Der Schub stieg an. Wenn er den vorgegebenen Nominalschub erreichte, ergab dies ein Signal für die IU, welche eine OK-Leuchte in der Kommandokapsel zum Leuchten brachte. Die Zünder in Gasgenerator und Triebwerk wurden durch Zeitgeber abgeschaltet.

Das J-2 startete für ein Raketentriebwerk relativ langsam. Es brauchte 1,5 Sekunden, um vom 10 auf das 80-Prozent-Schublevel zu kommen. Doch diese Dauer war konstant und wiederholbar und bereitete daher auch bei der Bündelung von fünf Triebwerken in der S-II keine Probleme.

Abschalten

Verglichen mit dem Zünden des Triebwerks ist das Abschalten relativ einfach. Ähnlich wie bei einem Düsentriebwerk oder einem Benzinmotor stoppt die Verbrennung, wenn man die Treibstoffzufuhr abstellt. Es gibt jedoch einen Unterschied: Ein Raketentriebwerk verbrennt nicht nur Treibstoff, es wird auch Oxidator ins Triebwerk gefördert.

Flüssiger Sauerstoff ist durch die hohe Konzentration (die Flüssigkeit ist rund 780-mal dichter als gasförmiger Sauerstoff) und das Fehlen von Stickstoff um ein vielfaches aggressiver als Luft. Das Feuer bei Apollo 1, durch reinen gasförmigen Sauerstoff verursacht, zeigte die chemische Aggressivität von Sauerstoff. Schließt man das Hauptventil zur Sauerstoffzufuhr erst nach dem Kerosin-Ventil, wären die Folgen dramatisch. Der flüssige Sauerstoff würde in den durch die vorherige Verbrennung heißen Gasgenerator gelangen, verdampfen und als Gas die Turbine antreiben. Die Turbopumpe würde den flüssigen Sauerstoff mit Hochdruck in die Brennkammer fördern. Ohne aktive Kühlung durch das Kerosin würde die Brennkammer selbst zu brennen anfangen: Eisen und Stahl verbrennen mit Sauerstoff. Geschieht dies langsam, so bildet sich Rost. Doch wie jeder von Wunderkerzen weiß, kann Eisen auch ziemlich schnell verbrennen.

Die Folge wäre eine Explosion des Triebwerks, die dann den Tank beschädigen könnte und zur Explosion der Stufe führen kann. Speziell bei Triebwerken mit Wasserstoff als Verbrennungsträger kann auch die Wasserstoffturbopumpe explodieren. Sie ist wegen der höheren Drehzahlen meist unabhängig von der Sauerstoffturbopumpe. Ohne Fördermedium, aber immer noch angetrieben durch die Turbine, kann die Drehzahl so weit ansteigen, dass die Rotorblätter durch die Zentrifugalkraft reisen und das Gehäuse sprengen.

Daher wird bei einem Triebwerk zuerst das Ventil zur Hauptleitung für den Sauerstoff geschlossen. Dagegen kann der Verbrennungsträger Kerosin oder Wasserstoff noch kurze Zeit weiter die Maschinerie durchlaufen. Wasserstoff hat eine so niedrige Temperatur, das er im Gasgenerator und beim Durchlaufen der Kühlkanäle verdampft. Dadurch arbeitet die Turbine mit geringer Leistung weiter und fördert weiter Wasserstoff ins Triebwerk. Ohne Sauerstoff kommt die Verbrennung zum Erliegen. Die Temperaturen im Triebwerk sinken. Es gibt durch die Gase noch einen kleinen Restschub, bis kurze Zeit nach dem Sauerstoff auch das Wasserstoffventil geschlossen wird.

Bei Kerosin gibt es den gleichen Effekt, allerdings in abgeschwächter Form. Kerosin hat einen höheren Siedepunkt. Dennoch verdampft im ungekühlten Gasgenerator ein Teil, ebenso in der heißen Brennkammer und der Düse. Das erzeugt in beiden Fällen einen kleinen Restschub. Beim F-1 wurde zuerst das LOX-Ventil zum Gasgenerator geschlossen, damit kam im Gasgenerator die Verbrennung zum Erliegen. Die Turbine verlor an Rotationsgeschwindigkeit und die Förderdrücke der Turbopumpe sanken. Damit sank auch der Schub. Kurz darauf wurde das Hauptventil zum Sauerstoff geschlossen. Damit gelangte nur noch Kerosin in die Brennkammer, die Verbrennung kam zum Erliegen. Zuletzt wurde das Kerosinhauptventil geschlossen und damit war das Triebwerk abgeschaltet. Diese Sequenz dauerte bei der S-IC 0,7 s und addierte noch 10 m/s zusätzliche Geschwindigkeit. Dieser Restschub war bei den Saturn der Grund, warum man in den unteren Stufen Retroraketen einsetze, um sie abzubremsen.

Es gibt zu den Retroraketen Alternativen. So kann man überdimensionale Federn einsetzen, um die Stufen zu trennen. Dann muss man mit der Stufentrennung warten, bis der Restschub abgeklungen ist. Tut man dies nicht, so können die Stufen kollidieren, so geschehen beim dritten Falcon 1 Start.

Die Treibstoffe werden bei Raketen niemals vollständig verbraucht. Man will die Beschädigung der Triebwerke durch völliges Verbrauchen des Verbrennungsträgers, im englischen gerne als „Oxygen-rich Shgutdown“ verharmlost, verhindern. Oft ist das Gesamtsystem so ausgerichtet, dass es der Sauerstoff ist, wenn es zum vorzeitigen Verbrauch einer der beiden Komponenten kommt.

Falls das Abschalten zum richtigen Zeitpunkt nicht funktioniert, fördert das Triebwerk nur noch Kerosin oder Wasserstoff und es kann nicht zu einer Katastrophe kommen. Vor allem bei Wasserstoff als Verbrennungsträger ist die Gewichtsbilanz günstiger. Wasserstoff hat nur ein Vierzehntel der Dichte von Sauerstoff. Da man Restvolumina misst, ist es günstig, den gesamten Sauerstoff zu verbrauchen, auch wenn noch größere Mengen an Wasserstoff vorhanden sind. Bei Kerosin ist der Gewichtsvorteil kleiner, aber immer noch gegeben. Bei allen Stufen der Saturn V blieb daher vom Verbrennungsträger mehr übrig, als dies bei der stöchiometrischen Verbrennung der Fall wäre (siehe Tabelle S. 204 ff).

Je nach Stufe wurde bei der Saturn V unterschiedlich viel Aufwand betrieben, um die Restmenge zu minimieren. Den größten Aufwand betrieb man bei der Atlas-ICBM, die ohne zweite Stufe auskommen musste. Mittels Sensoren, welche den Füllstand der Tanks maßen, wurde das Mischungsverhältnis von Kerosin und Sauerstoff für die Brennkammer angepasst, sodass beide Tanks nahezu gleichzeitig entleert wurden. Typisch blieben weniger als 0,3 Prozent des Treibstoffs in den Tanks. Das klingt nach wenig, doch die 300 kg Resttreibstoff entsprachen einem Achtel der Masse, welche die Atlas zu diesem Zeitpunkt noch hatte.

Wenn man von einem „Ausbrennen" spricht, dann ist das nicht wörtlich zu nehmen. Vielmehr ist die Treibstoffmenge unter ein Level gefallen, das ein automatisches Abschalten verursacht, Dagegen ist das Abschalten (Shutdown) nicht von der Treibstoffmenge abhängig, sondern von einem anderen Ereignis wie dem Erreichen einer vorgegebenen Geschwindigkeit.

Das Signal für das Abschalten kann durch den Bordcomputer erfolgen, üblicherweise, wenn eine vorgegebene Geschwindigkeit erreicht ist. Das Ausbrennsignal kommt von Sensoren in den Tankböden, die signalisieren, dass die Treibstoffe fast verbraucht sind. Daneben verfügen viele Triebwerke über eine Notabschaltung. Diese kann ohne Elektronik erfolgen. Dazu war bei den Triebwerken der Saturn ein Drucksensor in den Hauptreibstoffleitungen nötig. Er war mit dem Hauptventil für Oxidator und Treibstoff verbunden. Sobald der Brennkammerdruck den Sollwert erreicht, wird er aktiviert. Fällt danach der Druck in den Leitungen durch eine Störung ab, schaltet er das Triebwerk automatisch ab, indem er die Treibstoffzufuhr schließt. Beim Space Shuttle wurde so ein Shutdown einmal irrtümlich nach dem Abheben (Mission STS 51F) und weitere sechs Male bei der Zündung ausgelöst.

Wie man sieht, kann bei einem Triebwerk ein Großteil der Regelung rein mechanisch oder pneumatisch erfolgen. Es muss nicht von einem Computer überwacht werden – den es bei den ersten Trägerraketen ohnehin nicht gab. Erst beim Space Shuttle kam die dauernde Überwachung der Triebwerke und Anpassung des Betriebs auf, wobei dies auf eine Notabschaltung beschränkt war. Geplant waren für die Flottenrenovierung leistungsfähigere Signalprozessoren, die das Frequenzspektrum der Triebwerke analysierten. Vor einer Notabschaltung hätten sie den Schub heruntergefahren, um die Belastung zu reduzieren. Doch dazu kam es nie. Auch die IU der Saturn V, die beim Start SA-502 versehentlich ein zweites Triebwerk abschaltete, tat dies erst, als sich das Triebwerk bereits selbst abgeschaltet hatte.

Abbildung 10: Rückseite des J-2 mit den Turbopumpen und Heliumflaschen

Abbildung 11: J-2 Triebwerk mit dem Starttank und der Einspritzung von Abgas in die Düse

Saturn I

Die Entwicklung der Saturn I begann bereits vor dem Mondprogramm. Im April 1957 begann das US-Militär mit Studien für Trägerraketen mit einer Nutzlast von 10.000 kg in den niedrigen Erdorbit und 3.000 bis 6.000 kg für einen Fluchtkurs. Dies war eine enorme Steigerung, verglichen mit den bis dahin verfügbaren Trägerraketen. Die Atlas, die noch in der Entwicklung war, besaß als größte US-Trägerrakete nur eine Nutzlastkapazität von 1.400 kg in den unteren Erdorbit. Federführend bei der Entwicklung war die ABMA, die **A**rmy **B**allistic **M**issile **A**gency im Redstone Arsenal der Army in Huntsville Alabama. Dort erarbeiteten Fachleute unter der Leitung von Wernher von Braun das Konzept für die Saturn Trägerraketen. 1961 wurde die ABMA in die NASA eingegliedert und umbenannt in **M**arshall **S**pace **F**light **C**enter (MSFC).

Die Planung im Dezember 1957 ging von vier Triebwerken des Typs E-1 mit 1.600 kN Schub in der ersten Stufe aus, die einen höheren Schub als die bisher verfügbaren Triebwerke hatten. Der Wechsel im September 1958 auf acht Triebwerke mit geringerem Schub reduzierte das Risiko, da so der Entwicklungssprung kleiner gehalten werden konnte. Das geplante Triebwerk konnte aus Triebwerken der 700-kN-Klasse, welche die Thor, Jupiter und Atlas antrieben, entwickelt werden. An 11.9.1958 bekam Rocketdyne den Auftrag, das H-1 Triebwerk aus dem S3D der Jupiter zu entwickeln.

Im November 1958 wurde die Entwicklung der ersten Stufe, der Saturn S-I genehmigt. Die Rakete hieß damals noch „Juno V“. Die Juno I+II waren die in der Raumfahrt eingesetzten Versionen von Redstone und Jupiter. „V“ sollte den Entwicklungssprung zu den beiden eingesetzten Versionen Juno I und II zeigen. Schon im Dezember 1958 fand der erste Test eines H-1 Triebwerks statt.

Wernher von Braun gab der Rakete einen neuen Namen. Nach dem letzten militärischen Modell „Jupiter“, das er entwickelt hatte, sollte der nächste Träger nach dem nächstäußeren Planeten „Saturn“ heißen. Der Name taucht erstmals am 3.2.1959 auf. Aus dem Jupiter Triebwerk S-3D ging das Triebwerk H-1 hervor. Auch bei anderen Bestandteilen der Rakete wurde auf schon vorhandene Strukturen zurückgegriffen. Der Durchmesser der Zentraltanks entspricht dem der Jupiter. Die Außentanks hatten den Durchmesser der Redstone. Die Redstone war die erste Rakete, die von Braun für die US-Army entwickelt hatte, die Jupiter die zweite Rakete. So konnte man die Fertigungsanlagen für die Redstone und Jupiter im MSFC und bei Chrysler weiter nutzen.

Je vier Außentanks enthielten den Treibstoff Kerosin, vier weitere Außentanks und der Zentraltank enthielten den Oxidator Sauerstoff. Zwischen zwei Außentanks der Saturn war je ein Triebwerk des Typs H-1 befestigt. Vier weitere Triebwerke befanden sich in einem Ring unter dem Zentraltank. Das H-1 Triebwerk ersetzte später unter der Bezeichnung RS-27 das Erststufentriebwerk der Delta Rakete.

Die Saturn I wurde durch das Mondprogramm, das während der Entwicklung aus der Taufe gehoben wurde, ein reines Erprobungsmuster. Bei den ersten Flügen ging es darum, das neu entwickelte Triebwerk H-1 zu testen. Vor allem aber erprobte man die Bündelung von acht Triebwerken. Bisher setzten die USA maximal drei Triebwerke in einer Stufe ein.

Wie andere Raketen dieser Zeit wurde die Saturn I inkrementell entwickelt, also zuerst die erste Stufe, genannt Block I. Das Block-Konzept findet sich im ganzen Apolloprogramm. Auch sichtbar an der Nomenklatur für die Block I+II CSM. Die Oberstufe bestand bei den ersten vier Flügen aus einer Attrappe (SA-1) oder aus 90 bis 100 t Wasser, das in 100 km Höhe freigesetzt wurde. Das wurde als Experiment „Highwater" für Beobachtungen der Hochatmosphäre ausgenutzt. Die folgenden Flüge SA-5 bis 10 waren der Einsatz von Block II Saturn mit aktiver Oberstufe.

Nachdem alle Starts erfolgreich verlaufen waren, nutzte die NASA die hohe Nutzlastkapazität der Saturn I für unbemannte Tests von Modellen des Apolloraumschiffs und für den Start von drei Pegasus Satelliten. Die Pegasus sollten die Mikrometeoritendichte im erdnahen Raum erforschen. Diese war noch unbekannt und damit auch, ob Mikrometeoriten Gefahren für Astronauten darstellten, wenn diese sich durch den Anzug geschützt außerhalb des Raumschiffs befanden.

Da das Triebwerk J-2 noch nicht entwickelt war, griff die NASA für die Oberstufe S-IV auf das schon vorhandene Triebwerk RL10 der Centaur Oberstufe zurück. Während die ersten Centaur bei Testflügen Probleme aufwiesen, arbeitete das

RL10 bei der Saturn I ohne Ausfälle. Ursprünglich war eine Titan Zweitstufe als zweite Stufe geplant. Doch sie hätte nicht die benötigte Leistung gehabt. Am 29.7.1959 wechselte die ARPA von der Titan Zweitstufe auf eine neu zu entwickelnde zweite Stufe unter Nutzung kryogener Treibstoffe.

Wernher von Braun musste von dieser Lösung überzeugt werden. Er wandte sich gegen Wasserstoff als Antrieb, weil der Sicherheitsaspekt sehr wichtig war. Das betraf das Bodensegment, wo man es mit etlichen Tonnen flüssigen Wasserstoffs zu tun hatte. Andererseits erlaubt Wasserstoff als Treibstoff 35 bis 40 Prozent schwere Nutzlasten als eine LOX/Kerosin-Oberstufe. Ohne ihn würde die Trägerrakete für die Mondlandung riesige Ausmaße annehmen.

Mit dem Einbau der RL10 in die Oberstufe der Saturn I konnte sich das MSFC an diese Technologie heranarbeiten. Ursprünglich war die „Saturn C-1“, so der interne Name, mit zwei Oberstufen geplant – einer zweiten Stufe mit vier Triebwerken LR-119 und einer dritten Stufe mit zwei RL10. Das LR-119 war ein damals geplantes LOX/LH2-Triebwerk mit 90 kN Schub. Es wurde nie gebaut. Sechs RL-10 hatten den gleichen Schub wie vier LR-119. So konnte die S-IV diese Triebwerke einsetzen, die dritte Stufe S-V wäre im Prinzip eine Centaur gewesen. Sie taucht bei der Saturn IB (S. 139) als mögliche Oberstufe auf. Da die Saturn I nach den Testflügen nie operationell eingesetzt wurde, strich die NASA die S-V-Drittstufe. Eine weitere Änderung war der Reduktion des Durchmessers. Die S-IV sollte anfangs, um kompatibel zu größeren Trägern zu sein, 6,7 m Durchmesser haben. Das hätte aber den Zeitrahmen um zwei Jahre überschritten. Die 6,7 m Durchmesser würde erst die S-IVB mit dem J-2 Triebwerk erreichen.

Während die Centaur Entwicklung Probleme bereitete, lag die RL10 Entwicklung voll im Zeitplan. So beschloss das MSFC 1962, eine Stufe mit sechs RL10 Triebwerken in Auftrag zu geben und auf die dritte Stufe zu verzichten.

Die Entwicklung gelang in sehr kurzer Zeit. Am 3.2.1959 bekam die Rakete die Bezeichnung „Saturn“. Schon am 28.4.1959, weniger als 20 Monate nach Auftragserteilung, konnte Rocketdyne das erste H-1 Triebwerk an die NASA ausliefern. Damals gingen die Planungen von zehn Testflügen aus. Dem sollten weitere operationelle Träger folgen. Am 18.1.1960 wurde das Programm erstmals öffentlich verkündet. Am 28.3.1960 konnte die erste vollständige S-1 Erststufe im Teststand gezündet werden. Zwischendurch war am 16.3.1960 das Saturn Programm von der Army an die NASA übertragen worden: die Saturn war damit die erste zivile Trägerrakete ohne militärische Wurzeln.

Die erste Saturn I wurde im Februar 1961 fertiggestellt. Erst am 7.2.1961 bekam die Rakete von der NASA ihren endgültigen Namen, vorher hieß sie „Saturn C-1". Am 27.10.1961 fand der erste Flugtest, noch ohne Oberstufe, statt. Zu diesem Zeitpunkt war bereits klar, dass die Nutzlast nicht ausreichte, ein Apollo CSM in einen Orbit zu starten. Deswegen beschloss die NASA am 30.10.1963 lediglich zehn Saturn I zu bauen, und den Auftrag zu kürzen. Bestellt waren bis dahin 21 Erst- und 11 Zweitstufen. Am 29.1.1964 folgte der erste Start mit funktionsfähiger zweiter Stufe. Schon 1965 wurde das Entwicklungs- und Produktionsprogramm abgeschlossen.

Neu an der Saturn I war das Bündeln von Triebwerken. Bisherige US-Trägerraketen hatten ein Triebwerk (Redstone, Jupiter, Thor) zwei Triebwerke (Titan I+II) oder drei Triebwerke (Atlas) in der ersten Stufe. Die Saturn I setzte acht Triebwerke in der Ersten und sechs weitere in der zweiten Stufe ein, zusammen 14 Triebwerke. Das waren fast fünfmal mehr Triebwerke als der bisherige Rekord von drei Triebwerken bei der Atlas oder Titan. Da die Zuverlässigkeit von Triebwerken damals viel niedriger war als heute, setzte dies voraus, das die H-1 und RL-10 Triebwerke deutlich zuverlässiger als ihre Vorgänger waren. Zusätzlich erarbeitete das MSFC Betriebsmodi, mit denen es einen Triebwerksausfall abfangen konnte, der bei so vielen Triebwerken statistisch wahrscheinlich war.

Im Laufe der Entwicklung gelang es, die Leistung der Saturn zu steigern. Die projektierte Nutzlast sollte 10.000 kg betragen. Durch Gewichtseinsparungen und größere Stufen stieg die Nutzlast auf 11.800 kg an.

Die erste Stufe S-I

Nachdem die ersten acht Exemplare der ersten Stufe S-I am MSFC gebaut wurden, bekam Chrysler den Auftrag zur Fertigung der letzten fünf Exemplare. Chrysler hatte schon die Vorgänger Redstone und Jupiter gebaut. Das war ein Unikum, denn sonst gingen Aufträge für Raketen an Luftfahrtfirmen und nicht Automobilhersteller. Für die Stufe wurden vor allem die Legierungen 5456 und 5083 eingesetzt. Dies waren Aluminium-Magnesiumlegierungen. Sie waren gegenüber Korrosion anfälliger als die später bei der Saturn V eingesetzten Aluminiumkupferlegierungen und hatten eine geringere Kerbschlagzähigkeit. Andererseits waren sie leichter zu verarbeiten, insbesondere leichter schweißbar. Doch dabei verloren sie leicht an Festigkeit.

Die acht Triebwerke des Typs H-1 saßen in einem achteckigen Rahmen. Die zentralen vier Triebwerke waren fest eingebaut und wiesen eine Neigung von 3 Grad zur Längsachse auf. Um Kurskorrekturen durchzuführen, waren die vier äußeren Triebwerke um 14 Grad (Block I) bzw. 8 Grad (Block II) schwenkbar. Sie hatten beim Start eine Neigung von 6 Grad zur Längsachse und waren auf einem Kreis von 4,82 m Durchmesser angeordnet. Die inneren Triebwerke waren identisch mit den Äußeren. Sie waren am 2,66 breiten und 1,90 langen Schubgerüst angebracht und nicht schwenkbar. Das Abgas der Turbinen wurde bei den inneren Triebwerken seitlich neben den Düsen abgeleitet. Bei den äußeren Motoren wurde es an den Düsen in den Abgasstrom geleitet. Die äußeren Triebwerke waren von einem 81 cm hohen Ablativschutz umgeben, der sie vor den heißen Abgasen der Nachbartriebwerke schützte.

Der Tankdruck im Kerosintank wurde durch Stickstoff gewährleistet. Beim Sauerstofftank war es gasförmiger Sauerstoff, der durch einen Wärmeaustauscher am Triebwerk aus dem flüssigen Sauerstoff gewonnen wurde. In allen Tanks gab es Prallbleche zur Reduktion des Schwappens der Treibstoffe durch den POGO-Effekt. Dieser Effekt entsteht durch die Übertragung von Vibrationen der Triebwerke auf die Treibstoffe. Die Tanks waren nicht selbsttragend, sondern saßen in einem Container, der die Außenhülle bildete.

Der zentrale Tank mit einem Durchmesser von 2,67 m nahm 36 Prozent des Sauerstoffs auf. Er hatte eine Länge von 17,22 m mit toroidalen Tankböden. Längsversteifungen im Tank waren mit dem Container verbunden und dienten der Kraftübertragung. Das Gleiche galt für die vier äußeren LOX-Tanks mit jeweils 16 Prozent des Sauerstoffs. Auch sie waren 17,22 m lang und saßen in einem 18,95 m langen Container. Die Sauerstoffleitungen von 20 cm Durchmesser liefen unten in einer Spinne zusammen. Jeder Außentank hatte einen Durchmesser von 1,67 m. Das Volumen betrug 41,31 m³ in den Außen- und 91,86 m³ beim Zentraltank.

Die vier Kerosintanks hatten eine Länge von 16,33 m und endeten mit halbkugelförmigen Domen. Sie saßen in einem Container von 18,87 m Länge. Alle Tanks und Container bestanden aus leichten Aluminiumlegierungen. Um Gewicht zu sparen, war die Wanddicke unterschiedlich. Sie nahm von unten nach oben ab.

Die Wahl der Tankformate der Redstone und der Jupiter Trägerrakete wurde früh im Saturn Programm beschlossen. Der Bau eines großen Tanks mit 6 m Durchmesser hätte die Einführung von neuen Technologien des Schweißens und der Tankverbindungen erfordert. Bei der Saturn I ging es allerdings darum, möglichst schnell eine leistungsstarke Trägerrakete zur Verfügung zu haben. Von Braun kam daher auch von dem Plan ab, nur vier Triebwerke mit einem Schub von jeweils 1.600 bis 1.690 kN einzusetzen. Deren Entwicklung hätte zu lange gedauert. Für das gewünschte Schub-/Gewichtsverhältnis von 1,25 zu 1 war ein Mindestschub von 810 kN für das H-1 nötig, das war durch eine Leistungssteigerung des Jupiter-Triebwerks mit 667 kN Schub erreichbar. Bei den ersten Exemplaren mit 734 kN Schub wurde die erste Stufe nur zu 83 Prozent betankt.

Die Tanks wurden unter Druck gesetzt. In jedem Kerosintank gab es zwei Stickstoff-Druckgasflaschen von 51 cm Durchmesser mit einem Anfangsdruck von 207 Bar. Sie wurden entleert parallel zur Entleerung der Tanks. Der Sauerstofftank wurde vor dem Start mit Helium unter Druck gesetzt. Nach dem Start wurde ein Teil des Sauerstoffs an den Triebwerken erhitzt und als Gas zurück in die Tanks geleitet. Überdruckventile verhinderten eine Zerstörung der Tanks. Die Tanks bestanden aus der Aluminiumlegierung 5456-343. Die Sauerstofftanks waren so ausgelegt, dass sie durch die Abkühlung um 6,4 cm schrumpfen konnten.

Die Saturn I war die erste Trägerrakete mit „Engine Out“ Fähigkeit. Bei acht Triebwerken ist ein Triebwerksausfall wahrscheinlicher als bei einem oder zwei Triebwerken. Daher wurde die Saturn I so konstruiert, dass ein Triebwerk ausfallen durfte. Die Rakete konnte mit sieben Triebwerken einen Orbit erreichen. Dafür gab es Treibstoffreserven. Nur beim Start war die Beschleunigung zu gering, als das ein Triebwerk versagen durfte. 22 s nach dem Start hatte die Saturn I genügend Treibstoff verbraucht, so dass ein H-1 ausfallen konnte, ohne die Mission zu gefährden.

Die bei Block II vorhandenen, vier großen und vier kleinen Steuerflächen (Finnen) zur Stabilisierung der Rakete hatten eine Fläche von 11,9 und 4,86 m². Versagte die Triebwerkssteuerung, so könnten die Triebwerke die Rakete bei niedriger Geschwindigkeit schneller kippen, als das Rettungssystem reagieren konnte. Die Finnen erzeugten aerodynamischen Widerstand, der das Kippen verlangsamte und genügend Zeit für die Rettung der Besatzung ließ.

Block II mit Oberstufe S-IV hatte außer den Finnen noch weitere Verbesserungen. So hatten die Treibstofftanks an den Leitungen „Sümpfe“, das sind kleine Vertiefungen, die ein Entleeren mit weniger Restflüssigkeiten zuließen. Das Druckgas Stickstoff befand sich in nur noch zwei Druckgasflaschen mit 500 l Volumen, während es bei Block I noch 48 Flaschen mit je 28 l Volumen waren. 337 kg Stickstoff wurden zur Druckbeaufschlagung verwendet. Um die Kräfte, die durch die Steuerflächen entstanden, aufzunehmen, wurde das Heck in Kreiszylinderform gefertigt, bei Block I war es noch achteckig. Zusätzlich wurden die Tanks leicht verlängert, um mehr Treibstoff aufzunehmen.

Der Stufenadapter zur S-IV hatte eine Länge von 4,67 m und bestand aus acht zylindrischen Paneelen von jeweils 45 Grad Breite in Honigwabenbauweise aus einer Aluminiumlegierung. Er wog 952 kg.

Mehrere Retroraketen von 136 kg Masse bremsten die S-I nach Brennschluss ab.

Im Vergleich zu anderen Konstruktionen dieser Zeit war die Strukturmasse der S-I relativ hoch. Das lag neben den sieben Tanks vor allem an den höheren Sicherheitszuschlägen wegen des geplanten bemannten Einsatzes. So waren z. B. die Tanks nicht selbsttragend und saßen in Containern, während bei anderen Trägern die Tankwand Bestandteil der Struktur war.

Wie überall im Saturn Programm wurde extensiv getestet. Es gab 50 Starts der S-I im Teststand zur Erprobung, also fünfmal mehr Bodentests, als es später Flüge gab. Das Testprogramm umfasste 3.000 Sekunden Betriebsdauer.

Schon Anfang 1960 gab es den ersten Prototyp einer S-I. Am 28.3.1960 wurden zwei Triebwerke zusammen gezündet, am 6.4.1960 waren es vier, am 29.4.1960 dann alle acht. Schon am 26.5.1960 begann der Zusammenbau des ersten Flugexemplars der S-I.

Parameter	Wert
Länge:	2.487,4 cm
Durchmesser Treibstofftanks:	652,8 cm
Maximale Spannweite:	1.239,5 cm
Durchmesser Zentraltank:	266,7 cm, 91,86 m³ Volumen
Durchmesser Außentanks:	177,6 cm, 41,31 m³ Volumen
Länge Schubgerüst:	190,5 cm
Durchmesser Schubgerüst	266,7 cm
Länge Zentraltank:	1.722 cm
Länge Oxidator-Außentanks	1.895 cm Containerlänge davon 1.722 cm Oxidatortank
Länge Treibstofftanks:	1.887 cm Containerlänge davon 1633 cm Kerosintank
Druckgas:	48 Flaschen x 28 l oder 2 x 500 l mit 337 kg Stickstoff bei 207 Bar
Stufenadapter:	952 kg Gewicht Durchmesser 653 cm unten, 559 cm oben Länge 4,67 m

Abbildung 12: Die erste Saturn IB Stufe wird am 18.1.1961 fertiggestellt

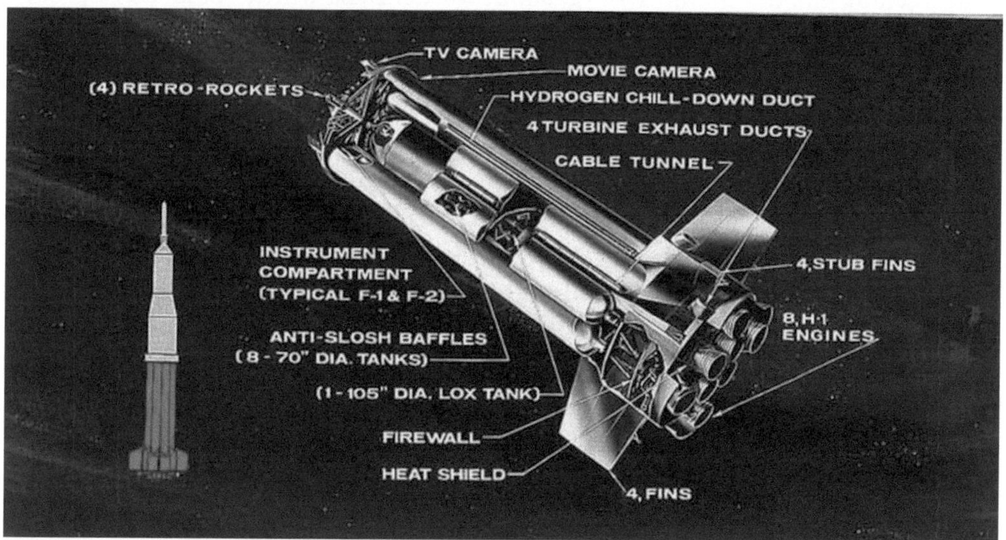

Abbildung 13: Aufbau der S-I Stufe

Das H-1 Triebwerk

Das H-1 ähnelte in Schub und Technologie den Triebwerken der Thor und Atlas Trägerraketen. Es wurde aus dem S3D der Jupiter entwickelt. Anders als diese Modelle sollte es Astronauten befördern. Daher galt es, das Triebwerk besonders sicher zu machen. Ein Problem, das viele Triebwerke aufweisen, ist die „combustion instability" (Verbrennungsinstabilität). Dabei verbrennt das Triebwerk den Treibstoff nicht gleichmäßig. Es kommt zu turbulenten Strömungen und Druckschwankungen, welche das ganze Triebwerk zerstören können und Ursache von Fehlschlägen waren und sind. Es handelt sich um ein typisches Feedbacksympton: Die Druckschwankungen im Triebwerk führen zu einer Variation des Treibstoffflusses, da der Treibstoff gegen den Brennkammerdruck eingespritzt wird. Dies wiederum erzeugt noch größere Druckschwankungen durch einen veränderten Treibstofffluss, da der Brennkammerdruck abhängig vom Treibstofffluss ist. Die Rückkopplung führt zur Verstärkung des Phänomens bis hin zur Zerstörung des Triebwerks.

Bekannt war, dass dieses Phänomen eng mit dem Design des Injektors zusammenhing. Bei dem H-1 durften diese Störungen nicht auftreten. Wenn doch, sollte das Triebwerk fähig sein, sie automatisch auszugleichen. Dazu setzte das MSFC eine neue Technik ein, die „Bomb Test" genannt wurde. Dazu wurde ein kleiner Sprengsatz mit 3 g Sprengstoff in der Brennkammer platziert. Dieser war durch eine Nylonhülle geschützt, so dass ihn die Triebwerkszündung nicht zur Explosion brachte. Die Verbrennung des Treibstoffs trug dann die Isolation ab. So explodierte er kurz nach dem Hochfahren des Triebwerks.

Dadurch entstand eine Druckwelle, welche die Verbrennungsflamme zur Instabilität brachte. Bei den Triebwerken der Thor und Jupiter konnte in 50 Prozent der Fälle das Triebwerk nicht in den Normalzustand zurückkehren. Die Anordnung der Düsen in den Injektoren wurde solange verändert und Blenden unter den Einspritzöffnungen angebracht, bis das H-1 Triebwerk diese „Bomb Tests" bestand. Später wurden Studien- und Doktorarbeiten vergeben, um das Phänomen besser zu verstehen und es zu vermeiden. Das gelang jedoch nicht vollständig. Verbrennungsinstabilitäten kommen noch immer vor und sind Ursache von Fehlschlägen, so z. B. beim zehnten Ariane 5-Start.

Die „Bomb Tests“ sind bis heute Bestandteil von Triebwerktests bei der NASA. Sie wurden unter anderem beim SSME eingesetzt.

Das H-1 war ein Triebwerk nach dem damaligen Stand der Technik. Es arbeitete mit dem Nebenstromverfahren und mit mittelhohem Brennkammerdruck. Eine gemeinsame Turbine trieb über ein Getriebe die Pumpen für Sauerstoff und Kerosin mit gleicher Drehzahl an. Angelassen wurde die Turbine durch eine Feststoffpatrone mit 3 kg Ammoniumnitrat. Die Zündung des Treibstoffs erfolgte durch einen Vorlauf mit Triethylaluminat (TEA), welches hypergol mit dem Sauerstoff reagiert. Die Brennkammer bestand aus 292 miteinander verschweißten Röhren, durch die ein Teil des Kerosins als Kühlmittel floss.

Der Gasgenerator hatte für den Start den oben angesprochenen Feststofftreibsatz, der elektrisch gezündet wurde. Er erzeugte Startgas für die Turbine und zündete gleichzeitig den einströmenden Treibstoff, da er rund 200 ms nach dem Öffnen der Ventile weiterbrannte. Sobald ein Druck von 42 bis 48 Bar erreicht war, platzte eine Membran, die das Gas zur Turbine entließ. Die elektrische Entladung brannte noch 2,5 bis 3 s weiter. Ein Ventil regulierte den Zufluss zum Gasgenerator. Es war beim Triebwerksstart ganz offen, sobald der Druck im Gasgenerator 20 Bar überschritt, schloss es sich teilweise.

Gasgenerator	
LOX-Durchsatz:	2,03 kg/s
Kerosin-Durchsatz:	6,13 kg/s
Mischungsverhältnis:	0,341 zu 1
Brennkammerdruck:	44,5 Bar (4,45 MPa)
Verbrennungstemperatur:	648,8 °C
Öffnungen im Injektor:	44

Die an den Gasgenerator anschließende Turbopumpe bestand aus einer Turbine mit LOX- und Kerosinpumpe auf einem gemeinsamen Schaft. Die Turbine bestand aus zwei Stufen und erzeugte aus dem Druck des Arbeitsgases des Gasgenerators die mechanische Energie, welche die beiden Pumpen antrieb.

Turbine	
Eingangsdruck:	43 Bar
Ausgangsdruck:	2,4 bar
Druckverhältnis:	17,74
Leistung:	3.048 kW
Effizienz:	69,77 %

Daten (912 kN Version)	LOX-Pumpe	Kerosinpumpe
Eingangsdruck	4,4 bar	3,9 bar
Ausgangsdruck	66,7 bar	69,8 bar
Rotationsgeschwindigkeit	6680 U/Min	6680 U/Min
Volumen	3,49 l	2,63 l
Flussrate	247,4 kg/s	109,6 kg/s
Effizienz:	77,88 %	71,78 %
Leistung	1.734 kW	1.225 kW

Am Triebwerk waren Wärmetauscher angebracht, durch welche das Turbinenabgas geleitet wurde. Die Wärmetauscher erwärmten 2,3 kg Sauerstoff und 1,4 kg Stickstoff pro Sekunde, die dann zur Druckbeaufschlagung in die Tanks geleitet wurden.

Bei so vielen Triebwerken ist die Überwachung wichtiger als bei einem. Ein explodierendes Triebwerk darf die anderen keinesfalls beschädigen. Das geschah bei der russischen N-1. Sie hatte zwar eine Logik (S. 334), um Triebwerke abzuschalten, aber dies geschah meist zu spät, wenn die Nachbartriebwerke bereits beschädigt waren. Das H-1 hatte in den Leitungen, bevor der Treibstoff die Brennkammer erreichte, drei Schalter, die alle bei Erreichen von 55 Bar umschalteten und bei etwas geringerem Druck (2,3 bis 4,5 Bar niedriger) wieder in die Ausgangsposition zurücksprangen. Gaben zwei der drei Schalter ein Signal ab, so wurde dies als „Engine OK" an die IU übertragen und im Apolloraumschiff und auf den Monitoren der

Bodenkontrolle angezeigt. Der Druck in der Leitung durfte daher um 2 Bar unter den Sollwert fallen. Dieser Druck in den Treibstoffleitungen entsprach 90 Prozent des Sollschubs.

Die chemische Entzündung des Treibstoffs geschah mit Triethylalumninat (TEA: $CH_3CH_2O)_3Al$, einer organischen Aluminiumverbindung, die sich mit Sauerstoff sofort entzündet. 100 cm^3 befanden sich an bestimmten Stellen im Injektor, wo das Kerosin in den Injektor eingeleitet wurde. Das TEA war mit einer Membran versiegelt, die bei 20 Bar Umgebungsdruck platzte. Als Folge strömte das Triethylaluminat durch die Düsen des Injektors, entzündete sich mit dem Sauerstoff und brachte das Kerosin zur Entzündung. Das H-1 war pro Start nur einmal zündbar. Bei einem Startabbruch nach der Zündung wurden neue Behälter mit TEA installiert.

Die Düse hatte ein kleines Flächenverhältnis von 8, da der Brennkammerdruck bei den ersten Exemplaren unter 40 Bar lag. Bis zu einer Höhe von 21,7 km stieg der Schub durch Abnahme der Luftdichte auf ein Maximum von 7.587 kN an, danach sank der Schub durch Unterexpansion (bei Videoaufnahmen durch die dann pilzförmige Ausweitung des Abgasstromes erkennbar) auf 7.507 kN ab. Die Rakete hatte beim Abheben eine Beschleunigung von mindestens 1,25 g.

Gegenüber dem Vorgängermodell S3D lag die wesentliche Verbesserung des H-1 in der drastischen Reduktion der Einzelteile. Dies wurde vor allem durch das direkte Anbringen der Turbopumpe an der Brennkammer erreicht, da so die Anzahl der flexiblen und störanfälligen Verbindungen reduziert wurde. Die Turbopumpe machte alle Schwenkbewegungen der Triebwerke mit. Ventile wurden durch geeichte Blenden in den Treibstoffleitungen ersetzt. Das führte zu einer Reduktion der Einzelteile um 90 Prozent.

Rocketdyne sparte den 73 l fassenden Tank für das Schmieröl ein und nutzte dazu das Kerosin. Dazu gab es einen Kolben mit einem Schmierzusatz mit der Bezeichnung „ST0140RB0013“. Dieses wurde bis zum Start geheizt, um eine vorgegebene Viskosität zu erreichen. Sobald der Druck in den Leitungen 5 bis 10 Bar überschritt, öffnete sich ein Ventil, welches das Kerosin durch den Schmierzusatz fließen lies. Dieses löste ihn nach und nach im Kerosin auf und die Lösung wurde dann als

Schmierung für die beweglichen Teile der Turbine und Turbopumpe sowie die Schwenkmechanismen verwendet. Der Fluss an Schmiermittel betrug 0,285 kg/s.

Die dadurch erzielten Einsparungen in den Produktionskosten führten von 1974 bis 1992 zum Einsatz des H-1 Triebwerks in der Delta. Auch danach wurde es in der Delta und der Atlas II eingesetzt. Dann aber in einer nochmals im Schub gesteigerten Version. Der letzte Einsatz, des inzwischen in RS-27 umbenannten Triebwerks, war der letzte Delta II Start am 15.9.2018.

Eine weitere Verbesserung war die Wahl einer glockenförmigen Düse. Gegenüber der konischen Düse verringerte diese Form die Baulänge um 20 Prozent. Anders als bei dem Nachfolger F-1 entließ man das Abgas der Turbopumpe nicht in die Düse, sondern in einen „Auspuff" an der Seite. Es lieferte einen kleinen zusätzlichen Schub.

Der Auftrag für das H-1 wurde am 11. September 1958 an Rocketdyne vergeben. Vorgabe waren 836 kN Schub. Die ersten Triebwerke, die ausgeliefert wurden, hatten nur 734 kN Schub, um die Zuverlässigkeit zu erhöhen. Bei den ersten Tests mit 836 kN Schub wurden Risse in den Kühlkanälen beobachtet. Bis die Kühlkanäle durch Edelstahl ersetzt waren, musste der Schub begrenzt werden.

Die Saturn SA-1 bis SA-4 (Block I) setzten daher die 734-kN-Version ein und wurden nicht voll betankt. Am 28.9.1962 erreichte die 836-kN-Version die vorläufige Flugqualifikation. Das bedeutete das Ende der Entwicklung. Sie konnten für die nächsten Flüge (SA-5 bis 10) als Antrieb eingesetzt werden. Die Produktion der 734-kN-Triebwerke der Saturn I lief dagegen schon 1962 aus.

Version	H-1A	H-1B	H-1C	H-1D
Einsatz:	SA-1 bis 4	SA-5 bis 10	Saturn IB AS-201 – 205	Saturn IB AS-206 – 210
Schub:	734 kN	836 kN	890 kN	912 kN
Spezifischer Impuls (Meereshöhe)	2.478 m/s	2.560 m/s	2.628 m/s	2.636 m/s
Brennkammerdruck:	40 Bar	44,5 bar	47,5 bar	48,4 bar

Abbildung 14: H-1 Triebwerk

Für die um 60 t schwerere Saturn IB reichten auch die 836 kN Versionen nicht aus. Das MSFC untersuchte zusammen mit Chrysler die auftretenden Lasten und vergab im November 1963 einen Entwicklungsauftrag an Rocketdyne. Rocketdyne sollte den Schub auf 890 kN für die ersten Saturn IB Flüge und 912 kN für die fortgeschrittenen Saturn IB Missionen steigern. Der Brennkammerdruck wurde gesteigert und damit der Schub. Der letzte Produktionsauftrag über 60 Triebwerke wurde am 30.6.1967 unterzeichnet, das hob die Gesamtzahl der produzierten Triebwerke auf 322 an.

So gab es vier Versionen des H-1 mit 734, 836, 890 und 912 kN Schub. Die Saturn I setzte die 734 und 836 kN Versionen ein, die Saturn IB für die ersten fünf Flüge die 890-kN-Modelle und für die folgenden Flüge (ab Skylab 2) die 912-kN-Triebwerke. Mindestens 72 Triebwerke der letzten Serie wurden eingelagert. Sie wurden später als Triebwerke der Delta eingesetzt. Insgesamt absolvierten die H-1 Triebwerke Tests über 29.000 Sekunden Dauer, äquivalent 24 Starts.

Nimmt man noch die leicht schubgesteigerte Version des H-1 (RS-27A, im Einsatz bei der Delta 2 und Atlas II) hinzu, so gab es folgende Einsätze der H-1:

- 243 Triebwerke in 243 Starts der Delta 2XXX-7XXX
- 126 Triebwerke in 63 Starts der Atlas II/IIA/IIAS
- 152 Triebwerke in zehn Starts der Saturn I und neun Starts der Saturn IB
- 522 Triebwerke zusammen

H-1 Triebwerk	
Schub am Boden:	734 kN – 912 kN (SA-10: mittlerer Schub 847 kN, 912 kN nur bei Saturn IB Starts)
Schub durch Turbinenabgase:	1,716 kN
Spezifischer Impuls Boden:	2.468 – 2.636 m/s
Spezifischer Impuls Vakuum:	2.824 m/s
Mischungsverhältnis LOX zu Kerosin:	2,23 zu 1 (734 kN) 2,34 (890/912 kN)
Verbrennungsträger:	Kerosin RP-1
Oxidator:	flüssiger Sauerstoff (LOX)
Schub zu Gewichtsverhältnis trocken:	110
Schub zu Gewichtsverhältnis nass:	91
Brennkammerdurchmesser:	52,2 cm
Düsenhalsdurchmesser:	41,1 cm
Düsenmündungsdurchmesser:	120,9 cm
Entspannungsverhältnis:	8:1
Brennkammerdruck:	37,5 bar bei 734 kN, 44,9 Bar bei 912 kN
Brennkammer und Düse:	331 kg
Kardanische Aufhängung:	32 kg
Turbopumpen:	224 kg
Leitungssysteme Oxidator:	25 kg
Leitungssysteme Verbrennungsträger:	21 kg
Gasgenerator:	17 kg
Sonstiges:	30 kg
Flüssigkeiten:	145 kg
Gewicht (trocken):	888 kg (836 kN) 880 und 908 kg (innere/äußere 912 kN)
Gewicht (startbereit):	997 kg (836 kN) 980 und 1008 kg (innere/äußere 912 kN)
Rotationsgeschwindigkeit Turbopumpe:	6680 U/Min
Länge:	2,64 m (837 kN), 2,58 m (912 kN)
Garantierte Betriebsdauer:	$\geqq$ 155 s
Theoretische Zuverlässigkeit:	99 Prozent

Die zweite Stufe S-IV

Douglas Aircraft bekam am 26.4.1960 den Auftrag für die zweite Stufe. Das war NASA-Politik: Die Raumfahrtagentur wollte möglichst viele qualifizierte Firmen für die Raumfahrt haben. So fiel die Wahl nicht auf Convair / General Dynamics, welche die Centaur entwickelten und sich von allen US-Luftfahrtherstellern am intensivsten mit Wasserstoff betriebenen Stufen beschäftigten. Doch Douglas war kein Neuling. Die Firma hatte schon die Thor-Rakete entwickelt.

Zuerst war das Triebwerk LR-119 von Pratt & Whittney für die S-IV und eine weitere Stufe, die S-V geplant. Ein Entwicklungsauftrag für das LR-119 wurde am 10.8.1960 erteilt, jedoch im März 1961 aus Termingründen zurückgezogen. Das RL10 war seit Oktober 1958 in der Entwicklung. Im März 1961 waren bereits Tests durchgeführt worden. Wäre ein neues Triebwerk eingesetzt worden, hätte das den ersten Test einer zweistufigen Version um Jahre verzögert. Ein LR-119 hätte einen um 50 Prozent höheren Schub besessen und es wären nur vier Triebwerke nötig gewesen. Die S-V Stufe wurde später gestrichen, bei den ersten Flügen flog noch ein Ballastmodell der Stufe mit.

Die S-IV war wie die Thor eine konventionelle Konstruktion mit einer strukturell verstärkten Zelle. Die Sicherheitszuschläge waren mit 35 Prozent der Nominalbelastung höher als bei Atlas oder Titan mit 25 Prozent. Bei der S-IV wurde die Tankisolation innerhalb des Tanks angebracht. Das vermied Probleme mit der Beschädigung oder Aufheizung der Isolation beim Aufstieg. Für alle Strukturen wurden Aluminiumlegierungen eingesetzt. Der Wasserstofftank wurde mit Heliumgas unter Druck gesetzt, welches sich in kugelförmigen Flaschen im Wasserstofftank befand.

Da die Stufe nur ein Zehntel der S-I wog, war trotz des voluminöseren Wasserstoffs (Dichte im flüssigen Zustand nur 0,0685 g/cm, Kerosin hat je nach Zusammensetzung eine Dichte von 0,8 bis 0,85 g/cm³) ein kleinerer Stufendurchmesser als bei der S-I nötig. Douglas entschied sich für eine Länge von 12 m bei einem Durchmesser von 5,5 m.

Für den Tank wurde die neuere und bei tiefen Temperaturen festere Aluminiumlegierung 2014 verwendet, die auch bei der Saturn V für die Tanks verwendet wurde. Der zylindrische Teil bestand aus drei Segmenten, die Böden aus sechs Segmenten.

Sauerstoff- und Wasserstofftank hatten einen gemeinsamen Tankboden. Dieser besaß einen Zwischenraum. Der Zwischenraum war durch ein Gitter in Honigwabenbauweise versteift, das zur Isolation mit Fieberglas gefüllt wurde. Auf diese Stützstruktur wurden die beiden Tankabschlüsse aus einem Aluminiumwerkstück aufgebracht. Der obere Wasserstofftank war 6,53 m lang. Im Sauerstofftank wurden Prallbleche angebracht, um das Schwappen des LOX zu reduzieren. Im Wasserstofftank war das wegen der geringen Dichte nicht notwendig. Das Volumen des Wasserstofftanks betrug 121 m^3, das des Sauerstofftanks 36,7 m^3.

Beide Tanks hatten eine 4 Prozentreserve für die Druckbeaufschlagung. Sie wurden nach dem Start mit Helium aus einer Flasche am Triebwerksgerüst unter Druck gesetzt – das war bei allen LOX/LH2 Stufen im Saturnprogramm einmalig. Ventile hinter der Flasche und Überdruckventile in den Tanks hielten den Tankdruck bei 2,13 Bar im LH2-Tank und 3,2 Bar im Sauerstofftank. Um ein Verformen oder Brechen des Zwischenbodens zu vermeiden, musste der Druck im LOX-Tank immer höher als im LH2-Tank sein.

Damit kein Sauerstoff in den Leitungen ausfrieren konnte, wurden die sechs Leitungen zu den Triebwerken an die Außenwand verlegt, statt sie durch den Wasserstofftank zu führen.

Die S-IV verwendete sechs Triebwerke des Typs RL10A-3. Eine Beschreibung des RL10 finden sie auf S. 69. Die Saturn setzte eine Variation namens RL10A-3S ein. Es hatte ein zusätzliches Ventil zur Tankdruckbeaufschlagung. Klammern sollten die Vibrationen dämpfen und zusätzliche Sensoren überwachten das RL10. Ein Elektromotor am Sauerstoffventil ermöglichte es, das LOX/LH2 Verhältnis zu variieren. Acht 59,8 cm lange Rohre verbanden das Schubgerüst und die RL10A-3 mit dem Tank und übertrugen die Kräfte. Ein 1,22 m langer Adapter verband die Stufe mit dem Stufenadapter und übertrug die Lasten der S-I auf die S-IV. Das Schubgerüst, in dem die sechs RL10 saßen, hatte einen Durchmesser von 4,32 m an der Basis und 2,49 m am oberen Ende. Seine Länge betrug 1,52 m. Es war in Wabenbauweise gefertigt. Jedes Triebwerk wurde von einem Hitzeschutzschild umgeben. Die äußeren Triebwerke waren um 6 Grad schwenkbar, die Inneren um 4 Grad.

Die Nutzlast wurde auf einen Kegelstumpf montiert. Er hatte 3,30 m Länge mit einem Durchmesser von 5,41 m an der Basis (S-IV) und 3,91 m an der Spitze. Er bestand aus einem Gerüst in Wabenbauweise und war mit Platten verkleidet.

Während der ersten Planungen der Saturn Familie im Jahre 1958/59 war die S-IV als vierte Stufe der Saturn C-4 geplant. Die Entwicklung begann am 6.1.1960, als die NASA beschloss, eine neue kryogene Oberstufe für die Saturn I zu entwickeln. Schon am 19.4.1960 gab das MSFC eine vorläufige Empfehlung für den Entwurf von Douglas. Dieser wurde am 22.6.1960 durch eine Auswahlkommission bestätigt.

Neu für die USA war die „kalte Stufentrennung". Die Atlas warf ihre Marschtriebwerke während des Fluges ab. Sie hatte keine zweite Stufe. Die Titan zündete ihre zweite Stufe, während die erste Stufe noch arbeitete („heiße" Stufentrennung). Dafür entwickelte das MSFC „Ullage" Triebwerke. Das waren Feststofftriebwerke, die nach der Stufentrennung einige Sekunden lang brannten und den Treibstoff am Boden der Tanks sammelte. Erst danach zündeten die RL10 Triebwerke.

156 s nach dem Start war die erste Stufe ausgebrannt. Drei Zehntelsekunden später zündeten die Feststofftriebwerke der zweiten Stufe, um den Treibstoff zu sammeln. Die Trennung der Stufen fand 156,4 s nach dem Start mit dem Zünden der Retroantriebe der ersten Stufe statt. 158 s nach dem Start wurden die RL10 Triebwerke gezündet. Dies geschah in 70,3 km Höhe bei einer Geschwindigkeit von 2.682 m/s. Die nominelle Brennzeit der S-IV lag bei 472 s. Sie hatten eine Treibstoffreserve für weitere zehn Sekunden Betrieb.

Es wurde darauf geachtet, dass die Treibstoffreste klein waren. Für den letzten Flug SA-10 betrug die Wahrscheinlichkeit, das nicht mehr als 250 Pfund Wasserstoff (113 kg) in den Tanks verblieben, 95,5 Prozent. Die nominelle Treibstoffreserve betrug 341 kg beim Sauerstoff und 48 kg für den Wasserstoff. Ein kleiner Nachteil des Clusterkonzepts war, das sich die Gasstrahlen der sechs Triebwerke gegenseitig störten und man so 2,8 kN Schub verlor.

Die S-IV Entwicklung verlief nicht so problematisch wie die Entwicklung der Atlas Centaur. Diese brauchte fünf Jahre, bis sie nach dem ersten Testflug qualifiziert war. Doch auch bei der S-IV Entwicklung gab es einen Rückschlag. Vor dem ersten Start bei SA-5 am 29.1.1964, führte man am 24.1.1964 bei Douglas einen Test einer baugleichen S-IV Stufe mit einem Probecountdown durch. Dabei explodierte die Stufe. Der gemeinsame Zwischenboden zwischen Sauerstoff- und Wasserstofftank brach. Wie sich zeigte, hatte der Sauerstofftank durch die Druckbeaufschlagung des Teststands einen zu hohen Druck. Daher beschloss die NASA mit dem Start von SA-5 fortzufahren, überprüfte jedoch die Druckbeaufschlagung an der Startrampe. Der Start klappte problemlos, obwohl er wegen eines Lecks durch einen eingerissenen Flansch vom 27 auf den 29.1.1964 verschoben werden musste.

Die S-IV Stufe absolvierte vor dem ersten Einsatz ein Testprogramm mit 4.400 Sekunden Dauer, die RL-10 Triebwerke sogar über 100 Stunden.

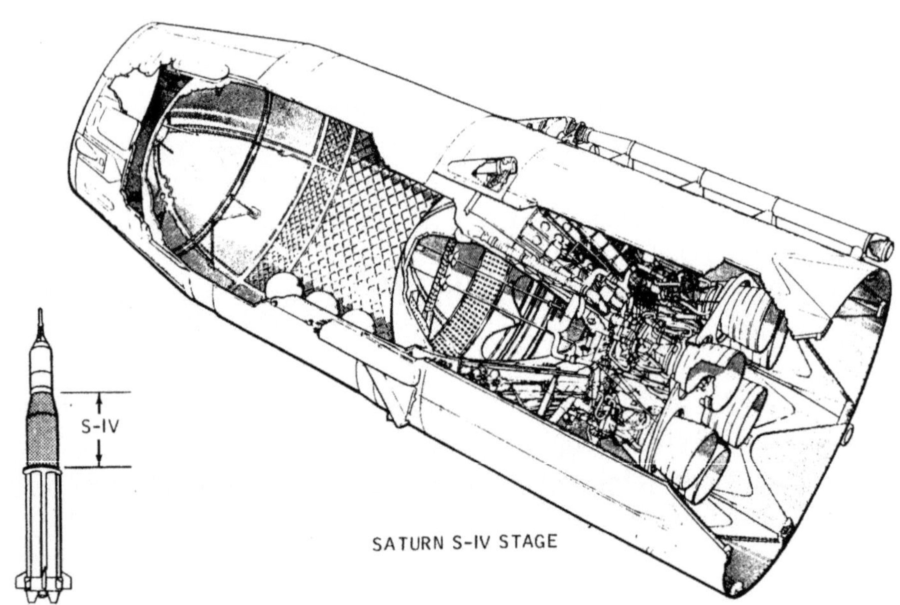

Abbildung 15: Aufbau der S-IV

Das Triebwerk RL10

Das Triebwerk RL10 ist der Antrieb der S-IV Stufe. Das RL10 von Pratt & Whitney (heute Rocketdyne) ist ein mehrfach wiederzündbares Raketentriebwerk. Es arbeitet nach dem Expander Cycle und verwendet eine Turbine zum Antrieb der Pumpen. Die Turbine wird durch verdampfendes Wasserstoffgas angetrieben. Dabei ist die Wasserstoffpumpe zweistufig und die Sauerstoffpumpe einstufig. Ein Getriebe mit einem Übersetzungsverhältnis von 2,5 zu 1 treibt beide Turbopumpen an. Die Drehzahl der Turbine wird direkt an die Wasserstoffpumpe weitergegeben und für die Sauerstoffpumpe reduziert. Der Schub bleibt konstant, weil ein Ventil als Funktion des Brennkammerdrucks den Zufluss zur Turbine reguliert. Die Ventile werden durch Heliumdruckgas betätigt.

RL10A-3	
Höhe:	1,78 m
Maximaler Durchmesser:	1,00 m
Gewicht:	132 kg
Schub:	66,7 kN
LH2/LOX Verhältnis:	5,0
Leistung LH2 Turbopumpe:	374,6 kW. Ausgangsdruck 44 Bar
Leistung LOX Turbopumpe:	57,6 kW. Ausgangsdruck 32 Bar
Drehzahl LOX Turbopumpe:	11.350 U/min), Vorpumpe: 3.600 U/min
Drehzahl LH2 Turbopumpe:	28.400 U/min, Vorpumpe: 7.600 U/min
Wasserstoffkühlung:	45,4 g/s
Eingangsdruck LOX Turbopumpe:	> 1,03 Bar
Eingangsdruck LH2 Turbopumpe:	> 0,55 Bar
Brennkammerdruck:	20,7 bar, reguliert durch Eingangsdruck von 31 Bar
Flussrate Sauerstoff:	12,77 kg/s
Flussrate Wasserstoff:	2,44 kg/s (+ 0,032 kg/s zur Kühlung der Turbopumpe)
Verbrennungstemperatur:	3.220 °C
Zuverlässigkeit:	0,9984
Spezifischer Impuls (Vakuum):	4.188 m/s (427 s)
Nominelle Brenndauer:	470 s
Zeit bis 90 Prozent Nominalschub erreicht:	2 s
Expansionsverhältnis:	40:1

Die Brennkammerwand besteht aus zwei Reihen von miteinander verbundenen Kühlröhren. 180 kurze Röhren wechseln sich mit 180 langen Röhren ab. Die langen Röhren erstrecken sich vom Injektor bis zur Düsenmündung, die kurzen bis zum Düsenhals. Der Wasserstoff durchfließt die Röhren und nimmt soviel Wärme auf, dass er verdampft.

Für die Kühlung des Injektors, mit dem der Treibstoff eingespritzt wurde, verwendete Pratt & Whittney ein innovatives Neudesign. Er bestand aus vielen Stahlnetzen, die unter Hitze zusammengesintert wurden. So entstand ein hoch poröser Injektor, der gut vom durchströmenden Wasserstoff gekühlt wurde. 10,4 Prozent des Wasserstoffs durchflossen als Kühlung den Injektor. Das war nötig, weil bei den Versuchen durch die hohe Temperatur in der Brennkammer ein herkömmlicher Injektor durchbrannte. Jede der 216 Düsen in acht konzentrischen Kreisen hatte in der Mitte einen kleinen Propeller, der für eine gute Vermischung des Wasserstoffs und Sauerstoffs sorgte.

Das RL10 arbeitet nach dem Bootstrap-Cycle. Der Wasserstoff strömt zuerst durch die Brennkammerwand, verdampft und treibt die Turbine an. So fährt das Triebwerk hoch. Gezündet wird es elektrisch durch eine Elektrode, die 20 Funken pro Sekunde abgibt. Sobald der Ausgangsdruck der Turbopumpe einen bestimmten Druck übersteigt, wird das Ventil zum Sauerstofftank geöffnet. Die Treibstoffmenge nimmt zu. Innerhalb von 2 bis 3 Sekunden erreicht das Triebwerk den Sollschub. Eine Abzweigung von gasförmigem Wasserstoff für Hilfssysteme verhindert eine Druckspitze bei der Entzündung des Treibstoffs. Das Triebwerk ist schnell abschaltbar. In nur 0,15 s sinkt der Schub auf 5 Prozent ab. Dadurch ist der erzeugte Impuls beim Abschalten nur gering, er betrug rund 5.500 Ns. Durch das Bootstrap-Prinzip und die elektrische Zündung (anders als die chemische Zündung des H-1) ist das RL-10 wiederzündbar. Das wurde bei der S-IV jedoch nicht ausgenutzt.

Zwei mit Wasserstoffperoxid angetriebene Vorpumpen sorgen für einen Mindestdruck von 4 bar, um die Turbine auf eine niedrige Startgeschwindigkeit zu bringen. Das erlaubte es, die Ballontanks der Centaur-Oberstufe für einen niedrigen Überdruck auszulegen. Tests in den späten sechziger Jahren zeigten, dass man auf diese Vorpumpen verzichten konnte, doch weggelassen wurden sie erst 15 Jahre später. Entzündet wird das Triebwerk durch Hochspannungsentladungen, die eine Zündfackel erzeugen. Das ursprüngliche System, ein durch Kondensatoren angetriebener Zündfunken, erwies sich als unzuverlässig. Es wurde bei den Testexemplaren durch die Fackel, die eine erheblich höhere Energie aufwies, ersetzt. Bei späteren Serienexemplaren wurde wieder ein Zündfunken, diesmal redundant, eingesetzt. Das Triebwerk ist so ausgelegt, dass es sich bei einem Fehler selbst abschaltet. Bei 3.800 Tests in über 25 Jahren kam es zu keinem „katastrophalen“ Triebwerksfehler, sprich der Zerstörung des Triebwerks.

Vor dem Einsatz in der Saturn wurden einzelne RL10 Triebwerke bis zu 1.680 s lang kontinuierlich betrieben und bis zu 70-mal gezündet. Die nominelle Betriebsdauer betrug 470 s. Der spezifische Impuls betrug bei den Entwicklungsmustern (RL10A-1) 4.168 m/s, bei den ersten Serienexemplaren (RL10A-3) 4.207 m/s. Die Entwicklung kostete 111,688 Millionen Dollar. Sie dauerte drei Jahre bis zur Qualifikation und umfasste 707 Zündungen mit einer Gesamtbetriebszeit von 71.000 s. Über 230 Triebwerke wurden für das Testprogramm gefertigt.

Das RL10 ist ausgelegt, um mit unterschiedlichen Mischungsverhältnissen zu arbeiten. Die RL10A-3-3 Version setzte LOX/LH2 im Verhältnis von 5 zu 1 ein. Möglich war ebenso ein Betrieb mit 4,4 zu 1 (65,5 kN Schub, spezifischer Impuls 4.374 m/s) und 5,6 zu 1 (67,7 kN Schub, spezifischer Impuls 4.315 m/s). Spätere Versionen erhöhten das Mischungsverhältnis auf bis zu 6 zu 1. Untersucht wurde ein Betrieb mit flüssigem Fluor als Oxidator. Als Material für Brennkammer und andere Teile kam korrosionsfester Edelstahl zum Einsatz, der einen Betrieb mit flüssigem Fluor erlaubt hätte.

Das Triebwerk RL10 wurde im Laufe der Entwicklung mehrfach verbessert. Es gibt zahlreiche Subversionen. Die ersten Exemplare waren das RL10A und A-1. Sie wurden bei den Bodentests eingesetzt und wiesen nicht die Leistung der späteren Serienexemplare auf. Anders als bei der Centaur gab es bei der Entwicklung des RL10 keine gravierenden Probleme. Der Kostenrahmen wurde zwar überschritten, aber nicht so extrem wie bei der Centaur. Die RL10 der Saturn wurden mit etwas geringeren Leistungsdaten betrieben und hatten dadurch einen deutlich niedrigeren spezifischen Impuls als die ersten RL10 der Atlas Centaur.

Die Atlas Centaur setzte über drei Jahrzehnte hinweg die verschiedenen Versionen der RL10A-3 Serie ein. Auch die Titan und Saturn I nutzen diese Triebwerke. Ende der siebziger Jahre wurde aus den Centaur Oberstufe der Atlas die Centaur G konstruiert. Diese Stufe wurde auf der Titan 4 eingesetzt. Für den Einsatz auf der Atlas II wurde das Triebwerk an den aktuellen Stand der Technik angepasst. Diese Version, das RL10A-4, treibt seitdem die Atlas an. Für die DC-X, ein experimentelles Gefährt zur Erprobung von Technologien für eine Rakete, die wieder landen kann, wurde das RL10A-5 entwickelt, das für den Betrieb auf Meereshöhe optimiert ist. Die Version RL10B wird auf der Delta IV eingesetzt. Es hat durch einen höheren Brennkammerdruck und eine verlängerte Düse einen deutlich höheren Schub und spezifischen Impuls.

Bisher produziert Rocketdyne zwei Versionen des RL10 für die Delta 4 und Atlas V. Das verringert die Stückzahl jeder Version und macht das Triebwerk sehr teuer, weil nach dem Auslaufen des Shuttle Programms ein Triebwerkstyp aus der Produktion wegfällt und sich die Fixkosten pro RL10 erhöhen. Das RL10C entstand aus dem RL10B. Rocketdyne hatte zahlreiche RL10B, die nicht gebraucht wurden, da die Delta 4 weniger oft als die Atlas V eingesetzt wurde. Das RL10C soll die RL10A der Atlas ersetzen.

Das RL10C hatte im Dezember 2014 seinen ersten Einsatz. Das RL10C ist eine Mischform des RL10A und B. Der höhere Schub des RL10B ist ein Vorteil gegenüber dem RL-10A. Allerdings entfällt beim RL10C der ausfahrbare Düsenteil des RL10B. Das Mischungsverhältnis des RL10C ist dasselbe wie beim RL10A, sodass der spezifische Impuls niedriger ist als beim RL10B. Zum anderen beinhaltet es zahlreiche Features, die nur das RL-10A hat. Beim RL-10B hat man sie weggelassen, um es zu vereinfachen. Doch auf diese legte die USAF großen Wert. Das RL10C ist auch für die Oberstufe der SLS vorgesehen.

Eine neuere Version, das RL10C-X, das vor allem in der Fertigung durch neue Technologien wesentlich preiswerter ist, wurde für die OmegA Rakete von Grumman/ATK und die Vulcan von ULA selektiert.

Die am längsten eingesetzte Version war das RL10A-3-3. Es wurde von 1973 bis 1989 eingesetzt. Das Triebwerk RL10A-3-3 war für maximal drei Zündungen ausgelegt. Es hatte eine Betriebsdauer von maximal 450 s pro Zündung. Die Lebensdauer eines Triebwerks betrug 1.646 s bei dem RL10A-3. Das RL10A-3-3 wies schon eine Lebensdauer von 2.850 s mit bis zu 20 Zündungen auf. Bei Bodentests wurden einzelne Triebwerke bis zu 4.000 s lang betrieben.

Die RL10 Triebwerke werden auch nach fünfzig Jahren noch weiter entwickelt. Wie bei vielen anderen Triebwerken werden Dinge getestet, die manchmal bei der nächsten Generation umgesetzt werden, oftmals jedoch nicht. In den sechziger Jahren wurde die Fähigkeit zur Schubreduktion getestet, die einherging mit einer komplexen Kontrolle. Ausgenutzt wurde dies im DC-X Technologiedemonstrator, als der Schub beim Schweben und der Landung fein reguliert werden musste.

Das RL10 wurde mit hohen Mischungsverhältnissen von Sauerstoff/Wasserstoff von 7 bis zu 13,5 betrieben, wobei zumindest ein Verhältnis von 7,5 bis zu 50 Sekunden lang ohne Beschädigung möglich war. Dies kann z. B. genutzt werden, um beide Treibstoffkomponenten bis auf unvermeidliche Reste aufzubrauchen, genannt „Propellant Utilization Shift". Das RL10 wurde auch mit Methan, Propan und flüssigem Fluor/LH2 erprobt. Letzteres hätte bei einem Mischungsverhältnis von 9:1 einen höheren spezifischen Impuls (4.422 m/s beim RL10A-3 und 4.495 m/s beim RL10A-3-3) und einen deutlich höheren Schub von 94 kN pro Triebwerk ermöglicht. Der Einsatz von Fluor wäre auf der Centaur möglich gewesen.

Ebenso wurde demonstriert, dass das RL10 wiederverwendbar ist. Die Lebenszeit liegt um den Faktor 10 höher als die maximale Betriebszeit am Stück. Es war daher für einen Space-Tug vorgesehen, mit dem das Space Shuttle Nutzlasten zwischen Bahnen transferieren und bergen sollte.

RL10-3-3A Triebwerke wurden mit Expansionsdüsen mit Flächenverhältnissen von 84 und 205 getestet. Mit einem Expansionsverhältnis von 250 und einer Düse mit 2,80 m Durchmesser war ein spezifischer Impuls von mehr als 4.600 m/s möglich. Eine Reihe dieser Entwicklungen wurde umgesetzt, so die Verschiebung des Mischungsverhältnisses zu einer sauerstoffreicheren Mischung beim RL10A-4 und RL10B und bei letzterem auch die Verlängerung der Düse.

Version	Gewicht	Qualifiziert	Einsatz	Auf ...	Schub	Brennkammerdruck	Expansionsverhältnis	LOX/ LH2 Verhältnis	Spez. Impuls [m/s]
RL10A-1	138 kg	Nov. 1961	1965 – 1967	Atlas Centaur C	66,7 kN	20,7 bar	40	5	4.158
RL10A-3	138 kg	Juni 1962	1967 – 1972	Atlas Centaur D, Saturn I	66,7 kN	20,7 bar	40	5	4.207
RL10A-3-1	138 kg	Sept. 1964				20,7 bar	40	5	4.246
RL10A-3-3	132 kg	Okt. 1966	1973 – 1983	SLV-3C/D, Titan 3E	66,7 kN	27,2 bar	57	5	4.338
RL10A-3-3A	138 kg	Nov. 1981	1984 – 2005	Titan 4, Atlas G/I/II	73,4 kN	32,7 bar	61	5	4.359
RL10A-4	170 kg	Dez. 1990	1992 – 2003	Atlas IIA / IIAS, IIIA	92,5 kN	40 bar	84	5,5	4.403
RL10A-4-2	170 kg	1994	2000 – heute	Atlas IIIB, V	99,1 kN	42 bar	84	6	4.423
RL10A-5	143 kg		1993 – 1996	DC-X	60 kN	39,12 bar	4,3	6	3.657*
RL10B	277 kg	1998	1998 – heute	Delta 3 / 4	110 kN	44,4 bar	280	5,88	4.532
RL10C	191 kg	2014	2014 – heute	Atlas V, Vulcan, OmegaA, SLS	106,3 kN	43,64 bar	130	5,88	4.400

*auf Meereshöhe

Abbildung 16: RL10 Raketentriebwerk

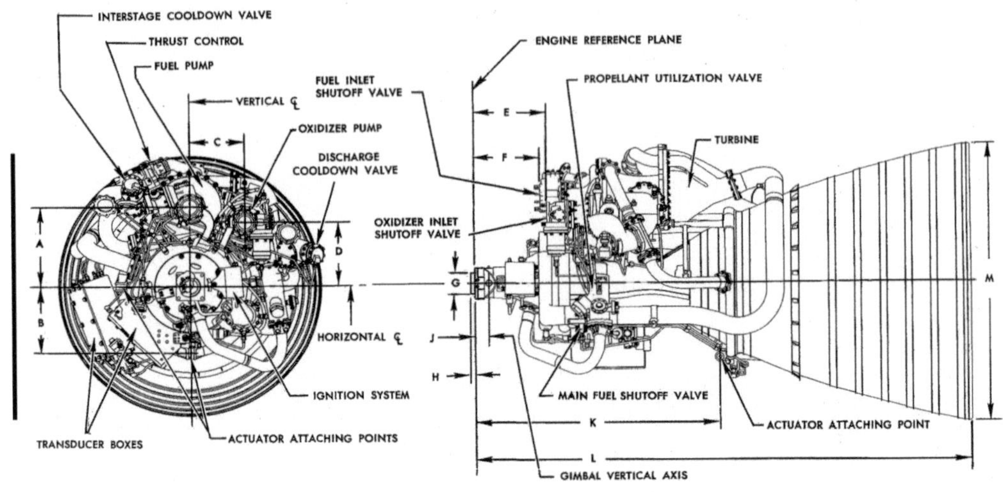

Abbildung 17: Aufbau des RL10

Abbildung 18: Blick aufs Heck der S-IV von SA-7 mit den sechs RL10

Internal Unit IU

Direkt unter der Nutzlast saß die „**Internal Unit**" (IU) mit dem Bordcomputer, der internen Navigation, Batterien und Telemetriesendern. Die IU kam nur bei den Block II Flügen ab SA-5 zum Einsatz. Bei SA 1 bis 4 wurde die erste Stufe aus einer Kombination aus ST-90 Kreiselplattform als Referenz (einem Gerät, um die Stufe zu neigen) und einem Zeitgeber, der die Aktionen zu bestimmten Zeiten auslöst (Sequencer), gesteuert.

Die Internal Unit hatte eine Höhe von 86 / 147 cm bei einem Durchmesser von 3,91 m. Mit einem Gewicht von 1.180 kg (ab SA-9, 2.450 kg bis SA-8) war sie im Verhältnis zur Nutzlast sehr schwer. Sie bestand aus zwei Ringen oben und unten, welche die Lasten der Nutzlast aufnahmen und an die S-IV weitergaben. Außerdem einem Zylindermantel, verstärkt durch Stringer als Struktur. Im Innern des Zylinders waren dann die Subsysteme der IU angebracht wie Batterien, Telemetriesender, Kreiselplattform und Computer.

Der Bordcomputer der Saturn I vom Typ ASC-15 hatte eine Geschwindigkeit von lediglich 3.000 Befehlen/s. Der Trommelspeicher hatte eine Größe von 3.644 Worten mit je 27 Bit Breite, also insgesamt 98.388 Bits. Es handelte sich um einen der ersten digitalen Computer auf einer Trägerrakete. Bei der Saturn I wurde, im Gegensatz zu vielen militärischen Raketen, keine Radiolenkung angewendet. Der Erfolg der Mission hing vom Computer ab. Von ihm wurde lediglich eine Betriebszeit von fünf Minuten erwartet. Er wurde erst mit dem Startkommando aktiviert. Aufgrund der kurzen Betriebszeit wurde kein neuer Computer entwickelt. Der ASC-15 wurde für die Titan-2 entwickelt. Für die Saturn I wurde er substanziell modifiziert, so der Speicher von 1.160 auf 3.644 Worte und die Bitbreite von 24 auf 26 Bits (plus ein Paritätsbit) erhöht. Der Trommelspeicher des ASC-15 ist ein früher Vorgänger der Festplatte. Wie bei einer Festplatte wird die Information magnetisch gespeichert, nur nicht auf einer Platte, sondern einer Zylinderoberfläche. Schreib-/ Leseköpfe an der Zylinderaußenseite lasen die Information ab. Anders als heute war der Trommelspeicher der Arbeitsspeicher und nicht der Massenspeicher. IBM, die den ASC-15 entwickelten, setzten ihn damals in Computern ein und hatten die Architektur auf ihn abgestimmt – da eine Rotation einige Millisekunden dauerte, enthielten die Instruktionen als Bestandteil des Opcodes die Adresse, wo der nächste Befehl zu finden war. Die Befehle waren also nicht wie sonst üblich sequenziell abgelegt. Dadurch musste man, wenn man die Ausführungsdauer kannte, nicht eine ganze Rotation abwarten, um den nächsten Befehl einzulesen. Trotzdem war durch den Trommelspeicher der ASC-15 sehr langsam, eine Addition dauerte 0,156 ms, eine Multiplikation 1,9 ms und eine Division war nur durch eine Subroutine möglich und dauerte 23 ms.

Der ASC-15 flog bei SA-5 als passiver Passagier mit, steuerte also den Flug nicht. Bei SA-6 war er aktiv nach Zündung der zweiten Stufe, zusammen mit der ST-124 Kreiselplattform, welche in der Saturn IB und V eingesetzt werden sollte. Die erste Stufe wurde von der ST-90S Kreiselplattform gesteuert und arbeitete ein vorgegebenes Programm ab.

Ab SA-7 steuerte die Kombination ASC-15 und ST-124 beide Stufen und ersetzte die vorherige Steuerung. Ab SA-9 kam eine um 0,61 m verkürzte und nicht unter Druck stehende IU zum Einsatz, die bedeutend leichter war.

Ein weiterer GSP24 Signalcomputer fasste die Daten verschiedener Sensoren zu Paketen zusammen und übermittelte die Telemetrie im FM-Band mit maximalen Datenraten von 1.500 und 1.800 Zeichen/s. Bis zu 500 Parameter wurden bei einem Start übermittelt.

Die Daten über die Ausrichtung im Raum und die momentane Beschleunigung in allen drei Raumachsen erhielt der Computer von der Kreiselplattform vom Typ ST-90, später ST-124. Die ST-90 wurde von Bendix für die Jupiter produziert. Man befand beim MSFC, das für die Saturn I die Kombination des Rechners der Titan II mit der Kreiselplattform der Jupiter ausreichend war.

Die ST-90 bestand aus drei Kreiseln, die jeweils senkrecht aufeinander standen, je einen pro Raumachse. Wenige Sekunden vor dem Start wurde die Kreiselplattform freigegeben. Vorher wurde ihre Ausrichtung laufend angepasst, da sie raumfest war, die Erde aber um ihre Achse rotiert und sich daher die Richtung (im absoluten Raum) dauernd ändert. Schnell rotierende Kreisel wollen ihre Rotationsachse raumfest halten. Verschiebt sie sich, weil sich die Rakete neigt, so geben sie eine Kraft ab, die Nutation, die proportional zur Abweichung ist. Diese Kraft wurde in ein elektrisches Signal umgewandelt und genutzt, um die Triebwerke zu schwenken. Das geschah vollständig analog durch elektrische Verstärkung des Signals, dass die Kreisplattform abgab.

Die Kreisel informierten über die Lage der Saturn im Raum, aber nicht über ihre Geschwindigkeit. Dazu gab es Beschleunigungsmesser, ebenfalls mindestens einen pro Raumachse. Sie maßen die momentane Beschleunigung. Addierte der Bordcomputer die Messwerte eines Intervalls, so ermittelte er die Geschwindigkeit in jeder Raumrichtung und addierte er die Geschwindigkeiten, so erhielt er die Position im Raum. Bei Erreichen der Zielgeschwindigkeit schaltete er die Triebwerke ab.

Ohne Computer wurde bei den ersten vier Einsätzen ein vorgegebenes Programm durchgeführt. Ein Magnetband wurde beim Abheben gestartet und durch einen Sequencer ausgelesen. Wenn der Zeitpunkt für eine Aktion gekommen war, gab es auf einer der 33 Spuren ein Signal. Dies löste die Aktion aus, z. B. das Neigen der Kreiselplattform. Da die Rakete der Neigungsachse der Plattform folgt, wurde dadurch die Rakete geneigt.

Die Stromversorgung für die IU lieferten zwei Silberzink-Batterien mit je 1.650 Ah Kapazität. Sie lieferten eine Gleichspannung von 28 V. Für die Geräte, die Wechselstrom benötigten, wandelte ein Konverter (Wechselrichter) die Gleichspannung in 115 Volt Wechselstrom mit 400 Hz und drei Phasen um.

Neu war die Einführung automatisierter Tests beim Countdown, mit denen bei den Block II Flügen begonnen wurde. Vorher wurden bei der Startkampagne alle Systeme der Rakete manuell geprüft. Die dazu nötige Zeit stieg bei den immer komplexer werdenden Trägern rasch an. Die Startvorbereitungen einer Jupiter dauerten 12 Tage und bei einer Redstone 16 Tage. Für eine Saturn Block I wurden bereits 170 bis 240 Tage benötigt.

Hierzu wurden im Kontrollzentrum RCA 110 Computer, einer der ersten interruptgesteuerten Rechner, installiert. Ziel war es, bei der Saturn V den Countdown vollständig zu automatisieren. Obgleich es Fertigungsprobleme mit den RCA 110 gab, verkürzten die Rechner die Startvorbereitungen enorm. Alleine das Testen der dreifach redundanten Verbindung des Fluchtturms zur Apollo-Kapsel dauerte ma-

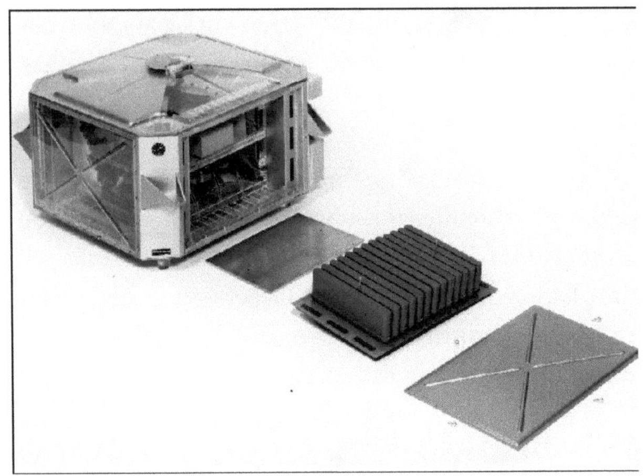
Abbildung 19: ASC-15 Computer

nuell 10 bis 12 Stunden. Mit Computerunterstützung konnten die Systeme in nur 20 Minuten überprüft werden.

Der RCA-110 war ein Rechner mit einer Wortbreite von 24 Bit und einem Arbeitstakt von 0,936 MHz. Er konnte maximal 35.000 Befehle pro Sekunde abarbeiten. Eine Addition dauerte 57,6 Mikrosekunden. Der RCA-110 hatte 4 KWorte Ringkernspeicher als Arbeitsspeicher und einen Trommelspeicher für Programme von 4 bis 32 KWorten Größe. Der im Kontrollzentrum für die Saturn IB und V eingesetzte Nachfolger RCA-110A verfügte bereits einen Ringkernspeicher von 32 KWorten und einen Trommelspeicher von 32 KWorten Größe.

Jeder Rechner bestand aus 3.000 Platinen mit diskreten Bauteilen, also Transistoren und Widerständen. Doch es gab noch keinen integrierten Schaltungen. Je 24 Platinen wurden zu einem „Nest“ verbunden. Eine Platine hatte durch die wenigen Elemente nur eine Teilfunktion für den Computer, so passten 4 Flip-Flops auf eine Platine. Die Platinen wurden zur Problemquelle. Die NASA ging schließlich dazu über, Platinen auf Vorrat zu beschaffen, weil der Computer bei den ersten Starts sehr häufig ausfiel.

Bei LC37 wurde der RCA-110 zuerst installiert: Zwei RCA-110 unterstützen die Startvorbereitungen von SA-5 bis 10. SA 1-4 auf LC-34 nutzten einen Libratol 500 Computer. Er überwachte in der Endphase des Countdowns die Parameter der Saturn, assistierte aber nicht bei den Startprozeduren. Danach wurden dort zwei RCA-110A für die Starts SA-201 bis 204 installiert. Bei LC39 wurden sogar acht RCA-110A installiert, die alle Starts bis 1975 managten.

Kameras

Um mehr Einsichten in die Rakete zu bekommen, begann man die Saturn mit Filmkameras auszustatten. Diese Technik wurde bei den Entwicklungsflügen der Saturn V beibehalten, aber bei den operationellen Flügen eingestellt. Es gab zwei Typen von Kameras, beide unterschieden sich in der Optik. Die einen nahmen, geschützt durch ein Quarzfenster, direkt die Szene auf. Sie wurden auf dem Heck der S-I montiert, um die Zündung der S-IV zu filmen. Bei der Saturn IB filmten sie die Zündung der S-IVB und bei der Saturn V die Trennung der S-II von der S-IC und die Abtrennung des Stufenadapters.

Der zweite Typ von Kamera hatte anstatt des Quarzfensters als Schutz ein Bündel Fiberglasfasern (mehrere Tausend), die vom Inneren der Tanks zu den Kameras führten. Wären die Kameras im Tank eingebaut, hätte man sie nicht mehr bergen können. Beide Kameras arbeiteten mit 16 mm Schmalfilm. Sie steckten in einem zylindrischen Behälter von 20 cm Durchmesser und 71,4 cm Länge. Mit Behälter wogen sie 27 kg.

Die Bergung lief folgendermaßen ab: Die Kameras befanden sich in Röhren und wurden durch Stickstoff-Druckgas aus den Behältern herauskatapultiert. Daraufhin entfalteten sich vier Stabilisierungsflächen, die durch Federn nach außen geschoben wurden. Sie sorgen für einen stabilen Flug und bremsten die Kapsel leicht ab.

In 4,2 km Höhe ließ ein durch Druck aktivierter Schalter Druckluft in einen Paraballon einströmen, der sich im Heck befand. Er dehnte sich aus und drückte dabei die Stabilisierungsflächen weg, die fortfliegen. Der Paraballon bestand aus einem Ballon und einem Bremsfallschirm. Der Paraballon erreichte schließlich einen Durchmesser von 45 cm. Er bremste den Fall auf 30 m/s ab.

Im Wasser wurde ein Fluoreszenzfarbstoff freigesetzt und Kupferacetat abgegeben – es sollte Haie verscheuchen, da die Kapseln durch Taucher geborgen wurden. Auf dem Paraballon befand sich eine Sendeantenne, die einige Stunden lang ein Peilsignal aussandte. Das Muster des Ballons war so ausgelegt, dass die der Luft zugewandte Seite auf dem Wasser gut sichtbar war – sie hatte weiße und orangene Felder. Die Seite unter Wasser war dunkelpurpur gefärbt, um Fische nicht anzulocken.

Begonnen wurde mit Einsatz von Kameras ab Block II. SA-5 war der erste Einsatz. Alle Kapseln befanden sich an der S-I. Fünf Kapseln des Flugs wurden eine Stunde nach dem Start in 900 km Entfernung geborgen, zwei andere konnten wegen der einbrechenden Dunkelheit nicht geborgen werden, doch zwei Schiffe fanden sie am nächsten Tag, eine Kapsel ging verloren. Beim nächsten Start, SA-6, gingen die Kapseln nahe des Hurricans Gladys nieder. Angesichts eineinhalb Meter hoher Wellen wurde keine Bergung versucht. Trotzdem wurden drei Kapseln auf den Inseln Eleuthera und San Salvador entdeckt, die Letzte erst im April 1965. Die Kapseln waren stark beschädigt, der Film aber weitestgehend unversehrt.

Man setzte die Kameras bei den folgenden Testflügen und den ersten Saturn IB Missionen ein, auch wenn die Anzahl der Kapseln immer kleiner wurde. Bei SA-10 waren es nur noch zwei. Zusätzlich setzte man bei den letzten Saturn I Fernsehkameras ein. Die erste TV-Kamera auf einer Saturn nahm das Abtrennen des CSM-Mockups und das Entfalten der Flächen von Pegasus 2 bei SA-9 auf. Im Heck der S-IC (Saturn V) befanden sich ebenfalls TV-Kameras. Sie übertrugen die Bilder analog. Der Einsatz von TV-Kameras war aber beschränkt. Die Bildqualität war deutlich schlechter als bei Schmalfilm. Zudem unterbrachen die bei der Stufentrennung durch die Abgase der Feststofftriebwerke entstehenden Ionen die Funkverbindung in gerade diesen kritischen Augenblicken.

Die Kameras machten bei der Saturn V die spektakulären Aufnahmen, die in Dokumentationen gezeigt werden. Darunter die Trennung der S-IC von der S-II, das Absprengen des Zwischenstufenadapters und sein Aufleuchten, wenn er durch den Flammenstrahl der schon seit 30 Sekunden arbeitenden Triebwerke gerät und dann das (angebliche) Zünden der S-IVB bei der Abtrennung von der S-II.

Kameras wurden im Saturn V Programm nur bei den ersten drei Flügen mitgeführt, wobei die Bergung der Kameras bei Apollo 8 scheiterte. Die Sequenz der S-II in den Dokumentationen stammt von Apollo 4, es gibt eine Zweite von Apollo 6, die leicht an den unterschiedlichen Wolkenmustern erkennbar ist. Diese Kameras im Heck der S-II arbeiteten 0,1 s vor der Stufentrennung bis 40 s nach der Stufentrennung. Acht Sekunden nach Abtrennung des Stufenadapters wurden sie selbst abgesprengt. Je früher dies erfolgte, desto geringer war die Auftreffgeschwindigkeit auf die Atmosphäre und desto genauer konnte man den Impaktpunkt eingrenzen.

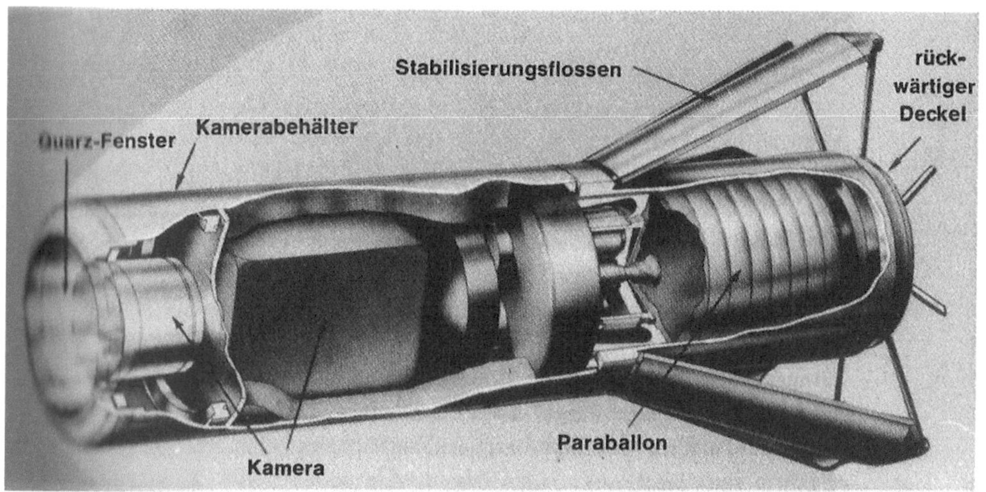

Abbildung 20: Aufbau der Kameras

Anders sieht es bei der oft gezeigten Sequenz aus, die angeblich eine S-II / S-IVB Trennung zeigt. Das würde voraussetzen, dass die Kamera noch aktiv ist, wenn die Trennung stattfindet, also bei über 7.000 m/s Geschwindigkeit. Einen Wiedereintritt mit dieser Geschwindigkeit würde die Kamera nicht überleben. Außerdem wäre das Suchgebiet enorm groß. Diese Aufnahmen stammen in Wirklichkeit vom Saturn IB Start AS-203. Das ist auch leicht zu erkennen, denn man sieht drei Treibstoffbeschleunigungsraketen an der S-IVB zünden. Die S-IVB der Saturn V hatten aber nur zwei. Damit war die Kamera, die an einer S-IB befestigt war, leicht zu bergen, denn die Abtrennung erfolgte bei 2,5 km/s und nicht 7 km/s.

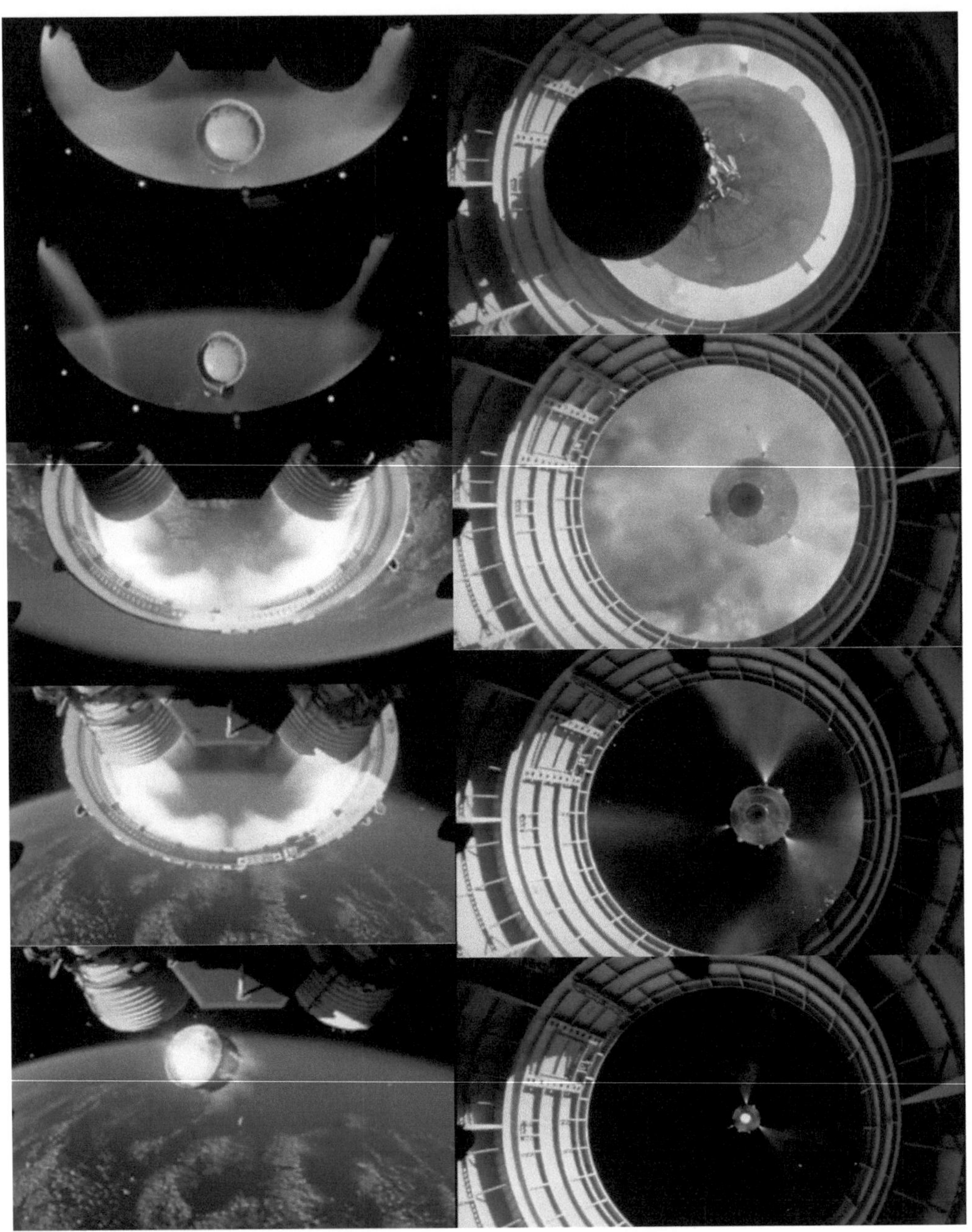

Abbildung 21: Kameraaufnahmen von AS-501 und AS-202

Einsatzgeschichte

Die ersten vier Flüge SA-1 bis SA-4 (Block I) waren Tests der Erststufe ohne Oberstufe. Die Block I Starts führten anstatt Oberstufen Wasser als Ballast mit, welches in der Hochatmosphäre als „Highwater" Experiment freigesetzt wurde. Bei SA-2 wurden 90 t Wasser in 95 km Höhe freigesetzt. Dort bildete es innerhalb von fünf Sekunden eine 7 km große Wolke. Sie stieg bis in eine Höhe von 144 km auf. SA-3 testete die Retroraketen der ersten Stufe mit einer Dummy-Oberstufe und erprobte die Stufentrennung. Bei SA-4 wurde eines der acht H-1 Triebwerke nach 100 s abgeschaltet, um zu testen, ob die Saturn die Mission noch durchführen konnte. Die Block I Typen nutzten die erste Serienversion des H-1 mit einem Schub von 734 kN, die Block II Typen dann die 836-kN-Version. Durch den geringeren Schub wurden die S-I Stufen nicht voll betankt. Bei den ersten beiden Starts waren sie nur zu 83 Prozent betankt.

Die Block I Raketen setzten eine S-I ohne Finnen ein. Diese wurden erst bei der Block II montiert. Die Finnen von Block II waren ein Ausgleich dafür, dass die Triebwerke nur noch um 8 anstatt 14 Grad wie bei Block I schwenkbar waren.

Die folgenden drei Flüge (Block II) qualifizierten die Oberstufe. Bei SA wurde ein Prototyp der späteren IU eingesetzt. Die Nutzlast war Ballast unter einem Konus der Jupiter Rakete. Die Gesamtmasse, die in den Erdorbit gebracht wurde, lag bei 38.000 Pfund (17.230 kg inklusive der leeren S-IV). Dies entsprach damals der höchsten Bruttomasse in einem Erdorbit.

SA-6 brachte zum ersten Mal ein Modell der Apollo-Kapsel in den Orbit. Es zeigte sich, dass die „Engine-out capability" nützlich war, denn eines der H-1 Triebwerke fiel ungeplant aus. Trotzdem konnte mit den restlichen sieben Triebwerken ein Orbit erreicht werden. Der Bordcomputer kompensierte den Ausfall vollständig und das Modell erreichte die vorgesehene Umlaufbahn.

Nachdem alle Testflüge erfolgreich waren, wurde das Erprobungsprogramm der Saturn I vorzeitig abgeschlossen. SA-7 brachte erneut eine Apollokapsel in den Orbit. Neben deren Erprobung ging es um das Testen einer neuen Methode, den Fluchtturm von der Trägerrakete zu trennen. Der Fluchtturm wurde im Normalfall

Abbildung 22: Der Pegasus Satellit bei Bodentests

nach 168 Sekunden, 12 s nach Zündung der zweiten Stufe, abgetrennt. Danach war die Rakete um 3.000 kg leichter. Das neue Verfahren trennte ihn 7 Sekunden früher ab.

Die letzten drei Flüge transportierten neben einem Modell des Apollo-Raumschiffs einen Pegasus Satelliten. Er war fest mit der S-IV verbunden und sollte feststellen, ob Mikrometeoriten eine Gefahr für zukünftige Missionen darstellen können. Dazu verfügte er über große, mit Metall überzogene Flächen, die unter Spannung standen. Sie wurden nach dem Start wie Solarpaneele entfaltet. Wurden sie von einem Staubteilchen durchlöchert, so erzeugte dies einen Stromimpuls, der gemessen wurde. Es zeigte sich, das Mikrometeoriten keine Gefahr darstellten, selbst wenn sich die Besatzung in einem Raumanzug außerhalb des Raumschiffs befand. SA-8 war die erste Trägerrakete, deren Stufen von der Industrie gebaut wurden. Außerdem war es die erste Saturn, die nachts startete. Bei diesem Flug wurde die IU der Saturn IB und V erstmals im „geschlossenen Kreislauf" erprobt. Der Bordcomputer berechnete in regelmäßigen Abständen die beste Aufstiegsbahn, mit welcher der gewünschte Orbit mit minimalem Treibstoffverbrauch erreichbar war.

SA-9 und SA-10 wurden von der NASA genutzt, um zwei weitere Pegasus Satelliten zu starten. Die NASA hatte ursprünglich 16 Saturn I bestellt. Doch schon Ende 1964 hatte sie die Bestellung auf 13 Erststufen, elf IU und zehn S-IV begrenzt. Es gab noch genügend Hardware, um mindestens eine weitere Saturn I zu fertigen.

Die Saturn I Entwicklung und die Produktion von zehn Trägern kosteten 880,1 Millionen Dollar. Bis zu 12.400 Personen arbeiteten an dem Programm. Mehr über die Starts in der Gesamtübersicht auf S. 252.

Start einer Saturn I

Der Countdown einer Saturn I dauerte 10 Stunden. Es wurde die S-I bereits am Vortag mit Kerosin betankt. Der erste Sauerstoff wurde 350 Minuten vor dem Start eingefüllt. Lange Zeit wurde der Tankstand bei 10 Prozent gehalten. Zum einen, um den Tank abzukühlen und zum anderen, um Lecks im 229 m langen Leitungssystem des Bodensegments zu finden. Das Kommunikationssystem wurde 270 Minuten vor T-0 geprüft. Am Schluss endete dies mit einem probeweisen Umschalten auf die interne Stromversorgung. Dieser Test war 255 Minuten vor dem Start beendet und die Stromversorgung wurde wieder auf die Startplattform umgestellt.

100 Minuten vor dem Start wurde der Sauerstofftank langsam voll gefüllt und der Serviceturm zurückgefahren. Zwanzig Minuten später kam die Anweisung, sich vom Pad zu entfernen. Die Türen des Blockhaus, des Gebäudes, in dem der Start vorbereitet wird, wurden geschlossen. Es liegt nahe des Startturms und ist durch dicke Betonwände geschützt. Eine Stunde vor dem Start wurde Sauerstoff aus dem Tank durch die Triebwerke geleitet und kühlte diese 5 Minuten lang ab. Dann wurde die Flussrate drastisch auf 9.500 l/Minute erhöht, bis der Tank 30 Minuten vor dem Start 99 Prozent Füllung erreichte.

Die letzten 20 Minuten wurde nochmals das gesamte Bodenequipment und die Elektronik der Rakete überprüft. Von allen am Start beteiligten Stationen wurde die Startbereitschaft abgefragt. Die letzten 364 Sekunden erfolgten ohne menschlichen Eingriff. Ein Computer überprüfte erstmals automatisch alle Vorgänge und aktivierte zu vorgegebenen Zeitpunkten das Equipment. Gab es ein Problem, wurde der Countdown nicht nur angehalten, sondern kehrte automatisch zur 364 Sekundenmarke zurück. Die Triebwerke wurden in Paaren gezündet, zeitlich leicht versetzt. Sie erreichten ihren vollen Schub nach 1,4 s. Das Abheben fand beim ersten Start trotzdem erst nach 3,97 s statt. Die Rakete wurde nach dem Erreichen des Nennschubs eine Weile festgehalten. Sollte in einem der Triebwerke der Brennkammerdruck fluktuieren, hätte man die Triebwerke wieder abschalten und den Start verhindern können. Diese Dauer wurde sukzessive reduziert. Beim letzten Start waren es nur noch 3,1 s.

Für die Saturn I und IB wurden drei Startrampen gebaut. Es waren die Startrampe 34 mit nur einem Launchpad und der Komplex 37 mit den zwei Startrampen 37A und 37B. Von LC-34 wurden die ersten vier Saturn I gestartet, alle nur suborbital, ohne aktive Oberstufe.

SA-5, die erste Mission mit einer Oberstufe, wurde wie alle folgenden Starts von LC-37B durchgeführt. Die Startrampe 37A wurde nie genutzt. Die beiden Startrampen waren 370 m voneinander entfernt, damit eine Explosion geringeren Schaden anrichtet. An jeder Startrampe gab es einen 95 m hohen Serviceturm mit einer Masse von 4.500 t. Für den Start waren 250 Personen nötig. Das Blockhaus war 300 m vom Lauchpad entfernt. Das Launchpad bestand aus einem 14 m breiten quadratischem Stahlsockel mit einer 9,7 m breiten zentralen, zwölfeckigen Öffnung. Durch sie konnten die Abgase entweichen. Ein auf Schienen beweglicher Stahlkeil lenkte die Flammen zur Seite ab, wo sie auf Beton trafen.

Verfolgt wurde die Saturn I durch ein C-Band Radar Peilsignal. Die Telemetriedaten wurden bei 136 MHz im UHF-Band übertragen.

Nach dem Abheben führte die Saturn I 9 Sekunden lang keine Drehungen durch, bis der Startturm sicher passiert war. Dann begann das kombinierte Neige- und Rollmanöver. Bei diesem dreht sich die Rakete, so dass die Achse der Inertialplattform, die vorher genau nach Norden zeigte, auf den Flugazimut ausgerichtet ist. Dieses Rollen geschieht mit einer Rate von 1 Grad pro Sekunde. Gleichzeitig begann sich die Saturn I zu neigen, allerdings mit niedriger Rate.

Beginnend ab 90 s durfte ein Triebwerk ausfallen, und ein Orbit war noch erreichbar. Fiel ein Triebwerk nach 140 s aus, so war bei der SA-10 Mission mindestens ein Orbit in 400 km Höhe (Soll: 500 km) erreichbar.

Das Neigeprogramm wird nach 138 s unterbrochen, wenn eine Neigung von 52,45 Grad (beim Abheben: 90 Grad) erreicht wurde. In den folgenden 4 Sekunden konnten Schwingungen, vor allem durch den Treibstoff, die beim Neigen induziert wurden, abklingen. Danach erfolgte der Brennschluss der inneren vier Triebwerke, sechs Sekunden später folgten die äußeren Triebwerke. Da mit vier Triebwerken der Ausfall eines fehlorientierten Triebwerks nicht abgefangen werden kann, wurde diese Vorgehensweise gewählt. In Neutralstellung geht der Schubvektor jedes Triebwerks durch den Schwerpunkt.

Bei der Stufentrennung, ausgelöst durch das Abschaltsignal der S-I, passieren kurz hintereinander drei Dinge: Es werden durch Explosivladungen die Verbindung der beiden Stufen getrennt. Retroraketen feuern, um die S-I zu verlangsamen und auf Distanz zu bringen. Zuletzt feuern Treibstoffsammelraketen in der S-IV. Kurz danach werden die Triebwerke der S-IV gezündet. Dieses System wurde bei der Saturn IB und V beibehalten. Die Retro- und Treibstoffsammelraketen waren Feststoffantriebe mit hohem Schub und einer Brenndauer von wenigen Sekunden. Einige Sekunden nach Zündung der S-IV wird der Fluchtturm abgetrennt. Nutzlast der folgenden Missionen waren „Boilerplates". Das waren Modelle der Apollokapsel mit der korrekten Massenverteilung, aber ohne irgendwelche Ausrüstung. So sollte eine Apollomission simuliert werden.

14 Sekunden nach der Stufentrennung beginnt die Steuerung mit dem adaptiven Programm, gesteuert durch die IU. Bisher neigte sich die Saturn nach einem fest einprogrammierten Profil. Nun gab es Vorgaben in einer Tabelle, welche Höhe und Geschwindigkeit die Rakete zu einem bestimmten Zeitpunkt haben sollte. Die Steuerung berechnete die nötige Ausrichtung der Triebwerke, um den nächsten Punkt in der Tabelle zu erreichen. Der Brennschluss erfolgte, wenn eine vorgegebene Geschwindigkeit erreicht war.

10 Sekunden nach Erreichen des Orbits und Abschalten der RL-10 Triebwerke wurden die Ventile der Treibstofftanks geöffnet, um den Wasserstoff freizusetzen. Dies dauerte 180 Sekunden. 1 Sekunde nach Schließen der Ventile wurde die Apollo-Raumkapsel bei SA-10 entlassen. Eine Minute später wurden die Sammelflächen des Pegasussatelliten entfaltet, der fest mit der zweiten Stufe verbunden war.

Die Starts waren nach Wernher von Brauns Motto „Ein Fehlstart ist nicht tragisch, wenn man durch die Telemetrie weiß, was schiefgegangen ist" aufwendig instrumentiert. Bei SA-8 wurden 1.388 Messwerte übertragen: 759 von der S-I, 412 von der S-IV und 217 von der IU. Dazu wurden in der S-I acht 16 mm Kameras mitgeführt, welche später geborgen wurden. Mittels Glasfasern zeichneten einige Kameras sogar das Entleeren der Tanks auf. Ab SA-9 entfielen diese Kameras.

Ereignis beim Start von SA-10	Zeit
Erste Bewegung:	0,49 s
Abheben (Abziehen der Verbindungsleinen):	0,711 s
Steuerung detektiert Abheben:	0,737 s
Beginn Roll- und Neigemanöver:	9,74 s
Abschluss Rollmanöver: (5,2 Grad)	14,94 s
Aktivierung Steuerung nach Beschleunigungs-sensoren:	~ 20 s
Mach 1 erreicht:	~ 55 s
Maximaler Andruck:	~ 67 s
Deaktivierung Steuerung nach Beschleuni-gungssensoren:	~ 90 s
Maximaler Schub erreicht:	~ 110 s
Triebwerke in Neutralstellung:	138,99 s
Brennschluss innere vier Triebwerke:	142,22 s
Brennschluss äußere vier Triebwerke:	148,32 s
Zündung Treibstoffsammelraketen S-IV	149,03 s
Stufentrennung: (88,94 km Höhe, 79,7 km vom Startort entfernt, v=2.715 m/s:	149,13 s
Zündung S-IV:	150,83 s
Abwurf Treibstoffsammelraketen und Flucht-turm:	161,13 s
Aktivierung aktive Steuerung:	167,26 s
Horizontale Lage erreicht:	~ 550 s
Brennschluss S-IV (7592 m/s), Höhe 535,74 km 1844 km vom Startort entfernt.	630,252 s
Abtrennung Nutzlastverkleidung:	811,95 s
Beginn Entfaltung der Flügel des Pegasus:	872,0 s
Entfaltung der Flügel beendet:	912,0 s

Abbildung 23: SA-4 vor dem Start

Datenblatt Saturn I (Block I)	
Einsatzzeitraum:	1961 – 1963
Starts:	4, kein Fehlstart
Zuverlässigkeit:	100 Prozent
Abmessungen:	55,00 m Höhe, 6,52 m Durchmesser.
Startgewicht:	< 500.000 kg
Internal Unit:	keine
Nutzlast:	95,2 t auf eine Gipfelhöhe von 180 km und eine Spitzengeschwindigkeit von 1600 m/s, ein Orbit kann mit nur einer stufe nicht erreicht werden.
	S-I
Länge:	24,20 m
Durchmesser:	6,52 m
Startgewicht:	< 439.273 kg (typisch: 377.000 kg)
Trockengewicht:	40.824 kg
Brennschlussgewicht:	53.172 kg
Schub Meereshöhe:	5.888 kN
Schub Vakuum:	6.260 kN
Triebwerke:	8 × H-1A
Spezifischer Impuls (Meereshöhe):	2.478 m/s
Spezifischer Impuls (Vakuum):	2.824 m/s
Brenndauer:	<162 s, typisch 141 s
Treibstoff:	LOX / Kerosin

Datenblatt Saturn I (Block II, SA-10)		
Einsatzzeitraum: Starts: Zuverlässigkeit: Abmessungen: Startgewicht: Zwischenstufenadapter: Internal Unit: Nutzlast:	1964 – 1965 6, kein Fehlstart 100 Prozent 55,00 m Höhe, 6,52 m Durchmesser (12,43 m mit Finnen) 509.660 kg – 528.400 kg 952 kg, 4,67 m Höhe, 6.52 → 5,52 m Durchmesser 1.180 kg Gewicht, 0,86 m Höhe, 3,91 m Durchmesser 11,800 kg in einen 200 km hohen LEO-Orbit 10.230 kg bei Mitführung eines Fluchtturms (2.700 kg) in einen 500 km hohen Orbit 2.200 kg auf einen Fluchtkurs	
	S-I	**S-IV**
Länge:	24,20 m	12,00 m
Durchmesser:	6,52 m	5,59 m
Startgewicht:	460.860 kg	51.710 kg
Trockengewicht:	46.720 kg, 48.081 kg mit Retroraketen und Stufenadapter	4.815 kg ohne IU, 5.995 kg mit IU
Brennschlussgewicht;	53.117 kg mit Retroraketen und Stufenadapter	5.204 kg
Schub Meereshöhe:	6.790 kN	–
Schub Vakuum:	7.120 kN	395,2 kN
Triebwerke:	8 × H-1B	6 × RL10A-3S
Spezifischer Impuls (Meereshöhe):	2.531 m/s	–
Spezifischer Impuls (Vakuum):	2.824 m/s	4.177 m/s
Brenndauer:	156 s	482 s
Treibstoff:	LOX / Kerosin	LOX / LH2

Saturn IB

Die Saturn IB entstand aus der Saturn I. Während die erste Stufe weitgehend unverändert blieb, wurde in der zweiten Stufe das J-2 Triebwerk eingesetzt. Dieses war bis zum Start des Space Shuttle das leistungsstärkste, mit Wasserstoff betriebene Triebwerk. Die Entwicklung der Saturn IB, unter der ursprünglichen Bezeichnung Saturn C-2, wurde am 31.3.1961 genehmigt. Im Februar 1963 erhielt sie ihren endgültigen Namen. Vorher lief sie unter der Bezeichnung „Uprated Saturn C-1".

Die Entscheidung für den Einsatz einiger Komponenten erfolgte relativ spät. So wurde im Juni/August 1963 die endgültige Entwicklung der S-IB und S-IVB Stufe beschlossen. Im April 1964 fiel die Entscheidung für den Bordcomputer und die Navigation. Die Entwicklung des „Upgraded H-1 Triebwerks" wurde am 8.11.1963 begonnen. Rocketdyne lieferte im Juni 1964 die ersten vier schubgesteigerten H-1 Triebwerke in Rekordzeit aus. Der erste Höhentest eines J-2 erfolgte im Mai 1963. Am 12.11.1963 lief das J-2 erstmals über die volle Brenndauer. Am 1.4.1965 wurde der erste statische Brennversuch der ersten Stufe der Saturn IB durchgeführt. Danach erhielt Rocketdyne den Auftrag, den Schub der H-1 von 890 auf 912 kN anzuheben. Der erste Test einer S-IVB Stufe fand am 8.5.1965 statt. Zu diesem Zeitpunkt war das Saturn I Programm bereits abgeschlossen. Am 8.8.1965 lief eine S-IB Stufe erstmals über die volle Laufzeit von 452 s. Am 9.8.1965 und am 19.9.1965 trafen die erste und zweite Stufe des ersten Flugexemplars am Cape ein. Sie wurden ab dem 1.10.1965 zusammengebaut. Der Jungfernflug fand am 28.2.1966 statt.

Am Cape gab es zwei Startkomplexe für die Saturn IB – LC-34 mit einer und LC-37 mit zwei Startrampen. Zu jeder Startanlage gehörte ein 95 m hoher Versorgungsturm. Diese Komplexe wurden nur bis 1968 genutzt. Die Startrampen wurden nach dem Start von Apollo 7 eingemottet. Als fünf Jahre später Saturn IB zu Skylab starteten, nutzten diese die Saturn V-Rampe LC-39B. Dazu wurden die Raketen auf einen erhöhten Starttisch gestellt, damit die Verbindungsleitungen in der richtigen Höhe waren. Dieser Tisch hatte eine Höhe von 38,50 m. Die Breite betrug an der Basis 14,60 m und 6,67 m an der Spitze. Die als „Milchstuhl" bezeichnete Gitterkonstruktion wog 454 t. Davon war die Hälfte Ausrüstung. Von LC-34 hob nur die Mission AS-205 mit Apollo 7 am 11.10.1968 ab.

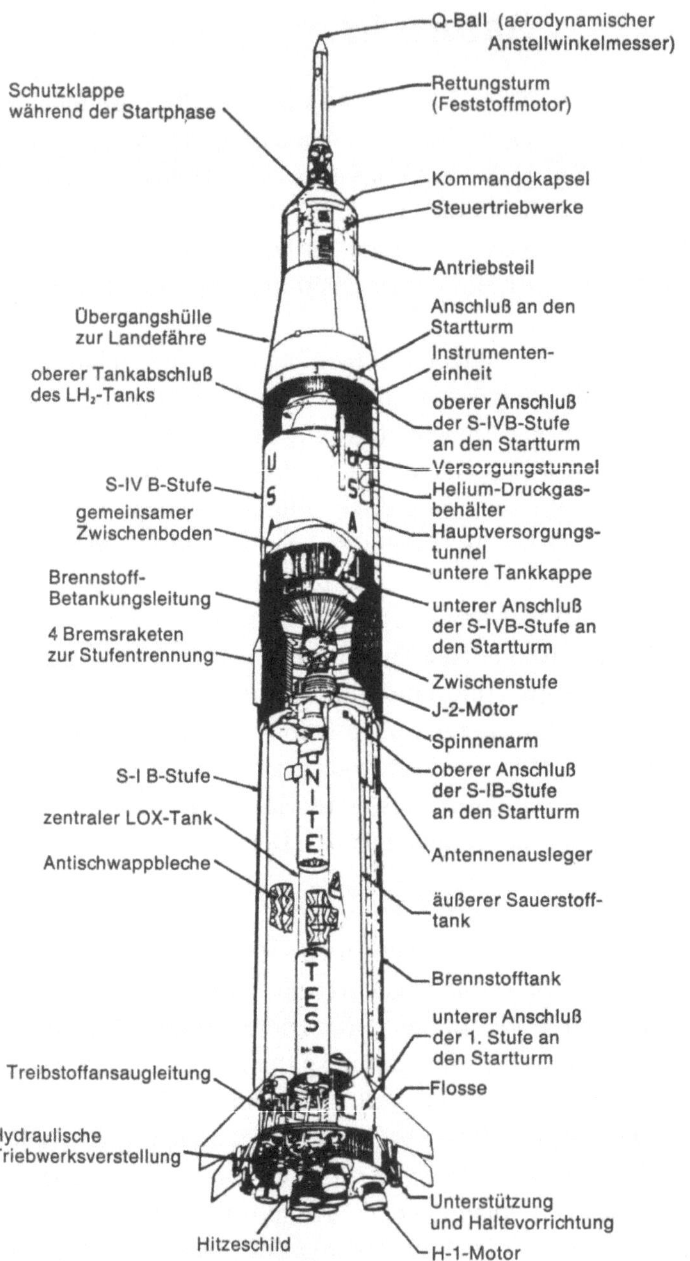

Abbildung 24: Teile der Saturn IB

Die erste Stufe S-IB

Nachdem Chrysler bereits die S-I für die Saturn I baute, erhielt die Firma am 20.8.1963 den Auftrag für die S-IB. Der Auftrag umfasste 14 Stufen. Zwei für die letzten Saturn I, zwölf für die Saturn IB. Die ersten acht S-I für die Saturn I baute das MSFC selbst. Die S-IB entstand aus der S-I.

Die fünf Sauerstofftanks (ein Zentraltank und vier Außentanks) hatten ein Volumen von 250.886 l, das bis auf 1,5 Prozent für die Druckbeaufschlagung genutzt wurde. Der 2,67 m durchmessende Zentraltank bestand aus einem Zylinder von 17,22 m Länge und zwei halbkugelförmigen Domen, die die Gesamtlänge auf 19,05 m erhöhten. Der Zentraltank nahm rund 35 Prozent des LOX auf. Die vier Außentanks von 178 cm Durchmesser waren ebenso aufgebaut, aber leicht kürzer: 18,97 m. Sie fassten jeweils 16 Prozent des Treibstoffs.

Die S-IB war weitgehend identisch mit der S-I der Saturn I. Es gelang allerdings, Gewicht einzusparen. So war ihr Startgewicht um 12 t höher, aber die Leermasse um 3 t niedriger als bei der S-I der Saturn I. Die Leermasse wurde um 11 Prozent reduziert. Trotz der doppelt so schweren Oberstufe stieg die Startbeschleunigung durch die schubstärkeren Triebwerke um 6 Prozent an.

Die Finnen der S-IB wurden verkleinert. Jede einzelne Finne wog nur noch 271 kg. Sie waren gleich groß. Für die Heckstruktur, in der die Triebwerke saßen, wurde die Legierung 7075 verwendet Die Saturn V setzte die gleiche Legierung ein. Diese Legierung ist nicht schweißbar. Daher blieb man bei den Tanks bei den AlMg-Legierungen der 5000-er Reihe. Die Heckteile wurden hart verlötet. Die Dicke der Haut, welche das Heck umhüllte, betrug nur 7 mm. Weiterhin entfielen die Retroraketen, die man nicht mehr für notwendig erachtete.

Die S-IB setzte bei den ersten fünf Flügen die H-1 Triebwerke mit 890 kN Bodenschub ein. Ab AS-206 (Skylab 2) wurde der Schub auf 912 kN gesteigert. Neben der Schubsteigerung, vor allem durch einen höheren Brennkammerdruck, wurde bei der Saturn IB, wie bei den Triebwerken der Saturn V, das Turbinenabgas durch einen Ring um die Düse in die Düse zur Nachverbrennung entlassen. Die Gesamtzahl aller gefertigten H-1 Triebwerke beläuft sich auf 322. Davon flogen 152 an Bord der

Saturn I und Saturn IB. Weitere 102 Triebwerke wurden in der Delta von 1974 bis 1992 eingesetzt. Der Rest wurde für das Testprogramm benötigt.

Während der ersten Flüge wurden bis zu 500 Messwerte zum Boden übertragen. Außerdem flogen bei den ersten drei Starts Hochgeschwindigkeitskameras in der ersten Stufe mit, die später geborgen wurden. So wurden die sich leerenden Tanks von innen gefilmt. Ab AS-204 wurden diese Kameras eingespart. Die erste Stufe beinhaltete 85 km elektrische Kabel, 73.000 Kontakte und 1.700 elektrische und elektronische Komponenten. 320 Ventile steuerten die Gas- und Flüssigkeitsströme. Zwei 28 V Batterien dienten zur Stromversorgung.

S-IVB und S-IB waren mit einem 3.085 kg schweren Zwischenstufenadapter verbunden. Er verblieb nach der Stufentrennung an der ersten Stufe.

Während der Entwicklung der Saturn I optimierte man die Ausnützung des Treibstoffes. Nutzte die erste Saturn I 96,5 Prozent für den Antrieb, so waren es bei der Saturn IB 99,3 Prozent. Dazu trug die Reduktion der Zeit nach dem Triebwerksstart bis zum Abheben von 3,6 bis 3,1 s bei (trotzdem verbrauchte dies schon 6,5 t Treibstoff) und auch der Treibstoff wurde bis auf Reste aufgebraucht. Dazu gab es im Sauerstofftank und den Treibstofftanks Sümpfe, in denen sich der Treibstoff sammelte. Es gab für den Sauerstoff im Tank keine Sensoren, die den Verbrauch signalisierten, aber zwei Sensoren, die die vollständige Tankentleerung meldeten, vor dem Einlass in Triebwerk F2 und F4. Es verblieben 1.180 kg LOX und 1.390 kg Kerosin in den Tanks. Dazu kam noch eine Reserve von 700 kg absichtlich zusätzlich zugeladenem Kerosin, falls sich das Mischungsverhältnis verschieben sollte.

Jede Stufe wurde vor dem Start zweimal getestet. Einmal über 30 s Brenndauer bei vollem Schub (etwa 35 s mit Hochlauf/Abklingzeit) und ein zweites Mal über die volle Missionsdauer von typisch 140 s.

Die späteren Exemplare der ersten Stufe (ab AS-206) mit 912 kN H-2 hatten eine höhere Treibstoffzuladung und die Trockenmasse sank, wie die Gewichtsbilanz bei AS-206 (Skylab 2) auf S.104 zeigt. Für die erste Serie von Saturn IB (AS-201-205) wurde mit 36.000 lb = 16.330 kg Nutzlast in einen Erdorbit auch eine geringere Nutzlast genannt.

Für die S-IB mit den 890 kN H-2 wurden im September 1968 folgende Eckdaten genannt (Saturn IB News Reference):

System	Gewicht
S-IB trocken:	93.000 lb = 42.184 kg
S-IB Startmasse (typisch):	1.006.000 lb = 456.236 kg
LOX: (typisch):	615.000 lb = 278.964 kg
Kerosin: (LOX/LH2 = 2,28):	270.000 lb = 122.472 kg
Brenndauer:	150 s
Spitzengeschwindigkeit:	2.347 m/s

Abbildung 25: Serienfertigung der S-IB in Michoud, von links nach rechts: Stufe Nr. 7-9-6-5

Die zweite Stufe S-IVB

Die Fertigung der S-IVB ging ohne Ausschreibung an Douglas, aus dem einfachen Grund, weil die Firma bereits die S-IV entwickelt hatte.

Im Design ähnelte die S-IVB der S-IV und S-II. Bei der S-IVB wurden Aluminiumlegierungen, vor allem die 7075-T6 in den Strukturen und 2014 im Tank eingesetzt.

Die zweite Stufe S-IVB setzte das J-2 Triebwerk ein. Das Triebwerk verbrannte Wasserstoff und Sauerstoff und entwickelte fünfzehnmal mehr Schub als das RL10, das in der Saturn I eingesetzt wurde. Die Oberstufe war dadurch doppelt so schwer.

Die S-IVB begann mit einem Stufenadapter zur unteren Stufe. Bei der Saturn IB war er zylindrisch, bei der Saturn V dagegen vermittelte er zwischen dem Durchmesser der S-II von 10 m und dem der S-IVB von 6,7 m. Die Stufe bestand aus einem zylinderförmigen 2,1 m langen Heckskirt, das die Lasten auf den Tank übertrug und in dem der Konus mit dem Triebwerk saß, dem Integraltank und dem 3,1 m langen Frontteil, ebenfalls einem Zylinder, das den oberen Tankdom umgab. In den durch Stringer und Spanten verstärkten Heck- und Frontteilen waren verschiedene elektronische und pneumatische Systeme untergebracht. Dazu kamen im unteren Heckskirt die Stufenbeschleunigungsraketen.

Die Strukturen hatten überall in der Stufe den gleichen Grundaufbau. Außen wurden auf den Ring Stringer (längsversteifende Träger) angebracht, die auch das gesteifte Aussehen der Stufe bestimmten, innen wurden Querringe (Spanten) eingezogen. Damit waren die Strukturen sowohl gegen axial wie radial angreifende Kräfte geschützt.

Im oberen Bugteil, das als Befestigungspunkt der IU fungierte, befanden sich die Telemetrieausrüstung, das Sicherheitssystem sowie Batterien und elektronische Ausrüstung. Dieser Teil wurde aktiv gekühlt. (**E**nvironmental **C**ontrol **S**ystem ECS). Das Kühlmittel wurde von der IU gestellt.

Die S-IVB Stufe enthielt einen einzigen 13,4 m langen Tank, der durch einen Zwischenboden in einen unteren Sauerstofftank und einen oberen Wasserstofftank getrennt war. Die Tankdome waren nicht ellipsoid, sondern halbkugelig. Das war vom Gewicht her ungünstiger. Doch die Hemisphären waren stabiler als Ellipsoide. Das galt auch für den Zwischentankdom. Die Treibstoffzuladung betrug bei der Saturn IB 87.200 kg Sauerstoff und 18.000 kg Wasserstoff. Der Wasserstofftank hatte ein Volumen von 295.800 l, beim Sauerstofftank waren es nur 80.080 l.

Der Tank bestand aus mit einer relativ dünnen Tankwand von 0,813 mm (oben am Wasserstofftank) bis 1,4 mm (unten am Sauerstofftank) Wandstärke. Die Wand wurde aus einer Aluminiumplatte herausgefräst, sodass ein Waffelmuster zur Anbringung der Isolation übrig blieb. Dieses hatte eine Stärke von 1,9 mm und bildete Rauten von 24,13 cm Kantenlänge.

Die Tankwand bestand aus sieben Segmenten, die konventionell verschweißt wurden. Komplexer war die Herstellung der Dome. Sie bestanden aus mehreren Segmenten, die durch eine Maschine mit einem „Orangenhaut"-Muster belegt wurden. Dann wurden die Segmente auf einer Maschine mit einem stationären Schweißkopf miteinander verbunden, wobei die Teile rotierten. Der zentrale Punkt der Dome wurde extra gefertigt. Das 110 cm durchmessende Teil wurde später eingefügt und mit Nieten an den Segmenten befestigt.

Der Zwischentank bestand aus zwei Tankdomen. Zwischen ihnen wurde durch Druck und Hitzeeinwirkung ein Waffelmuster als Isolation und Abstandstrenner eingebracht. Es hatte eine Dicke von 5 cm. Der Zwischentank wurde aus zwei Hälften von je 330 cm Durchmesser hergestellt. Deren Ränder wurden zuerst zu T-Stücken gebogen und dann miteinander verschweißt. Im LOX-Tank wurden vier Ringe mit den Stützstrukturen zur Reduktion des Treibstoffschwappens eingezogen. Im Wasserstofftank waren es acht Ringe und eine Blende. Zwischen den Ringen wurden im Wasserstofftank die acht Heliumdruckgasflaschen eingebaut, welche den LOX-Tank unter Druck setzten. Die niedrige Temperatur im Wasserstofftank erhöhte die Füllmenge an Helium.

Als Isolation kam „synthetisches Balsa" zum Einsatz. Es gelang, eine dreidimensionale Fiberglasmatrix in einen Polyurethanblock einzubetten. Das Fiberglas gab dem Block Härte und Stabilität, während das Polyurethan isolierte. Diese aufwendige Konstruktion bewährte sich. Etwa 4.300 dieser 30 × 30 cm großen Kacheln wurden an der Innenseite des Wasserstofftanks angebracht und bildeten die Tankisolation. Abgeschlossen wurden die Isolation durch ein im Vakuum aufgebrachtes Fiberglasnetz. Das verhinderte, dass abgelöste Kacheln in den Treibstoff gelangen konnten. Die Isolation der S-IVB Stufe erlaubte es, die Flugdauer von 10 Minuten auf 4,5 Stunden zu erhöhen. Ohne diese Isolation hätte der Wasserstofftank 1.100 l Wasserstoff pro Minute durch Verdampfen verloren. Der Sauerstofftank hatte keine Isolation.

Später wurde wie bei der S-II die komplexe Isolation vereinfacht. Douglas hatte eine Methode gefunden, das Polyurethan direkt auf die Oberfläche aufzusprühen, ohne das es sich durch die tiefen Temperaturen wieder ablöste. Die letzten Exemplare der S-IVB hatten eine aufgeschäumte Polyurethanisolation, die als letzte Schicht das Fiberglasgeflecht als Schutz erhielt, das mit Acrylharz mit dem Schaumstoff verbunden wurde.

Im Tank befanden sich wie bei den anderen Stufen zwei Typen von Sensoren zur Messung des Tankinhaltes. Oben und unten waren im Tank Sensoren eingebaut, bei denen durch ein Prisma Licht zu einem Detektor geleitet wurde. Waren sie von Treibstoff bedeckt, so konnte durch den veränderten Brechungsindex kein Licht zu dem Detektor gelangen. Diese Sensoren wurden genutzt, um die Tanks bis zu einem bestimmten Level zu füllen oder den Triebwerkshutdown durch Verbrauch des ganzen Treibstoffs auszulösen. Über die Tankwand verteilt gab es zahlreiche Sensoren, welche die Menge maßen. Dies geschah über den hydrostatischen Druck, der von der Höhe der Flüssigkeitssäule über einem Sensor abhängt.

Die Wasserstofftreibstoffleitungen wurden außen um den Sauerstofftank herum zum Triebwerk geführt.

Das Schubgerüst war wegen des einzelnen Triebwerks einfacher als bei den anderen Stufen im Saturnprogramm. Es bestand im wesentlichen aus zwei Ringen am unteren Tank, welche die Kräfte auf den Tank übertrugen. Dazu kamen Befestigungspunkte für das Triebwerk und die assoziierten Hilfssysteme wie Gasflaschen und das Hydrauliksystem. Am oberen Ring wurde das Hecksegment angebracht.

Um die Stufe auf beiden Trägerraketen einzusetzen, hatte man anstatt eines Stufenadapters zwei Komponenten entwickelt. Es gab zum einen den Stufenadapter, der für den Abstand zur unteren Stufe sorgte, den das J-2 Triebwerk benötigte, das unterhalb des tiefsten Punktes des Sauerstoffdoms hing. Dies war eine reine Struktur, versteift durch Querringe und Längsstreben. Am Schubgerüst saß noch das Heckteil der Stufe, der dauerhaft mit der S-IVB verbunden blieb. In ihm befanden sich die Treibstoffsammelraketen und das Hilfsantriebssystem (**A**uxillay **P**ropulsion **S**ystem APS). Eine Saturn IB hatte drei Treibstoffsammelraketen, eine S-IVB für die Saturn V zwei. Beide Stufen hatten zwei APS-Syssteme.

Das elektrische System wurde von Silberoxid-Zinkbatterien mit Strom versorgt. Silberzinkbatterien sind sehr klein und haben eine hohe Leistungsdichte. Sie sind aber sehr teuer. Das spielte in der Raumfahrt keine Rolle. Es gab eine 28-V-Batterie im Heck für die Stromversorgung der Zündeinrichtungen der Feststoffantriebe, des APS und des Haupttriebwerks sowie die elektrisch angetriebenen Pumpen. Eine größere Batterie mit 56 V Spannung versorgte im Bugsegment die Telemetrieeinheit und das Sicherheitssystem mit Strom.

Im Stufenadapter, der jeweils spezifisch für die Trägerrakete war, befanden sich die Sprengschnüre, die bei einer Saturn V 3 Sekunden nach Brennschluss der S-II gezündet wurden. Kurz darauf zündeten zwei Retroraketen. Das waren Feststofftriebwerke, die jeweils 158 kN Schub über 1,52 s entwickelten und dabei 83 kg Treibstoff verbrauchten. Sie bremsten die S-II oder S-IB ab.

Jedes J-2 Triebwerk hatte einen Nominalschub von 896 kN bei der Zündung. Das Mischungsverhältnis von Wasserstoff zu Sauerstoff konnte von 1 zu 4,5 bis 1 zu 5,5 Gewichtsanteilen variiert werden. Der Schub variierte entsprechend von 784 bis 1.008 kN bei den ersten Exemplaren. Gemittelt über den Gesamtbetrieb lag das Mischungsverhältnis bei 1 zu 5,1. Das Triebwerk war um 7 Grad hydraulisch schwenkbar. Das Hydrauliksystem wurde vor dem Triebwerksstart elektrisch betrieben, danach direkt von der Sauerstoff-Turbopumpe des Triebwerks. Ventile wurden pneumatisch betätigt. Dafür gab es eine Stickstoffdruckgasflasche im Heck mit einem Startdruck von 214 bar.

Die Saturn S-IVB Stufe sollte, anders als die S-IV, im Vakuum wiederzündbar sein. Bei der Saturn V musste sie nach eineinhalb Erdumkreisungen das Apollo-Raumschiff zum Mond bringen. Dazu wurden die Tanks vor der Zündung mit einem Sauerstoff/Wasserstoff Vorbrenner unter Druck gesetzt. Dies war ein kleines Raketentriebwerk von 71 bis 89 N Schub, welches gasförmigen Sauerstoff und Wasserstoff aus den Tanks verbrannte. Das Verbrennungsgas öffnete Ventile in den neun Heliumflaschen, die den Sauerstofftank unter einen Druck von 2,6 bis 2,9 bar setzten. Dieser Druck war ausreichend, um genügend Treibstoff in die Leitungen zu pressen und den Gasgenerator anspringen zu lassen. Beim Wasserstofftank reichte allein der Druck des verdampfenden Wasserstoffs für den Tankdruck von 2,1 bis 2,3 bar aus. Überdruckventile verhinderten einen zu hohen Druckanstieg. Der Vorbrenner besorgte auch das Vorkühlen der Sauerstoffpumpe und der Treibstoffleitungen für den Sauerstoff. Dazu öffnete er eine kleine Leitung, durch die vor der Zündung ein kleiner Sauerstofffluss zu diesen Systemen geleitet wurde.

Ein Starttank mit 0,1 m³ Wasserstoffgas wurde zusammen mit den Treibstoffventilen geöffnet. Das zusätzliche Gas brachte die Turbine schnell auf Touren. Er wurde vor dem Start befüllt. Für die Wiederzündung wurde der Starttank erneut gefüllt, bevor das Triebwerk nach der ersten Brennperiode abgeschaltet wurde. Damit dies möglich war, musste die Stufe mindestens 50 s lang brennen. Diese Vorgehensweise erlaubte mehrere Wiederzündungen.

Eine Besonderheit des J-2 war, dass es das Mischungsverhältnis von Sauerstoff zu Wasserstoff während des Betriebs variieren konnte. Bei der Saturn IB wurde dies so gehandhabt: Das Triebwerk zündete mit einem Verhältnis von 5:1, entsprechend 890 kN Schub. Fünf Sekunden später wurde auf 5,5:1 umgestellt. Dies ergab den maximalen Schub von 1.020 kN. Nach 325 s war die Stufe erheblich leichter geworden, und zwei Drittel des Treibstoffs waren verbraucht. Nun wurde das J-2 mit einem Mischungsverhältnis von 4,5:1 auf 807 kN Schub heruntergeregelt. Dies reduzierte die Beschleunigung vor dem Brennschluss von 5 auf 4 g und steigerte den spezifischen Impuls. Entsprechend schwankte der Brennkammerdruck im J-2 um 6 bar um den nominellen Wert von 50 bar.

Für die Rollachsensteuerung gab es sechs RCS-Triebwerke mit jeweils 667 N Schub. Sie konnten kontinuierlich oder im Pulsbetrieb (minimale Brenndauer:

0,07 s) arbeiten. Sie arbeiteten mit den hypergolen Treibstoffen Stickstofftetroxid (NTO: **N**itrogen**t**etr**o**xide) und **M**ono**m**ethyl**h**ydrazin (MMH). Diese Treibstoffe entzünden sich bei Kontakt selbst. Die Triebwerke mussten unter Schwerelosigkeit arbeiteten. Das war beim Betrieb der S-IVB bei der Saturn V wichtig. Daher war der Tank nur teilweise gefüllt. Eine Teflonmembran trennte den Teil mit Treibstoff von dem Teil ab, der mit Druckgas gefüllt war. Entleerte sich der Treibstoff, so dehnte sich der Gasteil aus und durch die dehnbare Membran wurde der Treibstoff an die Wand gedrückt, wo sich die Leitungen zu den Triebwerken befanden. Diese Konstruktion wird bis heute bei Satellitentriebwerken genutzt.

Um die S-IVB auf der Saturn V einsetzen zu können, verblieb der Stufenadapter an der darunter liegenden Stufe. Dadurch musste nur eine Version der S-IVB gefertigt werden. Es genügte, zwei verschiedene Adapter für die S-IB und die S-II zu bauen.

Parallel zur Stufentrennung zündeten im Heckteil zwei bzw. drei Thiokol TX-280 Triebwerke mit je 15,2 kN Schub. Sie wurden 4 Sekunden vor der Zündung des J-2 gezündet, brannten 4 s und wurden 12 Sekunden nach der Zündung abgetrennt.

Die S-IVB der Saturn IB war etwas leichter als die der Saturn V, da einige Systeme wegfielen, die für die Wiederzündung notwendig waren. Sie wurde auch nicht voll betankt. Im September 1968 wurden folgende Eckdaten genannt:

System	Gewicht
S-IVB trocken:	23.000 lb = 10.432 kg
S-IVB Startmasse (typisch):	253.000 lb = 114.760 kg
LOX: (typisch):	191.000 lb = 86.368 kg
LH2: (LOX/LH2 = 5,02):	38.000 lb = 17.236 kg
S-IVB Brennschlussmasse:	24.700 lb = 11.204 kg
Stufenadapter zur S-IB:	6.300 lb = 2.858 kg
Brenndauer:	470 s
IU:	4.100 lb = 1.860 kg

Massenbilanz Saturn IB, Mission Skylab 2, AS-206	
Parameter	**Wert**
CM:	6.128 kg
SM:	7.936 kg
SLA-Paneele abwerfbar:	1.270 kg
SLA-Paneele fixiert:	680 kg
IU:	1.950 kg
S-IVB trocken:	11.097 kg
Resttreibstoffe S-IVB:	1.690 kg
Gewicht im Orbit:	30.750 kg
Treibstoff, der nach Abschalten des Triebwerks entweicht:	55 kg
S-IVB Brennschlussmasse:	30.805 kg
S-IVB Treibstoff verbraucht:	103.294 kg
S-IVB Hilfstreibstoff verbraucht:	3 kg
Launch Escape System:	4.241 kg
Ullage-Raketengehäuse:	97 kg
S-IVB Gewicht bei 90 Prozent Schub:	138.401 kg
S-IVB alleine Startmasse:	118.495 kg
J-2 Starttank:	2,8 kg
J-2 Treibstoffe beim Hochlaufen verbraucht:	256 kg
Ullage Treibstoff:	80 kg
S-IVB Gewicht mit Nutzlast bei Stufentrennung	138.740 kg
S-IB Hardware im Heck:	14 kg
S-IB/S-IVB Stufenadapter:	3.084 kg
S-IB Trockenmasse:	38.375 kg
S-IB Resttreibstoffe:	4.862 kg
S-IB Sprengvorrichtungen:	2,2 kg
Eis an der S-IVB:	46 kg
Eis an der S-IB:	453 kg

Massenbilanz Saturn IB, Mission Skylab 2, AS-206	
S-IB Gas um Ventile zu spülen:	2,8 kg
S-IB Zündungszusatz:	12 kg
S-IB Kerosin für das Schmieren verbraucht:	320 kg
S-IB äußere Triebwerke Treibstoffe bei Schubabfall verbraucht:	758 kg
S-IB innere Triebwerke Treibstoffe bei Schubabfall verbraucht:	981 kg
S-IB Treibstoffe für Antrieb:	400.177 kg
S-IB Startmasse:	449.370 kg
Saturn IB AS-206 Gewicht beim Abheben:	587.771 kg
Treibstoffe, die vor dem Abheben verbraucht wurden:	6.468 kg

Abbildung 26: Die S-IVB von Skylab 2 (AS-206)

Betrieb

Der LOX-Tank wurde zuerst langsam mit einer Rate von 1.900 l/Minute betankt. Wie bei den anderen Tanks, die mit unterkühlten Flüssigkeiten gefüllt wurden, diente dies dazu, den Tank abzukühlen. Dadurch werden Effekte durch verdampfenden Treibstoff oder Schwappen bei dem noch weitestgehend leeren Tank reduziert. Sobald der Tank zu 5 Prozent gefüllt war, wurde die Förderrate auf 3.800 l/Minute verdoppelt, bis er zu 98 Prozent voll war. Dann wurde die Füllrate auf 1.100 l/Minute reduziert. Beim Erreichen des 100-Prozent-Levels wurde die Füllrate auf null reduziert. Das 100-Prozent-Level wurde bis zum Abheben gehalten. Dazu waren 0 bis 110 l/Minute nötig.

War ein Enttanken der S-IVB nötig, so wurde der LOX-Tank unter Druck gesetzt, was die Treibstoffe mit einer Rate von 1.900 l/Minute austrieb.

Vor dem Start wurde der LOX-Tank mit Helium auf einen Druck von 2,6 bis 2,8 Bar gesetzt. Dieser Druck wurde beim Flug beibehalten. Dazu diente während des Flugs -252 °C kaltes Helium mit einem Anfangsdruck von 214 Bar aus acht kugelförmigen Heliumgasflaschen im Wasserstofftank. Es wurde durch einen Wärmeaustauscher am Triebwerk erhitzt, bevor es in den Tank geleitet wurde. Für die Wiederzündung gab es zwei weitere Heliumflaschen am Schubgerüst, die höhere Temperaturen aufwiesen. Dieses Helium sorgte für den nötigen Druck des Vorbrenners. Sollte das System ausfallen, so hätte man das Helium, das für die Druckbeaufschlagung des LOX-Tanks benutzt wurde, dafür einsetzen können.

Um eine Explosion des Sauerstofftanks durch zu hohen Innendruck zu vermeiden, gab es zwei Ventile (eines als Sicherheitsreserve), die sich bei 3,1 Bar öffneten und bei 2,9 Bar wieder schlossen. Sie entließen den gasförmigen Sauerstoff ins Freie.

Für das Vorkühlen der LOX-Turbopumpe wurde vor dem Abheben und dem Restart des J-2 LOX aus dem Tank durchgeleitet. Eine elektrische Pumpe wälzte dazu 120 l/Minute bei 1 Bar Druck vom LOX-Tank um die Turbopumpe herum und wieder in den Tank zurück.

Der Wasserstofftank wurde ähnlich befüllt. Es begann mit einer Füllrate von 1.900 l pro Minute bis zum Erreichen des 5-Prozent-Füllstandes. Dann wurde der Tank sechsmal schneller befüllt, bis das 98-Prozent-Level erreicht wurde. Danach wurde die Füllmenge wieder auf 1.900 l/Min reduziert, die dann bis zum Erreichen des 100-Prozent-Standes auf Null verringert wurde. Danach wurden nur noch Verdampfungsverluste mit bis zu 1.100 l/Minute ausgeglichen. Das Entleeren konnte beim oberen Wasserstofftank durch die Gravitation erfolgen. Für eine beschleunigte Entleerung wurde der Tank unter Druck gesetzt.

Auch beim Wasserstofftank wurde vor und während des Flugs ein Druck von 2,1 bis 2,3 Bar aufrechterhalten. Ein Überdruckventil öffnete sich bei 2,8 Bar und schloss sich bei 2,4 Bar. Es war wichtig, dass im Sauerstofftank immer ein höherer Druck als im Wasserstofftank herrschte, um ein Bersten des Zwischenbodens zu verhindern. Beim Flug AS-203 lies man durch das Schließen der LH2-Entlüftungsventile und Öffnen der LOX-Entlüftungsventile gezielt den Zwischenboden durchbrechen, um festzustellen, bei welchem Druckunterschied das erfolgt.

Vor dem Start wurde als Druckgas für den Wasserstofftank Helium von der Startbasis verwendet. Nach dem Abheben wurde Wasserstoff aus dem Tank, am J-2 durch einen Wärmeaustauscher auf -162 °C erhitzt, genutzt. Zwischen den beiden Brennperioden wurde der Tankdruck nicht überwacht, die Ventile verhinderten einen Überdruck. Vor einer Wiederzündung wurde der Tank mit Helium, aus den Gasflaschen am Boden des Tanks, unter Druck gesetzt. Dabei wurde es wie das Helium für den LOX-Tank durch einen Sauerstoff/Wasserstoff Brenner erhitzt, der kleine Mengen der Treibstoffe verbrannte, um das Gas zu erhitzen. Fünf Heliumgasflaschen am Triebwerksgerüst standen als Ersatzsystem zur Verfügung. Sie hatten „normale“ Temperaturen. Ihr Gas konnte ohne Vorbrenner genutzt werden. Sie dienten auch zum Entleeren des Starttanks. Während des Betriebs der S-IVB wurde der Tank wieder mit gasförmigen Wasserstoff unter Druck gesetzt, der durch den Wärmeaustauscher erhitzt wurde (nur bei der Saturn V genützt).

Die Treibstoffe müssen sich vor einer Wiederzündung am Tankboden sammeln. Allerdings war bereits ein Teil der Treibstoffe verbraucht. Da im Gegensatz zur Stufentrennung keine Ullageraketen zur Verfügung standen, sammelte sich der Treibstoff nicht einfach so. Nachdem das J-2 zum ersten Mal Brennschluss hatte, zündete das APS, um die Treibstoffe zu setzen und den Restschub des J-2 durch die verdampfenden Resttriebstoffe auszugleichen. Danach wurde Wasserstoffgas durch zwei Düsen im oberen Teil der S-IVB, die Richtung Heck zeigten, entlassen. Das Gas entstand im Tank durch Verdampfen. Das System lieferte einen zusätzlichen Schub von anfangs 200 N, der mit sinkendem Tankdruck auf 27 N abnahm.

Vor einem erneuten Start musste das Triebwerk mit flüssigem Wasserstoff vorgekühlt werden. Dazu wurde ein Ventil geöffnet, dass Wasserstoff durch die Brennkammerwand und an der LH2-Turbopumpe vorbeizirkulieren lies. Das System konnte 37 kg LH2 pro Minute bei 2,2 Bar durch das Triebwerk pumpen. Das funktionierte durch den Temperaturunterschied ohne aktive Förderung. Bei Bedarf konnte eine elektrische Pumpe hinzugenommen werden.

Der Sauerstoff-Wasserstoff-Vorbrenner zum Erhitzen des Heliums vor dem Triebwerksstart war ein eigenes Triebwerk ohne Turbopumpe, das mit dem Tankdruck arbeitete. Es hatte eine eigene Düse mit einem Expansionsverhältnis von 40 und erzeugte einen Schub von 72 bis 136 N, abhängig vom Tankdruck. Mit dem Erhitzen des Heliums zur Druckbeaufschlagung wurde 7,6 Minuten vor der erneuten Zündung begonnen. Der zusätzliche Schub des Vorbrenners half beim Sammeln der Treibstoffe am Tankboden.

Wenn der Vorbrenner ausfiel, so konnte das Helium aus den sieben Flaschen zur Druckbeaufschlagung eingesetzt werden. Jede Flasche verfügte über ein Volumen von 127 l und stand unter einem Anfangsdruck von 210 Bar. Am Triebwerksgerüst angebracht, hatten diese Flaschen beim Start und später im Orbit Umgebungstemperatur. Zwei waren für den LOX-Tank und fünf für den LH2-Tank vorgesehen. Wenn die Druckbeaufschlagung durch den Brenner scheiterte, musste ein extra Orbit eingelegt werden, bis der nötige Tankdruck durch das sekundäre System erreicht war. Dies zeigt aber die Sicherheitsphilosophie beim Bau der Saturn: Wo es nur ging, gab es voneinander unabhängige, redundante Systeme.

Für das Betätigen von Ventilen gab es noch eine weitere Heliumgasflasche mit einem Anfangsdruck von 214 Bar. Ventile öffneten sich, wenn ein Druck von 41 Bar anlag, und schlossen sich bei 34 Bar wieder.

Das Schwenken des J-2 Triebwerks erfolgte hydraulisch. Für Tests vor dem Abheben gab es einen Hilfsantrieb, der elektrisch arbeitete. Nach dem Abheben wurde das J-2 in Neutralstellung gebracht. Der Hilfsantrieb arbeitete mit Batteriestrom. Sobald das J-2 den Nennschub erreichte, trieb es selbst die Hydraulik an. Die Hydraulikpumpe wurde direkt von der Turbopumpe angetrieben. Die elektrische Pumpe stand als Reservesystem im Standby. Zwei hydraulische Aktoren konnten das J-2 in zwei senkrecht aufeinander stehenden Achsen um 7 Grad schwenken.

Das **A**uxillary **P**ropulsion **S**ystem (APS) hatte einen eignen Treibstoffvorrat. Es sollte zwei Aufgaben erfüllen. Die erste Aufgabe war das Sammeln der Treibstoffe zu unterstützen. Dazu hatte jedes Triebwerk eine Düse mit 325 N Schub in der Längsachse. Die zweite Funktion war die Lageregelung um die Rollachse. Anders als die unteren Stufen – S-IB, S-IC und S-II, die jeweils mehrere Triebwerke hatten, kann man mit einem Triebwerk nicht die Ausrichtung der Stufe um die Rollachse korrigieren. Dafür gab es pro Triebwerksbündel des APS zwei um 180 Grad versetzte Düsen mit 677 N Schub. Die minimale Brenndauer betrug im Pulsbetrieb 0,07 s. Nach Brennschluss des J-2 brannte das APS noch 50 Sekunden weiter. Jede der beiden APS-Einheiten im Heck verfügte über 67,7 kg Monomethylhydrazin als Treibstoff und 85 kg Stickstofftetroxid als Oxidator.

Abbildung 27: Die Mondfähre Challenger in der S-IVB von Apollo 17

Das Triebwerk J-2

Wie bei den anderen Triebwerken der Saturn begann auch die Entwicklung des J-2 vor der S-IVB. Im Herbst 1959 vergab die NASA Vorstudien für die Entwicklung von LOX/LH2-Triebwerken mit 150.000 Pfund (667 kN) Schub. Daraus wurden am 15.12.1960 200.000 Pfund (890 kN) Schub, da die 667 kN nicht ausreichten. Schon vorher, am 1.6.1960 bekam Rocketdyne den Zuschlag für die Entwicklung. Das war einerseits folgerichtig – Rocketdyne hatte alle Haupttriebwerke der früheren Raketen entwickelt, seit Wernher von Braun in den USA war. Ihr erstes Produkt war das A-6 Triebwerk, eine Weiterentwicklung des deutschen A-4 Triebwerks. Es wurde in der Redstone eingesetzt. Es folgte die Triebwerke für die Jupiter und Saturn I. Zuletzt entwickelte Rocketdyne das F-1 Triebwerk.

Auf der anderen Seite gab es nur eine Firma in den USA, die sich mit der Entwicklung von LOX/LH2 Triebwerken beschäftigte. Das war Pratt & Whittney. Aus technischen Überlegungen wäre P&W daher die logische Wahl gewesen. Wie sich später zeigte, benötigte Rocketdyne auch die Hilfe von P&W.

Im finalen Kontrakt, der im September 1960 abgeschlossen wurde, tauchte erstmals bei einem Triebwerk die Forderung nach maximaler Sicherheit für bemannte Einsätze auf. Verlässlichkeit war das Stichwort. Beginnend von der ersten Skizze gab es Untersuchungen, wie die Zuverlässigkeit des Triebwerks verbessert werden konnte. Was daraus entstand, war kein Triebwerk, sondern ein selbst startendes und steuerndes Antriebssystem. Anders als das RL10 benötigte es keine weiteren Systeme, um im Orbit erneut gezündet zu werden.

Das J-2 war fähig, das Mischungsverhältnis von Sauerstoff und Wasserstoff zu variieren, in den Grenzen von 4,0 zu 6,0 LOX/LH2 in Schritten von 0,5. Bei den Saturn wurde von der Variation im Bereich von 4,5 bis 5,5 Gebrauch gemacht. Ziel der Variation des Mischungsverhältnisses war es, möglichst geringe Restmengen in den Treibstofftanks zu belassen und die Spitzenbeschleunigung zu begrenzen. Sensoren in den Tanks informierten die IU über den verbliebenen Treibstoff. Diese regelte das Mischungsverhältnis so, dass beide Treibstoffe möglichst simultan ausgingen. Über den Einfluss des Mischungsverhältnisses informiert folgende Tabelle:

Mischungsverhältnis	1:4,5	1:5,0	1:5,5
Schub (kN) (890 kN Version)	806 kN	890 kN	978 kN
Ausströmgeschwindigkeit (890 kN Version)	4.236 m/s	4.178 m/s	4.119 m/s
Schub (kN) (912 kN Version)	827 kN	912 kN	1.023 kN
Ausströmgeschwindigkeit (912 kN Version)	4.260 m/s	4.187 m/s	4.148 m/s

Die J-2 Triebwerke für alle Stufen (S-II, S-IVB auf Saturn IB und V) waren identisch. Dabei war es egal, ob eine Stufe besondere Eigenschaften, wie Wiederzündbarkeit oder Variation des Treibstoffverhältnisses nutzte.

J-2 ENGINE

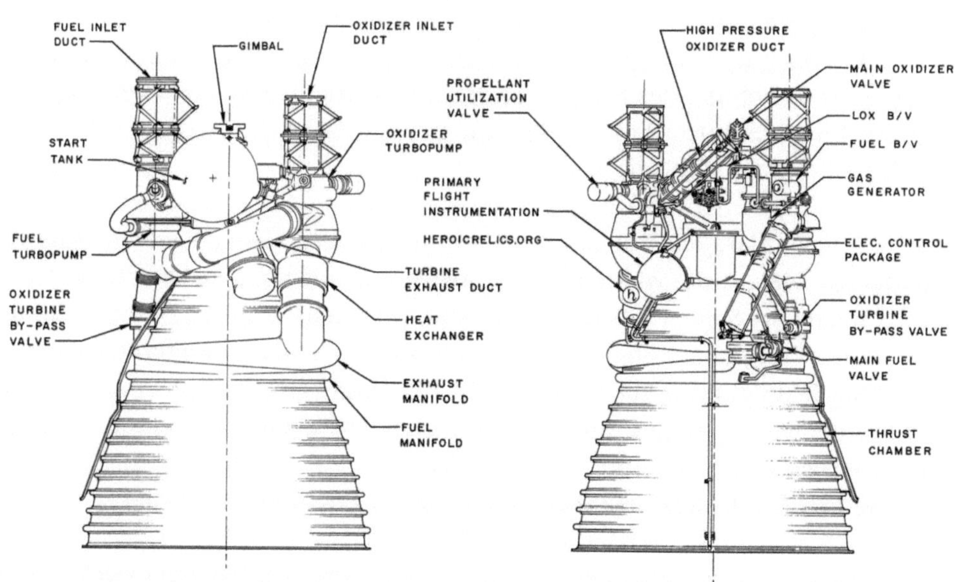

Abbildung 28: Aufbau des J-2 Triebwerks

Entwicklung

Die Entwicklung des J-2 verlief zügig und ohne Vorkommnisse. Schon im November 1961, zwei Monate nach Unterzeichnung des finalen Vertrages mit der NASA, gab es die ersten Testläufe der Sauerstoff und Wasserstoff Turbopumpen. Im März 1962 lief erstmals eine Brennkammer für 2.57 s – noch ohne regenerative Kühlung und ohne Turbopumpen, rein druckgefördert. Bereits am 4.10.1962 wurde eine Brenndauer von 250 s erreicht. Inzwischen hatte die NASA beschlossen, das J-2 in der S-IVB einzusetzen. So bekam am 1.7.1962 Rocketdyne den Auftrag für die Produktion von 55 Test- und Serienexemplaren bis 1965.

Im Juli 1966 wurde dieser Vertrag erweitert, als absehbar war, wie viele Träger die NASA benötigte, um das Mondprogramm durchzuführen. Rocketdyne bekam den Auftrag, eine erweiterte Version des J-2 mit einem maximalen Schub von 230.000, anstatt 200.000 Pfund (1.023 kN) zu entwickeln. Intern arbeitete Rocketdyne seit 1965 an einer Erhöhung des Schubs. Eingesetzt wurde dieses leistungsgesteigerte Triebwerk bei der Saturn IB ab AS-206 und bei der Saturn V ab AS-504. Es wurde erstmals im Frühjahr 1968 ausgeliefert.

Die frühen Exemplare des J-2 waren für ein nominelles Mischungsverhältnis von 1:5 ausgelegt. Dies wurde während der Entwicklung auf 1:5,5 gesteigert. Im Oktober 1963 wurde die Sollbetriebsdauer von 500 s erstmals erreicht. Damit hatte das Triebwerk die Preliminary Flight Readiness erreicht. Es folgten weitere Tests unter verschärften Bedingungen, die in der Flight Readiness gipfelten. Bei einem Triebwerk für unbemannte Träger wäre damit die Entwicklung abgeschlossen. Nicht jedoch beim J-2. Es durchlief nun die Qualifikation. Diese wurde 1965 für die ersten J-2 mit 890 kN Schub abgeschlossen und 59 dieser Triebwerke gefertigt.

1966 folgte dieselbe Qualifikation für die im Schub gesteigerten Triebwerke. Diese mussten nur die Qualifikation durchlaufen, kein erneutes Testprogramm. Alleine die Qualifikation II umfasste 1.700 Tests. Daneben gab es weitere Probezündungen bei jedem Serienexemplar vor der Auslieferung. Am Ende des Programms waren 3.000 Tests absolviert.

	SA 201 – 203	SA 204 – 207 und SA 501 – 503	SA 208 ff und SA 504 ff
Maximaler Schub	890 kN	1.000 kN	1.023 kN
Maximale Brennzeit	500 sec	500 sec	500 sec
Minimaler spezifischer Impuls	4.099 m/s	4.109 m/s	4.129 m/s
Mittlerer spezifischer Impuls		4.158 m/s	4.180 m/s
Maximaler spezifischer Impuls		4.187 m/s	4.216 m/s
Trockengewicht J-2	1.578 kg	1.637 kg	1.642 kg
Flächenverhältnis	27,5:1	27,5:1	27,5:1
Nominelles Mischungsverhältnis	5,0:1	5,5:1	5,5:1

Das J-2 wurde intensiv getestet. Das MSFC konnte den Zeitplan gut einhalten. Der Testzeitraum erstreckte sich von 1965 bis 1967. Die meisten Tests fanden zwischen Dezember 1965 und Januar 1966 statt. Es gab in diesen zwei Monaten 203 Tests mit einer akkumulierten Brennzeit von 33.579 s (entsprechend 60 Einsätzen). Am 26.2.1966 wurde das Triebwerk für den Flugeinsatz freigegeben. Es hatte bis dahin 1.730 Zündungen mit einer Gesamtzeit von 120.000 s absolviert. 38 Test- und 152 Serienexemplare wurden gefertigt, davon 86 eingesetzt. Die Produktion lief auf Hochtouren: Das erste Triebwerk wurde im April 1964 ausgeliefert. Das Letzte im Januar 1970. Durch Verzögerungen im Apollo-Programm wurden die Triebwerke zunächst eingelagert.

Ein Triebwerk wurde bei Tests 30-mal gestartet und brannte 3.774 s lang – die nominelle Betriebszeit betrug lediglich 470 s und erforderte zwei Starts. Neu waren Tests in Vakuumkammern, welche die Bedingungen in bis zu 305 km Höhe simulierten. Die Lebensdauer eines J-2 Triebwerks betrug 3.750 s. Zum Vergleich: Das RL10-3, das nicht so hohe Verlässlichkeitskriterien erfüllen musste, hatte eine Lebensdauer von 1.680 s. Vor jedem Einsatz wurde jedes Triebwerk intensiv getestet. Beim Einsatz in der S-IVB fanden vor de Mission fünf Triebwerkstests und zwei Akzeptanztests der Stufe mit den Triebwerken statt.

Das einzige Problem, das bei der Entwicklung auftrat, betraf den Injektor. Die Rocketdyne Entwürfe neigten zum Durchbrennen. Das MSFC bestand darauf, dass Ingenieure von Pratt & Whitney, welche den Injektor für das RL10 entwickelten, hinzugezogen wurden. Sie fanden eine praktikable Lösung. Der Injektor wurde elektrochemisch porös gemacht. Etwa 3,5 bis 5 Prozent des Wasserstoffs diffundierten durch den Injektor und schützten als Kühlfilm vor den Temperaturen in der Brennkammer. Schon der RL-10 Injektor war porös, er hatte dasselbe Problem. Der Injektor hatte 614 koaxiale Öffnungen, durch die in der Mitte Sauerstoff und außen Wasserstoff hindurchgepresst wurden.

Ein neues Problem, das mit Wasserstoff als Treibstoff einherging, war seine Kälte. Zwar ist schon flüssiger Sauerstoff so kalt, dass viele Materialien ihre Eigenschaften verändern. Dafür gab es Lösungen, so wurden bewegliche Teile wie in den Turbinen und Turbopumpen durch das Medium selbst, also LOX oder LH2, geschmiert. Neu war, dass der flüssige Wasserstoff so kalt war, dass Luft zu Eis gefrieren würde. Das Phänomen kannte man in anderer Form schon vom LOX. Wasserdampf aus der Luft gefriert an der Oberfläche von Tanks, Leitungen und anderen Teilen, die mit LOX abgekühlt wurden, zu Eis. Das war aber beherrschbar. Bei Tanks tolerierte man den Eisbelag an der Außenseite. So sieht man auf den Zeitlupenaufnahmen des Starts, wie sich Eis von den Tanks löst. Ansonsten konnte man den Innenteil der Stufen vor dem Start mit Stickstoff fluten, der nach und nach die normale Atmosphäre mit ihrem Wasserdampf verdrängte. Stickstoff gefriert erst unterhalb der Temperatur von flüssigem Sauerstoff.

Bei flüssigem Wasserstoff würde sich beim Chillen, also dem Vorkühlen der Triebwerke, das noch vor dem Start beginnt, die Luft an Leitungen, Turbopumpe, Düse und Brennkammer als Eis niederschlagen. Vor allem bei den Leitungen war dies problematisch, denn die Leitungen mussten flexibel sein. Das Triebwerk musste geschwenkt werden und es gab starke Vibrationen. Rocketdyne legte die Leitungen zum J-2 doppelwandig aus, mit einem Vakuum zwischen beiden Querschnitten. Innen wurden die Leitungen mit Helium gespült, bevor der Wasserstoff eingeleitet wurde, um die Luft zu verdrängen. Helium hat einen noch niedrigeren Siedepunkt als Wasserstoff. Für die Beweglichkeit endeten die Leitungen in Metallbälgen, geformt wie eine Ziehharmonika, damit sie in gewissen Grenzen gedreht und gedehnt werden konnten.

Aufbau

Das J-2 war ein Triebwerk, das nach dem Gasgeneratorverfahren arbeitete. Die Brennkammer und die Düse bestanden aus zwei verschweißten Reihen von Stahlröhren mit einer Wandstärke von 0,3 mm. Anders als bei vielen Triebwerken dieser Zeit, wie dem F-1, wurde der Wasserstoff als Kühlmittel nicht oben am Injektor in die Röhren geleitet, sondern im oberen Teil der Düse, kurz vor dem Ring, mit dem die Turbinenabgase in die Düse zur Nachverbrennung geleitet wurden. Der Wasserstoff passierte zuerst die 180 Außenröhren bis zum Ende der Düse. Dort spaltete sich jede Röhre in zwei Röhren auf. Er floss dann durch die 360 Innenröhren, bis er beim Injektor ankam. Dabei erhitzte er sich von -253 auf -162 Grad Celsius und wurde gasförmig. Die Flussgeschwindigkeit variierte von 18 bis 300 m/s.

Die Düse hatte ein Expansionsverhältnis von 27,5. Das ist ein niedriger Wert für ein Triebwerk, das nur im Vakuum eingesetzt wird. Das RL10A-3-3 erreichte zum selben Zeitpunkt ein Expansionsverhältnis von 57. Der Grund war, dass der Düsenmündungsdruck so hoch genug war, um das Triebwerk bei Atmosphärendruck zu testen. Es gab zwar Höhentestkammern, in denen man das Triebwerk im Vakuum testen konnte. Doch die Tests waren sehr aufwendig und alle Triebwerke hätte man nicht prüfen können (die Triebwerke jeder Stufe und die Stufen selbst durchliefen vor dem Einsatz Tests auf Bodentestständen). Ein weiterer Vorteil war, dass der Stufenadapter kürzer war. Dadurch war allerdings auch der spezifische Impuls niedrig. Seine Nachfolger (J-2S und J-2X) erreichten einen höheren Schub und spezifischen Impuls durch verlängerte Düsen.

Rocketdyne entschied sich beim J-2 für eine Konstruktion mit getrennten Wellen für Sauerstoff- und Wasserstoffturbopumpe. Die Wasserstoffturbopumpe musste eine viel höhere Drehzahl und Leistung als die Sauerstoffturbopumpe erreichen. Daher war dies die bessere Lösung. Das ermöglichte es, den Sauerstofffluss an der LOX-Pumpe vorbeizuleiten, ohne das diese ohne Fördermedium auf zu hohe Drehzahlen kam. Das war wichtig für den Triebwerksstart.

Die Turbopumpen wurden auf unterschiedlichen Seiten des Triebwerks montiert. Dadurch konnten die Pumpen nahe an den Treibstoffleitungen links und rechts des Triebwerks angebracht werden. Ein weiterer positiver Aspekt war die Sicherheit:

Die Zerstörung einer Pumpe konnte die andere nicht beschädigen und ein explosives Gemisch bilden. Der Drehimpuls den die rotierenden Teile der Pumpen erzeugten glich sich so auch zum Teil aus.

Die Kraft für die Pumpen lieferte eine zweistufige Turbine in jeder Turbopumpe. Die Schmierung der Pumpen erfolgte über abgezweigtem Treibstoff (0,4 kg Wasserstoff und 2,3 kg Sauerstoff/s vom Treibstofffluss zur Brennkammer). Dichtungen verhinderten, dass die Schmierung die Pumpen verlassen konnte. Das Arbeitsgas des Gasgenerators passierte zuerst die Wasserstoffturbopumpe, eine Axialpumpe mit zwei Rotorblättern. Dann erst die Sauerstoffpumpe, ebenfalls mit zwei Stufen (Rotorblättern) mit einem Stator zwischen den Wellen. Sie war vom Radialtyp. Zuletzt wurde es wie beim F-1 durch einen Ring im oberen Teil der Düse zur Nachverbrennung in die Düse entlassen.

Da die Wasserstoffturbopumpe eine sehr hohe Drehzahl von über 27.000 U/Min erreichte, führte Rocketdyne einen Starttank am Triebwerk ein. Er nahm gasförmigen Wasserstoff auf, der beim Triebwerksstart die Turbine schnell auf Touren brachte. Dazu wurde beim Start des J-2 ein Ventil zum Starttank, das „**S**tart **T**ank **D**ischarge **V**alve“ (STDV) geöffnet, das den Wasserstoff unter hohem Druck in die Wasserstoff-Leitungen entließ. Dort brachte er die Turbine auf eine Mindestrotation, die genug Antrieb für die Turbopumpe lieferte. Diese brachte dann genügend Druck auf, um mehr Treibstoffe in den Gasgenerator zu pressen, wo die Verbrennung weiteres Gas für den Antrieb der Turbine lieferte.

Der Starttank wurde vor dem Start der Saturn befüllt. Während des Betriebs der Triebwerke zweigte man über zwei Abzweigungen Wasserstoff aus dem Kreislauf ab, um ihn wieder zu füllen. Eine Abzweigung lag am Eingang des Wasserstoffs in die Brennkammer, er war dann noch flüssig. Die zweite Abzweigung zweigte gasförmigen Wasserstoff kurz vor Erreichen des Injektors ab. Im Tank sorgt der heißere gasförmige Wasserstoff für ein Verdampfen des flüssigen Wasserstoffs aus dem ersten Zulauf und damit für den Tankdruck. Isoliert war der Starttank mit einer 32 mm dicken Fiberglasisolation.

Im Starttank befand sich auch der Heliumtank. Helium wurde als Druckgas benötigt, um Ventile zu betätigen. Weiterhin wurden mit dem Helium Leitungen gespült, um Sauerstoff oder Luft auszutreiben. Die Platzierung innerhalb des Starttanks sorgte für einen geringeren Verlust an Helium, das leicht durch Metalle diffundieren kann, da im Starttank ein Gegendruck herrschte. Zudem hielt der gasförmige Wasserstoff das Helium kühl.

Ein Feature, das es bei keinem anderen Triebwerk gab, war das LOX-Bypass-Ventil. Das war ein pneumatisch betätigtes Ventil, das beim Triebwerksstart offen war und so den Großteil des Sauerstoffs an der Sauerstoff-Turbopumpe vorbei führte. So trat nur eine kleine Menge in die Brennkammer ein, da die Turbopumpe kaum Sauerstoff förderte. Die Menge war vorgegeben durch den Tankdruck und den Leitungsdurchmesser. Sobald die Wasserstoffturbopumpe auf Touren kam, wurde das Ventil geschlossen. Es gab im Ventil ein kleines Loch, durch das bei geschlossenem Ventil eine kleine LOX-Menge an der Turbine vorbeiströmen konnte. Durch die Größe des Lochs konnte man die Leistung der beiden Turbopumpen angleichen.

Eine weitere bis heute einmalige Eigenheit bei US-Triebwerken war die Regulation des Mischungsverhältnisses. Dazu gab es eine Leitung, die vom Ausgang der LOX-Turbopumpe zu ihrem Eingang führte. Ein Ventil mit drei Positionen kontrollierte, wie viel Sauerstoff durch diese Leitung floss. Je nach Position, war der Fluss zum Triebwerk größer oder kleiner. Bei den ersten J-2 gab es drei Stellungen, die einem Mischungsverhältnis von 1:4,5, 1:5,0 und 1:5,5 entsprachen. Ab dem zweiten Los (SA-509, Apollo 14) wurde die Konstruktion vereinfacht und es gab nur noch zwei Positionen: 1:4,8 und 1:5,5. Das PU-Ventil (**P**ropellant **U**tilization) diente dazu, beide Treibstoffe möglichst gleichzeitig aufzubrauchen. Der Zeitpunkt, wann der PU-Shift erfolgte, wurde gesteuert durch die Sensoren, die die Tankfüllung maßen. Dies erfolgte bei der S-II bei etwa 70 Prozent der Gesamtbrennzeit, kurz vor Abschalten des mittleren Triebwerks.

Bei der S-IVB der Saturn IB erfolgte der Wechsel auf ein niedrigeres Verhältnis etwa 2 Minuten vor Brennschluss. Die zweite Zündung wurde zuerst mit dem niedrigsten Verhältnis begonnen, um den Wasserstoffüberschuss abzubauen und dann auf das höhere Verhältnis umgeschaltet.

J-2 Kerndaten	
Gesamtlänge:	3,38 m
Gesamtbreite:	2,04 m
Düsendurchmesser:	1,96 m
Brennkammerdurchmesser:	0,47 m
Düsenenghals:	0,37 m
Injektor:	614 koaxiale Düsen
Maximalschub (letzte Version)	1.023 kN
Mittlerer spezifischer Impuls (900 kN, Mischungsverhältnis 5:1):	4.178 m/s
Minimaler spezifischer Impuls (Mischungsverhältnis: 5,5:1):	4.119 m/s
Maximaler spezifischer Impuls (Mischungsverhältnis: 4,5:1):	4.227 m/s
Schub bei Zündung:	896 kN
Maximaler Schub:	1.023 kN
Nominelle Betriebsdauer:	500 s
Lebensdauer:	3.750 s
Massendurchsatz LOX:	208,2 kg/s
Massendurchsatz LH2:	37,8 kg/s
Mischungsverhältnis:	4,5 bis 5,5:1
Brennkammerdruck:	49,4 – 54 bar
Triebwerksgewicht (trocken):	1.250 kg
Triebwerksgewicht (mit Flüssigkeiten und Gasen):	1.584 kg
Schub zu Gewichtsverhältnis:	66:1
Flächenverhältnis Düse:	27,5:1
Brennkammertemperatur:	3.160 °C
Drehzahl LH2 Turbopumpe:	27.500 U/min
Leistung LH2 Turbopumpe:	7.970 PS / 5,8 MW
Ausgangsdruck LH2 Turbopumpe:	84,46 bar
Drehzahl LOX Turbopumpe:	8.600 U/min
Leistung LOX Turbopumpe:	2.250 PS / 1,6 MW
Ausgangsdruck LOX Turbopumpe:	74,46 bar

Internal Unit (IU)

Oberhalb der S-IVB befand sich die „IU“ genannte Instrumenteneinheit der Rakete. Sie hatte bei der Saturn IB eine Masse von 1.860 kg. Die Versionen für die Saturn V waren mit bis zu 2.041 kg schwerer. Die IU bestand aus einem 6,60 m breiten und 91 cm hohen Ring, in dessen Inneren die Ausrüstung angebracht wurde. Sie beherbergte die Batterien für die Bordstromversorgung, Kreisel als Inertialplattform, Telemetriesender und -Empfänger, den Bordcomputer und das Sicherheitssystem EDS (**E**mergency **D**ectection **S**ystem). Dieses löste den Rettungsturm automatisch aus, wenn mehrere H-1 oder F-1 Triebwerke ausfielen, die Rakete sich stark drehte oder es Sensormeldungen über Brüche in Leitungen oder der Außenhaut gab.

Die Struktur der IU bestand aus drei Teilen von jeweils 120 Grad Winkelbreite. Sie war verantwortlich für das Übertragen der Kräfte von der S-IVB auf die darüberliegende Nutzlast. Sie bestand aus einem inneren Teil, einem Gerüst in Honigwabenform aus Aluminium mit zwei dünnen Aluminiumhäuten als Überzug innen und Außen. In dem so entstehenden Kreisring wurde Innen die Ausrüstung befestigt. Jedes Segment wog 64 kg. Oben und unten wurde die IU durch zwei massive Ringe als Anschlüsse zur S-IVB und Nutzlastadapter abgeschlossen.

Im Ring befanden sich zwei Türen. Eine kleine, durch Federkraft gehalten, um Kabel und andere Leitungen durchziehen zu können. Dazu eine größere Tür, durch die ein Mann kriechen konnte. Sie wurde vor dem Start mit Bolzen verschlossen.

An der Struktur wurden nach Fertigstellung Platten angebracht, auf denen später die Ausrüstung montiert wurde. Es wurden Löcher für Antennen und Kabel gebohrt, die mit Stiften bis zur Endmontage verschlossen wurden.

Wegen des hohen Energieverbrauchs der Elektronik musste ein Temperaturkontrollsystem eingebaut werden, das die Avionik mit einem Methanol/Wassergemisch kühlte. Das erwärmte Gemisch zirkulierte an einer porösen Platte vorbei, die Kontakt zum Vakuum hatte. Durch die Poren konnte Flüssigkeit an die Außenseite der Platte gelangen, wo sie durch den fehlenden Umgebungsdruck sofort verdampfte. Die Energie, die für das Verdampfen notwendig war, wurde der Umgebung entzogen. So wurde die Platte und die zirkulierende Flüssigkeit abgekühlt.

Das System wurde für den Apolloraumanzug von Hamilton entwickelt, aber zuerst auf der IU eingesetzt. Damit dies ging, kaufte die NASA vom Hersteller des Astronautenanzugs die Patente auf. Einige Systeme mit besonders hohem Energieverbrauch, wie der Bordcomputer, hatten ihren eigenen Wasserkreislauf, der an den Kreislauf des ECS (**E**nvironmental **C**ontrol **S**ystem) angeschlossen war. Die IU wurde vor dem Start durch die Bodenanlagen gekühlt. Das ECS konnte erst aktiviert werden, wenn der Umgebungsdruck niedrig war. Das war 163 s nach dem Start der Fall. Das ECS kühlte auch die Elektronik des S-IVB Bugteils.

Die IU arbeitete unter normalem Atmosphärendruck mit einer geregelten Atmosphäre. Dafür wurde Stickstoff in einer Druckgasflasche eingesetzt.

Die Internal Unit der Saturn IB war weitestgehend identisch mit der IU der Saturn V. So konnte die IU wie die S-IVB auf der Saturn IB erprobt werden.

Der Saturn **L**aunch **V**ehicle **D**igital **C**omputer (LVDC) stammte von IBM. Er bekam die Navigationsinformationen von der Kreiselplattform ST-124M. Der LVDC hatte eine Zuverlässigkeit (MTBF **M**ean **T**ime **b**etween **F**ailures) von 45.000 Stunden. Das war für die damalige Zeit eine enorme Zuverlässigkeit und entspricht einem Ausfall nach durchschnittlich fünf Einsatzjahren. So war der Rechner mit einer Wahrscheinlichkeit von 99,6 Prozent über eine Zeitdauer von 250 h verfügbar, obwohl er maximal 10 Stunden lang arbeiten musste. So lange reichte der Strom in den Batterien zur Energieversorgung. Erreicht wurde dies durch eine dreifach redundante Auslegung. Der Computer verfügte über einen „Abstimm"-Mechanismus, das heißt, rechnete eine Einheit falsch, so überstimmten ihn die beiden anderen. Die Speichermodule waren sogar sechsmal vorhanden. Jeder Computer verfügte über zwei redundante Speichermodule.

Bei einem Ausfall des LVDC hätte der Computer der Apollo Kommandokapsel (AGC, **A**pollo **G**uidance **C**omputer) die Lenkung übernommen. Auf ihm lief nach dem Start ein Steuerungsprogramm für die Trägerrakete. Als weiteres „Backup-System" wurden die Kommandanten der Mission geschult, mit ihrem „Joystick" die Saturn V zu steuern. Da diese nicht so effektiv wie die Computer waren, hatte die Saturn viel Resttreibstoff als Sicherheitsreserve. Es gab eine Tabelle mit Werten, welche Neigung die Rakete zu welchem Zeitpunkt (in 30 Sekunden-Abständen) einhalten sollte. Es wurde vom Kommandanten nicht verlangt, alle Störungen auszugleichen, sondern nur von einem Punkt zum nächsten zu steuern. Das entsprach dem vorgegebenen Programm, das bei der ersten Stufe aktiv war.

Zeitweise wurde vorgeschlagen, in der Rakete den Steuerungsteil der IU, also Computer und Kreiselplattform, einzusparen. Die Saturn sollte mit dem Raumschiff gesteuert werden. Ernster verfolgt wurde dies nicht. Zum einen war es ein Bruch mit der bisherigen Bauweise – alle Raketen hatten eigene Steuerungen. Zum Zweiten hatte man mit dem Raumschiff ein Backupsystem und zum Dritten hätte man die Saturn nur noch mit einem Apolloraumschiff starten können. Wie weise die Entscheidung war, zeigte sich beim Start von Apollo 12. Weniger als eine Minute nach dem Abheben wurde die Rakete zweimal von einem Blitz getroffen. Dadurch fielen die Stromversorgung der Kommandokapsel und damit auch der Bordcomputer aus.

Anders als bei der Saturn I war der LVDC bei einer Saturn IB/V schon vor dem Start aktiv. Er arbeitete die letzten Checks zusammen mit dem Computer des Startzentrums ab. Nur so konnte der Endcountdown der Saturn V in einem akzeptablen Zeitraum durchgeführt werden. Durch die Freiflugphase bei den Mondmissionen der Saturn V war eine maximale Betriebsdauer von zehn Stunden am Stück gefordert. 17 s vor dem Start ging die Kontrolle an den LVDC über, danach war die Saturn V autonom. Bei den Kommentaren der Starts wird dieser Zeitpunkt als „Guidance is internal“ bezeichnet.

Während des Betriebs der ersten Stufe wurde ein vorgegebenes Programm durchgeführt. Es wurde verzichtet, Störeinflüsse aktiv auszugleichen. Erst ab der Zündung der zweiten Stufe wurde eine adaptive Kurskorrektur angewandt. Das bedeutet, dass der LVDC ständig Geschwindigkeit und Position mit vorgegebenen Werten vergleicht und Abweichungen korrigiert, um auf die Sollbahn zu gelangen. Jede Sekunde wurde eine Neuberechnung der Bahn durchgeführt. Sofern es zu gravierenden Abweichungen kam, wurde eine alternative Trajektorie eingeschlagen. Diese Fähigkeit rettete zweimal die Mission. Das erste Mal beim zweiten Qualifikationsflug AS-502 mit Apollo 6, als durch POGO Schwingungen zwei Triebwerke der S-II ausfielen, das zweite Mal bei Apollo 13, als das mittlere Triebwerk der S-II ausfiel.

Der Rechner arbeitete mit einer festen Wortbreite von 26 Bit. Er verarbeitete Ganzzahlen mit 25 Bit Genauigkeit und einem Vorzeichenbit (Wertebereich von -33.544.432 bis +33.544.431). Zwei Instruktionen von 13 Bit Breite wurden in ein Wort kombiniert. Von den 13 Bit entfielen 4 Bits auf den Opcode und 9 Bits auf die Adresse. Es gab lediglich 18 Instruktionen. Da mit vier Bits nur 16 Instruktionen codiert werden können, wurde bei zwei Instruktionen noch ein Bit des Adressbereiches hinzugenommen, um eine Unterscheidung zu treffen. Mit neun Bits für die Adresse kann man nur 512 Worte adressieren. Der Adressraum gliederte sich daher in zwei Teile. Einen residenten (festen) Bereich, der für globale Variablen genutzt wurde und einen Block, der über einen Befehl gewechselt wurde. Beide Blöcke waren 256 Worte groß.

Die Sicherheit hatte wie beim ganzen Saturnprogramm höchste Priorität. So hatte der LVDC anders als AGC, der Bordrechner des Apollo-Raumfahrzeugs, redundante Speichermodule. Jedes Speichermodul, das aus Ringkernspeichern bestand, war dreifach vorhanden. Eine Schaltung speicherte und las jedes Bit gleichzeitig in jedem Modul und machte eine Abstimmung. Der Wert, den zwei von drei Modulen lieferten, wurde übernommen. Damit konnten Fehler korrigiert werden.

Insgesamt gab es 395 Logikbausteine die Abstimmungen durchführten, auf drei Logikkanälen, die verbunden waren. IBM pries das System an. Es wurden gegenüber dem ASC-15 die Anzahl der Schaltelemente um den Faktor 3,5 erhöht, die Zuverlässigkeit aber um den Faktor 35 gesteigert worden. Das MSFC bestand darauf, dass der Rechner aus kompakten Modulen, „Flatpacks“ gefertigt wurde. Diese Technologie setzte IBM anschließend im kommerziellen System 360 ein.

Zusätzlich enthielt jedes Codewort, das aus zwei „Silben“ von je 13 Bit bestand, pro Silbe noch ein Paritätsbit, um Verfälschungen zu erkennen. Bei den Paritätsprüfungen wurde über die 13 Bits des Wortes eine XOR Verknüpfung durchgeführt und das entstehende Bit mit dem gespeicherten Bit verglichen. So kann ein defektes Bit erkannt werden, aber nicht wo es ist. Bei zwei defekten Bits kann es vorkommen, dass sie nicht entdeckt werden. Vertauschte Bits kann diese Methode nicht erkennen, aber sie war damals die technologisch einzige mögliche Fehlererkennung.

Abbildung 29: Wernher von Braun prüft einen Prototypen des LVDC im Astronics Labor des MFSC

Wie bei vielen Raumfahrtprojekten war die Größe der Software ein Problem. Bei der Saturn IB kam der LVDC mit vier Modulen, jedes mit 4 Kiloworten, aus. Bei der Saturn V reichten die vorgesehenen sechs Module nicht aus und man nahm zwei Erweiterungsmodule hinzu. Trotzdem sank die Menge des freien Speichers stetig.

Der LVDC war gemessen am Takt von 2 MHz relativ langsam. Das lag neben dem Abstimmungsverhalten beim Speicherzugriff vor allem daran, dass er bitseriell arbeitete. Ein Codewort von 26 Bit Länge wurde nicht auf einen Rutsch eingelesen, sondern bitweise nacheinander. 4 Zyklen brauchte er, um ein Bit einzulesen. 14 Bit bildeten die kleinste Einheit (13 Bit Opcodebreite + ein Paritätsbit). Drei Zyklen waren nötig, um ein Wort zu verarbeiten. Damit benötigte ein Wort für die Ausführung 4 × 14 × 3 = 168 Zyklen und es konnten maximal 12.190 Befehle pro Sekunde ausgeführt werden, was selbst für die damalige Zeit langsam war. Der Apollo Guidance Computer in den Raumfahrzeugen arbeitete nur mit der halben Taktfre-

Abbildung 30: Fertigung der IU bei IBM

quenz, war aber viermal schneller. Bestimmte Rechenbefehle wie Multiplikation und Division benötigen mehrere dieser 168 Zyklen pro Instruktion.

Wie der AGC war der LVDC ein mit der Hardware verbundener Rechner und nicht das, was wir heute unter einem Computer verstehen. Wir würden ihn heute als Mikrocontroller bezeichnen. Daher reichten auch die wenigen Befehle, da sie genau auf die Aufgabe ausgelegt waren, die es zu erfüllen galt. Ebenso war zwar die Geschwindigkeit gering, aber er war bedeutend schneller als vorherige Computer auf Trägerraketen, wie der Vorgänger ASC-15 der Saturn, der nur 3.000 Befehle/Sekunde abarbeitete.

Der Computer konnte im Flug neu programmiert werden. Davon wurde nach dem Erreichen des Erdorbits Gebrauch gemacht. Mit Radarverfolgungsstationen wurde die Bahn bestimmt und auf IBM 360 Großrechnern im Manned Space Center der optimale Zeitpunkt für die Zündung, sowie die Daten für Ausrichtung und Betrieb der S-IVB ermittelt. Diese Werte wurden per Funk zur IU übertragen und zusätzlich mündlich zu den Astronauten, die sie in den Bordcomputer des CM eingaben.

Computer / Plattform ST-124M	
Gewicht:	114 kg (mit Kreiseln+Navigationsgeräten), davon 35 kg nur CPU
Volumen:	1,6 m³, davon Computer 74 × 32 × 27 cm
Stromverbrauch:	438 Watt gesamt, 137 Watt nur Computer
Architektur:	Feste Wortbreite von 26 Bit, davon 25 Bit für Festpunktzahlen 1 Vorzeichenbit. Instruktionen: 13 Bit Breite, je zwei Instruktionen pro Wort
Taktfrequenz:	2,048 MHz
Rechengeschwindigkeit:	12.190 Instruktionen/s (maximal) 11.300 Befehle/s (im Mittel) 9.600 Rechenoperationen/s (im Mittel) 12.190 Additionen/s 3.050 Multiplikationen oder Divisionen/s
Speicher:	6 Module zu je 4.096 Worte 2 Erweiterungsmodule Gesamt: 32 KWorte mit 917.504 Bits Pro Wort 26 Datenbits, 2 Bits für Fehlererkennung/Korrektur
Aufbau:	8.918 Schaltungen (aus je zwei Dioden oder einem Transistor) 40.800 Teile insgesamt (mit Transistoren, Widerständen, Kondensatoren)

Die Daten, die der LVDC für die Bahnberechnung benötigte, erhielt er von der Trägheitsplattform, auch **I**nertial **M**easurement **U**nit (IMU) genannt. Sie war vom Typ ST-124. Sie bestand aus drei jeweils senkrecht aufeinander kardanisch (frei beweglich) aufgehängten Kreiseln. Die Achsen der Aufhängung waren so angeordnet, dass jeder Kreisel, wenn er von einem Servomotor in Rotation versetzt wurde, in einer anderen Raumachse rotierte. Die Aufhängung war drehbar mit Lagern aus Beryllium, einem sehr leichten Material und Motoren, welche die Achse verschieben konnten. Ergänzt wurden die Kreisel um Beschleunigungsmesser. Jeweils pro Raumachse ein Beschleunigungsmesser.

Anhand der Werte der Beschleunigungsmesser konnte der Computer den Ort und die Geschwindigkeit der Rakete in jeder Raumachse bestimmen. Es gilt nach den Gesetzen der Physik:

1. Die momentane Geschwindigkeit erhält man, wenn man die Beschleunigung in kurzen Intervallen misst und addiert (in der Mathematik nennt man dieses Vorgehen Integration).

2. Die momentane Strecke erhält man, indem man die Geschwindigkeit in kurzen Intervallen addiert (integriert).

Der Computer musste also nur zyklisch die Beschleunigungsmesser auslesen und zuerst den Wert zu einer Variablen addieren, welche für die Geschwindigkeit stand und dann die Geschwindigkeitsvariable zu einer anderen Variablen für die Distanz. Tat er das bei allen drei Raumachsen, so wusste er, wo er sich im Raum befand und wie schnell er in jeder Richtung unterwegs war.

Die Kreiselplattform informierte den Rechner über die räumliche Ausrichtung der Rakete. Also in welche Richtung zeigt die Spitze und welche Seite weist zum Boden. In ihr wurden die Kreisel in eine rasche Rotation versetzt. Ein Kreisel will seine Rotationsachse im Raum konstant halten. Neigt man den rotierenden Kreisel, so gibt er eine Kraft ab, die genau entgegengesetzt der Neigerichtung ist. Dies nutzte die Navigationsplattform aus. Die Kraft wurde in eine elektrische Spannung umgesetzt und damit die Triebwerke geschwenkt. So wurden Abweichungen von der Ausrichtung durch Störungen ausgeglichen.

Mit demselben System konnte man die Aufstiegsbahn vorgeben. Dazu neigte ein Mechanismus nach 10 Sekunden die Kreiselplattform, wenn der Startturm passiert war, nach einem vorgegebenen Programm. Da nun die Kreisel eine Abweichung von der Solllage anzeigten, schwenkte die IU die Triebwerke, bis sie wieder in die Rotationsrichtung der Kreisel zeigten. So drehte sie die Saturn langsam von der Senkrechten in die Horizontlage.

Vor dem Start wurde die Kreiselplattform mittels Theodoliten nahe der Startrampe genau nach Norden ausgerichtet. Da die Rotationsachse im absoluten Raum fest ist, sich aber die Erde einmal in 24 Stunden um die eigene Achse dreht, musste die Ausrichtung in Ost-West-Richtung laufend korrigiert werden. Erst wenige Sekunden vor dem Start wurde die Kreiselplattform freigegeben, d. h. die Servomotoren führten sie nicht mehr der Erdrotation nach. Für das Nachführen bis zu diesem

Zeitpunkt, installierte man 300 m von der Startrampe Theodoliten, die einen Lichtstrahl zur IU sandten. Die IU hatte an der Stelle ein 20 cm großes Fenster, wo der Lichtstrahl einfiel. Die Elektronik justierte dabei den Azimut, also die Nord-Süd-Achse laufend der maximalen Lichteinstrahlung nach.

Das Prinzip der Steuerung hat sich bis heute gehalten. Nur auf Kreisel als mechanische Elemente verzichtet man inzwischen. Heute nimmt man Laserstrahlen, die aufgespalten und im Halbkreis durch Spiegel reflektiert werden, bis sie wieder zusammenkommen. Dort werden die Laserstrahlen überlagert. Bei geeigneter Anordnung löschen sich Wellenberge und Wellentäler aus. Bewegt sich die Plattform, so ist durch die Zusammenhänge von Geschwindigkeit und Raum nach Einstein der Weg auf den beiden 180 Grad Segmenten unterschiedlich und die Laserstrahlen löschen sich nicht aus. Das Signal ist proportional zur Bewegung und kann so zur Korrektur der Lage genutzt werden. Nur haben Laserkreisel nicht den Nachteil mechanischer Kreisel, dass sie durch Reibung an der Aufhängung langsamer werden und die Rotationsachse driften kann. Zudem sind sie leichter.

Die IU war gut instrumentiert. Es gab 200 Messsensoren. Das verwundert, schließlich gab es in der IU keine mechanischen, pneumatischen oder hydraulischen Geräte, wie bei den Stufen mit ihren Treibstoffen und Gasen. Man musste auch keine Zustandsgrößen von Triebwerken bestimmen. Doch die IU war der letzte Teil der Rakete. An ihr wurden die Belastungen gemessen, denen die Nutzlast ausgesetzt war. So gab es zahlreiche Sensoren für Vibrationen, Beschleunigung, Verformung, Druck, Temperatur. Der LVDC bestimmte nach Programm, welche Messung wann gerade sinnvoll war. So stellte er das Messen des atmosphärischen Andrucks ein, wenn die dichte Atmosphäre passiert war. Übertragen wurden die Daten mit drei Systemen auf unterschiedlichen Frequenzen und Codierungen.

Ebenso waren in der IU Radarverfolgungssender integriert. Es gab zwei Systeme. Das eine war ein Sender für das AZURA-Wetteradar. Er sandte das empfangene Signal zurück, so konnte die Laufzeit und die Entfernung bestimmt werden. Der zweite Sender war redundant vorhanden. Er sandte aktiv im C-Band Impulse aus, deren Dopplerverschiebung von Bodenstationen gemessen und damit die Geschwindigkeit bestimmt wurde.

Dazu kam das **E**mergency **D**etection **S**ystem (EDS), das in der IU untergebracht, aber unabhängig war. Es konnte vom LVDC aktiviert werden, löste aber auch aus, wenn bestimmte Parameter, wie Neigerate pro Zeiteinheit, verletzt wurden. Das EDS hatte zwei Modi. Bei Veränderungen, auf die ein Mensch nicht schnell genug reagieren könnte, löste es den Fluchtturm automatisch aus. War die Veränderung langsam, so informierte es die Besatzung und Missionskontrolle von dem Vorfall. Der Fluchtturm wurde nach Brennschluss der ersten Stufe abgetrennt. Eine Katastrophe war am wahrscheinlichsten, wenn die Kontrolle über die Rakete in der dichten Atmosphäre verloren ging. Sie könnte durch den aerodynamischen Druck bei schnellen Bewegungen zerstört werden. Also konzentrierte sich das EDS auf den Betrieb der S-IC / S-IB. 23 s nach Zündung der S-IVB (Saturn IB) oder 29 s nach Zündung der S-II (Saturn V) wurde der Fluchtturm abgetrennt und das EDS warnte ab jetzt nur noch. Das erfolgte in 84 km Höhe bei der Saturn IB und in 90 km Höhe bei der Saturn V. Nun mussten die Astronauten selbst aktiv werden und das Raumschiff abtrennen. Allerdings war nun die Gefahr viel kleiner. Selbst wenn die Rakete schnell kippte, konnte sie nicht mehr zerstört werden, weil die Atmosphäre zu dünn war.

Das EDS hatte zur Erkennung von schnellen Drehungen drei eigene Gyroskope, die aus Sicherheitsgründen doppelt vorhanden waren. Es gab drei Regeln, die einen automatischen Abbruch auslösten:

- Bruch der Struktur zwischen Raumfahrzeug und IU, also den SLA.
- Schubverlust bei mindestens zwei F-1/H-1 um 10 Prozent oder mehr
- Übersteigen einer Drehrate von 4 Grad pro Sekunde in der Nick- oder Gierachse oder 20 Grad pro Sekunde in der Rollachse.

Der automatische Modus wurde nach 100 Sekunden deaktiviert, da die Atmosphäre nun so dünn war, dass die Astronauten genügend Zeit für eine Aktion hatten. Während der ersten 30 Sekunden bei der Saturn V und 40 Sekunden bei der Saturn IB schaltete das System die Triebwerke der ersten Stufe nicht ab. Das ging aus Sicherheitsgründen (Range Safety) nicht. Vor dem Abschalten der inneren Triebwerke wurde das EDS automatisch deaktiviert.

Das EDS war mit dem Kommandomodul verbunden. Dort gab es drei Schalter, um das ganze EDS abzuschalten oder nur die Regeln für den Schubverlust oder die Drehrate. Es gab mehrere Leuchtanzeigen für den Status des EDS. „LV Rate“ leuchtete rot auf, wenn die Drehrate die Grenzen überschritt, „LV Guid“, wenn die Gyroskope in der IU keine Referenzausrichtung mehr lieferten. „LV Engines“, wenn zwei Triebwerke Schubverlust hatten. Dazu gab es als Statusanzeige „S-II Sep“, die gelb aufleuchtete, wenn die S-IC von der S-II getrennt wurde. Das Licht erlosch, wenn den Stufenadapter 30 Sekunden später abgetrennt wurde.

Für die Stromversorgung hatte die IU vier Silberzink-Batterien, jede mit 28 V Ausgangsspannung und 300 Ah Kapazität. Sie waren fähig, im Vakuum zu arbeiten. 25 Sekunden vor dem Start wurde auf die Batterien umgeschaltet. Eine Schaltung erzeugte aus der 28 V Spannung für die Bordsysteme eine geregelte 5 V Spannung für die Stromversorgung des Computers. Bei der Saturn V wurden die Batterien auf eine Kapazität von 350 Ah erweitert.

Für die Missionen ab Apollo 13, bei denen die S-IVB auf dem Mond aufschlug, wurde eine zusätzliche Batterie installiert, die nur die Sender mit Strom versorgte. Damit wurde der Kurs der Stufe verfolgt und der Aufschlagpunkt berechnet.

Abbildung 31: Blick aufs Heck der S-IVB mit den Heliumflaschen

Geschichtliche Bedeutung und Einsatz

Die Saturn IB hatte zwei wichtige Funktionen. So konnte die dritte Stufe der Saturn V getestet und das Triebwerk für die zweite Stufe erprobt werden, ohne eine Saturn V zu starten. Auch die Instrumenteneinheit IU der Saturn V wurde in der Saturn IB eingesetzt und getestet. Dies sparte Kosten und Zeit für diese Systeme.

Andererseits verfügte die Rakete über genügend Nutzlastkapazität, um ein Apollo-Raumschiff mit Versorgungsteil, aber reduziertem Treibstoffvorrat, in den Erdorbit zu befördern. Auch ein Mondlander war leicht genug für eine Saturn IB. Damit stand ein preiswerter Träger für bemannte Missionen in den Erdorbit zur Verfügung. Die Apollo-Hardware und Missionsaspekte konnten getestet werden, obwohl die Saturn V noch nicht einsatzbereit war. Später brachten Saturn IB Raketen die Besatzungen von Skylab und Apollo-Sojus in den Orbit. Wie bei der Saturn I gab es keinen einzigen Fehlstart. Dadurch konnte das Erprobungsprogramm vorzeitig nach drei Qualifikationsflügen abgeschlossen werden.

Obwohl die Entwicklung der Saturn IB erst am 20.7.1962 beschlossen wurde, sechs Monate nach der Saturn V, flog sie zwanzig Monate früher. Dies lag daran, dass sie auf der Saturn I aufbauen konnte. Die erste Stufe war eine verbesserte Saturn I Erststufe, nur die S-IVB war neu. Teile der IU, wie die Kreiselplattform, wurden bereits bei den letzten Saturn I getestet.

Die Saturn IB war von den laufenden Programmänderungen bei Apollo am stärksten betroffen. Nach dem Start von Apollo 1 im Februar/März 1967 sollten mit der Saturn IB mehrere bemannte Erdorbitmissionen durchgeführt wurden, bis die Saturn V einsatzbereit war. Sie war auch für bemannte Erdorbitflüge im Rahmen des Apollo Applications Program (AAP) vorgesehen. Aufgrund der Programmverzögerungen und Streichungen beim AAP entfielen diese zum größten Teil. Gefertigt wurden 14 S-IB und 12 S-IVB Stufen.

Start der Saturn IB

Die Saturn IB wurde mit dem Designziel einer Zuverlässigkeit von 0,88 entwickelt. Von 100 Starts sollten 88 die Nutzlast im Orbit aussetzen. Die Sicherheit der Besatzung wurde erheblich höher angesetzt und lag bei 0,999. Neben der „Engine-out-Capability" der ersten Stufe war die systematische Überwachung aller Parameter und der Fluchtturm für diesen hohen Wert verantwortlich. Die Überwachung sollte es ermöglichen, Triebwerke oder die Stufe abzuschalten, bevor ein Problem zu Beschädigungen führen konnte. Der Fluchtturm (**L**aunch **E**scape **S**ystem LES) konnte selbst bei einer Explosion die Kapsel in Sicherheit bringen. Er wurde nach der Zündung der zweiten Stufe abgetrennt.

Verbrennungsinstabilitäten, eine Ursache für die Zerstörung von Triebwerken, zeigen sich oft kurz nach dem Start. Neben der automatischen Auslösung konnte die Besatzung die Raketen des LES jederzeit durch einen Drehschalter in der Kommandokapsel starten. Bei der S-IB konnte, verglichen mit der Saturn I, wegen der schubstärkeren Triebwerke noch früher ein Triebwerk ausfallen. Bei den letzten Triebwerken mit 912 kN Schub schon 3 Sekunden nach dem Abheben. Allerdings würde in diesem Falle die Nutzlast durch den geringeren Schub um 1.800 kg absinken. Fiel ein Triebwerk nach 100 s aus, so waren es nur 400 kg, eine Reserve, die in jedem Falle vorhanden war.

Beim Start gab es einige Besonderheiten. Der Brennschluss der ersten Stufe wurde ausgelöst, wenn die Treibstoffsensoren signalisierten, dass der Treibstoff nahezu verbraucht war. Nominell sollten weniger als 2.900 kg Resttreibstoff in den Tanks der S-IB verbleiben. Um diesen Wert zu erreichen, sowie die maximale Beschleunigung auf 4,4 g zu begrenzen, wurden die inneren vier Triebwerke zuerst abgeschaltet. Die S-IB musste die Engine-out-Capability aufrechterhalten, auch wenn nun nur noch vier Triebwerke arbeiteten. Deswegen wurde nach Brennschluss der inneren Triebwerke ein konstanter Winkel zur Erde ohne Steuerbewegungen eingehalten. Die Triebwerke standen dabei in Neutralstellung.

Parallel zur Stufentrennung zündeten Treibstoffsammelraketen, die abgeworfen wurden, sobald das J-2 den vollen Schub erreicht hatte. Kurz danach wurde das J-2 Triebwerk auf das Mischungsverhältnis 1:5,5 umgeschaltet. Etwa zwei Minuten vor

Brennschluss wurde zur optimalen Treibstoffausnutzung und Begrenzung der Beschleunigung auf die Mischung 1:4,8 umgeschaltet. Bei der S-IVB wurde mit großzügigen Treibstoffreserven kalkuliert. So gab es bei den Skylabmissionen eine Reserve von mindestens 1.580 kg Resttreibstoffen in den Tanks. 1.000 kg davon waren für eine Minderleistung der Triebwerke vorgesehen. Nach Abtrennung des Apollo-CSM wurde die S-IVB aktiv deorbitiert. Die IU wartete dazu sechs Stunden ab. In dieser Zeit konnte der Resttreibstoff verdampfen und den Tankdruck erhöhen. Dann wurde der restliche Treibstoff gegen die Bewegungsrichtung abgelassen. Dadurch wurde die Stufe abgebremst und verglühte über dem Pazifik beim Durchlaufen des Perigäum.

Die Besatzung sollte sich bei jedem Problem retten können. Während des Aufstiegs wurden bei Saturn IB und Saturn V vier Abbruchmodi (Abort-Modes) durchlaufen:

- Mode I: Während des Betriebs der ersten Stufe bis 30 s nach Zündung der zweiten Stufe war der Rettungsturm aktiv. Bei einer Auslösung zog er die Kommandokapsel von Rakete und Servicemodul weg und brachte sie in Sicherheit. Er wurde danach abgetrennt, um die Nutzlast für die Umlaufbahn zu maximieren. Mode I konnte noch in drei Unter-Modi aufgeteilt werden.

- Während Mode IA (bei der Saturn V bis 42 s nach dem Start) war die Rakete noch so nahe am Startplatz, das im LES ein weiterer Feststoffmotor zündete, um sie seitwärts zu beschleunigen, damit die Kapsel mit Sicherheit auf dem Ozean niedergehen würde.

- In Mode IB der bis in 30,5 km Höhe (113 s nach dem Start bei der Saturn V) aktiv war, entfalteten sich zuerst zwei Flügel, welche die Konstruktion durch die aerodynamischen Kräfte drehten. Versuche zeigten, dass sonst die Kapsel mit dem LES nach dessen Abtrennung kollidieren konnte. Danach wurde der RCS-Treibstoff der Kapsel abgelassen und sie landete an ihren Fallschirmen.

- Mode IC war danach aktiv bis zum Abwurf des Fluchtturms nach 147 s bei der Saturn IB bzw. 173 s bei der Saturn V. Nun war die Kapsel über der Atmosphäre. Eine Drehung durch die Flügel am Rettungsturm war nicht nötig. Der LES wurde abgesprengt und das CM landete im Wasser.

- Mode II: Der Rettungsturm ist nun abgetrennt. Dieser Mode ist aktiv in einer Entfernung von 850 bis 4.500 km vom Cape Canaveral aus. Die Stufen werden zuerst abgeschaltet. Das komplette Apolloraumschiff wird danach von der S-IVB getrennt und zündet seine RCS-Triebwerke, eventuell auch sein Haupttriebwerk. Nach dem Durchlaufen einer ballistischen Bahn wird das Servicemodul abgesprengt, die Kommandokapsel dreht sich und wassert im Atlantik.

- Mode III: aktiv in einer Entfernung von 4.500 bis 5.600 km: Ohne Korrekturen würde die Kapsel über Land (Spanien/Nordafrika) niedergehen. Dies musste vermieden werden, weil die Bahn über das Atlas-Gebirge führt. Wegen der Höhe der Berge wären die Fallschirme kaum wirksam und die Landung sehr risikoreich. Bei diesem Modus zündet nach der Abtrennung von der S-IVB das Haupttriebwerk des Servicemoduls gegen die Flugrichtung, um den Landepunkt vor die afrikanische Küste zu legen. Dies reduziert die Geschwindigkeit und verkürzt die durchlaufene Flugbahn. Danach wird wie bei Mode II verfahren.

- Mode IV: nur aktiv bei Mondmissionen (Saturn V): Hier reicht der Treibstoff des Servicemoduls aus, um eine Erdumlaufbahn zu erreichen. Bei einem Abbruch nach der neunten Flugminute würde das CSM von der S-IVB abgetrennt, das SPS gezündet, bis ein mindestens 140 km hoher Orbit erreicht war. Danach sollte eine Landung in der primären oder sekundären Landezone erfolgen. Dazu würde das Triebwerk des Servicemoduls erneut gezündet, um die Umlaufbahn zu verlassen. Bei einem Abbruch zwischen der sechsten und neunten Flugminute, während des Betriebs der S-II, hätte man eine vorzeitige Stufentrennung durchgeführt und mit der S-IVB/Servicemodul einen Erdorbit erreicht.

Es wurden 15 Saturn IB bestellt. Geplant war, ab Februar 1967 die ersten bemannten Apollomissionen mit der Saturn IB durchzuführen. Das Feuer bei Apollo 1 führte zu einer Programmverzögerung. Im August 1968 stornierte die NASA alle weiteren Bestellungen. Zwölf Raketen wurden fertiggestellt, bei zwei weiteren Trägern wurde bei der Einstellung die erste Stufe zusammengebaut. Diese wurden verschrottet. Das CSM durfte nach dem Brand von Apollo 1, bis die Sicherheitsmängel behoben wurden, nicht mehr bemannt starten. Das setzte Saturn IB frei, die für die nächsten Missionen vorgesehen waren.

So gab es bis 1968 nur fünf Flüge (davon einer bemannt). Der erste Start AS-201 brachte ein Apollo-CSM in die suborbitale Bahn. Dort zündete das Servicemodul sein eigenes Triebwerk und erprobte es unter Realbedingungen. Der nächste Flug war AS-203, da das Raumschiff für AS-202 nicht rechtzeitig fertig wurde. Er lieferte Daten für die Wiederzündung der S-IVB. Danach wurden die Ventile geschlossen, bis die S-IVB nach vier Umläufen durch den verdampfenden Treibstoff einen Bruch des Tankzwischenraums erlitt. Damit sollten die Belastungsgrenzen überprüft werden. AS-202 erprobte erneut das Triebwerk des Servicemoduls auf einer suborbitalen Bahn, diesmal mit drei Zündungen und einer höheren Wiedereintrittsgeschwindigkeit. Dies war der erste Test eines Block II Exemplars des CSM, der Version, die für die bemannten Flüge vorgesehen war.

Danach sollte mit AS-204 / Apollo 1 der erste bemannte Start erfolgen. Der Brand am 27.1.1967 bei einem Probecountdown führte zum Streichen aller bemannten Missionen für die nächsten 18 Monate. So folgte erst nach einem Jahr die unbemannte Mission Apollo 5, die einen Mondlander in die Erdumlaufbahn brachte, wo sein Triebwerk dreimal gezündet wurde. Danach folgte mit Apollo 7 der erste bemannte Test des CSM in der Umlaufbahn.

Die NASA setzte anschließend die Saturn V für die weiteren Testflüge ein, sodass sieben Saturn IB verblieben. Von zwei dieser Raketen wurden die zweiten Stufen zu Skylab A und B umgerüstet. Dies waren die Raketen AS-211 (Skylab) und AS-212 (Skylab Ersatzmodell). AS-206/7/8 wurden für die bemannten Missionen Skylab 2 bis 4 eingesetzt und AS-210 für das Apollo-Sojus Test Projekt. Die AS-209 war mit CSM-119 zur Rettung der Besatzung von Skylab vorgesehen. Nicht geflogen sind somit AS-209 und die ersten Stufen von AS-211 und 212. Diese können in Cape Canaveral, Huntsville und Houston besichtigt werden. Die S-IB von SA-213/214, die fertiggestellt waren, wurden verschrottet.

Alle Nutzlasten waren deutlich leichter als die maximal 18,6 t, die eine Saturn IB transportieren konnte. Dafür gab es mehrere Gründe:

1. In den Orbit wurde auch der fast 2 t schwere SLA transportiert.

2. Der Fluchtturm von 2,7 bis 3,3 t Masse wurde erst nach Brennschluss der ersten Stufe abgetrennt.

3. Es gab für bemannte Missionen eine Sicherheitsreserve von 1.000 kg Treibstoff, die das Brennschlussgewicht entsprechend erhöhte.

Im Internet findet man oft höhere Nutzlastangaben, die den LES und die SLA miteinschließen. Dann kommt man auf Werte von rund 20 t pro Mission. Addiert man den SLA hinzu, so lag die maximale Masse im Orbit bei rund 16,9 t (Skylab 4, siehe Tabelle S.306).

Ereignis	Zeitpunkt (Mission Skylab 2, SA-206)
-17 s	Umschalten auf interne Steuerung
-3,1 s	Triebwerksstart
0	Abheben
+1 min 13,6 s	Maximale aerodynamische Belastung
+2 min 10,5 s	Höhe von 40 km mit 0 Grad zur Erdoberfläche erreicht, Ausrichtung nun konstant bis zur Stufentrennung.
+2 min 11,5 s	Treibstoffsensoren (signalisieren Ende des Treibstoffs) aktiviert.
+2 min 17,6 s	Innere vier Triebwerke abgeschaltet
+2 min 20,6 s	Äußere vier Triebwerke abgeschaltet
+2 min 22 s	Stufentrennung in 61 km Höhe
+2 min 23,6 s	Start des J-2
+2 min 25,9 s	Brennschluss Treibstoffsammeltriebwerke
+2 min 29,3 s	Umschaltung J-2 auf Mischungsverhältnis 1:5,5
+2 min 33,9 s	Abtrennung Treibstoffsammeltriebwerke
+2 min 46,7 s	Abtrennung Fluchtturm
+2 min 50,6 s	Umschaltung auf adaptives Bahnberechnungsprogramm
+7 min 48,6 s	Umschaltung des J-2 auf Mischungsverhältnis 1:4,8
+9 min 51,6 s	Brennschluss, erreichte Umlaufbahn 150 × 222 km, 50 Grad Bahnneigung.

Kosten einer Saturn IB

Die Entwicklungskosten für die Saturn IB betrugen 1.002,2 Millionen Dollar. Dazu kam noch ein Teil der 900,1 Millionen Dollar für die Triebwerksentwicklung von H-1/2, J-2 und F-1. Die Produktionskosten einer Saturn IB betrugen 46,7 Millionen Dollar, die sich wie folgt aufteilen:

Stufe	Hardware Produktion	Modifikationen	Sicherheitsreserve	Bodenunterstützung	Entwicklung Bodenanlagen	Gesamt
S-IB:	7,9	0,3	1,1	0,1	0	9,4
S-IVB:	13	1,9	0,9	0,2	0	16
IU:	8,3	0,4	0,6	0,4	0	9,7
Bodenanlagen:	0	0,5	0,5	3,1	2,6	7
Triebwerke:	3,6	0	1	0	0	4,6
Gesamt:	32,8	3,1	4,1	3,8	2,6	46,7

(alle Angaben in Millionen US-Dollar)

Der Start der Saturn IB kostete 71,8 Millionen Dollar. Die Startkosten enthielten neben den reinen Produktionskosten den Transport zur Startplattform und die Startdurchführung. Dazu kam eine anteilige Beteiligung am Unterhalt des Kennedy Space Centers. Die Vorarbeiten für einen Saturn IB Start erstreckten sich über vier Monate. Die Gesamtkosten teilten sich wie folgt auf:

Art	Anteil	Nur Herstellungskosten		
Herstellung:	65 Prozent	6 Prozent Material	28 Prozent Fertigung	66 Prozent Qualitätssicherung
Startoperationen:	18 Prozent			
Bodenanlagen	12 Prozent			
Transport, Treibstoffe, Bahnverfolgung:	5 Prozent			
Gesamt:	100 Prozent			

Es ist deutlich zu sehen, wie die Qualitätssicherung als wichtige Voraussetzung für die hohe Zuverlässigkeit, die Produktionskosten bestimmt. Die Kosten stiegen während der Entwicklung stark an. 1965 ging Douglas noch von Produktionskosten von 18 Millionen Dollar pro Stück aus. Allerdings war damals noch eine Produktion von 30 Trägern (bei einer Produktionsrate von sechs Stück pro Jahr) geplant.

Die Saturn IB war eine NASA-Rakete. Damals bestellten DoD und NASA ihre Träger getrennt. Es gab sogar getrennte Entwicklungslinien wie die Atlas Agena und Atlas Centaur oder Thor Agena / Thor Delta. Die Titan III wurde bis 1973 sogar ausschließlich von der USAF genutzt. Daher kam es nie zu einem Einsatz der Saturn IB außerhalb des Mondprogramms. Die USAF hätte mit der Saturn IB die busgroßen KH-9 Satelliten befördern konnte. Sie setzte aber auf die Titan IIIC/D. Für die NASA-Projekte war sie zu groß. Die NASA kam mit der Atlas Centaur mit einem Drittel bis einem Viertel der Nutzlast problemlos aus.

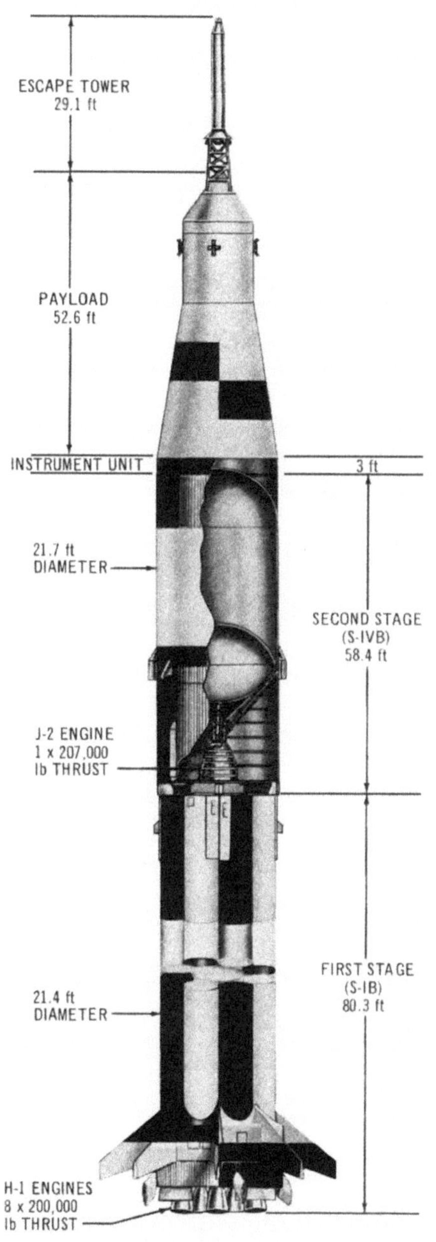

Abbildung 32: Aufbau der Saturn IB

Datenblatt Saturn IB (Daten von AS-206)		
Einsatzzeitraum: Starts: Zuverlässigkeit: Abmessungen: Startgewicht: Nutzlast: Zwischenstufenadapter: Adapter zur Apollo (SLA): IU: Launch Escape System: Startkosten:	1965 – 1975 10, kein Fehlstart 100 Prozent 68,00 m Höhe, 6,60 m Durchmesser, 12,41 m mit Finnen 587.771 kg, 594.235 kg vor der Zündung 18.600 kg in einen 200 km hohen LEO-Orbit 16.987 kg in eine 150 × 222 km 50° geneigte Bahn zu Skylab 3.084 kg Gewicht, 2,20 m Höhe, 6,60 m Durchmesser 1.950 kg Gewicht, 8,51 m Höhe, Basisdurchmesser 6,62 m, Kopfdurchmesser 3,91 m 1.950 kg, 89 cm Höhe, 6,62 m Außendurchmesser 4.241 kg, 10,05 m Länge 0,66 m Durchmesser 71,8 Millionen Dollar. Reine Produktionskosten: 46,7 Millionen Dollar	
	S-IB	**S-IVB**
Länge:	24,45 m	17,80 m
Durchmesser:	6,52 m bei Tanks, 6,95 m bei Triebwerken	6,60 m
Startgewicht: (ohne Stufen-adapter, IU, LES, SLA)	446.286 kg	116.545 kg
Trockengewicht:	38.375 kg	11.097 kg
Brennschlussgewicht	43.392 kg	12.787 kg
Schub Meereshöhe:	7.408 kN	–
Schub Vakuum:	8.240 kN	890 kN
Triebwerke:	8 × H-1	1 × J-2
Spezifischer Impuls (Meeres-höhe):	2.560 m/s	–
Spezifischer Impuls (Vakuum):	2.873 m/s	4.180 m/s
Brenndauer:	142,03 s	450 s
Treibstoff:	LOX / Kerosin	LOX / LH2

Saturn IB Centaur

Die NASA suchte nach zusätzlichen Einsatzmöglichkeiten für die Saturn IB über das Apolloprogramm hinaus. So überlegte die NASA, die Saturn IB als überschwere Trägerrakete für Planetensonden einzusetzen. Schon 1960 plante die NASA die Landung von Robotern auf dem Mars und das Absetzen von Orbitern in eine Umlaufbahn um den Mars. Dieses Projekt lief seit 1964 unter der Bezeichnung „Voyager". Es war nicht zu verwechseln mit den 1977 gestarteten Voyager-Raumsonden zu Jupiter und Saturn. Ohne Oberstufe war die Nutzlast der Saturn IB zu klein. Neben der maximal 18 t schweren Nutzlast gelangten auch die IU und die S-IVB mit einem Gesamtgewicht von 13 t in einem niedrigen Erdorbit. Die Saturn IB sollte daher mit einer zusätzlichen Centaur Oberstufe ausgerüstet worden. Die Kombination hätte 4.770 kg zum Mars transportieren können. Das MSFC untersuchte dies von 1964 bis 1965 genauer. Das Upgrade erschien umsetzbar.

Bei der Saturn IB gab es nur eine Änderung. Da die S-IVB nicht mehr in einen Orbit gelangte und kein Raumschiff aktiv abkoppelte, waren vier zusätzliche Retroraketen mit jeweils 2,5 kN Schub nötig. Sie sollten die ausgebrannte Stufe von der Centaur trennen und eine Kollision verhindern. Das Leergewicht erhöhte sich um 90 kg. Die Saturn IB wäre wie bisher von der IU gesteuert worden, die oberhalb der S-IVB angebracht war.

Die Centaur D wäre weitgehend unverändert auf die S-IVB gesetzt worden. Die Isolation war an der Centaur fest angebracht, anstatt abwerfbar wie bei der Atlas. Diese Isolation würde nur noch 70 kg wiegen, da die Centaur von der Nutzlasthülle mit umhüllt wurde. Eine alternative Konfiguration, die im Datenblatt aufgeführt ist, setzt eine „Super-Isolation" ein, die 657 kg mehr wiegt als die normale Isolation. Sie war vorgesehen für Missionen, bei denen die Centaur die Nutzlast in einen Mondorbit bringen sollte. Die Superisolation gewährleistet, dass die Treibstoffe mindestens 14 Tage lang flüssig blieben.

Wegen des höheren Gewichts der Nutzlast waren in der Centaur 50 kg mehr Wasserstoffperoxid für die Stabilisierung der Lage während der Freiflugphasen und 5 kg mehr Treibstoff für die Abtrennungstriebwerke nötig, welche die Centaur von der Nutzlast separierten.

Eine sehr große Nutzlasthülle aus 7075-T6 Aluminium in einer Monocoquestruktur von 6,62 m Durchmesser hätte Centaur und Nutzlast umgeben. Der Stufenadapter sollte ebenfalls aus einer Monocoquestruktur aus derselben Aluminiumlegierung bestehen. Er sollte 272 kg wiegen. Eine zusätzliche Burner II Oberstufe hätte Raumsonden auf hohe Geschwindigkeiten beschleunigen können. Es ist dieselbe, die Pioneer 10 und 11 zum Jupiter beförderte.

Die Ergebnisse des Vorbeiflugs von Mariner 4 im Juli 1965 am Mars zeigten, dass der Mars kaum eine Atmosphäre hat. Damit war die direkte Landung zu riskant. Orbiter und Lander sollten zunächst in eine Umlaufbahn einschwenken und von dort aus die Atmosphäre genauer untersuchen. War die Atmosphäre hinreichend genau bekannt, so konnte die Landung angegangen werden. Die Lander brauchten wegen der geringen Abbremsung durch Fallschirme einen eigenen Antrieb, um weich landen zu können, Fallschirme alleine reichten nicht aus. Das Fluggewicht von Voyager stieg daher von 3,5 t auf 6 bis 10 t an. Voyager war damit zu schwer für eine Saturn IB Centaur. Die NASA erwog eine Zeit lang, jeweils zwei Lander und Orbiter mit einer Saturn V zum Mars zu starten (Nutzlast dafür: 28 t). Doch schließlich entschloss Sie sich zum kleineren Viking Programm, da sie nie die Mittel für die überschweren Voyager-Raumsonden bekommen hätte.

Auch andere Projekte, für deren Starts die Saturn IB Centaur vorgesehen war, wurden nicht genehmigt. Dazu gehörten unter anderem die Apollo-X Mission (eine Erdorbitmission mit einem Minilabor) oder der Start einer zivilen Variante des Labors MOL (**M**anned **O**rbital **L**aboratory) des US-Militärs. 1965 waren noch sechs bis zwölf Starts dieses Trägers geplant. Schon 1966/67 wurde die Entwicklung verschoben und 1973 endgültig eingestellt. Es fehlte zum einen an Nutzlasten, zum anderen war es eine teure Lösung. Es wurde die Titan IIIC als leistungsmäßig unterlegene, aber deutlich preiswertere Alternative vorgeschlagen. Aus ihr entstand schließlich die Titan IIIE, ebenfalls mit einer Centaur Oberstufe. Sie kostete weniger als die Hälfte einer Saturn IB.

Es wurde auch erwogen, die Saturn IB mit Feststoffboostern zu ergänzen, oder die S-IB durch Feststoffbooster zu ersetzen. Mit zwei auf vier Segmente verkürzten Titan III Boostern hätte man die Nutzlast auf 32,4 t für einen Erdorbit anheben können. Es gab zwei Testzündungen des AJ-260 Boosters mit 660 cm Durchmesser und 842 t Gewicht. Auf ihn hätte man die S-IVB setzen können. Er hätte die Nutzlast auf über 31 t angehoben und die Startkosten deutlich abgesenkt.

Datenblatt Saturn IB Centaur			
Einsatzzeitraum: Starts: Zuverlässigkeit: Abmessungen: Startgewicht: Nutzlast: Nutzlastverkleidung: IU:	– keiner – 60,55 bis 63,45 m Höhe, 6,60 m Durchmesser 589.000 kg 15.200 kg in einen LEO-Orbit 6.080 kg in einen GTO-Orbit 4.480 kg in einen GEO-Orbit 5.580 kg auf einen Fluchtkurs 1.040 kg in eine Hohmann-Transferbahn zu Jupiter (mit Burner II Kickstufe) 4.060 – 5.170 kg zum Mars (ungünstiges / günstiges Startfenster) 2.540 – 4.037 kg Gewicht, 17,3 m / 18,16 m Höhe, Basisdurchmesser 6,62 m 6,60 m Durchmesser, 0,91 m Höhe, 1.934 kg		
	S-IB	**S-IVB**	**Centaur D (ohne/mit Superisolation)**
Länge:	25,50 m	17,80 m	9,10 m
Durchmesser:	6,60 m	6,60 m	3,05 m
Startgewicht:	438.447 kg	115.536 kg	15.683 / 16.160 kg
Trockengewicht:	38.781 kg + 2.970 kg Stufenadapter	11.061 kg	1.977 / 2.627 kg + 272 kg Stufenadapter
Schub Meereshöhe:	7.120 kN	–	–
Schub Vakuum:	8.240 kN	890 kN	133,4 kN
Triebwerke:	8 × H-1	1 × J-2	2 × RL10A-3-3
Spezifischer Impuls (Meereshöhe):	2.628 m/s	–	–
Spezifischer Impuls (Vakuum):	2.873 m/s	4.180 m/s	4.354 m/s
Brenndauer:	155 s	475 s	470 s
Treibstoff:	LOX / Kerosin	LOX / LH2	LOX / LH2

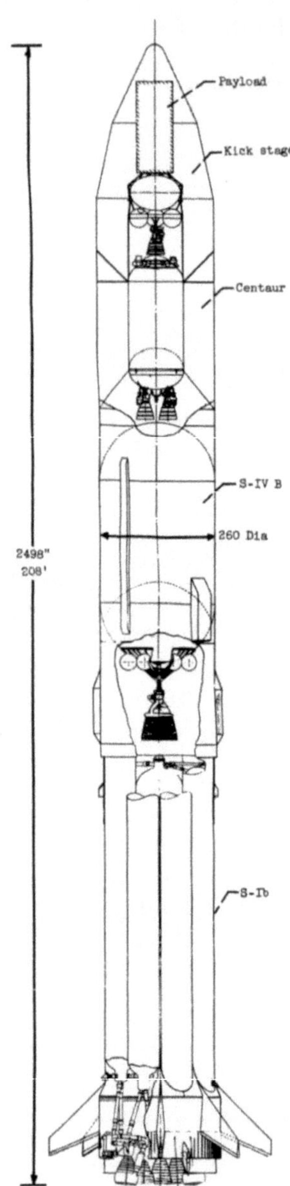

Abbildung 33: Aufbau der Saturn IB - Centaur

Saturn V

Die Saturn V sollte das Apollo-Raumschiff zum Mond befördern. In den Jahren 1958 bis 1961 wurden die Verfahren für die Mondlandung durchgespielt. Das von Wernher von Braun ursprünglich favorisierte Verfahren war die direkte Landung auf dem Mond. Dazu wäre die C-8 oder Nova nötig gewesen, eine Rakete, die 50 bis 60 Prozent größer als die Saturn V war (siehe S. 211). Das Rendezvous von Mondlander und Kommandokapsel in der Mondumlaufbahn erlaubte es, den Flug mit einer Saturn V durchzuführen. Am 20. Januar 1962 wurde die Entwicklung der Saturn V beschlossen.

Für die Saturn V wurde das größte Einkammertriebwerk der Welt entwickelt – das F-1. Die zweite Stufe nutzte das für die Saturn IB entwickelte J-2 Triebwerk, jedoch fünf Stück davon. Die dritte Stufe S-IVB war identisch mit der zweiten Stufe der Saturn IB. Die erste Stufe verwendete die bewährte Kombination Kerosin und Sauerstoff, die beiden oberen Stufen Wasserstoff und Sauerstoff – eine damals neue Technologie. Diese Auslegung war ein Kompromiss zwischen den Risiken, die neue Technologien mit sich bringen und der Forderung, dass die Rakete bezahlbar und handhabbar sein sollte. Wie vorausschauend das war, zeigt sich an der N-1, die mit derselben Startmasse nur 34 t zum Mond bringen konnte (siehe S. 307).

Bei den F-1 Triebwerken der ersten Stufe war die Herausforderung ihre Größe. Sie waren achtmal leistungsfähiger als die H-1 Motoren der Saturn I. Hier wollte von Braun nicht zusätzlich das Risiko eingehen, einen neuen Treibstoff einzuführen. Die J-2 Triebwerke der zweiten und dritten Stufe waren in ihrem Schub mit den H-1 vergleichbar, sie nutzten aber kryogene Treibstoffe.

Die Saturn V hatte als Entwurfsziel eine Zuverlässigkeit von 0,95 – von 20 Starts sollten 19 die Mondtransferbahn erreichen. Als die Saturn V entwickelt wurde, testete man Raketen noch nach dem Prinzip des „Trial and Error“. Eine Rakete wurde getestet, die Erfahrungen wurden verarbeitet und die nächste Rakete gestartet. Atlas, Thor und Titan hatten unzählige Erprobungsstarts, bis sie operationell wurden. Bei den Saturn ging man die Sache systematischer an. Es wurde nicht nur vor dem ersten Start viel mehr getestet und geprüft. Man überlegte sich bereits bei der Konstruktion, was passieren könnte. Ein Fehler wurde dabei nach dem Zeitverlauf zwischen Erkennen und Auswirkung in drei Kategorien eingeteilt:

- 0 bis 500 ms: katastrophal
- 500 ms bis 5 s: kritisch
- >5 s: verzögert

Es begann ein Review der Saturn, wie schnell sich ein Fehler manifestieren konnte. Alle Subkomponenten wurden untersucht. Soweit wie möglich, sollten keine katastrophalen Fehler auftreten. Die Zeitspanne war bei ihnen zu kurz, um zu reagieren. Auf kritische Fehler konnten automatische Systeme reagieren, so erhielt die Saturn das **E**mergency **D**etection **S**ystem EDS. Für Menschen war die Zeitspanne zu kurz. Die Missionskontrolle legte Wert darauf, dass sie oder die Besatzung die Maßnahmen ergriff und kein autonomes System. Das Ziel war es, nicht beseitigte Fehler so früh wie möglich zu entdecken. Zumindest sollte die Auswirkung soweit verlangsamt werden, dass möglichst viele Probleme in die dritte Kategorie fielen. Damit begann man schon während der Entwicklung und nicht erst beim Einsatz.

Wichtiger als die Zuverlässigkeit der Rakete war der Schutz der Besatzung. So sollte eine Fehlfunktion mit einer Wahrscheinlichkeit von 0,999 entdeckt werden, bevor eine Gefahr für die Astronauten bestand. Es gab während jeder Phase des Fluges eine Zeitspanne von mindestens 10 s, bevor bei einem Versagen das Leben der Besatzung bedroht war. In dieser Zeit konnte der Fluchtturm ausgelöst und das Raumschiff abgetrennt werden. Die Sicherheitszuschläge bei den Belastungsgrenzen lagen beim Faktor 1,5 – verglichen mit dem Faktor 1,25 bei unbemannten Trägern und 1,35 bei der Saturn I. Für die Astronauten war es der bisher angenehmste „Ritt“: Die Beschleunigung war durch den relativ geringen Schub und die vorzeitige Abschaltung der mittleren Triebwerke bei erster und zweiter Stufe geringer als bei Atlas oder Titan.

Es wurde untersucht, die Saturn V für unbemannte Missionen einzusetzen. In den sechziger Jahren wurde unter „Voyager“ ein ambitioniertes Marsprogramm verfolgt. Als diese Sonden für die Saturn IB zu schwer wurden, wurde vorgeschlagen, sie mit der Saturn V zu starten. Ende der sechziger Jahre plante man zudem das „Outer Planets Grand Tour Project“, bei dem Raumsonden die vier Gasriesen von 1977 bis 1979 besuchen und Orbiter absetzen sollten. Auch hier wurde an den Einsatz der Saturn V gedacht. Sie konnte immerhin 11,3 t mit dem J-2 Antrieb und 12,8 t mit dem J-2S auf den Weg zum Jupiter bringen. Beide Vorhaben wurden gestrichen, bzw. in kleinerer Form als Viking und Voyager neu aufgelegt.

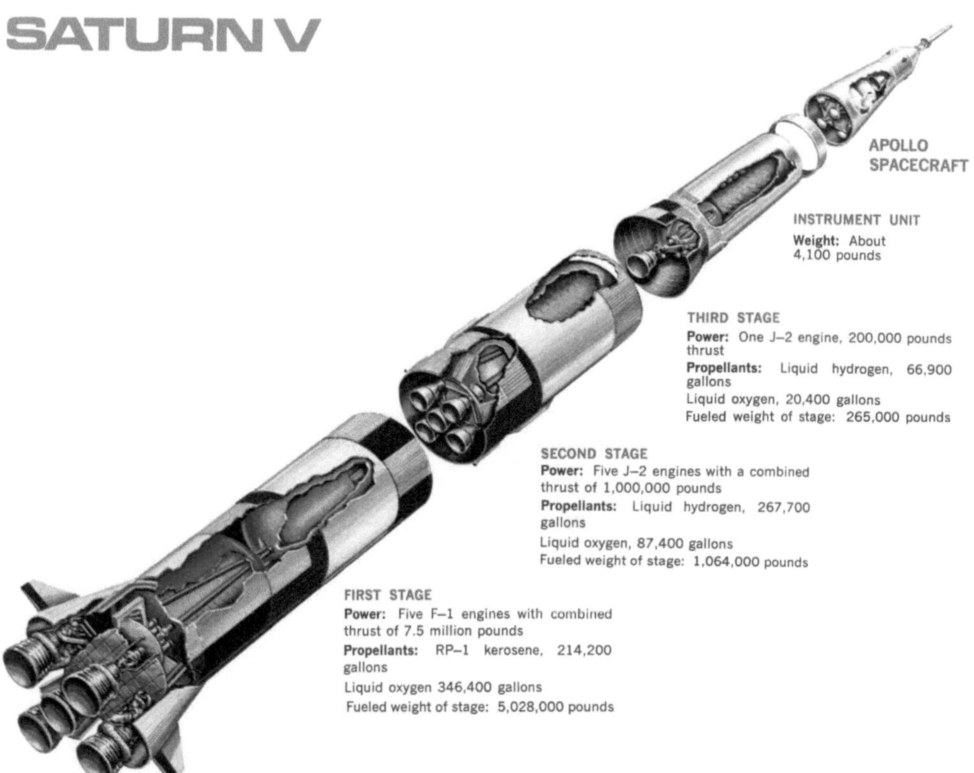

Abbildung 34: Aufbau der Saturn V

Die Entwicklung der Saturn V

Die Saturn V Entwicklung verlief anders als die der Saturn I und IB. Schon nach zwei Starts wurden die Testflüge eingestellt. Es fand der Erste von zehn bemannten Starts statt. George Mueller, Leiter des Apollo-Programms, wollte Kosten und Zeit sparen. Er ordnete schon 1962 an, den ganzen Träger komplett zu testen, anstatt wie bei der Saturn I stufenweise vorzugehen. Diese Vorgehensweise „All up" stieß anfangs auf Widerstand beim MSFC. Das Team um Wernher von Braun hatte bei der Redstone und Jupiter 30 bis 40 Testflüge durchgeführt. Für die Saturn I waren zehn vorgesehen. Anstatt Testflüge sollten auf Testständen Prüfungen erfolgen. Wenn eine Stufe ihren ersten Start hat, dann sollte sie qualifiziert sein. Dafür entstanden riesige Testanlagen, um eine ganze S-IC zu testen. Diese werden bis heute genutzt – nicht nur von der NASA, sondern auch von der US-Industrie, die keine Anlagen dieser Größe hat. So fanden die Tests der Triebwerke der Antares und der BFR im Stennis Space Center der NASA statt.

Da das Testprogramm am Boden so intensiv war, stimmten die Programmleiter dem neuen Verfahren zu. Es erwies sich als die richtige Entscheidung, weil so die Saturn V beim ersten Einsatz ausgereift und zuverlässig war. Es verlagerte die Teststarts auf das Erprobungsprogramm. Zusätzlich wurden alle Stufen vor dem Start gezündet, meistens sogar mehrmals – einmal die Triebwerke alleine und einmal die gesamte Stufe. Dass alle Flüge glückten, ist selbst heute nicht selbstverständlich, wie die Fehlstarts bei den ersten Flügen der Delta 3 und Falcon 1 zeigten. „All Up" war das einzige gangbare Verfahren, denn die Saturn V stand erst ab 1967 zur Verfügung. So lange dauerte die Entwicklung. Mit mehr Testflügen als bisher und etlichen Monaten Pause zwischen zwei Flügen, hätte man die Deadline vom 1.1.1970 nie einhalten können.

Der Grund für den Erfolg der Saturn war im wesentlichen die Gruppe um Wernher von Braun in Huntsville. In der Retrospektive gab es für einen Träger dieser Größe erstaunlich wenige Probleme. Wernher von Braun war bei den bisherigen US-Trägern konservativ vorgegangen und hatte sie inkrementell weiter entwickelt. Das war bei der Saturn V nicht möglich. Sie musste, um die geforderte Nutzlast zu erbringen, die neueste Technik einsetzen. Man sieht dies an vielen Details. So die gemeinsamen Zwischenböden bei zweiter und dritter Stufe, um Gewicht zu sparen und den Einsatz neuer, leichterer Aluminiumlegierungen. Bis heute haben S-II und S-IVB niedrigere Trockenmassen als vorgeschlagene Oberstufen für die Nachfolger Ares V und SLS. Trotzdem war die Saturn V sicherer als jede Rakete zuvor. Bei erster und zweiter Stufe durfte ein Triebwerk ausfallen. Die Steuerung konnte dies abfangen (wie sich bei Apollo 6 zeigte, sogar den Ausfall zweier Triebwerke). Außerdem gab es, um die Aufstiegsverluste durch die längere Brennzeit auszugleichen, entsprechende Treibstoffreserven in der letzten Stufe.

Die S-II Zweitstufe sollte sehr leicht sein, doch die Aluminiumlegierung, die das ermöglichte, galt als „unschweißbar". Es wurde eine spezielle Schweißtechnik im Vakuum entwickelt. Später musste die Saturn V leistungsfähiger werden, weil das Apollo-Raumschiff immer schwerer wurde. Erneut musste die S-II am meisten Gewicht verlieren. So ist verständlich, das es bei der S-II bei der Erprobung die meisten Verzögerungen gab.

Die S-IVB war aus der S-IV der Saturn I hervorgegangen. Allerdings musste der Wasserstoff bei Mondmissionen mindestens viereinhalb Stunden lang flüssig gehalten werden. Die dafür notwendige Entwicklung einer Isolierung aus glasfaserverstärktem Polyurethan bereitete anfangs Probleme. Am 29.1.1967 explodierte eine S-IVB bei einem Probecountdown, weil Schweißnähte in einem der Heliumtanks nicht sauber ausgeführt waren. Für die Nähte war eine Titanlegierung vorgesehen und es wurde reines Titan verwendet. Der Tank hatte vorherige Prüfungen überstanden. Doch dann riss beim Test 500 s vor der Zündung die Schweißnaht, das Helium trat aus und erhöhte den Druck im Wasserstofftank. Dadurch brach der Zwischenboden zum Sauerstofftank und die vermischten Treibstoffe explodierten.

Da es sich um das Flugexemplar S-IVB Nr. 503 für die Mission von Apollo 8 handelte, gab es Verzögerungen im Entwicklungsprogramm. Es wurden zwei neue S-IVB für Apollo 8 und 9 gefertigt, denn auch die Stufe für Apollo 9 hatte Heliumtanks mit schadhaften Schweißnähten.

Die S-IC Erststufe hingegen blieb von Explosionen verschont. Auch die Triebwerksentwicklung verlief für das riesige F-1 erstaunlich glatt. Trotzdem war es schwierig, die Präzision der Schweißnähte bei den langen Tanks innerhalb der geforderten Genauigkeit zu halten. Für den Transport der leeren Stufen mussten teilweise Straßen geändert oder neue Transportmittel geschaffen werden. So wurden umgebaute Boeing 377 „Guppy“ und „Super-Guppy“ verwendet, um die Drittstufen mit 6,70 m Durchmesser zu transportieren. Die erste und die zweite Stufe waren so groß, dass sie nur per Schiff transportiert werden konnten.

Die Nutzlastkapazität wurde bereits während der Entwicklung gesteigert. So waren anfangs nur vier Triebwerke in der S-II vorgesehen. Fünf Triebwerke erhöhten die Nutzlast. Die Triebwerke, die auf 1.5 Millionen und 200.000 Pfund Schub ausgelegt waren, erreichten 1.522 Millionen bzw. 230.000 Pfund Schub. Auch während des Einsatzes erhöhte sich die Nutzlast laufend. Einerseits wurden die ersten beiden Stufen leichter, andererseits wurde die Aufstiegsbahn optimiert.

Die Nutzlast betrug 49.500 kg in eine TLI. Apollo 16 war mit 48.637 kg die schwerste Mission. Geplant waren ursprünglich 45,5 t. Ein Dauerproblem war die Reduzierung der POGO Schwingungen. Sie hatten beim zweiten Testflug fast zum Scheitern geführt. So wurden neben konstruktiven Maßnahmen auch die zentralen Triebwerke der S-IC und S-II vorzeitig abgeschaltet, wenn eine bestimmte Beschleunigung (bei der S-IC 4,7 g) erreicht war. Trotzdem blieben die POGO-Schwingungen ein Problem beim ersten Produktionslos. Bei Apollo 13 führten sie zum vorzeitigen Ausfall des zentralen Triebwerks der S-II. Erst mit dem zweiten Produktionslos, (ab Apollo 15) war dieses Problem gelöst.

Schon frühzeitig beschloss die NASA die Bestellung von fünfzehn Saturn V. Der verschobene Zeitplan nach dem Brand der Apollo 1 Kapsel am 27.1.1967 und Verzögerungen bei der Entwicklung führten dazu, dass bis zur ersten Mondlandung (AS-506) weniger Träger benötigt wurden, als vorgesehen. Die Produktion zehn weiterer Saturn V war beantragt, doch im August 1968 beschloss die NASA, die Produktion der Rakete einzustellen. Dies erlaubte es, das Apollo-Programm bis zur Mission Apollo 20 fortzuführen. Nachdem für den Start der Weltraumstation Skylab eine Saturn V benötigt wurde, strich die NASA die letzte Apollo-Mission. 1970 wurden auch Apollo 18 und 19 gestrichen, da der Kongress das Budget weiter kürzte. So wurden nur 13 der 15 Träger gestartet. Die Saturn V hatte eine sehr lange Fertigungsdauer von 42 Monaten.

Die erste Stufe S-1C

Die S-IC ist die größte jemals gebaute Stufe. Angetrieben wurde sie von fünf F-1 Rocketdyne Triebwerken. Gebaut wurde die Stufe von Boeing. Der Auftrag wurde am 15.12.1961 vergeben und hatte einen anfänglichen Umfang von 450 Millionen Dollar. Das war eine NASA-Politik, an möglichst viele Luftfahrtfirmen Aufträge zu vergeben, um eine breit qualifizierte Basis zu haben. Boeing war für die S-IC die folgerichtige Wahl, denn die Firma war führend im Bau großer Passagierflugzeuge und Bomber. Die Herausforderung der S-IC lag in ihrer Größe.

Das MSFC hatte sich bei der S-IC für die bewährten Treibstoffe Sauerstoff und Kerosin entschieden, um das Entwicklungsrisiko zu senken.

Die S-IC hatte als einzige der drei Stufen getrennte Tanks für Oxidator und Treibstoff. Die Tanks waren selbsttragend und durch Querringe und Längsstringer versteift. Dies reduzierte die Gefahr des Schwappens der Treibstoffe. Bei ihnen wurde die Legierung 2219-T87 verwendet. Dies war eine in der Luftfahrt verbreitete Legierung aus Aluminium mit Kupfer. Die Strukturen setzten die Legierungen Al 7075/7076 ein. Aluminiumlegierungen mit Zink und Magnesium.

Der untere Tank mit einem Volumen von rund 769.000 l (AS-501) bis 820.000 l (ab AS-508) und einer Masse von 12 t nahm das Kerosin auf. Er bestand anders als die strukturellen Teile aus der Aluminium-Kupferlegierung 2219. Diese wird in der Luftfahrtindustrie eingesetzt, ist leicht schweißbar und widerstandsfähig gegen Stresskorrosion. Diese tritt auf, wenn das Aluminium aggressiven Substanzen (dazu gehört die salzhaltige Seeluft) ausgesetzt und gleichzeitig mechanische Kräfte auf den Tank einwirken. Die Wände waren im zylindrischen Teil unten 4,9 mm dick, nach oben hin nahm die Dicke auf 4,3 mm ab.

Für die Herstellung wurden zuerst die Längsversteifungen (Stringer) aus den Metallplatten herausgefräst, dann die Platten in die gekurvte Form gebogen, mit Wärme behandelt, um die Festigkeit zu erhöhen und zuletzt miteinander verschweißt. Neun später eingebrachte Querringe wurden auf Befestigungspunkte auf den Stringern angeschweißt. Sie erhöhten die Steifigkeit und reduzierten das Schwappen des Treibstoffs. Die beiden Tankdome bestanden aus acht dreieckigen Stücken, die zuerst aus einer dickeren Platte ausgefräst wurden, wobei die Dicke zur Spitze (der späteren Mitte des Tanks) abnahm, dann wurden sie in Form gebogen, hitzegehärtet und miteinander verschweißt. Die ellipsoiden Tankdome und die Zylinderwände wurden mit einem Ring mit Y-Profil verbunden. Im Y-Profil konnte dann die Zwischentanksektion bzw. das Schubgerüst fixiert werden.

Um den Kerosintank unter Druck zu setzen, wurde Helium eingesetzt. 400 kg des Edelgases waren zu diesem Zweck in vier Flaschen von jeweils 878 l Inhalt unter 213 bar Druck im Sauerstofftank untergebracht. Die niedrige Temperatur von -183 Grad im Sauerstofftank erhöhte die Dichte des Heliums. Jede Flasche hatte eine Länge von 5,5 m und einen Durchmesser von 56 cm. Das Helium hielt den Druck von 3 bar im Kerosintank aufrecht. Helium von der Startbasis wurde auch genutzt, um die Luft aus dem Sauerstofftank zu verdrängen und die Leitungen im Kerosintank zu kühlen. Es musste vermieden werden, dass sich innerhalb der Leitungen Gasblasen bilden, die bei der Zündung zu Schwankungen der Treibstoffzufuhr führen. Nach der Zündung wurde mit dem Heliumgas Kavitation in den LOX-Treibstoffleitungen verhindert, um die POGO-Schwankungen zu unterdrücken.

Durch den unteren Kerosintank führten fünf Sauerstoffleitungen mit jeweils 43 cm Durchmesser. Sie waren isoliert, damit an ihnen kein Kerosin gefrieren konnte. Dazu gab es einen Tunnel von 63,5 cm Durchmesser. Der Leerraum zwischen Tunnelwand und Wand der LOX-Leitung diente als Isolation. Weitere zehn Leitungen vom Kerosintank förderten jeweils bis zu 1.000 l Kerosin pro Sekunde in eine gemeinsame Hauptleitung für alle Triebwerke. Da die Kerosinleitungen in einem Ring angeordnet waren und so nicht am tiefsten Punkt des Tankdoms saßen, wurde dieser mit einem Schaum besprüht bis zur Höhe des Einlasses der Kerosinleitungen – der Schaumstoff war leichter als Kerosin, das unterhalb des Leitungseinlasses nicht nutzbar war.

Im Boden der Kerosin-Leitungen befand sich Triethylaluminat, das von einer Membran umgeben war. Beim Öffnen der Ventile wurden die Membranen gesprengt und das Triethylaluminat strömte vor dem Kerosin in die Brennkammer, wo es auf den Sauerstoff traf. Anders als Kerosin entzündet sich Triethylaluminat sofort mit dem Sauerstoff. Auf diese Weise wurden die Triebwerke gezündet.

Der darüber liegende Sauerstofftank, ebenfalls aus AL 2219, war der größte jemals gebaute Treibstofftank. Er fasste 1.253.000 l Treibstoff bei der ersten Version, 1.340.000 l beim zweiten Los der Saturn V. Trotzdem wog er nur 19 t. Vom Aufbau her war er eine verlängerte Version des Kerosintanks mit demselben Aufbau. Die Wanddicke nahm von 6,5 mm an der Basis auf 4,8 mm am oberen Dom ab.

Vor dem Start wurde er mit Helium auf 1,8 bar Druck beaufschlagt. Danach wurde ein Teil des Sauerstoffs mittels Wärmeaustauschern an den Triebwerken erhitzt und als Gas in den Tank geleitet. Dazu wurden pro Sekunde etwa 18,1 kg Sauerstoff benötigt, die einen Tankdruck von 1,2 bis 1,6 bar aufrecht hielten. Vor Brennschluss waren so 2.880 kg gasförmiger Sauerstoff im Tank.

Der Tank bestand aus zylindrischen Segmenten und zwei halbkugelförmigen Domen, die aus jeweils acht dreieckigen Segmenten bestanden. Zur Erhöhung der Festigkeit wurden die zylindrischen Tankteile 24 Stunden lang mit 163 Grad Wärme behandelt. In der Mitte des unteren Tankdoms befanden sich die fünf 43 cm dicken Leitungen für den Sauerstoff in Form der „5“ auf einem Würfel. Die Leitungen waren beweglich in ihrem Tunnel angebracht, um besser den Vibrationen nachzugeben. Darüber befand sich im Tank ein kreuzförmiger Träger zur Erhöhung der strukturellen Integrität und der Reduktion des Treibstoffschwappens.

Zwischen den beiden Tanks befand sich die 6,60 m lange, 6,5 t schwere, durch Spanten verstärkte Zwischentanksektion. Sie bestand aus 18 Zylinderteilen und fünf Querringen aus der Legierung 7075. Die beiden Tankböden mit ihren hemisphärischen Domen ragten in den Zwischenraum. Der Abschluss zu beiden Tanks bildete jeweils ein Y-Ring, der so die Lasten auf den zylindrischen Teil der Tanks übertrug. Im Zwischentankbereich gab es vier Öffnungen mit Zugängen. Dort wurde die Leitung für das Befüllen des Kerosintanks angeschlossen. Es gab andere Zuleitungen für Flüssigkeiten, die vor dem Start durch die Rakete zirkulierten und eine Leitung, die Sauerstoff ableitete. Daneben wurden alle elektrischen Leitungen, die für einen Abbruch nötig waren, durch diese Türen geführt.

Oben endete die Stufe mit einem 3,05 m hohen und 2,5 t schweren Abschlussring. Er war durch den elliptischen oberen Tankboden nötig. Der Ring aus 12 Segmenten mit einem J-Profil enthielt das Telemetriesystem, Batterien und das Selbstzerstörungssystem. Über ihn verliefen die elektrischen Verbindungen zur S-IC und der Anschluss für die Druckbeaufschlagung des LOX-Tanks zum Startturm. Es gab eine Tür für den Personalzugang sowie Leitungen für die Pneumatik, Druckluft und Daten- und Stromleitungen zur Telemetrieeinheit. Da hier die elektronische Ausrüstung und Batterien angebracht waren und direkt darunter der Tank mit kaltem Sauerstoff wurde diese Sektion vor dem Start durch die Druckluftleitung mit aufgewärmtem Stickstoff „beheizt". Dessen Temperatur wurde sogar noch erhöht, wenn kurz vor dem Start das Herunterkühlen der J-2 Triebwerke der S-II begann.

Der schwerste Teil der Stufe war das Schubgerüst mit den Triebwerken. Es wog ohne Triebwerke 24 Tonnen und bestand aus zwei Ringen, dem unteren und oberen. Der obere Ring leitete den Schub an den Kerosintank weiter, im unteren waren in einem Kreis die vier schwenkbaren Triebwerke angebracht. Das mittlere F-1 Triebwerk war fest im Schubrahmen eingebaut, die anderen waren kardanisch um sechs Grad schwenkbar. Das Schubgerüst war mit Wellblech verkleidet. Unter den Triebwerken gab es einen Hitzeschutz, da beim Start die Flammen zum Teil zurückgeworfen wurden und später das Abgas durch Überexpansion sich zwischen den Triebwerken ausbreiten konnte.

An der Außenseite des Schubgerüstes gab es vier Anschlüsse, mit denen die S-IC mit den Halteklammern des Starturms verbunden war. Zusammen mit den vier Längsträgern, eines über jedem Außentriebwerk, bildeten sie die Vertikalversteifung des Schubgerüsts. An den vier „Pins" wurden vier Klammern der „Hold Down Arms" angebracht. Sie wurden pneumatisch nach unten gedrückt. Dabei gab es eine gemeinsame Pneumatik für alle Arme. Sobald die IU die Triebwerke nach dem Start auf korrekte Funktion geprüft hatte, gab sie den Start frei. Dabei wurde der Druck entlastet und alle vier Arme gaben die Saturn gleichzeitig frei. So verhinderte man, dass einer der Arme sich zu früh oder spät öffnete. Der Hebel des Hold-Down Arms klappte nach oben weg. Eine Abdeckung fiel dann über den Mechanismus, um ihn vor Beschädigungen zu schützen.

Trotzdem durfte die Saturn V nicht einfach so abheben. Die ersten 15 cm sollten langsam zurückgelegt werden um genügend Zeit für das Ablösen der Leitungen bei den Stufen und das Hochziehen der Halteklammern zu verschaffen. Dazu gab es einen „Controlled Release Mechanism", im wesentlichen in den Halteklammern angebrachte vorgespannte Federn, welche die Bewegung der Saturn kurzzeitig dämpften und die Halteklammer schneller von der Rakete wegzogen.

Zum Betätigen der Ventile wurde Stickstoff aus einer Druckgasflasche aus Titan eingesetzt. Sie fasste 36 l Stickstoff unter 224 bar Druck. Zu dieser Flasche für das Betätigen von Ventilen kamen noch drei identische, mit denen in den Systemen befindliche Treibstoffreste ausgetrieben wurden. Alle vier Druckgasflaschen wurden vor dem Start unter Flugdruck gesetzt. Bis zum Abheben übernahmen Druckleitungen der Startbasis ihre Aufgaben.

Die an den äußeren vier Triebwerken angebrachten Finnen und Triebwerkverkleidungen wurden aus Titan gefertigt, da sie dem Abgasstrahl mit Temperaturen von bis zu 1.100 °C ausgesetzt waren. Die Triebwerksverkleidungen schützten die Aktoren, welche die F-1 schwenken sollten, und verbesserten die Aerodynamik. Die Finnen wurden gegenüber der Saturn IB nochmals verkleinert. Versagte die Steuerung der Saturn, so bewirkten die Finnen einen höheren Luftwiderstand und verlangsamten ein „Querstellen" der Rakete. So konnte die Rakete nicht so schnell kippen, und es gab genügend Zeit, den Fluchtturm auszulösen.

Wenn die erste Stufe ausgebrannt war, wurden acht Retroraketen gezündet. Sie befanden sich in Paaren unter den Triebwerksverkleidungen, wo sie maximal von der S-II entfernt waren. Jede Retrorakete vom Typ TE-M-442-6 von Thiokol lieferte für 0,541 s einen Schub von 364 kN. Dabei wurden jeweils 121 kg Treibstoff verbrannt. Die Retroraketen waren jeweils 214 cm lang bei 38 cm Durchmesser. Die Düsen waren schräg angebracht, sodass die Abgase nicht auf die S-IC trafen.

Die acht Retroraketen bremsten die leere Stufe um 14 m/s ab, und die S-IC fiel hinter die zweite Stufe zurück. Gleichzeitig trennten Sprengschnüre die Verbindung zum Stufenadapter und die Treibstoffsammelraketen der S-II wurden gezündet. Die Retroraketen wurden bei Apollo 15 auf vier reduziert. Das war eine Maßnahme, um die Nutzlast zu steigern. Als man die Daten nach dem Start auswertete, erschien der halbierte Schub zusammen mit einem etwas höheren Restschub der leicht im Schub gesteigerten F-1 doch etwas riskant. Wenn eine der vier Raketen nicht zündete, konnten die beiden Stufen kollidieren. So wurde nach Apollo 15 die Anzahl der Retroraketen wieder auf acht erhöht.

Zwei Batterien lieferten den Strom für die elektrischen Systeme. Die Bordspannung betrug 28 V. Ein 20-Watt-Sender übermittelte laufend 900 Messwerte von der S-IC zum Kontrollzentrum. Die erste Stufe wurde von der IU gesteuert, besaß aber ein eigenes elektrisches System, Stromversorgung und Telemetriesender. Das Gleiche galt für die anderen Stufen.

Die S-IC hatte ein eigenes Range-Safety-System. Wenn die Mission nicht mehr möglich war, gewährleistete dieses System, dass die Stufe zerstört wird, ohne dabei zu explodieren. Dazu gab es neun jeweils 2,2 m lange Sprengkörper. Jeder bestand aus einem V-förmigen Profil, in dessen Vertiefung ein Explosivsatz eingearbeitet war. Davon befanden sich drei über der Längsseite des Kerosintanks und sechs über der Längsseite des Oxidatortanks, aber auf der anderen Seite der S-IC. Wich die Rakete vom Kurs ab, so wurden (nach Abtrennung des Raumschiffs) die Sprengladungen ausgelöst. Sie schnitten tiefe Risse in die jeweiligen Tanks, durch die der Treibstoff oder Sauerstoff austreten konnte. Da die Positionen um 180 Grad versetzt waren, wurde die Bildung einer Mischung der beiden Austrittswolken minimiert. Das Selbstzerstörungssystem wurde erst aktiviert, wenn die S-IC weit genug vom Kennedy Space Center entfernt war.

Es gab mehrere Telemetriesysteme an Bord der Stufe. Die Kanäle F1, F2 und F3 waren engbandige frequenzmodulierte analoge Systeme, welche die Daten von Temperatursensoren, Dehnungsmesstreifen und Drucksensoren übertrugen. Das System konnte 234 Messdaten übertragen, wobei diese sich ein Frequenzband teilten. Möglich waren 12 oder 120 Messwerte pro Sekunde.

S1 und S2 waren ebenfalls analoge, frequenzmodulierte Sender, die jedoch ein breites Frequenzband nutzen, um die Vibrationssensoren kontinuierlich abzufragen. Jedes System konnte 15 Kanäle oder 75 Kanäle durch einen Multiplexer (Wechsel des Kanals nach kurzer Zeit, 5 Kanäle teilen sich ein Frequenzband) übertragen.

Das System P1 benutzte dagegen einen Pulscode modulierten Kanal für die Daten mit der höchsten Präzision. Vier analoge und ein digitaler Kanal teilten sich ein Frequenzband. In der Regel wurden die Daten mehrerer Sensoren zeitlich hintereinander in einem Kanal übertragen. Für die Zeit, in der Retroraketen und Ullageraketen arbeiteten, gab es einen Bandrekorder, der die Daten dann zwischenspeicherte. Er wurde von der IU angeschaltet, schaltete sich dann automatisch aus, spulte zurück und übertrug die Daten, bevor die S-IC auf dem Meer aufschlug.

Für die Bahnverfolgung gab es einen Radar-Empfänger und Sender. Er empfing das Radarsignal einer Bahnverfolgungsstation, multiplizierte die Frequenz mit einem festen Faktor und sandte es zurück. Anhand der Frequenz des bei der Bahnverfolgungsstation empfangenen Signals konnte die Dopplerverschiebung und damit die Geschwindigkeit gemessen werden.

Die Stufentrennung erfolgte durch ein eigenes System. Es wurde entweder von den Sensoren im LOX-Tank ausgelöst, die ein Verbrauchen des LOX signalisierten (Kerosin wurde immer im Überschuss zugeladen) oder von der IU.

Das elektrische System der S-IC bestand aus zwei Silberzink-Batterien. Die eine Batterie war für die Aktionen der Rakete zuständig, wie Zündfunken, Zünden der Retroraketen etc. Sie hatte eine Kapazität von 640 Ampereminuten und wog 10 kg. Die schwerere Batterie diente zur Stromversorgung der Telemetrie. Sie hatte eine Kapazität von 1.250 Ampereminuten und wog 25 kg. Das Sicherheitssystem war an beide Batterien angeschlossen, sodass es selbst bei einem Ausfall noch aktiviert werden konnte. Die Bordspannung betrug 28 Volt.

Die Elektronik bestand aus mehreren Komponenten. Der „Switch selector“ implementierte das Flugprogramm, indem er nacheinander nach Vorgabe bestimmte Schaltungen aus Relais unter Strom setzte, die jeweils eine Aktion durchführten. Er bestand ebenfalls aus Relais und Transistoren.

Der Propulsion Distributor überwachte die Triebwerke und kontrollierte sie. Unabhängig davon war der „OK-Distributor“. Er bestand aus Sensoren an jedem Triebwerk, die den Druck in der Treibstoffleitung maßen und leicht unterschiedliche Auslöseschwellen hatten. Sobald sich zwei der drei Schalter schlossen, wurde das Triebwerk abgeschaltet. Zum einen durch Schließen des Hauptventils am Triebwerk und zum Zweiten, als zusätzliche Sicherheitsmaßnahme, durch Schließen des Vorventils in der zugehörigen Kerosinleitung.

Abbildung 35: Stufentrennung S-IC ↔ S-II

Der Timer Distributor bestand aus einer Reihe von Schaltungen aus Relaisgesteuerten Ventilen, die Aktionen zu bestimmten Zeiten oder mit einem bestimmten Zeitverzug durchführten.

Der Measurement Power Distributor versorgte Messgeräte mit Strom und leitete Daten in Form von elektrischer Spannung zur Telemetrie.

S-IC (Werte von Apollo 17)	
Trockengewicht:	130.441 kg
Startgewicht:	2.246.540 kg
Abmessungen:	42,10 m Länge, 10.06 m Durchmesser, 19,10 m mit Finnen
Kerosin-Tank	Länge 13,10 m, Volumen: 817,4 m³, Zuladung 649.524 kg Kerosin, Gewicht 12 t
LOX-Tank	Länge: 19,50 m, Volumen 1.306 m³, Zuladung 1.503.406 kg LOX, Gewicht 19 t
Zwischentankbereich:	Länge 6,60 m, Gewicht 6,50 t
Triebwerksgerüst:	Länge 5,94 m, Gewicht 24 t (ohne Triebwerke), 65.800 kg (mit Triebwerken)
Forward Skirt:	Länge 3,05 m, Gewicht 2.500 kg
Brenndauer:	139,30 s zentrales, 161,20 s äußere Triebwerke
Treibstoffreste:	11.932 kg Kerosin, 16.547 kg LOX

Fertigung

Die Herausforderungen bei der S-IC waren andere als bei den oberen Stufen. Bei denen war es der Wasserstoff mit seinen tiefen Temperaturen. Die S-IC konnte dagegen auf den Erfahrungen, die man mit LOX/Kerosin Stufen hatte, aufbauen. Davon hatten die USA schon etliche entwickelt. Sie trieben die Jupiter, Thor, Atlas, Titan I und nicht zuletzt Saturn I an. Die Herausforderung war die Größe der Stufe. Sie war doppelt so lang wie eine Atlas ICBM, hatte den dreifachen Durchmesser und wog zwanzigmal so viel.

Die Entwicklung wurde im MSFC begonnen, Boeing übernahm die Produktion. Das grundlegende Problem bei der Entwicklung der S-IC war ihre schiere Größe. Es mussten völlig neue Werkzeuge und Fertigungstechniken entwickelt werden, um leichte Bleche in perfekter Kurvenform miteinander zu verbinden. Wie bei der S-IC waren vor allem die langen Schweißnähte ein Problem. Zumindest war die Aluminiumlegierung 2219 besser zum Schweißen geeignet als die in der S-II verwendete Legierung 2014.

Einige testweise neu eingeführte Techniken funktionierten nicht, wie zum Beispiel das chemische Verformen der kurvenförmigen Endstücke der Tanks. Jeder Tankdom bestand aus acht dieser bis zu 27,6 m² großen Stücke. So wurde wieder zu der hydraulischen Verformung übergegangen. Für die Tankteile wurde eine Technik entwickelt, welche gleichzeitig die Platten alterte, sie härtete, elektrisch aufschmolz und verformte. Aus einer 5 t schweren Platte erhielt man eine 1 t schwere Bahn von 60 mm Dicke und 3,4 × 8 m Größe. Die Schweißnähte wurden wie bei der S-II im Tungsten-Schutzgasverfahren gefertigt. So war es möglich, auf die Erfahrungen mit der S-II zurückzugreifen und die Umgebungsbedingungen zu optimieren. Das Schweißen fand in Klimaräumen bei Temperaturen unter 25 Grad und einer Luftfeuchtigkeit von unter 50 Prozent statt. Teams von jeweils 10 bis 15 Spezialisten arbeiteten im Dreischichtbetrieb nur an den Schweißnähten und deren Kontrolle. Trotzdem dauerte es sieben bis neun Monate, die Tanks zu verschweißen und dabei 10 km Schweißnähte zu setzen.

Flüssiger Sauerstoff ist trotz seiner niedrigen Temperatur außerordentlich reaktionsfähig. Schon kleine Mengen organischer Substanzen reichen aus, um eine

Reaktion zu starten. Daraus ergab sich ein weiteres Problem. Werkstücke von Quadratmeter-Größe mussten absolut sauber gefertigt werden. Dafür wurden eigene Verfahren entwickelt. Die Teile wurden zuerst mit deionisiertem Wasser gespült. Mit Salpetersäure wurden organische Spuren oxidiert und dann die Säure mit weiterem deionisierten Wasser abgewaschen. Anschließend wurden die Teile getrocknet und die oberste Schicht von einigen Mikrometern Dicke abgetragen. Zuletzt wurden die Teile durch gefilterte, ölfreie, heiße Luft getrocknet. Danach kamen die Teile in eine 12 m breite und 6,70 m hohe Waschanlage, wo sie mit Spezialchemikalien gereinigt wurden.

Nachdem bei AS-502 über 30 Sekunden lang starke POGO-Schwingungen auftraten, untersuchte das MSFC das Phänomen und fand, das die Schwingungen die Resonanzfrequenz der Leitungen für den flüssigen Sauerstoff getroffen hatten. Eine Lösungsmöglichkeit wäre gewesen, das Frequenzspektrum der Triebwerke abzuändern, indem man Gewicht addiert. Boeing fand aber eine einfache Lösung. Jede Leitung zu einem Triebwerk hatte ein Ventil, das verhinderte, das LOX in die Brennkammer gelangen konnte, bis das Kommando dazu kam. Diese Ventile enthielten konstruktionsbedingt einen Hohlraum. Dieser wurde mit Helium gefüllt. Helium ist als Gas verdichtbar, anders als eine Flüssigkeit. Das dämpfte die Schwingungen auf ein akzeptables Maß ab.

Zehn Wochen dauerten alleine die Tests der fertigen Stufe. Beim hydrostatischen Test z. B. wurde der Tank mit Wasser gefüllt und dann 105 Prozent des nominellen Drucks ausgesetzt. Diese 5-Prozent-Mehrbelastung reichte aus, den LOX-Tank um 1,30 cm zu strecken. Die spektakulärsten Tests waren Probeläufe der S-IC mit allen fünf F-1 Triebwerken. Dazu gab es zwei Teststände von 124 m Höhe. 1965 begannen die Tests mit der S-IC, und ab 1966 wurden alle fünf Triebwerke über ihre volle Betriebsdauer getestet. Das Marshall Raumfahrtzentrum baute neben einem Modell für Tests an der Startrampe, einem Exemplar für Triebwerkstests und einem Modell für statische Tests auch die ersten beiden Flugexemplare. Die nächsten Stufen für den Einsatz (ab Apollo 8) wurden von Boeing gefertigt. Noch heute hat die NASA fünf Stufen im Michoud Assembly Facility in Lagerung.

Die Fertigung der Stufe in Michoud (Louisiana, nahe New Orleans, organisatorisch zum MSFC gehörend) setzte beide Technologien der Fertigung von Raketen ein.

Die großen Teile (Schubgerüst, Kerosintank, Zwischentanksektion, LOX-Tank, Forward-Skirt) wurden vertikal mit einem 180-t-Kran zusammengebaut. Dann wurde die Stufe in die Horizontale gedreht und auf einen Wagen mit einer Tragkraft von 200 t gelegt. Hier erfolgte dann die Installation der „kleineren" Teile wie Batterien, Druckgasflaschen, Avionik, Retroraketen etc. Es schlossen sich intensive Tests aller Systeme an. Leitungen wurden auf Dichtheit geprüft, hydraulische und pneumatische Systeme probeweise aktiviert und die Tanks unter Druck gesetzt. Dazu kamen unzählige Tests der elektrischen Ausrüstung.

Michoud hat eine der größten Produktionsanlagen weltweit. Das Building 1, in dem die S-IC zusammengebaut wurde, besteht aus einem Hauptgebäude von 340 × 512 m Größe und zwei angeschlossenen Vertical Assembly Buildings im Norden und Süden. Die Deckenhöhe von 12 m in Michoud war ein Grund, warum man sich gegen die Saturn C-8 entschloss, weil man das Gebäude für die erste Stufe hätte umbauen müssen. Dies hätte das Apolloprogramm um ein Jahr verzögert. Vor der S-IC baute Chrysler in Michoud die S-IB für die Saturn IB. Später wurde im selben Gebäude der externe Tank des Space Shuttles produziert und heute entsteht die SLS in Michoud.

Zuletzt wurde der Wagen mit der S-IC auf ein Schiff gefahren. Die Stufe wurde mit dem Schiff zum Kennedy Space Center gefahren, wo der Zusammenbau der Saturn vertikal im VAB erfolgte.

Die Entwicklung der S-IC verlief für die Größe sehr schnell. Am 24.4.1965 fand der erste Test einer S-IC (S-ICT) mit fünf Triebwerken statt. Am 6.8.1965 wird erstmals die volle Brenndauer erreicht und schon am 15.12.1965 wird das Testprogramm nach 15 Zündungen der S-ICT, davon drei über die volle Brenndauer, beendet. Dem folgte am 25/26.2.1966 der Test der ersten Flugeinheit S-IC 501.

Die beiden Tests waren so erfolgreich, dass alle weiteren abgesagt wurden und die Stufe ans Cape verschifft wurde. Dort traf sie am 26.8.1966 als erste flugfähige Stufe einer Saturn ein. Die Tests mit der S-ICT gingen weiter. Sie wurden erst am 3.3.1967 abgeschlossen, als der Teststand für die operationellen Tests freigegeben wurde, also die Überprüfung der Flugexemplare vor dem Start.

Betankung

Die Befüllung der S-IC erfolgte, wie bei den anderen Stufen, in mehreren Schritten. Der Kerosintank wurde von unten, mit einer 15 cm dicken Leitung, die von den Triebwerken zu dem Tank führte, befüllt. Oben gab es ein Überdruckventil, durch welches das Kerosin abfließen konnte. Zuerst wurde mit 760 l/Minute befüllt, bis der Tank zu 10 Prozent gefüllt war. Das dauerte über 100 Minuten. Dann wurde die Rate auf das Zehnfache erhöht, bis der Tank ganz gefüllt war. Ein Kugelventil in der Zuleitung erlaubte das Ablassen des Treibstoffs über die gleiche Leitung. Oben am Tank war ein Messsensor angebracht, der signalisierte, dass das 102 Prozent Füllniveau erreicht war. Das schaltete die Pumpen ab. Die 102 Prozent beziehen sich auf ein Soll-Niveau, denn natürlich kann man den Tank maximal zu 100 Prozent füllen. Während des Befüllens wurde mit Temperaturmesssonden die Temperatur des Kerosins gemessen und seine Dichte berechnet, um ein Überfüllen zu vermeiden. Wenige Stunden vor dem Start wurde begonnen, von unten her Druckstickstoff durch das Kerosin durchzublasen, um es besser zu vermischen. War der Tank auf Flugniveau gefüllt, so wurden die Zuleitungen zum Tank geschlossen und die Versorgungsleitung abmontiert. Das erfolgte schon 12 Stunden vor dem Countdown, da Kerosin nicht verdampfen kann. Eine Stunde vor dem Abheben wurden dann die 2 Prozent Überschuss abgelassen.

War ein Enttanken nötig, so wurde zum schnelleren Abfluss des Kerosins der Tank unter Druckgas gesetzt.

Die Treibstoffleitungen hatten zusätzlich zum Hauptventil für den Zufluss an den Triebwerken pneumatisch geöffnete Ventile, mit denen man den Treibstofffluss stoppen konnte. Die zehn Leitungen befanden sich nicht alle am Boden des Tankdoms. Dort waren nur die beiden für das zentrale Triebwerk. Das ließ systembedingt immer größere Mengen an Kerosin im Tank zurück. Doch beim Sauerstofftank war es genauso.

Beim Sauerstofftank erfolgte die Betankung durch den Zugang unten am Kerosintank, da die Leitungen durch den Kerosintank führten. Selbst durch die Isolation waren die Leitungen anfangs durch das umgebende Kerosin so warm, dass der Sauerstoff verdampfen würde und im LOX-Tank einen Geysir bildet. Das war natürlich nicht akzeptabel. Man leitete daher vor dem Betanken des Sauerstofftanks extrem kaltes Helium durch die Leitungen 1 und 3. Sie waren durch Ventile zum Sauerstofftank hin offen. Es konnte durch die Leitungen 2,4,5, deren Ventile zu den Triebwerken offen waren, wieder herunterströmen. Nachdem man einen Anfangsdruck aufgebaut hatte, hielt der Temperaturunterschied das Helium am zirkulieren, bis die Leitungen abgekühlt waren.

Das eigentliche Befüllen begann vier Stunden vor dem Start. Wie beim Kerosintank erfolgte die Betankung zuerst langsam durch zwei Leitungen mit je 15 cm Durchmesser. Sauerstoff wurde unter Druck mit einer Rate von 5.700 l/Minute eingefüllt, bis der Tank zu 6,5 Prozent voll war. Das reduzierte zum einen den thermischen Stress durch die Abkühlung und es verhinderte Schäden durch den am Anfang stark schwappenden Sauerstoff. Dann wurde die Flussrate auf 38.000 l pro Minute erhöht, bis der Tank zu 95 Prozent gefüllt war und dann wieder auf 5.700 l pro Minute verringert. Bis ein Sensor das Erreichen des Sollstandes signalisierte. Bis zum Start wurde laufend Sauerstoff nachgefüllt, um verdampfenden und durch ein Überdruckventil entweichenden gasförmigen Sauerstoff auszugleichen.

Das Enttanken des Sauerstofftanks war komplex. Zuerst wurde der Druck der Heliumflaschen im Tank von 213 auf 114 Bar gesenkt, also Helium abgelassen, damit die Flaschen bei der Erwärmung nicht beschädigt wurden. Das Helium wurde genutzt, um flüssigen Sauerstoff aus den Tankleitungen und Triebwerken auszutreiben. Das alleine reichte aber nicht. Dazu wurde zusätzlich noch erhitzter Stickstoff der Startbasis eingesetzt. Erst dann wurde der Sauerstoff abgepumpt.

Vor dem Start wurde der Sauerstofftank mit Helium unter Druck gesetzt. Ein Ventil hielt den Innendruck auf einem Wert unter 1,8 Bar. Sobald er unter 1,67 Bar sank, wurde Helium in den Tank geblasen, das geschah auch noch nach Zünden der Triebwerke bis zum Abheben, wenn durch die Entleerung der Druck sank. Erst dann wurden die Leitungen zum Startturm abgetrennt. Danach wurde gasförmiger Sauerstoff, der von einem Wärmeaustauscher an jedem Triebwerk kam, zur Druckbeaufschlagung verwendet. 2.875 kg Sauerstoff, also 0,5 Prozent der Gesamtmenge, benötigte man als Druckgas. Während des Betriebs der S-IC betrug der Druck im LOX-Tank zwischen 1,24 und 1,65 Bar.

Das Schwenken der Triebwerke, wie andere mechanische Aktionen, wurden hydraulisch durchgeführt. Dazu diente das Kerosin. Bis zum Abheben nahm man Kerosin von der Startbasis, das unter 100 Bar Druck stand, um die Kraft für die Hydraulik aufzubringen. Nach dem Abheben zweigte man dafür einen Teil des Kerosins der Turbopumpe, das unter hohem Druck stand, ab.

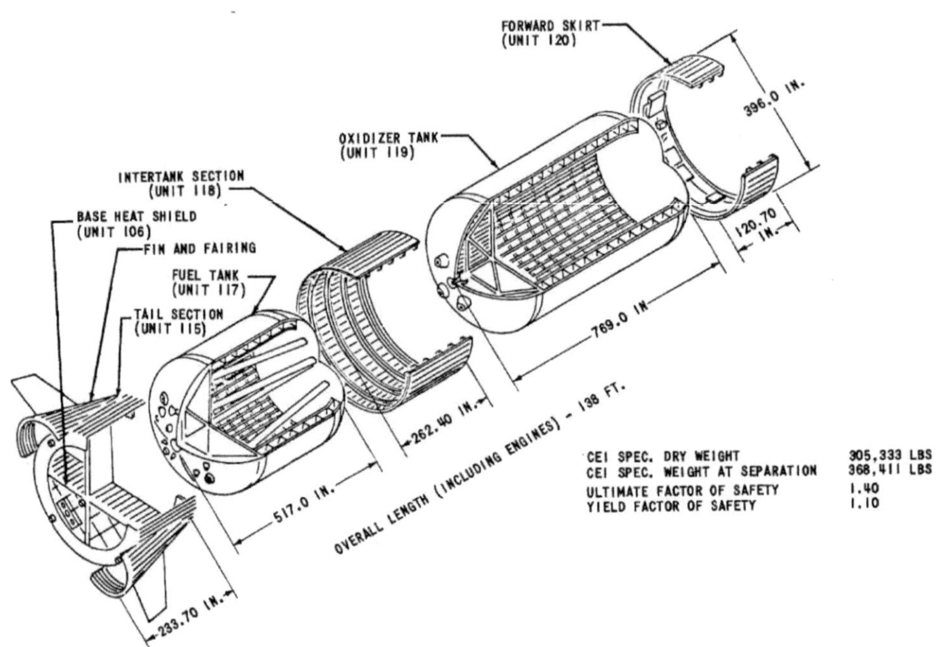

Abbildung 36: Aufbau der Struktur der S-IC

Abbildung 37: Die S-IC von Apollo 10 bei Montagearbeiten im VAB

Fluor als Oxidator

Die NASA untersuchte die Verwendung von FLOX als Oxidator. FLOX ist ein Gemisch von Fluor und Sauerstoff. Es wurden vier Kombinationen untersucht, die sich im Fluoranteil unterschieden:

Fluoranteil	Ausström-geschwindigkeit	Mischungsverhältnis Oxidator/Treibstoff	Masse Treibstoff	zusätzliche Nutzlast TLI
0 Prozent (S-IC)	2.600 m/s	2,33	2.156 t	0 kg
30 Prozent	+210 m/s	2,81	2.040 t	4.500 kg
37 Prozent	+240 m/s	2,81	2.154 t	6.350 kg
38 Prozent	+220 m/s	2,54	2.177 t	7.700 kg
70 Prozent	+540 m/s	3,50	2.453 t	28.100 kg

Bis zu einem Fluoranteil von 38 Prozent war die Mischung kompatibel zur bisherigen Auslegung der Stufe. Es zeigte sich, dass keine gravierenden Änderungen an der S-IC nötig waren. Auch die Triebwerke kamen mit dieser Mischung zurecht. Bedingt durch die höhere Dichte des Fluors (1,50 g/cm³ anstatt 1,14 bei LOX) steigt die Masse des Oxidators an und damit auch die Gesamtmasse der Stufe. Bis etwa 38 Prozent Fluoranteil konnte die Saturn V ohne Änderungen an den Triebwerken abheben, da der Schub der F-1 ebenfalls anstieg.

Für einen Anteil von 70 Prozent Fluor hätte man den Oxidatortank verlängern und den Kerosintank verkleinern müssen. Zudem waren um 50 Prozent schubstärkere Triebwerke nötig. Berücksichtigt man den etwas höheren Schub durch die veränderte Mischung, so wäre diese Variante mit dem F-1A umsetzbar gewesen. Aufgrund der Umweltproblematik des Treibstoffs, aber auch den fehlenden Erfahrungen in der Handhabung von etwa 500 bis 600 t flüssigem Fluor, hat die NASA es bei der Studie belassen. Fluor und FLOX wurden in den Sechzigern als Alternative zu Sauerstoff untersucht. Es kam aber nie zu Tests größerer Triebwerke. Ebenso fehlten Erfahrungen mit diesen enormen Mengen an flüssigem Fluor – in der chemischen Industrie, die das Element in großen Mengen für fluorierte Verbindungen wie Teflon benötigte, wurde es ausschließlich in Gasform eingesetzt.

Das F-1 Triebwerk

Die Ursprünge des F-1 gehen zurück bis ins Jahr 1955. Im Rahmen einer Triebwerkstudie sollte Rocketdyne untersuchen, wie man einen Schub von 1,5 Millionen Pfund (6,7 Millionen Newton) erreichen könnte. Mitte 1958 gab es den ersten Auftrag für die Vorentwicklung dieses Triebwerks. Damals existierte die Saturn V noch nicht einmal auf dem Papier. Schon 1959 konnte Rocketdyne einen Prototyp der Brennkammer testen und erreichte über 0,2 s einen Schub von 4.450 kN. Im Mai 1960 existierte bereits ein Modell in voller Größe. Schon am 6.4.1961 wurde der erste Test einer kompletten Brennkammer durchgeführt. Dies geschah weniger als 27 Monate nach Projektbeginn, vor Gagarins Flug und der Ankündigung Kennedys, zum Mond zu fliegen. Der Prototyp erreichte einen Schub von 7.295 kN.

Das F-1 war in der technischen Auslegung konventionell. Es war bereits bei Entwicklungsbeginn klar, dass es für bemannte Missionen eingesetzt werden würde. Daher war das Hauptkriterium die Sicherheit. Das F-1 setzte erprobte Treibstoffe und Technologien ein. Lediglich in den verwendeten Legierungen wurde technisches Neuland betreten. In der Konzeption war das F-1 auf höchstmögliche Zuverlässigkeit bei möglichst geringer Komplexität getrimmt. Das F-1 musste bei einer Mission nur einmal gezündet werden, war jedoch wiederzündbar. Es hätte zehnmal wiederverwendet werden können. Seine Lebensdauer betrug 20 Starts und 2.250 s Betriebsdauer. Daher wurde auch vorgeschlagen, es für das Space Shuttle Programm einzusetzen. Das F-1 wurde während der Entwicklung deutlich vereinfacht. So hatte das erste Design noch drei Turbopumpen. Eine für Hydrazin, das den Gasgenerator antrieb, und je eine für Kerosin und flüssigen Sauerstoff. Später nutzte der Gasgenerator die Treibstoffe. Kerosin und Sauerstoff wurden mit zwei Pumpen an einer gemeinsamen Turbine und einem Umsetzungsgetriebe gefördert.

Kein anderes Triebwerk wurde so intensiv getestet: Es gab insgesamt 2.771 Zündungen, davon 1.110 über die volle Brenndauer mit einer Gesamtdauer von 239.124 s. Sechs Triebwerke wurden jeweils über 5.000 Sekunden lang betrieben. Zweimal wurden aus der normalen Produktion zwei Triebwerke herausgegriffen und auf ihre volle Lebensdauer von 2.250 s und zwanzig Zündungen getestet. Zusammen mit den Akzeptanztests hatten die Triebwerke nach dem letzten Flug 1.280.527 s Betriebsdauer in 3.248 Zündungen akkumuliert. Davon entfielen nur rund 10.000 s auf die 13 Flüge. Die lange Lebensdauer erlaubte, dass die Triebwerke vor dem Start extensiv getestet werden konnten. Jedes Triebwerk hatte vor dem Start folgende Akzeptanztests absolviert:

- einen Test mit 40 s Dauer

- einen Test über 165 s Dauer (volle Betriebsdauer)

- Einen Test mit vier anderen Triebwerken mit 125 s Dauer (das Maximum das beim Michoud Teststand möglich war, bevor das abnehmende Gewicht des darüberlegenden Treibstoffs geringer als der Schub der Triebwerke war).

- Nun wurden die Triebwerke in die S-IC eingebaut und die Stufe absolvierte in Huntsville einen erneuten Test über die volle Betriebsdauer von 165 s.

- In der Summe wurde jedes Triebwerk vor dem Start schon 495 s lang getestet, obwohl es maximal 165 s lang betrieben wurde.

Dies gehörte zum „All up Testing". Dabei sollte die Entwicklung durch Testflüge ganzer Träger beschleunigt werden. Außerdem wurde jedes Triebwerk vor dem Start alleine, mit den anderen zusammen, und in der Stufe integriert getestet. Flugtests wurden durch Bodentests ersetzt. Das führte zum Entdecken der Fehlinstallation einer Leitung bei der elften gefertigten S-II Stufe. Dadurch kam es zur Beschädigung von zwei Triebwerken beim letzten Test, was noch vor dem Flug korrigiert werden konnte.

Die Tests hatten auch die Aufgabe, das Schwingungsverhalten jedes Triebwerks zu untersuchen. Die F-1 wurden danach angepasst, sodass jedes Triebwerk eine andere Resonanzschwingung hatte. Beim Betrieb aller fünf Triebwerke sollte es keine gemeinsame Eigenschwingung geben, welche die Vibrationen der S-IC verstärkte. Insgesamt gab es 34 Tests der Flugexemplare, davon 18 über die volle Dauer mit 15.534 Testsekunden.

Die gesamten Entwicklungskosten des F-1 Triebwerks wurden 1990 von Rocketdyne auf 1,77 Milliarden Dollar (Preisbasis 1991) beziffert.

Abbildung 38: Wernher von Braun vor dem Heck einer S-IC mit den fünf F-1 Triebwerken

Aufbau

Jedes F-1 Triebwerk hatte einen Vakuumschub von 7.740 kN. Der Bodenschub betrug bei den ersten Exemplaren 6.670 kN, ab AS-504 wurden F-1 mit einem höheren Bodenschub von 6.773 kN eingesetzt. Die beiden Turbopumpen befanden sich auf einem gemeinsamen Schaft und wurden von einer Gasturbine angetrieben.

Der aus Stahl und Kupfer bestehende **Einspritzkopf** hatte 3.700 Löcher für den Sauerstoff und 2.000 für das Kerosin zum Vermischen der Treibstoffe. Sie waren in Ringen angeordnet. Es wechselten sich Ringe, in denen das Kerosin eingespritzt wurde, mit Ringen für LOX ab. Die Platte bestand aus Kupfer, der brennkammerzugewandte Teil war mit Stahl verkleidet, ebenso die Blenden, welchen den Injektor in 13 Zonen unterteilten. Der Injektor hatte den gleichen Durchmesser wie die Brennkammer: 1 m. 30 Prozent des Kerosins floss direkt in die Brennkammer, 70 Prozent erst zu den Kühlröhren. Der Sauerstoff wurde komplett eingespritzt. Das nominelle Mischungsverhältnis betrug 2,27 zu 1. Verglichen mit dem Vorgänger H-1, arbeitete das F-1 mit einem höheren Brennkammerdruck von 70 Bar.

Die **Brennkammer** bestand aus miteinander verschweißten, vierkantigen Hohlröhren. Durch sie zirkulierte 70 Prozent des Kerosins zur Kühlung. Die Kühlröhren setzten sich bis in die Düse fort. 89 Kühlröhren führten nach unten, teilten sich beim Erreichen des Expansionsverhältnisses von 3 zu 1 in jeweils zwei Röhren auf. Der Fluss drehte sich dann am Ende des aktiv gekühlten Teils der Düse bei 10 zu 1 um 180 Grad und führte dann wieder nach oben zum Injektor. Die Brennkammer musste dem hohen Druck von bis zu 78 Bar und Temperaturen von bis zu 1.400 Grad Celsius an der Brennkammerwand aushalten und war der schwerste Teil des Triebwerks. Oben an der Brennkammer gab es vier Anschlüsse. Zwei für die Turbopumpen und zwei für die Schwenkmechanismen.

Außen war die Brennkammer noch mit einem astbesthaltigen, schlecht Wärme leitenden Material überzogen.

Die **Düse** schloss an die Brennkammer an. Die eigentliche Düse endete bei einem Expansionsverhältnis von 10, sprich bei der zehnfachen Fläche eines Schnitts durch die Düse am Düsenenghals. Die Düsenerweiterung war mit einem Ring an dieser Stelle angebracht. Der Ring hatte im Innenteil Öffnungen, durch die das Turbinenabgas in die Düse eindringen konnte. Daran schloss sich der Erweiterungsteil an, der aus einem Nickelblech im äußeren Teil bestand. Im Inneren befanden sich überlagernde Schindeln aus Stahlblechen, getrennt durch Stahlstreben.

Diese Konstruktion wurde durch die Physik diktiert. Sobald das Gas die Brennkammer verlässt und expandiert, kühlt es sich ab. Bis zu einem bestimmten Expansionsverhältnis muss die Düse wie die Brennkammer gekühlt werden. Ansonsten könnte sich das Metall verformen, wie es beim Jungfernflug der Ariane 5 ECA mit dem Vulcain 2 Triebwerk vorkam. Der Punkt, ab dem man das Turbinenabgas zur Nachverbrennung einleiten kann, wird durch den Druck definiert, den das Gas nach Passage der Turbine noch hat. Er muss höher sein als der Druck der Gase in der Düse an diesem Punkt. Wenn der Druck in der Düse höher ist, kann das Turbinenabgas nicht problemlos eintreten, es wird verdichtet. Als Folge kommt es zu Druckoszillationen beim Eintritt. Der Druck des Turbinenabgases muss also noch höher als der Düsendruck sein. Das Turbinenabgas hatte noch eine zweite Aufgabe. Die Form des Einlasses war eine Öffnung, oben abgedeckt mit sich überlappenden Schindeln. So folgte der Gasfluss der Glockenkurve der Düse und legte sich als Film über den nicht aktiv gekühlten Teil. Das war wichtig, da das Abgas der Brennkammer an diesem Punkt immer noch über 1.500°C heiß war, weitaus höher als die Temperatur, bei der Stahl erweicht. So „kühlte“ das 650 Grad heiße Turbinenabgas die Düsenverlängerung.

Die Düsenlänge, das heißt, das Expansionsverhältnis, wird dadurch begrenzt, das das F-1 auf Meereshöhe gezündet wird. Ist das Expansionsverhältnis zu groß, ist der Düsenmündungsdruck kleiner als der Umgebungsdruck. Es kann zu turbulenten Strömungen kommen, welche die Effizienz senken und die Düse beschädigen können. Ist das Expansionsverhältnis zu klein, verschenkt man Leistung, denn der spezifische Impuls und der Schub steigen mit dem Expansionsverhältnis an. Das Expansionsverhältnis von 16 war ein Kompromiss zwischen beiden Grenzen. Es bedeutete, dass der Flammenstrahl bei Zündung durch den Umgebungsdruck zusammengedrückt wurde. Wie man bei den Aufnahmen des Starts sehen kann, weitete er sich immer weiter auf, bis es zur Überexpansion kam – der Abgasstrahl war viel breiter als die Düse. Dies ist suboptimal, aber bei Raketen, die erst in großer Höhe Brennschluss haben, nicht zu vermeiden.

Oben endete jedes Triebwerk in einem kreisförmigen Anschluss für die Schwenkvorrichtungen. Er bestand aus einem fixen Teil an dem Triebwerk und einem beweglichen, mit Teflon zur Reduktion der Reibung, verkleideten Teil. Damit konnte das Triebwerk um 6 Grad geschwenkt werden. Davon wurde bei den vier äußeren Triebwerken Gebrauch gemacht.

Die **Zündung** erfolgte durch zwei Systeme. Zündfunken, vergleichbar mit der Funktion einer Zündkerze, entzündeten die Gase im Gasgenerator und in dem Ring, in dem die Turbinenabgase in die Düse geleitet wurden. Dies waren Zündfunken, die durch eine Sicherung geschützt waren. Sie verhinderte, dass eine Spannung unter 250 V sie entzündeten. Die nominelle Zündspannung betrug 500 V. Die Zünder wurden durch einen Zeitgeber nach 9,5 Sekunden deaktiviert.

Das Hauptsystem für die Entzündung waren aber kleine Behälter in den Treibstoffleitungen, gefüllt mit 85 Prozent Triethylboran (TEB) und 15 Prozent Triethylaluminium (TEA). Beide Substanzen entzünden sich mit Sauerstoff spontan. Sie befinden sich am Injektor. Sobald der Druck in den Leitungen ausreicht, die Membranen zu sprengen, wurden die Substanzen freigesetzt. Durch den Sauerstoff, der wenige Zentimeter entfernt durch den Injektor in die Brennkammer eintritt, wurden sie entzündet. Es gab 25 eigene Öffnungen im Injektor durch die sich die hypergole Flüssigkeit mit dem Sauerstoff vermischte. Diese hypergolische Entzündung ist sehr zuverlässig, weil sich die Substanz mit dem Kerosin vermischt und so die Entzündung auf breiter Front stattfindet, anstatt nur an einer Stelle, wie bei einem Zündfunken. Der Nachteil dieser Methode ist, dass nur eine Zündung möglich ist. Nach jedem Betrieb, der beim F-1 auch Tests vor dem Start umfasste, musste jeweils ein neuer Behälter mit hypergoler Flüssigkeit in das Triebwerk eingebaut werden. Bei einem Startabbruch hätte man die gesamte Rakete enttanken und die Triebwerke demontieren müssen.

Der **Gasgenerator** lieferte das Antriebsgas für die Turbopumpe. Dazu verbrannte er 2,9 Prozent des Treibstoffs mit großem Sauerstoffüberschuss (0,419 Teile LOX zu Kerosin, in der Brennkammer war das Verhältnis 2,27 zu 1, das stöchiometrische Verhältnis, bei dem der Treibstoff vollständig zu Kohlendioxid und Wasser verbrennt, beträgt 3,4 zu 1). Der Überschuss an Sauerstoff senkt die Verbrennungstemperatur auf 800 Grad Celsius ab, damit musste einerseits die Brennkammer des

Gasgenerators nicht gekühlt werden und andererseits hatte das Gas einen hohen Druck, den es bei der folgenden Turbine in mechanische Energie umwandelte.

Die Turbopumpe bestand aus einer hintereinandergeschalteten Turbine, der Kerosinpumpe und der LOX-Pumpe in einem Gehäuse und einem Schaft. Die Kombination wurde in dieser Reihenfolge gewählt, weil so das Temperaturgefälle am kleinsten war: die Turbine wurde vom heißen Gas des Gasgenerators gespeist, das Kerosin hatte Umgebungstemperatur und der flüssige Sauerstoff war -183° C kalt. Die LOX-Turbopumpe war vom axialen Typ, die Kerosinturbopumpe vom radialen Typ. Sie war an einem Ende 816 Grad heiß und am anderen -183 Grad Celsius kalt.

Die **Turbine** bestand aus zwei rotierenden Schaufelrädern und dazwischen einer stationären Welle mit Flügeln. Sie dienten dazu, zu verhindern, dass das Gas selbst anfing zu rotieren. Beide Turbinenräder mit 119 und 107 Blättern brachten die Welle auf 5.500 Umdrehungen pro Minute. Die Turbine hatte alleine 40.400 kW Leistung. 77 kg Gas pro Sekunde trieben sie an.

Das heiße Gas verließ dann die Turbine und wurde zum **Wärmeaustauscher** geführt, wo es Sauerstoff zum Verdampfen brachte, mit dem der Sauerstofftank unter Druck gesetzt wurde. Gleichzeitig erhitzte es eiskaltes Helium aus Druckgasflaschen im Sauerstofftank. Heißes Gas hat nach den allgemeinen Gasgleichungen bei gleicher Masse und Volumen einen höheren Druck als kaltes Gas. So benötigte man weniger Helium und Sauerstoff, um den Tankdruck aufrechtzuerhalten. Das freie Volumen in den Tanks nahm durch die Verbrennung des Treibstoffs laufend zu. Der Wärmeaustauscher bestand aus einer Röhre, durch die das Turbinengas strömte. Durch zwei spiralförmig eingebettete Innenröhren flossen LOX und Helium und wurden erwärmt. Es funktionierte ähnlich wie ein Tauchsieder, nur das dort die Heizspiralen der heiße Teil sind. Danach wurde das Abgas der Turbine in den Wulst um die Düse zur Nachverbrennung entlassen.

Die Turbopumpen beförderten pro Sekunde mehrere Tausend Liter Treibstoff unter hohem Druck in die Brennkammer. Die Lager wurden durch das Kerosin geschmiert. Dies erforderte bei der Oxidatorpumpe jedoch eine Heizung, sonst wären die Lager bei -180 Grad eingefroren. Weitere 10 l Kerosin pro Sekunde dienten als Schmierstoff für andere bewegliche Teile im Triebwerk wie die Lager. Die Oxidatorpumpe jedes Triebwerks förderte 102.230 l/min flüssigen Sauerstoff, die Treibstoffpumpe 57.392 l/min Kerosin. Die Turbopumpe alleine wog 907 kg und war 1,56 m hoch mit einem maximalen Durchmesser von 1,21 m.

Das Kerosin kam über zwei Leitungen axial in die **Treibstoffturbopumpe**. Sie arbeitete in zwei Stufen, um die Kavitation zu reduzieren. Ein Vorlaufrad erhöhte zuerst den Druck, ein Antriebsrad beschleunigte das Kerosin, wo es dann radial außen unter hohem Druck austrat. Das Kerosin wurde durch die Pumpe nach unten beschleunigt und damit übte es über die Antriebswelle eine nach unten gerichtete Kraft auf die Sauerstoffpumpe aus.

Die **Sauerstoffturbopumpe** war ebenfalls eine zweistufige Konstruktion mit einem Vorlaufrad und einem Antriebsrad. Sie war aber axial aufgebaut. Der Sauerstoff trat von unten ein und wurde nach oben hin beschleunigt. Damit übte die LOX-Pumpe eine entgegengesetzte Kraft auf die Treibstoffturbopumpe aus. Das reduzierte die Kräfte, welche die Gesamtkonstruktion auf das Triebwerk ausübte (durch die schnell rotierenden Turbinenblätter üben Turbopumpen ein Drehmoment auf das Triebwerk aus), machte aber die Verbindung beider Antriebsgruppen durch die auftretenden Kräfte aufwendiger. Es gab neun Verschlüsse in dem Aggregat, die abgedichtet werden mussten. Meist benutzte man Kohlenstoffdichtungen, die durch Federn gegen den Schaft gedrückt wurden. Bei der Sauerstoffpumpe kam auch Teflon (Polytretrafluorethylen) und Kel-F (Polychlortrifluorethylen) als nicht mit Sauerstoff reagierende Materialien mit geringem Reibungskoeffizienten zum Einsatz. Geschmiert wurde die Turbopumpe mit Kerosin aus dem Kerosintank, das bevor es um die LOX-Turbopumpe herum floss noch erhitzt wurde, damit es durch die Abkühlung durch den Sauerstoff nicht gefror.

Die Konstruktion war so ausgelegt, dass ein F-1 ohne Hilfssysteme starten konnte. Daraus ergab sich eine sehr lange Hochlaufzeit. Zuerst wurde das LOX-Hilfsventil geöffnet. Der Sauerstoff verdampfte und brachte die Turbine auf niedrige Touren. Dann wurde das Kerosinhilfsventil geöffnet und das Kerosin gelangte in den Gasgenerator, der nun Heißgas für die Turbine lieferte. Sein Hochlaufen dauerte 2 – 3 Sekunden. Sobald der Gasgenerator seine Nennleistung erreichte, wurde das Ventil zur Brennkammer geöffnet und die Treibstoffe strömten in die Brennkammer. Hier wurden Membranen mit hypergolen Flüssigkeiten gesprengt, welche die Mischung entzündeten. Der steigende Brennkammerdruck öffnete dann die Hauptventile, durch die mehr Treibstoff einströmen konnte, wobei zuerst 80 Prozent des Normalschubs erreicht wurden. Danach stieg er langsamer an. Das lag daran, dass die Brennkammer mit Ethylenglykol imprägniert war und das Glykol-Wassergemisch mitverbrannte, was einen anderen Brennkammerdruck ergab (siehe S. 39).

Die Triebwerke waren umfangreich instrumentiert. Es wurden zahlreiche Parameter bestimmt. Diese wurden mit den Telemetrieeinheiten der S-IC zum Boden gefunkt. Bei allen Flügen gab es ein Hauptinstrumentenpaket, das acht Drücke an verschiedenen Stellen bestimmte sowie vier Temperaturen und die Rotationsrate der Turbine. Während der Testflüge kam noch eine Hilfsinstrumentierung für die Bestimmung weiterer Parameter hinzu. Zur IU und der Kommandokapsel gab es nur ein „Thrust-OK“ Signal, das durch Drucksensoren in der Kerosin-Treibstoffleitung zustande kam. Diese Sensoren hatten enge Grenzen. Sank der Druck leicht ab, so setzten sie das Signal zurück und die IU schaltete das Triebwerk ab. Die IU gab die Klammern, welche die Saturn V festhielten frei, wenn alle fünf Triebwerke ein Thrust-OK Signal abgaben. Anders als bei den J-2 wurden die Triebwerke durch die Schalter nicht selbst abgeschaltet, denn das wäre bei einem Schubabfall kurz nach dem Abheben fatal gewesen.

Jedes Triebwerk lieferte eine Leistung von 9.750 MW, mehr als ein Kernkraftwerk. Alle fünf Triebwerke benötigten rund 13 t Treibstoff pro Sekunde. In weniger als drei Minuten wurden 2.100 Tonnen Treibstoff verbrannt. Trotzdem startete die Saturn V sehr langsam, denn die Startbeschleunigung lag bei nur 1,2 g. Nach 135 s wurde das mittlere Triebwerk abgeschaltet, um die Beschleunigung zu begrenzen. Die vier äußeren Triebwerke brannten 165 s lang. Der Zeitpunkt war abhängig von der Mission. So wurde beim Start von Skylab das innere Triebwerk später abgeschaltet (nach 141 s), dafür brannten die vier anderen Triebwerke nur 158 s lang.

Beim Start war der Flammenstrahl der F-1 Triebwerke 300 m lang. Die Erschütterungen des Starts wurden durch seismische Messstationen noch in 1.700 km Entfernung registriert. Allein die Schallenergie betrug etwa 500 MW. Das ergab an der Startrampe einen Lärmpegel von 160 db. Nur das Space Shuttle übertraf dies mit einem Lärmpegel von 168 db beim Start. Zum Vergleich: Das Abfeuern eines Gewehrs (nahe am Ohr) hat nur einen Pegel von 122 db. Der Schalldruck ist vergleichbar mit dem einer Handgranateinexplosion in 15 m Entfernung.

Beim ersten Start der Saturn V flogen im (leichtsinnigerweise „nur“ 5 km entfernten) Fernsehstudio die Kacheln der Deckenverkleidung herab und Journalisten hielten die Fenster, damit sie nicht brachen. Bei den folgenden Flügen durfte sich kein Berichterstatter dem Startplatz auf weniger als 12 km nähern.

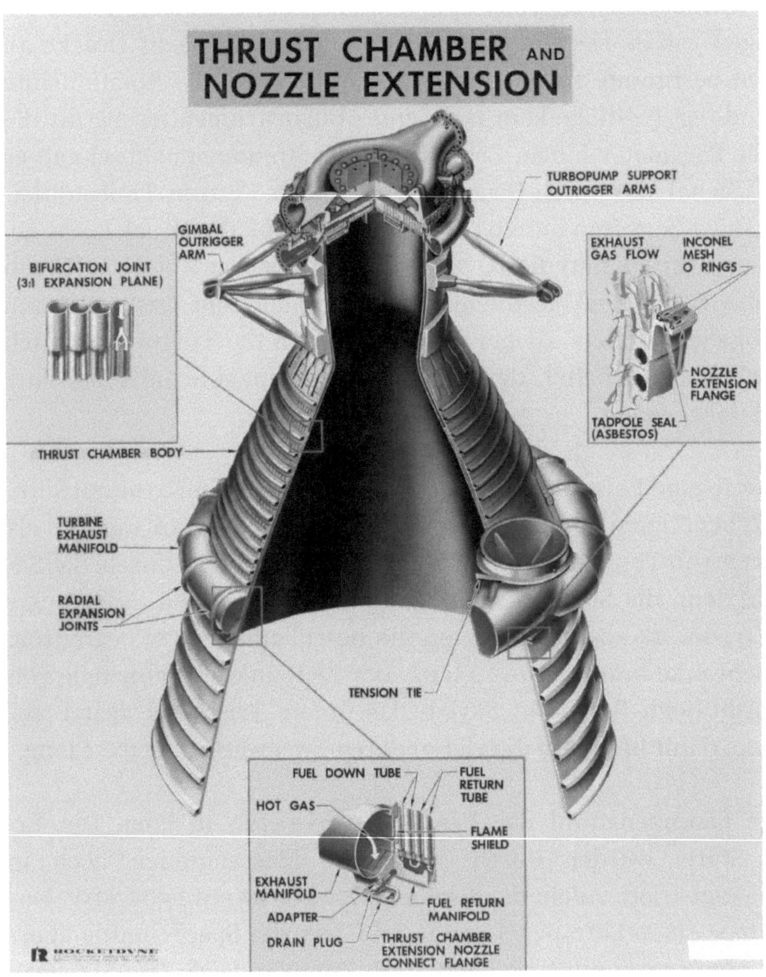

Abbildung 39: Aufbau der Brennkammer und Düse des F-1

Entwicklung

Die Tests des F-1 Triebwerkes verliefen zuerst reibungslos. Die ersten Tests fanden mit 1 Million Pfund (4,45 MN) Schub statt. In 10 Prozent der Fälle zeigte sich eine Tendenz zur Verbrennungsinstabilität. Doch in keinem der Tests wurde ein Triebwerk beschädigt. So wurde zu Tests mit 1,5 Millionen Pfund (6,77 MN) Schub übergegangen. Nun wurde das Phänomen bedrohlicher. Es kam in 11 Fällen zur Verbrennungsinstabilität, in drei Fällen wurde das Triebwerk stark beschädigt oder zerstört. So rissen, als es das erste Mal vorkam, durch die Vibrationen die Kerosinleitungen ab und durch den Sauerstoff alleine brannte das Triebwerk durch. Das war am 28.6.1962. Die Explosion beschädigte den Teststand schwer.

Im „Project-Go" nahm man sich des Problems an. Der Injektor bekam Trennwände, welche ihn in dreizehn Teile unterteilten. Es gab sowohl radiale wie auch axiale Blenden. Es wurden fünfzehn Anordnungen der Trennwände und vierzehn verschiedene Injektoren untersucht. Nach einem Jahr (dem zweiten Erprobungsjahr) wurde eine Konfiguration gefunden, bei der die Instabilität nicht mehr auftrat. Um festzustellen, ob dies Zufall war oder der Injektor eine stabile Verbrennung begünstigte, wurde danach mit „Bomb-Tests" wie bei den H-1 Triebwerken begonnen. Dabei wurde ein Sprengsatz in die Brennkammer eingebracht, dessen Nylonhülle nach 45 ms abgetragen war. In neun von zehn Fällen brachte er die Verbrennung in einen instabilen Zustand. Der Injektor wurde weiter verfeinert, bis er die „Bomb-Tests" bestand.

Ein weiteres Problem gab es bei den LOX-Turbopumpen. Viermal wurde bei den Tests eine Pumpe zerstört, weil sich die Flügel des Propellerblatts zerlegten. Einige Entwickler hielten sie für zu schwach und einfach von kleineren Triebwerken hochskaliert. Die Zerstörung erfolgte immer zwischen der 107 und 110 Betriebssekunde. Das sah nach einer gemeinsamen Ursache aus. Doch es konnte keine gefunden werden. Da alle Vorfälle nur bei Triebwerken auftraten, die viel länger als die nominelle Lebensdauer betrieben wurden, wurde als Lösung für die LOX-Turbopumpe eine maximale Betriebsdauer von 3.500 s gesetzt. Nach 1965 gab es keine weiteren Probleme mehr bei den Turbopumpen.

Auch bei der Turbine gab es elf Versager. Zuerst zeigte sich ein Konstruktionsfehler der Sauerstoffpumpe: Das Flügelrad zerbrach und musste neu konstruiert werden. Bei den neun anderen Versagern, die jeweils in einer Explosion endeten, gab es verschiedene Ursachen, wie eine zu hohe Beschleunigung der Turbine oder eine zu große Reibung zwischen festen und beweglichen Teilen. Anders als bei dem Injektor, fand Rocketdyne bei allen Problemen schnell eine Lösung. Zum Schluss hatte man eine Turbopumpe mit nur wenigen Teilen und geringer Fehleranfälligkeit.

Erstaunlich glatt verliefen die Tests der Brennkammer. Die Brennkammer von 2,90 m Durchmesser und 3,35 m Höhe bestand aus 89 primären und 178 sekundären Röhrchen aus der Nickellegierung X-750, welche miteinander verschweißt waren. 70 Prozent des Treibstoffes durchflossen die Röhren, bevor sie in den Injektor kamen, dadurch wurde die Brennkammer gekühlt. Insgesamt mussten 900 m Schweißnähte gesetzt werden, die einen Brennkammerdruck von 70 bar aushalten mussten. Dieser hohe Verbrennungsdruck (30 Bar höher als beim H-1) erlaubte es, den Treibstoff effizient zu nutzen.

Um die Triebwerke vor den eigenen Abgasen zu schützen, wurden sie mit einem „Kokon“ umhüllt. Die Qualität der Abschirmung wurde geprüft, indem man in einem Windkanal ein J-57-Gasturbinentriebwerk mit Nachbrenner auf die Umhüllung richtete und schaute, ob sie dies aushielt. Schließlich verließen die Gase die Düse mit einer Temperatur von 1.260 Grad Celsius. Die Größe des Triebwerks hatte auch Vorteile. So konnte man die äußeren Triebwerke einfach schwenken, indem man eine Hydraulik an die Treibstoffleitungen anbrachte. Alleine der hohe Durchfluss garantierte genügend Kraft, um das Triebwerk zu schwenken. Die Hitze der Turbinenabgase reichte aus, um über einen Wärmeaustauscher genügend Helium und Sauerstoff zu verdampfen und damit den Tankdruck im Kerosin- und Sauerstofftank aufrecht zu halten.

Die ersten Triebwerke bis zum Start von Apollo 9 (AS-504) hatten einen Nennschub auf Meereshöhe von 1,5 Mlbs (6.672 kN) bei einem Brennkammerdruck von 66,5 Bar. Ab AS-504 kamen F-1 mit einem höheren Brennkammerdruck von 69 Bar zum Einsatz. Der Schub stieg so auf 1,522 Mlbs (6.773 kN) und der spezifische Impuls von 2.550 m/s auf 2.580 m/s in Meereshöhe. Die Leistungsdaten stiegen dann ab AS-509 nochmals leicht an.

Das F-1 wurde, wie sein Nachfolger F-1A, mehrfach als Antrieb für Schwerlastraketen vorgeschlagen. Zuerst für Shuttle-Booster, dann für ein Heavy Launch Vehicle, von dem das DoD meinte, es für das SDI-Programm in den späten Achtzigern/frühen Neunzigern zu benötigen. Zuletzt holte die NASA 2012 eine F-1 Turbopumpe aus dem Museum und unterzog sie erneuten Tests, dementierte aber über eine weitere Verwendung des Triebwerks nachzudenken. Derzeit ist das F-1B, eine modernisierte Version des F-1, einer der Kandidaten für die zweite Generation derSLS Boostertriebwerke. (Siehe S. 233).

Heute hat die NASA neben zahlreichen Ausstellungsstücken in oft schlechtem Zustand mindestens fünf F-1 in kontrollierter Lagerung und zehn weitere montiert an Saturn V, die ebenfalls in Hallen stehen und so vor Korrosion gut geschützt sind.

Abbildung 40: F-1 Triebwerke bei der Montage

F-1 Kerndaten (letzte Einsatzversion)	
Gesamtlänge:	5,86 m
Gesamtbreite:	3,72 m
Düsenmündungsdurchmesser:	3,53 m
Maximalschub (Vakuum):	7.740 kN
Schub auf Meereshöhe:	6.806 kN
Spezifischer Impuls (Vakuum):	2.980 m/s
Spezifischer Impuls (Meereshöhe):	2.600 m/s
Nominelle Brenndauer:	170 s
Massendurchsatz LOX:	1.790 kg/s
Massendurchsatz LH2:	788 kg/s
Mischungsverhältnis:	2,35 zu 1 (LOX/Kerosin, Brennkammer), 2,27 (Gesamt)
Brennkammerdruck:	69 bar
Triebwerksgewicht (trocken):	8.361 kg
Schub zu Gewicht:	83:1
Flächenverhältnis:	16:1
Brennkammertemperatur:	3.280 °C
Drehzahl Turbine:	5.550 U/min
Leistung Turbine:	56.000 PS / 40,4 MW
Turbopumpe:	907 kg, 1,56 m Höhe 1,21 m Durchmesser
Treibstoffverbrauch Gasgenerator:	84 kg/s
Mischungsverhältnis Gasgenerator:	0,42:1 (LOX/Kerosin)
Temperatur Gasgenerator:	732 °C
Brennkammerdruck:	66,5 bis 69 bar
Lebensdauer:	2.250 s, 20 Zündungen. (Nominelle Betriebsdauer: 165 s)

Die zweite Stufe S-II

Die Bezeichnung S-II tauchte zuerst bei der zweiten Stufe der Saturn C-2 auf. Für diese Trägerrakete, in etwa mit der Leistung der Saturn IB, war eine 6,50 m durchmessende Stufe mit einer Länge von 22,5 m geplant. Sie sollte an die S-IB im Durchmesser anschließen. Als die Entwicklung der Saturn V beschlossen wurde, stieg der Durchmesser auf 8,13 m und schließlich, als man beschloss, fünf anstatt vier Triebwerke einzubauen, auf 10,07 m, denselben wie die S-IC. Die Länge stieg nur leicht auf 24,9 m an.

North **A**merican **A**viation (NAA) bekam am 11.9.1961 den Auftrag über 300 Millionen Dollar zur Entwicklung und Fertigung der zweiten Stufe. Die Vergabe ist eine Besonderheit im Apolloprogramm. NAA ist die einzige Firma im Programm, die bei zwei Großprojekten beteiligt war, nämlich dem CSM (Raumschiff) und der S-II und so das höchste Auftragsvolumen im Apolloprogramm hatte. Das war nicht unumstritten. Es gab die Kritik, dass beide Aufträge NAA überfordern und es genügend Hersteller von Trägerraketen gab, die ihre Expertise einbringen könnten wie Martin (Hersteller der Titan) oder General Dynamics (Hersteller der Atlas). Anders als diese Firmen hatte North American bisher nur kleinere Raketen, so den Rettungsturm für die Mercurykapsel entwickelt.

Die S-II Stufe verwendete wie die dritte Stufe S-IVB das J-2 Triebwerk, allerdings fünf Stück davon.

Die S-II war mit der S-IC durch einen 5,40 m langen und 5.200 kg schweren Zwischenstufenadapter verbunden. Bei den ersten beiden Testflügen und bei Apollo 8 war dieser zweiteilig, später nur noch einteilig. Der Adapter war nicht an der S-IC angebracht, sondern an der S-II. Er wurde 30 s nach der Zündung der S-II abgetrennt. Nach diesem Zeitraum waren die Schwingungen der Stufentrennung abgeklungen, und der Adapter konnte abgetrennt werden, ohne mit den Triebwerken zu kollidieren. Er hatte nur eine Freiheit (Abstand zu den Triebwerken) von 90 cm. Er bestand zur Gewichtsreduktion aus der Halbschalenbauweise, die auch beim Flugzeugbau eingesetzt wird, um die Rümpfe zu formen. Von allen bekannten Bauweisen hat diese die höchste Festigkeit pro Gewichtseinheit.

In der Konstruktion war die S-II leistungsfähiger als die S-IVB. Das MSFC betrieb mehr Aufwand als bei der S-IVB, um die Leermasse zu reduzieren. Die S-IVB als zweite Stufe der Saturn IB musste früher einsatzbereit sein, wenn die ersten Saturn IB Starts anstanden. Von allen drei Stufen war die S-II diejenige, welche die modernsten Verfahren einsetzte und die meisten Optimierungen durchlief. So betrug das Voll-/Trockenmassenverhältnis der S-II 13,5 zu 1, bei der S-IVB dagegen 10,7 zu 1. So verwundert es nicht, das die S-II auch die Stufe war, die bei der Entwicklung am meisten Probleme machte. Die Stufe zerfiel in fünf Hauptbestandteile:

- Den Stufenadapter zur S-IC
- Die Heckstruktur, welche die Triebwerke enthielt und mit einem Ring endete, der die Last auf die Tanks übertrug.
- Der untere Sauerstofftank, abgeschlossen durch den gemeinsamen Zwischenboden
- Der obere Wasserstofftank
- Der obere Abschlussring, der die Verbindung zum Stufenadapter herstellte.

Die S-II hatte einen integralen Tank mit einem gemeinsamen, doppelwandigen Zwischenboden. Es gab keine unterstützende Außenstruktur, um das Gewicht zu reduzieren. Dadurch entfiel die Intertanksektion, und die Stufe wurde 3 m kürzer und 3,6 t leichter.

Für den Tank wurde wie in der S-IVB die Aluminiumlegierung 2014 T-6 genutzt. Sie hatte die positive Eigenschaft, dass sie bei den tiefen Temperaturen des Tanks an Festigkeit hinzugewinnt. Diese Aluminium-Kupfer-Legierung wird in der Luftfahrtindustrie oft eingesetzt, galt aber als nicht schweißbar und ist sehr anfällig gegenüber Rissbildung, was ein Problem bei der Entwicklung der Stufe darstellte. Denn nur verschweißte Teile waren bei tiefen Temperaturen dicht und gleichzeitig leicht. Die Lösung lag in einem neuartigen Schweißverfahren. Die Bleche wurden durch Wolframelektroden (im amerikanischen Sprachgebrauch „Tungsten“) in Heliumschutzgas bei 1.650 bis 2.780 °C verschweißt. Das Helium schützte das Metall vor Oxidation. Das Verschweißen der LH2 Tanks erfolgte im Autoklaven.

Ursprünglich glaubte man nicht, einen so großen Tank aus einem Stück fertigen zu können. Es war problematisch, die 6 m langen Einzelteile des Tanks zu schweißen. Bei 6 m Länge mussten die Schweißnähte auf 0,33 mm genau platziert werden. Insgesamt waren die Schweißverbindungen 710 m lang, die längste Verbindung 31,4 m. Das MSFC entwickelte neue Methoden zur Prüfung der Schweißnähte, wie z. B. die Röntgenstrahlendurchleuchtung.

Der untere **Sauerstofftank** bestand aus zwölf einzelnen, bogenförmig geformten, 6,00 m langen und 2,60 m breiten Blechen. Für die Verformung so sperriger Teile gab es bis dahin keine Techniken. Das MSFC entwickelte die Explosionsverformung unter Wasser und baute zu diesem Zweck einen 211 m³ großen Tank. Schockwellen, die bei einer Sprengung unter Wasser entstehen, verformen dabei die Werkstücke. Der Sauerstofftank hatte Ellipsoidform und endete im gemeinsamen Zwischenboden. Der untere Tankboden bestand aus 12 keilförmigen Teilen mit Kasettenmuster. Diese wurden in die Kurvenform gebogen und dann auf die benötigte Stärke abgeschliffen. Sie betrug am Rand 13 mm. Sie nahm zur Mitte ab, wo sie nur noch 0,8 mm betrug. Um das Schwappen des Sauerstoffs zu reduzieren, gab es in der Mitte eine kreuzförmige Blende von 4,2 m Durchmesser. Dazu kamen 12 kleinere Blenden (Bleche), jeweils an den Verbindungen zwischen den Segmenten. Der Tank wurde mit 636 Bolzen mit der Triebwerkssektion verbunden.

Der obere **Wasserstofftank** bestand aus einzelnen Quersegmenten. Es waren fünf Segmente von je 2.40 m Länge und ein kürzeres von 69 cm Länge. In die Segmente wurden durch eine Maschine Stringer und Querringe gefräst. Zur Reduktion des Treibstoffschwappens wurden 18 cm lange Bleche an die Innenseite der Querringe genietet. Jedes Segment bestand wiederum aus vier Flächen, die miteinander verschweißt wurden. Sein Volumen war mit über 1 Million Litern dreimal so groß wie das Fassungsvermögen des Sauerstofftanks mit 331.000 l. Die 20 cm dicken Wasserstoffleitungen führten an der Außenseite des Tanks unter einer Verkleidung zu den Triebwerken.

Besonders aufwendig war die Entwicklung des gemeinsamen **Zwischenbodens** zwischen Sauerstoff- und Wasserstofftank. Zwar sind beides sehr kalte Flüssigkeiten. Doch der flüssige Wasserstoff ist 70 Grad kälter als der flüssige Sauerstoff und nur in einem kleinen Intervall von -252 bis -259 °C flüssig. Bei einer nicht ausreichenden Isolation verdampft der flüssige Wasserstoff im Wasserstofftank, während der flüssige Sauerstoff zu Eis gefriert. Die Tankisolation war eines der Hauptprobleme bei der Entwicklung der Centaur-Oberstufe. Doch als man mit der Entwicklung der S-II begonnen hatte, war für die Centaur bereits eine Lösung gefunden. Anstatt einen evakuierten Zwischenboden einzusetzen, wurde der Boden isoliert. Dieses Prinzip setzte die S-II ein. Um Gewicht zu sparen, war die Isolation aus Honigwaben aus Phenolharz unterschiedlich dick: 2,5 Millimeter am Rande und 120 mm in der Mitte.

Die Herstellung des gemeinsamen Zwischenbodens war aufwendig. Er bestand aus zwei Kugelschnitten mit einer Isolation zwischen den beiden Tankdomen. Zuerst wurde der untere Abschluss des Sauerstofftanks hergestellt, dann die Isolation in einem mehrstufigen Prozess auf der Oberseite angebracht. Zuletzt wurde die Isolation aus Acrylharz im Autoklaven ausgehärtet. Nach Abkühlung wurde die Isolation auf die benötigte Höhe abgeschliffen. Danach wurde der obere Wasserstofftankabschluss angebracht und auf diesem eine Isolationsschicht aufgebracht. Nach jedem Teilprozess wurde mit Ultraschallmessungen untersucht, ob die Isolation die nötige Stärke hatte.

Die NASA war sich anfangs nicht sicher, ob man diesen großen Zwischenboden herstellen konnte. Sie bestand darauf, dass North American ein herkömmliches Design mit getrennten Tanks ausarbeitete und weiter verfolgte, bis erste Tests zeigten, dass der gemeinsame Zwischenboden technisch umsetzbar war.

Die **Isolation** befand sich anders als bei der S-IVB auf der Außenseite des Tanks. North American wollte eine Eigenschaft der Legierung 2014 ausnutzen. Sie ist bei den Temperaturen von flüssigem Wasserstoff belastbarer als bei Raumtemperatur. Dazu musste die Tankwand auf diese Temperatur gekühlt werden. Das hatte einen Nachteil: Der Kleber, mit dem die Isolation an der Tankwand befestigt wird, ist dann auch so kalt. Bei einer Innenisolation wie bei der S-IVB ist seine Temperatur höher, weil die Isolation zwischen Kleber und Wasserstoff ist und nach Außen hin nur die dünne Tankwand folgt, bis draußen „normale" Temperaturen herrschen.

Die Suche nach einer Lösung für die Befestigung der Isolation war der Punkt der die Entwicklungsdauer bestimmte. Die schließlich gefundene Lösung bestand aus großen Stücken eines Gerüstes aus Phenolharz in Wabenform, welche mit einem Isocyanatschaum gefüllt waren. Diese Waben wurden auf beiden Seiten mit Folien aus Phenollaminat und Teflon als Träger- und Abschlussschichten (zur Befestigung auf der Tankwand und zur Verhinderung von Beschädigungen) verbunden. Bei Tests des Befüllung zeigte sich, dass eingeschlossene Luft beim Füllen des Tanks zur Schwächung der Verbindung führte. Sie gefroir bei Einfüllen des Wasserstoffs zu Eis und brachte an dieser Stelle die Isolation zum Abplatzen. Um diese Eisbildung zu verhindern, wurden die Tanks und die Außenseite der S-II mit Helium gespült, bevor sie befüllt wurden. Das war allerdings aufwendig und funktionierte nicht befriedigend.

North American fand nach einigen Versuchen eine bessere Lösung. Die Isolation wurde direkt aufgesprüht, das Wabengerüst und die beiden Schichten zur Verklebung und als Außenschutz weggelassen. Das war einfacher und sparte Gewicht. Die Isolation aus Polyurethan wurde zuerst großzügig aufgesprüht und später auf die benötigte Stärke abgetragen. Zuletzt wurde sie weiß lackiert, um das Eindringen von Feuchtigkeit zu verhindern. Das verhinderte von vorneherein die Probleme durch eingeschlossene Luft. Nach den ersten Stufen schwenkte North American zur aufgesprühten Isolation um. Sie kam ab Apollo 13 (AS-508) zum Einsatz. Die Isolationsschicht hatte eine variable Dicke von bis zu 12,5 cm in der Mitte des Bodens. An der Außenwand des Wasserstofftanks war sie im Mittel 4 cm stark und am oberen Tankdom (Stufenabschluss) nur 1,3 cm. Die Technologie und Erfahrungen, die NAA bei der Isolation und Tankfertigung gewann, führten schließlich zum leichtgewichtigen Space Shuttle Tank, der ebenfalls mit einer aufgesprühten Isolation versehen wurde.

An der Außenseite der Stufe führte der Systemtunnel entlang, 18 m lang und 56 cm breit. Er verband den oberen Abschluss mit dem Heck. In ihm wurden elektrische Kabelstränge und die Wasserstoffleitungen nach unten geführt.

Das **Hecksegment** bestand aus einer Kegelschale mit einem oberen Durchmesser von 10,00 m und einem unteren von 5,75 m mit dem Schubsgerüst.

Die fünf J-2 Triebwerke lieferten einen Schub von 5.100 kN. Die vier äußeren Triebwerke waren auf einem Kreis mit einem Durchmesser von 5,25 m schwenkbar angeordnet. Sie saßen auf einem kreuzförmigen Träger mit dem fünften Triebwerk in der Zentralposition. Zur besseren Ableitung des Schubs auf die Struktur führte an jedem Außenträger noch ein Träger zur Unterseite des Sauerstofftanks. Zwischen den Triebwerken befand sich an der Basis ein Schild aus Fiberglas, der die Heckstruktur vor den heißen Verbrennungsgasen schützte.

Der Träger für die Triebwerke steckte in der 2,13 m hohen unteren Verkleidung, welche die Kräfte auf die Außenschale übertrug. Die Verkleidung bestand aus vier durch Stringer verstärkten Teilringen in Halbschalenbauweise, die einen immer kleineren Durchmesser hatten. Verwendet wurde, wie in der ganzen Stufe, die Aluminiumlegierung 7075, die auch für die anderen strukturellen Teile verwendet wurde. Die Legierung 7075 (AlZnMgCu1,5) wird in der Maschinenindustrie und Luftfahrt eingesetzt und ist hoch beanspruchbar. Doch sie ist nicht sehr korrosionsfest und kann nicht geschweißt werden. Dafür ist sie sehr gut ätzbar. Was man ausnützte, um aus den dicken Platten durch Fräßen und Ätzen alles bis auf die Quer und Längsversteifungen zu entfernen. Die Außenhaut war schließlich im unteren Hecksegment nur noch 1,8 mm stark.

Im Heckteil befanden sich neben den Triebwerken noch der Großteil der elektrischen Ausrüstung sowie mechanische und hydraulische Anlagen, wie Aktoren oder Pumpen. Die Teile der Ausrüstung, die man nach dem Start der Triebwerke nicht mehr brauchte, waren im Stufenadapter angebracht und wurden mit ihm abgetrennt, z. B. die Treibstoffsammelraketen. Zu den Triebwerken führten Leitungen von jeweils 20 cm Durchmesser. Sie waren mit einer doppelwandigen Vakuumisolation umhüllt, bis auf das zentrale Triebwerk.

Eine Hydraulik mit 240 bar Druck schwenkte die Triebwerke. Jedes Triebwerk hatte einen eigenen Aktor. Der Hydraulikdruck wurde durch die Sauerstoff-Turbopumpe der Triebwerke gewährleistet. Jedes Triebwerk war in Nick- und Gierrichtung um 7 Grad oder um 10 Grad in Kombination beider Achsen zur Kompensation von Rollbewegungen mit einer Rate von mindestens 8 Grad pro Sekunde schwenkbar. Es gab an der Außenseite jedes Triebwerks einen Aktor mit zwei Achsen senkrecht aufeinander. Die Signale erhielt er von der IU. Sie wurden zuerst elektrisch verstärkt und dann in hydraulische Bewegungen umgesetzt. Das zentrale Triebwerk war fest eingebaut und konnte nicht bewegt werden. Da man bereits mit zwei Triebwerken alle Korrekturen um die drei Hauptachsen durchfuhren konnte, benötigte die S-II wie die S-IC keine Lageregelungstriebwerke.

Das obere **Forward Skirt**, in Halbschalenbauweise, diente als Verbindung zur S-IVB und zur Übertragung der Kräfte durch die Last der oberen Stufe und Nutzlast auf den Wasserstofftank. Die Struktur bestand aus vier Teilen. Sie war an den Kontaktstellen der Segmente durch Stringer versteift. Dazwischen wurden Querringe eingezogen. An der oberen Sektion, wo der Stufenadapter zur S-IVB angebracht wurde, gab es zusätzliche Versteifungen, um die Lasten besser zu übertragen. Aufgebaut war es nach denselben Prinzipien wie das Heckteil, ebenfalls aus der Aluminiumlegierung 7075. Da die Belastungen kleiner waren, verwendete man dünnere Verstärkungselemente. Die Außenhaut war nur 1 mm stark.

Wie bei der S-IC wurde das zentrale Triebwerk vorzeitig abgeschaltet, um die Vibrationen durch POGO und die Beschleunigung zu begrenzen. Bei Apollo-Missionen fand dies nach 300 s bei einer Beschleunigung von 1,8 g statt. Die äußeren Triebwerke arbeiteten noch 90 s weiter. Beim Start von Skylab fand das Abschalten früher statt, nach 215 s. Dafür arbeiteten die anderen Triebwerke länger und brannten 399 s lang. Wie die erste Stufe der Saturn IB hatte auch die S-II die Fähigkeit, Triebwerksausfälle aufzufangen. Das kam zweimal vor: beim zweiten Start, als der Computer durch eine falsche Verkabelung nicht nur das defekte, sondern auch ein gegenüberliegendes Triebwerk abschaltete, und beim Flug von Apollo 13, als das zentrale Triebwerk aufgrund von POGO-Schwingungen 132,4 s zu früh abschaltete. Die vier äußeren Triebwerke arbeiteten 34,5 s länger.

Bei der S-II gab es zwei Systeme von Stufentrennungsraketen, welche wie ihre Pendants in der S-IC mit Feststoff betrieben wurden. Bis zu acht Antriebe vom Typ RS-U-601 im unteren Heckteil mit einem Schub von je 95,7 kN beschleunigten die Stufe und sorgten für eine „saubere“ Abtrennung von der S-IC. Zudem sammelten die Triebwerke vor der Zündung die Treibstoffe in den Tanks. Sie brannten 3,75 s lang.

Jede Rakete war 226 cm lang bei einem Durchmesser von 32 cm. Für sie wurde ein schnell abbrennender Feststofftreibstoff mit der Bezeichnung Flexadyne entwickelt. Ihre Düsen waren um 10 Grad nach außen geneigt, damit die Abgase nicht den Stufenadapter beschädigten. Jede Rakete wog 221,5 kg, davon waren 153 kg Treibstoff. Nur beim ersten Flug, AS-501, Apollo 4 wurden acht Trennraketen eingesetzt. Danach waren es lediglich vier. Anders als die anderen Feststofftriebwerke in der Saturn V stammten diese Antriebe nicht von Thiokol, sondern Rocketdyne.

Vier weitere Retroraketen von jeweils 155,6 kN Schub im Stufenadapter zur dritten Stufe verlangsamten die Stufe bei der Abtrennung von der S-IVB um 17,6 m/s. Jede der Raketen vom Typ TE-M-29-4 brannte 1,52 s lang und hatte 122 kg Treibstoff bei einem Gesamtgewicht von 174 kg. Sie waren 27 cm im Durchmesser und 272 cm lang. Die Düse war um 9,2 Grad zur Achse geneigt, damit die Gase nicht auf die Struktur trafen. Diese Vorgehensweise, eine Stufe aktiv abzubremsen, ist selten. Bei den meisten Raketen begnügt man sich damit, die Oberstufe zu beschleunigen, denn die Bremsraketen stellen totes Gewicht dar. Bei der Saturn V allerdings wurden die beiden unteren Stufen aus Sicherheitsgründen aktiv abgebremst.

Es gab neben dem primären Heliumsystem für Druckbeaufschlagung und pneumatisches Öffnen und Schließen von Ventilen im Triebwerksteil ein Reservesystem. Es verwendete fünf Flaschen unter einem Druck von 210 bar an der Außenseite der Struktur. Das Helium wurde unter anderem genutzt, um die Kavitation in den Sauerstoffleitungen zu unterdrücken. Es wog zusammen mit den anderen Flüssigkeiten und Treibstoffen in den Feststoffantrieben 1.184 kg.

Die S-II setzte wie die S-IVB der Saturn IB die Technik der Variation des Mischungsverhältnisses des J-2 ein. Das Triebwerk startete mit 5,0 zu 1 und fuhr nach 25 – 30 s auf den Wert von 5,5 zu 1 hoch. Dies war das höchste Mischungsverhältnis und lieferte mit 1.020 kN pro Triebwerk den meisten Schub. Der Schubanstieg auf 90 Prozent des Maximalwertes war gleichzeitig das Signal für das Abtrennen des Stufenadapters. Sobald der Treibstoff weitgehend verbraucht war, nominell 280 s nach der Zündung, wechselte der Bordcomputer auf 4,5 zu 1. Damit wurden die Treibstoffe besser ausgenutzt. Dies reduzierte den Schub auf 807 kN, verringerte die Belastung für die Besatzung und erhöhte den spezifischen Impuls auf das Maximum von 4.270 m/s. Der Zeitpunkt, zu dem das Mischungsverhältnis abgesenkt wurde, variierte missionsspezifisch. Es gab Sensoren in den Treibstofftanks, mit denen der vorhandene Resttreibstoff gemessen wurde. Ziel war es, die Menge der Treibstoffreste in den Tanks bei Brennschluss zu minimieren. Abgeschaltet wurde, wenn der LOX weitgehend aufgebraucht war. Das vermied Probleme, wenn die Abschaltung vor Verbrauchen des LOX nicht klappen würde.

Die S-II wurde vertikal integriert, was in den USA beim Raketenbau selten vorkam (die Raketen wurden in der Regel vertikal zusammengebaut, nicht jedoch die Stufen). Es gab dafür zwei gewichtige Gründe. So benötigten zahlreiche Prozessschritte Zugang zum Inneren der Stufe. Das war einfacher möglich, wenn man die Stufe vertikal zusammenbaute. Der Zweite war, dass es beim Zusammenschweißen der Segmente in horizontaler Position zu einem Temperaturunterschied kommen würde. Das würde zu einer starken Ausdehnung des oberen Teils der Stufe führen.

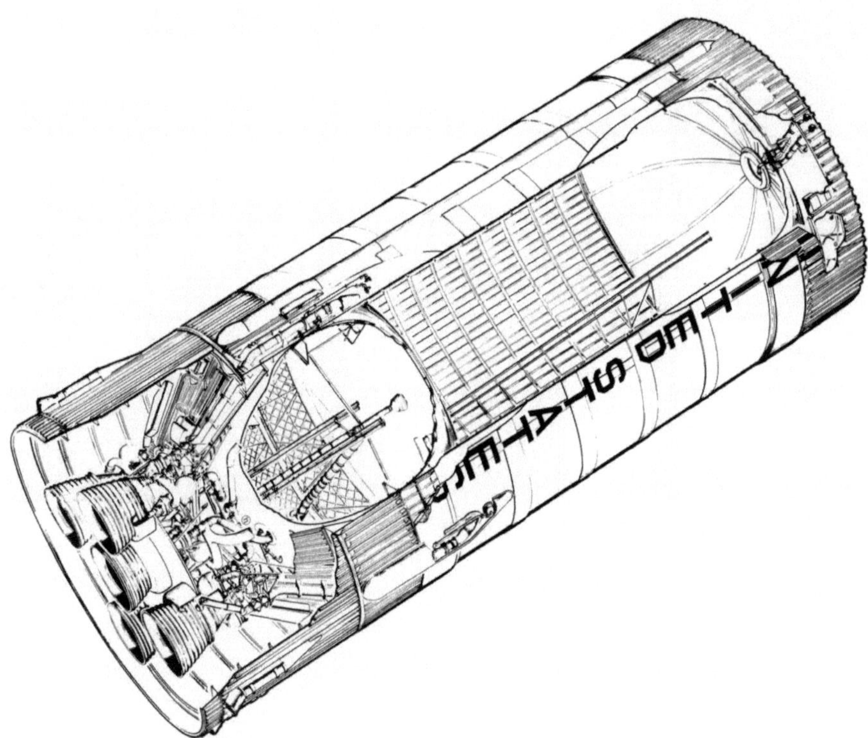

Abbildung 41: Aufbau der S-II

Abbildung 42: Die S-II bei der Montage auf die S-IC

Befüllen

Das Füllen der S-II war ein aufwendig. Zuerst wurden Leitungen und Tanks mit Helium gespült. Das Helium sollte Sauerstoff und Luft aus dem Wasserstofftank, zudem Feuchtigkeit aus dem Sauerstofftank und den Leitungen treiben. Zyklisch wurden Proben des Heliums untersucht, bis es frei von anderen Gasen war.

Da das Metall vor dem Betanken Zimmertemperatur hatte, würden die kryogenen Flüssigkeiten bei Kontakt sofort verdampfen und durch die starke Abkühlung Spannungen induzieren. So wurde die S-II vor dem Start zuerst mit Kaltgas stufenweise abgekühlt, das die Tanks, Leitungen, Ventile und Triebwerke durchströmte. Es wurde nach Passage wieder heruntergekühlt und erneut eingeleitet, bis die Zieltemperatur erreicht war.

Selbst das Füllen des Treibstoffs geschah in drei Phasen. Zuerst wurden 1.900 l Sauerstoff und 3.800 l Wasserstoff pro Minute eingepumpt. Trotz der Vorkühlung verdampfte der eingefüllte Treibstoff anfangs. Die Menge wurde bewusst klein gehalten, damit die Tanks weiter abgekühlt wurden. Das war der Fall, wenn die Tanks zu 5 Prozent gefüllt waren. Sensoren maßen das Erreichen dieses Punktes. Dann wurde die Flussrate um das Zehnfache auf 19.000 l Sauerstoff und 38.000 l Wasserstoff pro Minute erhöht, bis die Tanks zu 98 Prozent gefüllt waren. Nun wurde wieder auf eine langsame Füllung, diesmal mit 3.800 l pro Minute bei beiden Komponenten umgestellt, bis die Tanks zu 100 Prozent gefüllt waren.

Da die Tanks Stunden vor dem Abheben befüllt wurden, wurde bis kurz vor dem Abheben (160 s für den flüssigen Sauerstoff und 70 s für den Wasserstoff) verdampfender Treibstoff nachgefüllt. Das geschah mit einer Rate von 780 l Sauerstoff/Minute und 1.900 l Wasserstoff pro Minute. Ein Sensor schaltete bei 101 Prozent Füllung die Pumpe ab. 100 Prozent Füllung bedeutete in diesem Fall nicht, das der Tank vollständig gefüllt war. Dies war ein Füllstand, der den Sollzustand vorgab. Es blieb immer noch ein Restvolumen, weil die Tanks vor dem Start unter Druck stehen und das Druckgas benötigt Volumen. Alle Systeme an der Startplattform, welche Treibstoffe einspeisten, wurden mit Helium gespült, um eine Vereisung bzw. bei Wasserstoff die Abscheidung von Luft zu verhindern. Es wurde zuerst der Sauerstofftank gefüllt, während die Kühlung des Wasserstofftanks weiter lief, um strukturellen Stress zu vermeiden. Der verdampfende Treibstoff wurde abgeleitet. Der Sauerstoff konnte in die Luft entlassen werden. Der Wasserstoff wurde durch ein 300 m von der Startplattform entferntes Wasserbecken geleitet und, wenn er in Blasen wieder austrat, abgefackelt.

Nach Abkoppeln der Tankleitungen blieb das Wasserstoffventil offen, um ein Verdampfen des Wasserstoffs zu ermöglichen und einen Anstieg des Tankdrucks zu verhindern. Es wurde geschlossen, wenn ein Signal der S-IC das Abheben signalisierte. Beide Tanks wurden nach Abzug der Förderleitungen für den Treibstoff mit Helium von der Startbasis auf Flugdruck gebracht. Während des Aufstiegs betrug der Druck im Wasserstofftank maximal 2,03 Bar, nach Zündung der S-II dürfte er auf 2,28 Bar ansteigen. Für den Sauerstofftank gab es ursprünglich einen komplexen Regulator des Flusses in den Tank. Ab Apollo 15 wurde er durch eine einfache geeichte Öffnung ersetzt, die eine bestimmte Menge an Sauerstoff zurückleitete. Sollte es zu viel sein, so würden die Druckentlastungsventile aktiv werden.

Sollte der Start abgebrochen und die Tanks entleert werden, so wurden die Tanks zuerst unter Druck gesetzt, dann die Leitungen angeschlossen und dann der Prozess des Betankens in umgekehrter Reihenfolge durchgeführt.

Es gab pro Tank zwei Druckentlastungsventile. Eines reichte für den Betrieb aus, das zweite Ventil war ein Backup. Es waren Ventile, die durch eine Feder geschlossen sind, bis der Druck im Tank einen Grenzwert übersteigt. Damit war die Druckkraft, höher als die Federkraft. Das Ventil öffnete sich, bis so viel Gas entwichen war, das der Druck wieder unter einen vorgegebenen Maximaldruck sinkt.

Der Nominaldruck betrug 2,6 Bar im Sauerstofftank und 2,2 Bar im Wasserstofftank. Vor dem Start wurde Helium für die Druckbeaufschlagung verwendet, das von der Startbasis geliefert wurde. Nach dem Abheben wurde ein Teil des Sauerstoffs und Wasserstoffs über einen Wärmeaustauscher an den J-2 verdampft und als Druckgas zurück in die Tanks geleitet. Moderne Raketen nehmen für den Sauerstofftank auch Helium als Druckgas, da dieses trotz der nötigen Druckgasflasche leichter als der Sauerstoff ist – vor Brennschluss waren 780 kg Sauerstoff als Druckgas im Tank, die man als Treibstoff nicht nutzen konnte.

Um die Leitungen nach dem Start kühl zu halten, gab es zwei Zirkulationssysteme für den flüssigen Sauerstoff und Wasserstoff. Der Wasserstoff wurde von einer elektrischen Pumpe umgewälzt, die von einer 56-V-Batterie gespeist wurde. Das Zirkulationssystem wurde erst kurz vor dem Abheben aktiviert.

Das Sauerstoff-Zirkulationssystem wurde mit dem Tanken gestartet und benötigte keine Pumpe, sondern basierte auf dem Prinzip eines thermischen Siphons – der Sauerstoff wurde durch Dichteunterschiede in Bewegung gehalten. Eingespritztes Helium verstärkte die Dichtedifferenz. Die Zirkulation erfolgte durch die erste Stufe, solange diese aktiv war. Gekoppelt an das Zirkulationssystem war das LH2-Startventil, das flüssigen Wasserstoff zu den Triebwerken leitete. Solange die erste Stufe arbeitete, war das Zirkulationssystem aktiv und das Ventil geschlossen. Bei Stufentrennung stoppte die Zirkulation durch die abreisenden Verbindungen zur ersten Stufe, das Vorventil der Hauptwasserstoffleitung öffnete sich und lies flüssigen Wasserstoff zu den Triebwerken, was deren Start initiierte.

Die Treibstoffmenge zu messen war wichtig für die Veränderung des Mischungsverhältnisses und die Minimierung der Resttreibstoffmenge. Dafür gab es zwei Systeme von Sensoren, deren Signale von der IU ausgewertet wurden. Das waren zum einen Sensoren, die laufend über die Gesamtmenge an Treibstoff informierten. Dazu kamen andere Sensoren, die über das Über- und Unterschreiten von Grenzwerten informierten. Entlang der Hülle der Tanks gab es jeweils 14 Sensoren, die über den kapazitiven Widerstand in verschiedener Höhe die Füllmenge maßen. Den Verbrauch des gesamten Treibstoffs signalisieren jeweils fünf Sensoren im untersten Teil des Tanks. Sobald zwei dieser Sensoren signalisierten, dass der Treibstoff verbraucht war, wurde die S-II abgeschaltet.

Der Wasserstofftank wurde mit 250 kg zusätzlichem Wasserstoff über der nominellen Menge beladen. Das garantierte, dass in jedem Falle der Sauerstoff vor dem Wasserstoff ausging. In der Praxis blieb dann meist gleich viel Wasserstoff wie Sauerstoff übrig, obwohl bei der Verbrennung fünfmal mehr Sauerstoff als Wasserstoff verbraucht wurde. Die Platzierung der Wasserstoffsensoren für das Stopsignal war relativ einfach, da der Wasserstofftank durch den nach innen gewölbten Zwischentankboden an der Tankwand den tiefsten Punkt hatte. Beim Sauerstofftank gab es beim tiefsten Punkt eine eigene Vertiefung, einen „Sumpf“, in dem die Sensoren platziert wurden. Zu den Stoppsignalsensoren gehören auch noch die Sensoren, die eine 101 Prozentfüllung der Tanks signalisierten.

Das elektrische System bestand aus einem Hauptbus für die Stromversorgung des Hydrauliksystems, die Druckbeaufschlagung und der Kontrolle der J-2. Der elektrische Instrumentierungsbus versorgte die Instrumentierung und Telemetrie mit Strom. Jeder Bus wurde von einer 28-V-Silberzinkbatterie mit Strom versorgt, die redundant vorhanden war. Der Gleichstrom wurde für Elektromotoren in einen 56V, 400 Hz Wechselstrom umgewandelt. Das Zirkulationssystem und das Zündsystem hatten eine eigene Stromversorgung im Stufenadapter. Bis zum Abheben wurde die Stufe vom Montageturm mit Strom versorgt.

Der Brennschluss der F-1 der S-IC löste die Stufentrennung aus. Dabei passierten zeitgleich drei Dinge. Zuerst wurde die Verbindung der Stufen durch Sprengsätze durchtrennt. Gleichzeitig zündeten die Retroraketen der S-IC um diese von der S-II zu entfernen und die Treibstoffsammelraketen der zweiten Stufe. Der abreisende Zirkulationskreislauf des Kühlsystems öffnete dann das Vorventil zu den Triebwerken, die anschließend hochliefen.

Da die Triebwerke zuerst im mittleren Mischungsverhältnis starteten, blieb der Schub unterhalb des Nominalwertes. Sobald das höhere Mischungsverhältnis durch die IU aktiviert wurde, löste ein Sensor die Abtrennung des Stufenadapters aus, wenn der Schub 90 Prozent des Sollwertes erreichte. Die Stufentrennungsraketen zur Abtrennung von der S-IVB wurden aus Sicherheitsgründen erst 10 s vor dem voraussichtlichen Verbrauch des Treibstoffs aktiviert.

Die Entwicklung

Schon früh in der Entwicklung der Saturn V kam die Forderung nach mehr Nutzlast für Apollo auf. Es war 1964 nicht sicher, ob der Mondlander LM das Zielgewicht würde einhalten können. Er wurde letztlich erheblich schwerer als geplant. Später wollten Wissenschaftler zusätzliche Nutzlasten mitführen, wie Experimente im CSM oder ein Mondauto. Die Saturn V musste also die Nutzlast steigern. Um 1 kg mehr Nutzlast zu erhalten musste:

- Die S-IVB um 1 kg leichter werden oder
- Die S-II um 5 kg leichter werden oder
- Die S-IC um 14 kg leichter werden.

Die S-IVB war im Entwicklungsprozess zu weit fortgeschritten, um an ihr noch viel zu ändern. Sie musste als Erste der drei Stufen zur Verfügung stehen, da sie auch auf der Saturn IB zum Einsatz kam. Das „Abspecken" der S-IC war nicht sehr sinnvoll, da 14 kg Gewichtsreduktion nur 1 kg mehr Nutzlast ergaben. Somit blieb nur noch die S-II zur Optimierung übrig. Mitte 1964 wurde ein Programm gestartet, um die S-II leichter zu machen. Die S-II von Apollo 8 (erstes Serienexemplar) wog leer noch 40.188 kg, die von Apollo 15 nur noch 35.383 kg. Die Tanks wogen nur noch 3 Prozent ihres Inhalts. Das zweite Produktionslos für die längeren J-Missionen hatte ihren ersten Einsatz bei SA-509 mit Apollo 14.

Mit den S-II Stufen gab es einige Probleme bei den Tests. Einige hätten vermieden werden können. Das Hauptproblem war anfangs, das die Stufe schon 1963 weit hinter dem Terminplan hinterherhinkte. Um den Rückstand aufzuholen, bestand der für das Programm verantwortliche General Samuel C. Phillips darauf, im Frühjahr 1965 den dynamischen Test der S-II auszulassen. Stattdessen sollten mehr kombinierte statisch/dynamische Tests durchgeführt werden, um den Zeitplan einzuhalten. Am 29.7.1965 wurden in einem Testmodell fehlerhafte Schweißnähte entdeckt. Am 19.9.1965 explodierte eine S-II bei einem kombinierten statischen/dynamischen Test. Dabei war diese Stufe eigens für diese Strukturtests gebaut worden. An der Hecksektion gab es Belastungsspitzen von 144 Prozent der Normbelastung, die zu viel für die Struktur waren.

Das S-II-Programm war zu diesem Zeitpunkt mehr als drei Monate hinter dem Zeitplan. Erstmals gab es bei der NASA Zweifel, ob es klug war, North American die Aufträge für zwei große Teilprojekte, nämlich die S-II und das CSM zu übertragen. Es wurde vermutet, dass die Firma mit beiden Aufgaben überfordert war. Die Bedenken wurden zur Gewissheit als am 27.1.1967 bei einem Probecountdown der Apollo 1 Mission ein Brand in der Kommandokapsel ausbrach. Die Besatzung erstickte durch die Rauchgase.

Ein von der NASA eingesetztes „Tiger Team" untersuchte das S-II Programm. Die NASA stufte die Probleme und Zeitverzögerungen bei der S-II als die Punkte ein, die das Programm aufhielten. Das Tiger Team kam zu dem Schluss, dass es vor allem Kommunikationsprobleme gab. Das Management bekam nicht die nötigen Informationen und hatte nicht den notwendigen Durchblick. Das Management von NAA kam in dem Report von General Sam Phillips, der die Kommission leitete, nicht gut weg. Es wurden als Folge viele Personen im Management von North American ausgetauscht.

Die Führung übernahm bei NAA nun Robert Gees. Er führte das Programm zum Erfolg. Gees führte tägliche Besprechungen ein, bei denen über die Fortschritte und Probleme referiert wurde. Zunächst schien sich die Situation zu bessern. Am 23.2.1966 fand der erste Brennversuch einer S-II mit einem Bodenschub von 408 t statt. Am 20.5.1966 arbeitet bei einem weiteren Test die Stufe erstmals über die spätere Betriebsdauer. Am 25.5.1966 wurde ein erfolgreicher statischer Versuch über 350 s durchgeführt. Doch schon drei Tage später explodierte beim 11.ten Test eine weitere S-II. Nach ersten Untersuchungen wurde das durch einen zu hohen Druck im Tank verursacht, also verschuldet durch das Bodensegment.

Das MSFC gab sich damit nicht zufrieden und schickte Teams zu NAA, um die Produktion zu überprüfen. Bei der Untersuchung der zerstörten S-II hatte das MSFC kleine Risse nahe der Explosionsstelle entdeckt. Es gab die gleichen Risse in einigen Serienexemplaren der Produktion. Daneben wurden undichte Dichtungen und zahllose kleinere Probleme gefunden. Damit musste der Jungfernflug der Saturn V verschoben werden. Für die Schulung der Mannschaften am Cape für den Zusammenbau der Rakete musste für die schon fertiggestellten restlichen Elemente von Apollo 4 und 6 nun ein Stempel herhalten, der eine S-II simulierte.

Am 1.12.11966 begann man mit Brennversuchen der ersten Flugeinheit. Kurz vor dem Brand von Apollo 1 traf am 21.1.1967 das erste Flugexemplar der S-II am Cape ein. Geplant war der Jungfernflug der Saturn V mit Apollo 4 für den August 1967. Doch auch in diesem Exemplar entdeckte man die Risse. Die Stufe musste repariert und der Start um weitere drei Monate auf November 1967 verschoben werden. Ab Juni 1967 wurde schließlich die erste Saturn V SA-501 im VAB zusammengebaut.

Der Start der Saturn V 501 verlief am 9.11.1967 makellos. Die S-II blieb trotzdem das Sorgenkind. Von den vier größeren Vorkommnissen bei den Saturn Starts entfielen drei auf die S-II.

Beim nächsten Start, SA-502 mit Apollo 6, fiel ein J-2 aus. Eine falsche Verkabelung führte dazu, dass der Bordcomputer nicht das Triebwerk #2, sondern das gegenüberliegende, #3, abschaltete.

Beim Start von Apollo 13 traten beim zentralen Triebwerk Vibrationen von bis zu 33,7 g auf. Die Querverbindungen zwischen Triebwerk und Gerüst wurden um einige Zoll gestaucht. Während die Verbindungen den Belastungen standhielten, waren sie für einen Sensor, der den Brennkammerdruck messen sollte, zu viel. Er fiel aus und der Bordcomputer schaltete das Triebwerk ab. Ursache für die starken POGO-Oszillationen war ein zu niedriger Druck im Sauerstofftank, der Kavitation verhindern sollte. Es war der letzte Einsatz einer S-II des ersten Produktionsloses. Die folgenden Stufen für die späteren Missionen waren leichter, um die J-Missionen mit verlängertem Aufenthalt auf dem Mond und die Mitnahme eines Mondautos zu ermöglichen. Außerdem waren sie zuverlässiger.

Trotzdem geschah beim letzten Start nochmals eine Panne. Der Zwischenstufenadapter, der nominell 30 Sekunden nach der Zündung abgetrennt wurde, blieb an der S-II. Da die Raumstation Skylab weit unter der maximalen Nutzlast einer zweistufigen Saturn V war, erreichte sie trotzdem den geplanten Orbit. Wahrscheinlich wurde durch die Beschädigung von Skylab beim vorzeitigen Entfalten eines Solarpaneels auch die elektrische Verbindung zu den Sprengsätzen, die den Adapter abtrennten, beschädigt.

S-II (Werte von Apollo 17)	
Trockengewicht:	36.478 kg
Startgewicht:	493.318 kg
Abmessungen:	Länge: 24,47 m Durchmesser: 10,06 m
LOX:	382.906 kg
Masse LOX-Tank:	5.800 kg
Länge LOX-Tank	6,70 m
Volumen LOX-Tank:	331 m³ gefüllt: 314 m³
LH2:	76.276 kg
Masse LH2-Tank:	18.000 kg
Länge LH2-Tank	12,69 m
Volumen LH2-Tank:	1.000 m³, gefüllt 982,4 m³
Aft-Skirt	Länge: 2,13 m
Forward-Skirt:	Länge 3,36 m
Brenndauer:	297.65 s Zentrales, 396,10 s äußere Triebwerke.
Treibstoffreste:	1.248 kg LH2, 635,4 kg LOX (typisch)
Masse Strukturen:	10.200 kg

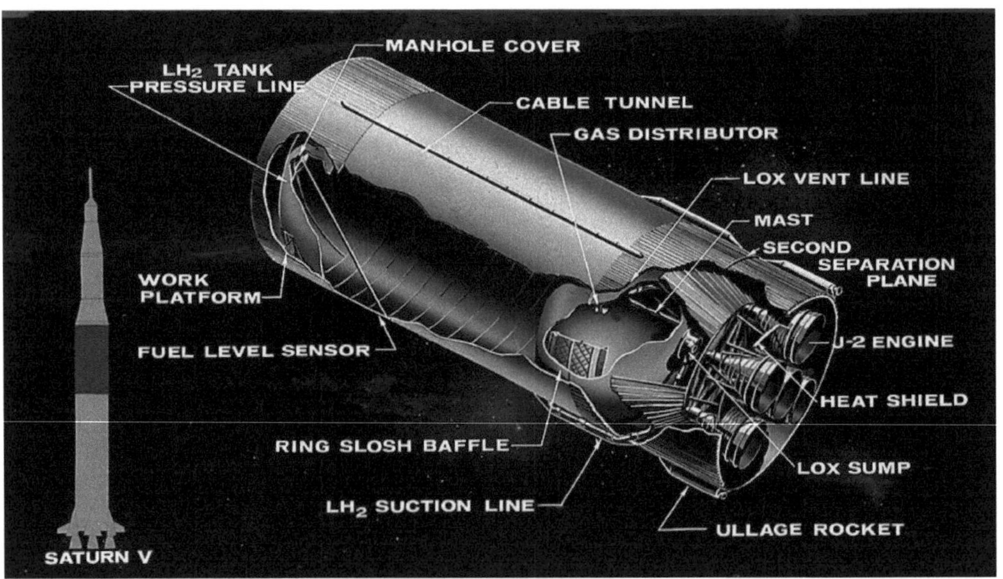

Abbildung 43: Aufbau der S-II

Abbildung 44: Das Heck der S-II mit den fünf J-2 Triebwerken

Die dritte Stufe S-IVB

Die von McDonnell Douglas gefertigte S-IVB war weitgehend baugleich mit der S-IVB der Saturn IB. Eine genaue Beschreibung der S-IVB finden Sie auf S. 98. Eine Beschreibung des J-2 Triebwerks auf S. 110. Ein Unterschied zur S-IVB der Saturn IB lag in einer verbesserten Tankisolation, die Freiflugphasen von bis zu 4,5 Stunden ermöglichte. Nominell sollte sie für 2,75 Stunden ausreichen, dann erfolgte der Einschuss in die TLI. Doch das Manned Space Center wollte einen zusätzlichen Orbit als Reserve. Zeitliche Probleme mit der S-IVB gab es wegen des Einsatzes der Stufe auf der Saturn IB nicht. Ihr Jungfernflug erfolgte am 23.2.1966, also zwanzig Monate vor dem Jungfernflug der Saturn V. Lediglich die Wiederzündung im Orbit musste bei den ersten beiden Testflügen qualifiziert werden. Eine dazu durchgeführte Testserie der Wiederzündung in Höhenforschungsständen wurde am 16.3.1967 abgeschlossen.

Der Stufenadapter, der sich im Durchmesser von den 10,01 m der S-II auf 6,60 m verjüngte, verblieb nach der Stufentrennung an der S-II. Die Hilfstriebwerke und Stufenbeschleunigungsraketen verfügten über 1.249 kg weiteren Treibstoff. Die S-IVB musste bei der Saturn V zweimal gestartet werden. Bei Apollo 9 wurde nach der Abtrennung von CSM und LM mit dem verbliebenen Resttreibstoff der S-IVB getestet, ob die S-IVB auch dreimal gezündet werden konnte. Obwohl die normalen Mondmissionen nur zwei Zündsequenzen benötigten, gelang dieser Versuch, und die S-IVB wurde auf einen Fluchtkurs gebracht.

Bei der S-IVB der Saturn V gab es das **A**uxillary **P**ropulsion **S**ystem (APS). Das waren zwei 320 N-Triebwerke, die mit den hypergolen Treibstoffen MMH und NTO betrieben wurden. Sie arbeiteten nach der ersten Zündung 50 s länger, um unerwünschte Bewegungen des Treibstoffs zu minimieren. Vor der zweiten Zündung zündeten sie erneut, um genügend Treibstoff für die Wiederzündung zu sammeln. Diese Kontrolltriebwerke verfügten über 56,7 kg MMH und 80,7 kg NTO. Ohne Wiederzündung waren sie bei der S-IVB der Saturn IB überflüssig. Die Tankkonstruktion des APS entsprach den Rollachsentriebwerken mit derselben Treibstoffmischung. Die Tanks wurden durch Gas unter Druck gesetzt und eine dehnbare Membran aus Teflon trennte Treibstoffe vom Gas und drückte die Treibstoffe an die Wand. Anders als die Rollachsentriebwerke waren die APS-Triebwerke nicht für den Pulsbetrieb ausgelegt. Die minimale Brenndauer betrug 16 s.

Die Treibstoffe sollten in der S-IVB möglichst gleichzeitig aufgebraucht werden. Bei der S-II wurde daher ab einem bestimmten Zeitpunkt von der Veränderung des Mischungsverhältnisses durch das Bypass-Ventil Gebrauch gemacht. Das war auch für die S-IVB geplant. Doch diese aufwendige Methode wurde durch eine einfachere ersetzt. Die Unsicherheit war, wie viel Wasserstoff während der Zeit im Erdorbit verdampfen würde. Man kompensierte dies, indem man mehr Wasserstoff zulud, als benötigt wurde. Die erste Zündsequenz zum Erreichen des Orbits absolvierte die S-IVB mit dem festen Mischungsverhältnis 5:1. Bei der Wiederzündung arbeitet das J-2 dagegen mit 4,5 zu 1, solange bis der zusätzlich zugeladene und nicht verdampfte Wasserstoff verbraucht war. Wenn die IU dies bemerkte, schaltete sie wieder auf 5 zu 1 zurück.

Die Verbindung zum Servicemodul des Apollo-Raumschiffs bestand aus zwei Sätzen von je vier gekrümmten Aluminiumflächen, genannt SLA (**S**aturn **L**unar Module **A**dapter). Sie bildeten zusammen einen Zylinderstumpf von 6,60 m Basisdurchmesser, 3,91 m Spitzendurchmesser und 8,50 m Länge. Sie hatten eine Wandstärke von 4,2 mm und waren außen mit einer 0,7 mm dicken Korkschicht gegen die beim Aufstieg entstehende Reibungshitze geschützt. Innerhalb des Zwischenraums befand sich zusammengefaltet auf der S-IVB das LM. Nach dem Erreichen der Flugbahn zum Mond

Abbildung 45: S-II Test im Marshall Testzentrum

wurde bei der Saturn V der SLA abgesprengt, und das CSM dockte an das LM an. Bei der Saturn IB verblieben die SLA-Segmente dagegen an der S-IB und öffneten sich nur wie ein Blütenblatt. Der SLA wog zwischen 1.796 kg und 1.815 kg.

Für den Start von Skylab wurde aus den SLA eine größere Nutzlastverkleidung gefertigt. Auch sie bestand aus vier Segmenten. Sie umhüllte den oberen Teil der Raumstation mit der Luftschleuse, dem Kopplungsadapter und den Sonnenteleskopen. Ihre Länge betrug 17,10 m bei einem Basisdurchmesser von 6,50. Sie wog 11.794 kg und wurde wie der SLA erst im Orbit abgetrennt.

Die IU der Saturn V war identisch mit dem Modell in der Saturn IB. Ab Apollo 13 erhielt die IU eine weitere Batterie, mit der die Sender bis zu einem Aufschlag auf dem Mond betrieben werden konnten.

Nach Brennschluss der S-IC war der Apollo Guidance Computer in der Kommandokapsel in der Lage, beim Ausfall der IU die Saturn V zu steuern. Die Kommandanten erhielten eine zusätzliche Schulung, um die Saturn per Hand zu steuern, falls auch der AGC ausfallen sollte. Deswegen waren die Treibstoffreserven der Saturn sehr großzügig kalkuliert.

S-IVB (Werte von Apollo 17)	
Trockengewicht:	11.295 kg
Startgewicht:	120,657 kg (ohne Stufenadapter)
Abmessungen:	18,10 m Länge. Durchmesser: 10,06 m am Aft-Segment, 6,60 m sonst
LH2-Tank	263 m³ Volumen, 19.845 kg LH2
LOX-Tank	80,08 m³ Volumen 88.717 kg LOX
Brenndauer:	138,8 s erste Brennperiode, 351,0 g zweite Brennperiode
Treibstoffreste (typisch)	1.716 kg LH2, 951 kg LOX
Stufenadapter zur S-II	3.637 kg, 5,50 m Höhe
Heckskirt:	2,10 m Länge
Tank:	13,40 m Länge
Frontskirt:	3,10 m Länge
SLA:	6,60 m Basisdurchmesser, 3,91 m Kopfdurchmesser,8,50 m Länge, 1.797 kg Gewicht
IU:	0,91 m Höhe, 6,60 m Durchmesser 1.935 bis 2.196 kg Gewicht

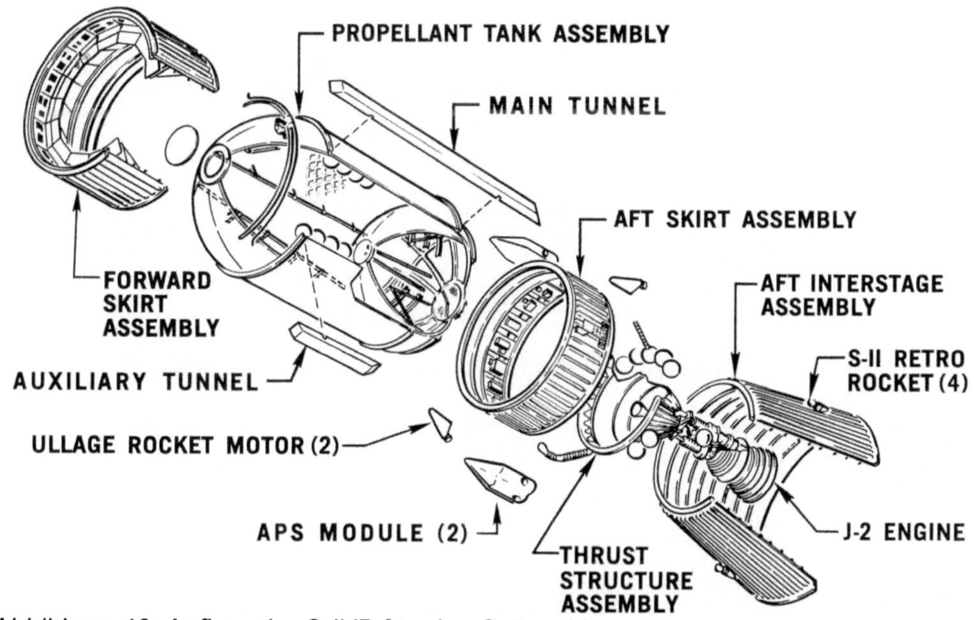

Abbildung 46: Aufbau der S-IVB für eine Saturn V

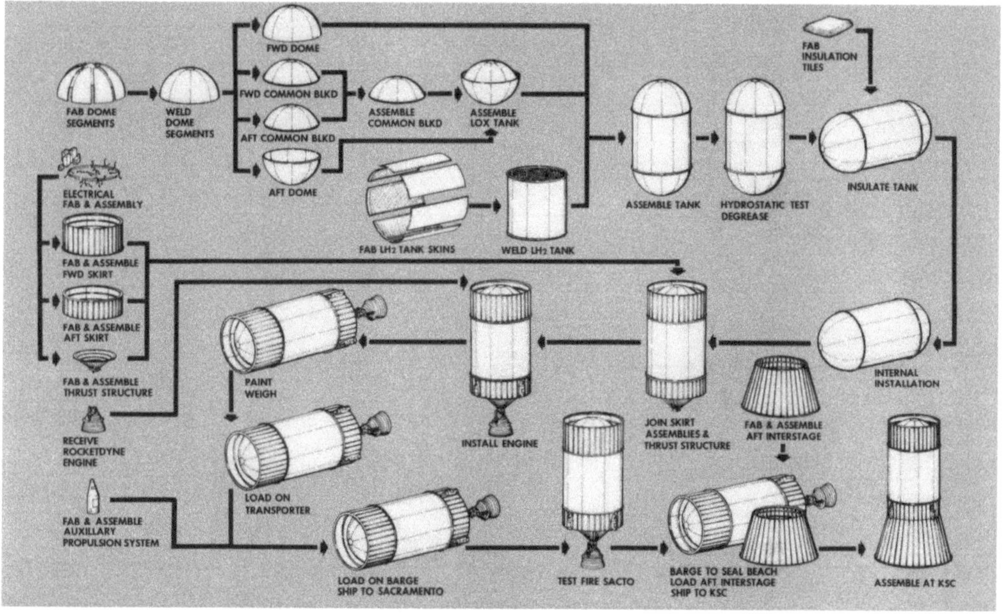

Abbildung 47: Herstellung der S-IVB

Daten der Saturn V Starts

Die erste Tabelle enthält die Startmassen jeder Stufe nach NASA SP-4029 „Apollo by he Numbers“. Die Werte wurden vom Autor mit einem Computerprogramm in Kilogramm umgerechnet. Die S-IVB von Apollo 7 ist nach dem offiziellen Launch Presskit deutlich leichter als die folgenden S-IVB auf der Saturn V. Da der Stufenadapter extra aufgeführt wird, kann es nicht an ihm liegen. Der Autor vermutet, dass man versehentlich bei der Masse die IU abgezogen hat. Mit ihr wären es 11.846 kg, in etwa genauso viel wie bei den folgenden Flügen.

	Apollo 7	Apollo 8	Apollo 9	Apollo 10	Apollo 11	Apollo 12
Zündzeitpunkt (s)	-2,988	-6,585	-6,3	-6,4	-6,4	-6,5
S-IB trocken	38.343					
S-IB LOX	286.358					
S-IB Kerosin	125.602					
S-IB Anderes	536,2					
S-IB Gesamt	450.838					
S-IB/S-IVB Stufenadapter	2.514,3					
Retromotor Propellant	481,3					
S-IC trocken		138.453	133.571	133.347	130.424	130.591
S-IC LOX		1.418.876	1.497.426	1.498.162	1.499.505	1.501.506
S-IC Kerosin		615.823	649.409	645.588	646.330	646.057
S-IC Anderes		2.824,1	2.498,4	2.490,7	2.468,5	2.468,5
S-IC Gesamt		2.175.976	2.282.904	2.279.588	2.278.727	2.280.622
S-IC/S-II Stufenadapter		5.641	5.258	5.255	5.206	5.220
S-II trocken		40.144	38.244	38.226	36.158	36.395
S-II LOX		360.065	372.634	373.460	371.521	374.404
S-II LH2		70.266	72.060	71.914	71.721	71.622
S-II Anderes		646,8	538,9	567	571,5	567
S-II Gesamt		471.122	483.387	484.168	479.972	483.029
S-II/S-IVB Stufenadapter		3.960,4	3.627,9	3.649,2	3.663,3	3.638,3
S-IVB trocken	9.912	11.760	11.380	11.648	11.273	11.369
S-IVB LOX	87.694	87.472	86.046	87.113	87.317	86.450
S-IVB LH2	18.103	19.684	19.826	19.681	19.781	19.806
S-IVB Anderes	649,6	737,6	756,2	763,9	751,2	849,6

S-IVB Gesamt	116.359	119.654	118.004	119.225	119.121	118.474
IU	1.933,7	2.196,3	1.941,9	1.935,5	1.939,1	1.940
SLA	1.788,5	1.792,2	1.819,8	1.800,3	1.792,2	1.796,3
LM (LTA Apollo 8)	–	9.027	14.531	13.941	15.095	15.224
CSM	14.740	28.818	26.815	28.831	28.807	28.830
LES	4.025,2	4.032,5	4.023	4.053,4	4.041,6	4.065,6
Gesamt Spacecraft	20.554	43.669	47.188	48.626	49.735	49.916
Gesamt	592.680	2.822.219	2.942.311	2.942.446	2.938.364	2.942.840

	Apollo 13	**Apollo 14**	**Apollo 15**	**Apollo 16**	**Apollo 17**	**Skylab**
Zündzeitpunkt (s)	-6,7	-6,5	-6,5	-6,7	-6,9	-6,8
S-IC trocken	130.591	130.324	129.824	130.571	130.345	130,453
S-IC LOX	1.499.027	1.502.672	1.502.337	1.501.972	1.503.406	1.501.200
S-IC Kerosin	649.276	647.995	639.938	653.136	649.519	637.794
S-IC Anderes	2.449,9	2.356	1.942,8	2.447,6	2.447,2	2.448
S-IC Gesamt	2.281.344	2.283.347	2.274.041	2.288.127	2.285.718	2.271.908
S-IC/S-II Stufenadapter	5.196	5.171	4.120	4.577	4.524,7	5.608
S-II trocken	35.357	35.435	35.793	36.452	36.480	36.653
S-II LOX	379.546	379.883	380.113	383.817	382.881	372.953
S-II LH2	72.544	72.278	72.107	72.808	72.780	72.749
S-II Anderes	505,3	476,7	490,8	449,52	423,66	481
S-II Gesamt	487.952	488.022	488.503	493.544	492.565	482.991
S-II/S-IVB Stufenadapter	3.665,5	3.656	3.642	3.653,7	3.637,4	3.453
S-IVB trocken	11.384	11.354	11.430	11.385	11.358	
S-IVB LOX	87.082	86.398	88.809	88.621	88.740	
S-IVB LH2	19.803	19.752	19.811	19.835	19.846	
S-IVB Anderes	758,9	765,2	750,7	745,3	752,1	
S-IVB Gesamt	118.987	118.270	120.800	120.585	120.697	
IU	2.042,1	2.043,5	2.035,3	2.042,1	2.027,6	
SLA	1.790,4	1.797,2	1.798,1	1.796,7	1.796,7	
LM (LTA Apollo 8)	15.192	15.280	16.438	16.437	16.448	
CSM	28.937	29.234	30.357	30.368	30.365	
LES	4.078,3	4.094,6	4.131,4	4.158,2	4.129,6	
Gesamt Spacecraft	49.999	50.405	52.724	52.760	52.740	89.096
Gesamt	2.949.186	2.950.917	2.945.867	2.965.291	2.961.910	2.852.929

Die folgenden Tabellen enthalten den Treibstoffverbrauch jeder Mission. Die Werte stammen ebenfalls aus „Apollo by the Numbers", vom Autor über ein Computerprogramm in Kilogramm umgerechnet.

	Apollo 7	Apollo 7	Apollo 7	Apollo 7	Apollo 8	Apollo 8	Apollo 8	Apollo 8
	Start	Ende	Dauer	Verbrauch kg/s	Start	Ende	Dauer	Verbrauch kg/s
S-IB (s)	-2,988	144,32	147,31	–	–	–	–	–
LOX (kg)	286.358	1.465,6	284.892	1.934	–	–	–	–
Kerosin (kg)	125.602	2.144,6	123.457	838,1	–	–	–	–
Gesamt (kg)	411.960	3.610,2	408.349	2.772,1	–	–	–	–
S-IC (s)	–	–	–	–	-6.585	153.82	160.41	–
LOX (kg)	–	–	–	–	1.418.876	20.895	1.397.981	8.715
Kerosin (kg)	–	–	–	–	615.823	12.076	603.747	3.763,9
Gesamt (kg)	–	–	–	–	2.034.699	32.971	2.001.728	12.479
S-II (s)	–	–	–	–	156.19	524.04	367.85	–
LOX (kg)	–	–	–	–	360.065	2.344,7	357.721	972,5
LH2 (kg)	–	–	–	–	70.266	2.047,6	68.218	185,43
Gesamt (kg)	–	–	–	–	430.331	4.392,2	425.939	1.157,9
S-IVB 1.te Zündung (s)	146,97	616,76	469,79		528,29	684,98	156,69	–
LOX (kg)	87.694	758	86.937	185,07	87.472	59.975	27.497	175,5
LH2 (kg)	18.103	1.134,9	16.968	36,11	19.684	13.916	5.768	36,83
Gesamt (kg)	105.797	1.892,9	103.904	221,18	107.156	73.891	33.266	212,28
S-IVB 2.te Zündung (s)	–	–	–	–	10,237,79	10,555,51	317,72	–
LOX (kg)	–	–	–	–	59.864	3.657,8	56.206	176,9
LH2 (kg)	–	–	–	–	12.863	1.251,5	11.612	36,56
Gesamt (kg)	–	–	–	–	72.727	4.909	67.818	213,46
Oxidator/Treibstoff								
S-IB	2,28	–	2,308	–	–	–	–	–
S-IC	–	–	–	–	2,304	–	2,316	–
S-II	–	–	–	–	5,124	–	5,244	–
S-IVB 1.te Zündung	4,844	–	5,124	–	4,444	–	4,767	–
S-IVB 2.te Zündung	–	–	–	–	4,654	–	4,84	–

	Apollo 9	Apollo 9	Apollo 9	Apollo 9	Apollo 10	Apollo 10	Apollo 10	Apollo 10
	Start	Ende	Dauer	Verbrauch kg/s	Start	Ende	Dauer	Verbrauch kg/s
S-IC (s)	-6,3	162,76	169,06	–	-6,4	161.63	168.03	–
LOX (kg)	1.497.426	20.516	1.476.909	8.736	1.498.162	18.413	1.479.750	8.806
Kerosin (kg)	649.409	19.228	630.181	3.727,5	645.588	12.944	632.644	3.765,1
Gesamt (kg)	2.146.835	39.744	2.107.090	12.464	2.143.750	31.357	2.112.393	12.572
S-II (s)	165.16	536.22	371.06	–	164.05	552.64	388.59	388.59
LOX (kg)	372.634	1.465,1	371.169	1.000,3	373.460	1.603,9	371.856	957
LH2 (kg)	71.970	1.533,6	70.436	189,83	71.914	2.096,5	69.818	179,67
Gesamt (kg)	444.604	2.998,7	441.605	1.190,1	445.374	3.700,5	441.674	1.136,6
S-IVB 1.te Zündung (s)	540.82	664.66	123.84	–	556.81	703.76	146.95	–
LOX (kg)	86.042	60.520	25.522	206,07	87.132	60.729	26.402	179,67
LH2 (kg)	19.826	14.968	4.858	39,24	19.681	14.317	5.363	36,51
Gesamt (kg)	105.868	75.488	30.380	245,31	106.812	75.047	31.766	216,19
S-IVB 2.te Zündung (s)	17,155.54	17,217.6	62.06	–	9,207.52	9,550.58	343.06	343.06
LOX (kg)	60.323	49.578	10.746	173,14	60.542	2.392,3	58.150	169,51
LH2 (kg)	13.322	11.102	2.219,5	35,74	13.207	987,5	12.220	35,61
Gesamt (kg)	73.645	60.680	12.965	208,93	73.749	3.379,8	70.370	205,12
S-IVB 3.te Zündung (s)	22,039.26	22,281.3	242.06	–	–	–	–	–
LOX (kg)	49.409	15.446	33.964	140,3	–	–	–	–
LH2 (kg)	10.669	4.060,2	6.608	27,31	–	–	–	–
Gesamt (kg)	60.078	19.506	40.572	167,61	–	–	–	–
Oxidator/Treibstoff								
S-IC	2,306	–	2,344	–	2,321	–	2,339	–
S-II	5,178	–	5,27	–	5,193	–	5,326	–
S-IVB 1.te Zündung	4,34	–	5,254	–	4,427	–	4,923	–
S-IVB 2.te Zündung	4,528	–	4,842	–	4,584	–	4,759	–
S-IVB 3.te Zündung	4,631	–	5,139	–	–	–	–	–

	Apollo 11	Apollo 11	Apollo 11	Apollo 11	Apollo 12	Apollo 12	Apollo 12	Apollo 12
	Start	Ende	Dauer	Verbrauch kg/s	Start	Ende	Dauer	Verbrauch kg/s
S-IC (s)	-6.4	161.63	168.03	–	-6.5	161.74	168.24	–
LOX (kg)	1.499.505	18.041	1.481.464	8.817	1.501.506	19.093	1.482.413	8.811
Kerosin (kg)	646.330	13.954	632.376	3.763,5	646.057	16.470	629.587	3.742,2
Gesamt (kg)	2.145.834	31.995	2.113.840	12.580	2.147.563	35.563	2.112.000	12.553
S-II (s)	164.00	548.22	384.22	–	163.20	552.34	389.14	–
LOX (kg)	371.521	1.603,9	369.917	962,8	374.404	1.603,9	372.800	958
LH2 (kg)	71.721	4.907	66.814	173,91	71.662	2.091,1	69.571	178,76
Gesamt (kg)	443.242	6.511	436.732	1.136,7	446.067	3.695	442.372	1.136,8
S-IVB 1.te Zündung (s)	552.20	699.33	147.13	–	556.60	693.91	137.31	–
LOX (kg)	87.317	61.301	26.015	176,81	86.450	61.648	24.802	180,62
LH2 (kg)	19.781	14.395	5.385	36,61	19.806	14.672	5.133	37,38
Gesamt (kg)	107.097	75.697	31.400	213,42	106.256	76.320	29.935	218
S-IVB 2.te Zündung (s)	9,856.20	10,203.0	346.83	–	10,042.8	10,383.94	341.14	–
LOX (kg)	61.153	2.426,8	58.726	169,33	61.516	2.113,3	59.403	174,14
LH2 (kg)	13.301	958	12.343	35,61	13.519	956,6	12.562	36,83
Gesamt (kg)	74.454	3.384,8	71.070	204,89	75.035	3.070	71.965	210,97
Oxidator/Treibstoff								
S-IC	2,32	–	2,343	–	2,324	–	2,355	–
S-II	5,18	–	5,536	–	5,225	–	5,359	–
S-IVB 1.te Zündung	4,414	–	4,831	–	4,365	–	4,831	–
S-IVB 2.te Zündung	4,597	–	4,758	–	4,55	–	4,729	–

	Apollo 13	Apollo 13	Apollo 13	Apollo 13	Apollo 14	Apollo 14	Apollo 14	Apollo 14
	Start	Ende	Dauer	Verbrauch kg/s	Start	Ende	Dauer	Verbrauch kg/s
S-IC (s)	-6.7	163.60	170.30	–	-6.5	164.10	170.60	–
LOX (kg)	1.499.027	17.655	1.481.373	8.699	1.502.672	19.310	1.483.362	8.695
Kerosin (kg)	649.276	12.507	636.769	3.739,1	647.995	14.657	633.339	3.712,4
Gesamt (kg)	2.148.303	30.162	2.118.141	12.438	2.150.667	33.966	2.116.701	12.407
S-II (s)	166.00	592.64	426.64	–	166.50	559.05	392.55	–
LOX (kg)	379.546	1.602,6	377.943	885,9	379.883	1.337,7	378.545	964,3
LH2 (kg)	72.545	2.055,7	70.489	165,2	72.228	1.466	70.762	180,26
Gesamt (kg)	452.090	3.658,3	448.432	1.051,1	452.110	2.803,7	449.307	1.144,6
S-IVB 1.te Zündung (s)	596.90	749.83	152.93	–	563.40	700.56	137.16	–
LOX (kg)	87.041	60.224	26.818	175,36	86.399	62.059	24.339	177,45
LH2 (kg)	19.803	14.268	5.535	36,2	19.752	14.790	4.963	36,2
Gesamt (kg)	106.844	74.492	32.353	211,56	106.151	76.849	29.302	213,65
S-IVB 2.te Zündung (s)	9,346.3	9,697.15	350.85	–	8,912.4	9,263.24	350.84	–
LOX (kg)	60.113	1.738,2	58.375	166,38	61.940	2.636,3	59.303	169,01
LH2 (kg)	13.321	890,4	12.430	35,43	13.802	1.212	12.590	35,88
Gesamt (kg)	73.434	2.628,6	70.806	201,81	75.742	3.848,3	71.893	204,94
Oxidator/Treibstoff								
S-IC	2,309	–	2,326	–	2,319	–	2,342	–
S-II	5,232	–	5,362	–	5,26	–	5,35	–
S-IVB 1.te Zündung	4,395	–	4,845	–	4,374	–	4,904	–
S-IVB 2.te Zündung	4,513	–	4,696	–	4,488	–	4,71	–

	Apollo 15	Apollo 15	Apollo 15	Apollo 15	Apollo 16	Apollo 16	Apollo 16	Apollo 16
		Start	Ende	Dauer	Verbrauch kg/s	Start	Ende	Dauer
S-IC (s)	-6.5	159.56	166.06	–	-6.7	161.78	168.48	–
LOX (kg)	1.502.337	14.123	1.488.214	8.962	1.501.972	15.435	1.486.537	8.823
Kerosin (kg)	639.938	12.312	627.626	3.779,5	653.136	14.334	638.802	3.791,6
Gesamt (kg)	2.142.275	26.434	2.115.840	12.741	2.155.108	29.769	2.125.339	12.615
S-II (s)	163.00	549.06	386.06	–	165.20	559.54	394.34	–
LOX (kg)	380.113	1.410,2	378.702	981	383.817	1.424,8	382.392	969,7
LH2 (kg)	72.107	1.824,4	70.283	182,03	72.826	1.308,2	71.518	181,35
Gesamt (kg)	452.220	3.234,6	448.985	1.163	456.643	2.732,9	453.910	1.151,1
S-IVB 1.te Zündung (s)	553.20	694.67	141.47	–	563.60	706.21	142.61	–
LOX (kg)	88.809	63.637	25.173	177,95	88.621	63.022	25.599	179,49
LH2 (kg)	19.811	14.704	5.107	36,11	19.835	14.552	5.283	37,06
Gesamt (kg)	108.620	78.341	30.279	214,05	108.455	77.574	30.882	216,55
S-IVB 2.te Zündung (s)	10,202,9	10,553,6	350.71	–	9,216,5	9,558,42	341.92	–
LOX (kg)	63.352	1.938,2	61.414	175,13	62.838	1.755	61.083	178,63
LH2 (kg)	13.517	781,1	12.736	36,33	13.593	993,4	12.600	36,83
Gesamt (kg)	76.869	2.719,3	74.150	211,42	76.432	2.748,4	73.683	215,51
Oxidator/Treibstoff								
S-IC	2,348	–	2,371	–	2,3	–	2,327	–
S-II	5,272	–	5,388	–	5,27	–	5,347	–
S-IVB 1.te Zündung	4,483	–	4,929	–	4,468	–	4,846	–
S-IVB 2.te Zündung	4,687	–	4,822	–	4,623	–	4,848	–

	Apollo 17	Apollo 17	Apollo 17	Apollo 17	Programm	Programm	Programm	Programm
	Start	Ende	Dauer	Verbrauch kg/s	Start	Ende	Dauer	Dauer
S-IC (s)	-6.9	161.20	168.10	–	–	–	1,677.31	–
LOX (kg)	1.503.406	16.547	1.486.860	8.845	14.924.890	180.027	14.744.863	8.791
Kerosin (kg)	649.519	11.932	637.587	3.792,9	6.443.070	140.414	6.302.657	3.757
Gesamt (kg)	2.152.926	28.479	2.124.447	12.638	21.367.960	320.441	21.047.519	12.548
S-II (s)	164.60	559.66	395.06	–	–	–	3,895.51	–
LOX (kg)	382.881	1.422,9	381.458	965,6	3.758.324	15.820	3.742.504	960,7
LH2 (kg)	72.781	1.371,7	71.409	180,76	720.019	20.702	699.317	179,53
Gesamt (kg)	455.662	2.794,6	452.867	1.146,3	4.478.343	36.522	4.441.822	1.140
S-IVB 1.te Zündung (s)	563.80	702.65	138.85	–	–	–	1,424.94	–
LOX (kg)	88.740	63.525	25.215	181,62	874.023	616.641	257.382	180,62
LH2 (kg)	19.846	14.826	5.020	36,15	197.824	145.408	52.415	36,79
Gesamt (kg)	108.586	78.351	30.235	217,77	1.071.846	762.049	309.797	217,41
S-IVB 2.te Zündung (s)	11,556.6	11,908	351.04	–	–	–	3,156.17	–
LOX (kg)	63.449	1.913,7	61.535	175,32	615.091	70.149	544.941	172,64
LH2 (kg)	13.631	1.003,4	12.627	35,97	134.076	20.136	113.940	36,11
Gesamt (kg)	77.080	2.917,1	74.163	211,29	749.167	90.285	658.882	208,75
Oxidator/Treibstoff								
S-IC	2,315	–	2,332	–	2,316	–	2,339	–
S-II	5,261	–	5,342	–	5,22	–	5,352	–
S-IVB 1.te Zündung	4,471	–	5,023	–	4,418	–	4,91	–
S-IVB 2.te Zündung	4,655	–	4,873	–	4,588	–	4,783	–

Datenblatt Saturn V (Daten von Apollo 16)			
Einsatzzeitraum:	1967 – 1973		
Starts:	13, kein Fehlstart		
Zuverlässigkeit:	100 Prozent		
Abmessungen:	86,00 m Höhe, 110 m mit Apollo Raumschiff 10,06 m Durchmesser		
Startgewicht:	2.950.613 kg		
IU:	1.934 – 2.196 kg, 0,91 m Höhe, 6,60 m Durchmesser		
SLA:	6,60 → 3,91 m Durchmesser, 8,50 m Länge, 1.797 kg		
Nutzlast:	133.000 kg in einen LEO-Orbit (dreistufig) 98.000 kg in einen 50° geneigten 435 km hohen LEO-Orbit (zweistufig) 108.000 kg in eine 185 km hohenb 28 Grad LEO-Orbit (zweistufiig) 49.500 kg auf eine Mondtransferbahn		
Startkosten:	185 Millionen Dollar		
	S-IC	**S-II**	**S-IVB**
Länge:	42,10 m	24,80 m	17,80 m
Durchmesser:	10,06 m	10,06 m	6,60 m
Startgewicht:	2.286.217 kg	490.778 kg	120.858 kg
Trockengewicht:	135.218 kg**	39.098 kg**	11.357 kg*
Schub Meereshöhe:	34.020 kN	–	–
Schub Vakuum:	38.700 kN	5.155 kN	1.031 kN
Triebwerke:	5 × F-1	5 × J-2	1 × J-2
Spezifischer Impuls (Meereshöhe):	2.600 m/s	–	–
Spezifischer Impuls (Vakuum):	2.982 m/s	4.180 m/s	4.180 m/s
Brenndauer:	135 / 165 s	300 / 392 s	475 s
Treibstoff:	LOX / Kerosin	LOX / LH2	LOX / LH2

* ohne IU und Stufenadapter

** Mit Stufenadapter zur S-II / S-IVB

Saturn C-8 / Nova

Ursprünglich plante Wernher von Braun den direkten Mondflug mit der Saturn C-8. Das war die größte projektierte Version der Saturn mit acht F-1 in der ersten Stufe. Dieses Szenario nannte die NASA „Direct Ascent“: Es gab keinen Mondlander, sondern die Kommandokapsel saß auf einer Rückstartstufe, die wiederum auf einer Landestufe saß. Ohne in einen Mondorbit einzutreten, sollte das Gespann auf der Mondoberfläche landen und mit der Rückstartstufe die Kapsel wieder zurück zur Erde fliegen.

Diese Vorgehensweise machte eine hohe Nutzlast notwendig, da die Kommandokapsel auf dem Mond landen und von dort wieder starten sollte. Die Kapsel musste den Belastungen bei Start und Wiedereintritt standhalten. Sie war massiv und schwer (wog bei Apollo schließlich 5,6 t). Für jedes Kilogramm, das vom Mond zurückgebracht wird, müssen 4 kg Treibstoff in eine Mondtransferbahn transportiert werden. Daher war für die direkte Landung eine deutlich größere Rakete als die Saturn V notwendig. Vor der Landung hätte das Gefährt über 80 t gewogen.

Es gab zwei weitere Vorschläge für die Umsetzung: das EOR (**E**arth **O**rbit **R**endezvous) Verfahren und das LOR (**L**unar **O**rbit **R**endezvous) Verfahren. Bei EOR war eine genauso große Nutzlast wie beim direkten Aufstieg notwendig. Sie verteilte sich auf zwei Starts der Saturn V. Einer mit dem Mondraumschiff und ein zweiter Start mit einer Stufe, welche das Raumschiff in die Mondtransferbahn bringt. Das EOR-Verfahren kam mit einer halb so großen Trägerrakete aus. Allerdings musste man in kurzer Zeit zwei Raketen von der Größe einer Saturn V starten. Die frühen Planungen gingen sogar von noch mehr Starts aus. Dafür sollten kleinere Träger in der Größenordnung der Saturn IB verwendet werden.

Das schließlich umgesetzte Verfahren war das LOR: Anstatt die Landekapsel auf dem Mond zu landen, sollte die deutlich leichtgewichtigere Mondfähre landen. Sie war für den Betrieb im Weltraum konstruiert und die Aufstiegsstufe wog trocken nur 2.060 kg – ein Drittel des Gewichts der Kommandokapsel. Voraussetzung war ein Rendezvous der Mondfähre mit der Kommandokapsel nach dem Aufstieg in den Mondorbit. Dafür kam diese Lösung mit nur einem Start einer Saturn V aus. Gegen den direkten Aufstieg und das EOR-Verfahren sprach neben der benötigten

Trägerrakete auch die Größe der Abstiegsstufe: Sie war so groß wie eine Thor Trägerrakete. An der Außenwand mussten die Astronauten herunterklettern. Ob diese Stufe in unebenem Gelände landen könnte, ohne umzukippen, wurde bezweifelt.

Das EOR-Verfahren hatte nur wenige Befürworter: Wenn die Rendezvoustechnik beherrscht wird, ist es egal, ob das Rendezvous im Erdorbit oder Mondorbit stattfindet. Der Gewichtsvorteil des LOR-Verfahrens gab den Ausschlag. Dies schlug sich in niedrigeren Entwicklungskosten und einer schnellerer Entwicklung nieder. Im Juni 1962 schätzte das MSFC, das die erste Landung nach dem LOR-Verfahren im Juli 1968 erfolgen könnte und nach dem EOR im Dezember 1968. Eine Landung mit dem direkten Verfahren war nicht vor November 1969 möglich.

Die NASA beschloss das Gemini Programm, um die Rendezvoustechnik im Erdorbit zu erproben. Ziel bei Gemini war eine Agena-Oberstufe mit Kopplungsadapter und Blinklichtern. Während des Geminiprogramms wurde die Zeitdauer bis zum Ankoppeln sukzessive von vier auf drei Orbits und später auf einem Umlauf verkürzt. Da die meisten Vorräte für Wasser, Stromversorgung und Luft in der Abstiegsstufe waren, musste nach dem Start vom Mond die Ankopplung an die Kommandokapsel innerhalb weniger Stunden erfolgen.

Die Saturn V war mit geplanten oder bestehenden Fertigungsanlagen produzierbar. In Michoud hatte die Fabrikhalle eine Deckenhöhe von 12 m. Die Saturn C-8 oder die noch größere Nova hätten eine neue Fabrik erfordert. Zudem ermöglichten Weiterentwicklungen in der Digitaltechnik, einen Computer ins Raumschiff zu integrieren, der alle für das Rendezvous notwendigen Berechnungen durchführen konnte. Damit war das LOR-Verfahren ohne Unterstützung durch die Missionskontrolle durchführbar. So entschloss sich die NASA im Laufe des Jahres 1961 für das LOR-Verfahren.

Bis Ende 1963 liefen die Planungen für die Saturn C-8 und Nova als Backup weiter. Es gab verschiedene Projektstudien für die Nova, die sich wiederum aus der Saturn C-8 entwickelte. Das Datenblatt ist das einer Version der Saturn C-8, die genauer untersucht wurde. Zwei Konfigurationen sind angegeben, die sich in den Oberstufen unterscheiden. Die erste (Saturn C-8) setzt eine größere Erststufe als die Saturn V ein, verwendet aber die Oberstufen der Saturn C-5, der späteren Saturn V.

Sie konnte etwa 15 t mehr als die Saturn V zum Mond befördern. Ersetzt man auch die beiden Oberstufen durch größere Exemplare, so steigt die Nutzlast um weitere 7 t bei der Saturn C-8‘ an. Bei den neun Triebwerken in der Saturn C-8‘ Zweitstufe war der Ausfall eines Triebwerks einkalkuliert. Die Nutzlastberechnung ging von acht aktiven Triebwerken aus. Die Saturn C-8 hatte in etwa das Startgewicht der späteren Ares V. Interessanterweise sind auch die Nutzlasten mit 63,5 und 58,3 t zum Mond fast gleich hoch.

Die Nova ersetzte die beiden Oberstufen durch neue und größere. Sie sollte in der S-II zwei Triebwerke M-1 mit je 5.380 kN Schub einsetzen. Sie verbrannten wie die J-2 Triebwerke LOX/LH2. Durch das Mischungsverhältnis von 5 zu 1, einem höheren Brennkammerdruck von 69 bar und eine Düse mit einem höheren Expansionsverhältnis war der spezifische Impuls des M-1 höher als beim J-2. Die erste Stufe hatte einen Durchmesser von 15,2 m und acht F-1. Die zweite Stufe hatte ebenfalls einen Durchmesser von 15,2 m, eventuell etwas kleiner. Für die dritte Stufe reicht ein J-2 Triebwerk. Die Nova war ohne Nutzlast 91,4 m hoch, mit Nutzlast 120 m, also nicht viel länger als eine Saturn V, aber mit einem größeren Durchmesser. Sie hätte 170 t in einen Erdorbit, 68 t zum Mond und 45,4 t zum Mars befördern können.

Da die Nova im frühen Projektstadium eingestellt wurde, gab es mehrere Entwürfe, die sich in Triebwerkszahl und Stufenmassen unterscheiden. Da das M-1 Triebwerk erst entwickelt werden musste, gab es bei der Verwendung des M-1 eine Verzögerung von 20 Monaten. Eine Landung wäre nicht vor Februar 1970 zu erwarten. Die Nova wurde aufgrund der Nichteinhaltung der Deadline daher schon frühzeitig zugunsten von Saturn C-8 Varianten aufgegeben, die in der zweiten Stufe nur J-2 Triebwerke einsetzten.

Bei den technischen Angaben ist zu berücksichtigen, dass sie relativ konservativ waren und erfolgten, als die Saturn V entwickelt wurde. So wurde im gleichen Zeitraum die Nutzlast der Saturn V mit 43,5 t zum Mond angegeben. Sie erreichte aber 49,5 t. Weiterhin kamen beide Entwürfe nicht über das Konzeptstadium heraus. Die Angaben sind daher als Anhaltswerte zu interpretieren.

Datenblatt Saturn C-8'			
Einsatzzeitraum: Starts: Zuverlässigkeit: Abmessungen: Startgewicht: Nutzlast:	– keiner – 86 m Höhe ohne Raumschiff 15,15 m Durchmesser mit Finnen 4.354.400 kg 159.000 kg in einen 540 km hohen LEO-Orbit (dreistufig) 65.404 kg auf eine Mondtransferbahn		
	S-ID	**S-IIB**	**S-IVC**
Länge:	33,34 m	32,17 m	20,03 m
Durchmesser:	13,20 m	12,19 m	6,70 m
Startgewicht:	3.238.700 kg	861.840 kg	184.800 kg
Trockengewicht:	292.180 kg	70.326 kg	18.688 kg*
Schub Meereshöhe:	53.378 kN	–	–
Schub Vakuum:	61.280 kN	8.006 kN	889 kN
Triebwerke:	8 × F-1	9 × J-2	1 × J-2
Spezifischer Impuls (Meereshöhe):	2.603 m/s	–	–
Spezifischer Impuls (Vakuum):	2.995 m/s	4.128 m/s	4.128 m/s
Brenndauer:	165 s	408 s	770 s
Treibstoff:	LOX / Kerosin	LOX / LH2	LOX / LH2

* mit Flugreserven, IU und Adapter

Datenblatt Saturn C-8			
Einsatzzeitraum: Starts: Zuverlässigkeit: Abmessungen: Startgewicht: Nutzlast:	– keiner – 86 m Höhe ohne Raumschiff, 15,15 m Durchmesser mit Finnen 3.885.900 kg 58.300 kg auf eine Mondtransferbahn		
	S-ID	**S-II**	**S-IVB**
Länge:	33,34 m	24,80 m	17,80 m
Durchmesser:	13,20 m	10,06 m	6,60 m
Startgewicht:	3.238.700 kg	461.700 kg	123.400 kg*
Trockengewicht:	292.180 kg	33.840 kg	16.700 kg*
Schub Meereshöhe:	53.378 kN	–	–
Schub Vakuum:	61.280 kN	4.448 kN	889 kN
Triebwerke:	8 × F-1	5 × J-2	1 × J-2
Spezifischer Impuls (Meereshöhe):	2.603 m/s	–	–
Spezifischer Impuls (Vakuum):	2.995 m/s	4.128 m/s	4.128 m/s
Brenndauer:	165 s	397 s	495 s
Treibstoff:	LOX / Kerosin	LOX / LH2	LOX / LH2

* mit Flugreserven, IU und SLA-Adapter

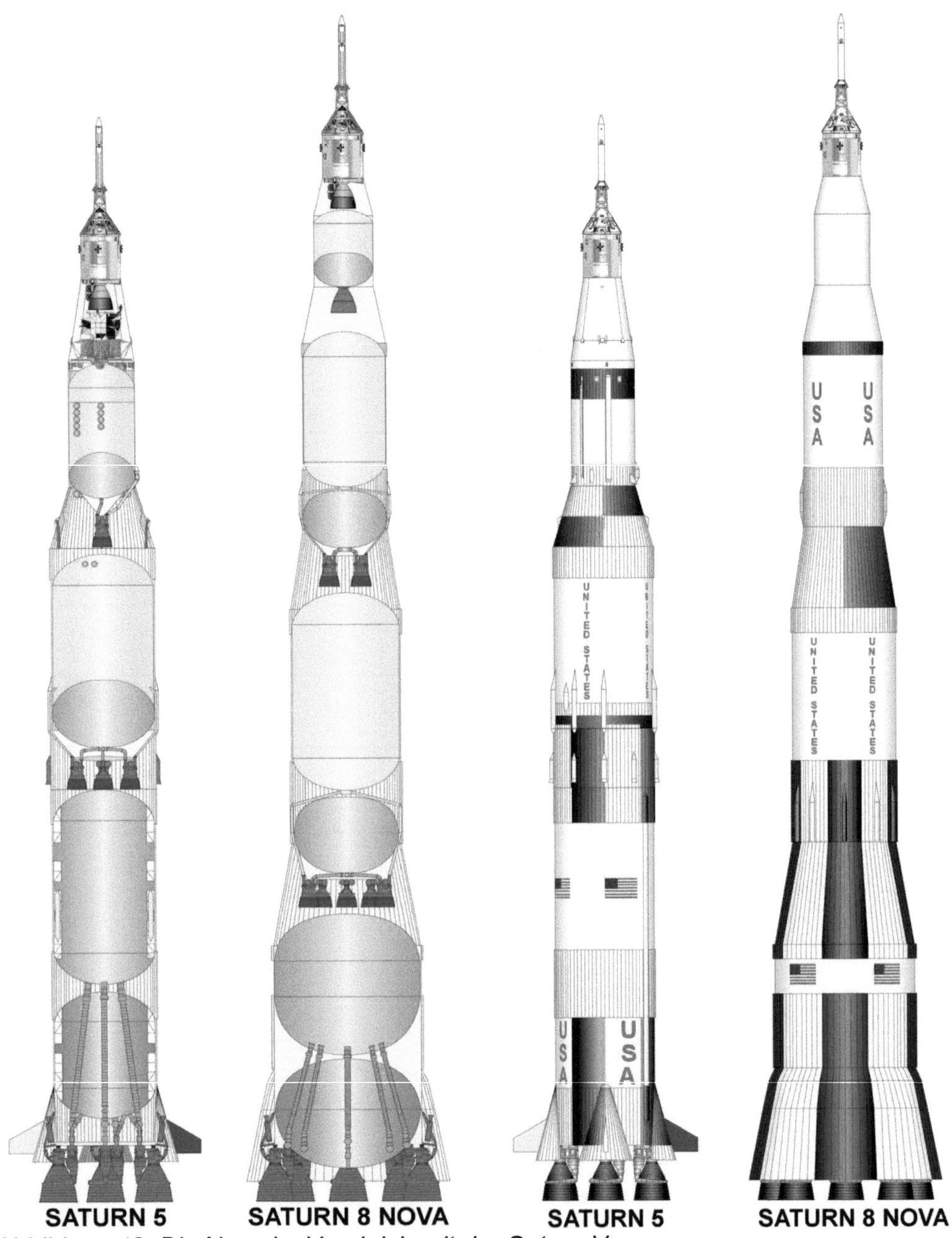

Abbildung 48: Die Nova im Vergleich mit der Saturn V

Startvorbereitungen und Start

Der Countdown einer Saturn V dauerte 28 Stunden und 32 Minuten. Davon wurden nur 19 Stunden heruntergezählt, in der restlichen Zeit wurde der Countdown für Verzögerungen, Schlafphasen (5 Stunden) und ähnliche Pausen angehalten.

Das Betanken des Kerosins erfolgte bei den ersten Starts 12 Stunden vor dem Abheben. Später bei mehr Erfahrung, schon zwei bis vier Wochen vor dem Start, da es nicht verdampfen konnte. Erst eine Stunde vor dem Abheben wurde der Kerosintank allerdings voll gefüllt. Die kryogenen Flüssigkeiten flüssiger Sauerstoff (LOX) und flüssiger Wasserstoff (LH2) konnten erst wenige Stunden vor der Zündung der Triebwerke eingefüllt werden, da beide trotz Isolierung verdampften. Die Betankung begann 8 Stunden 15 Minuten vor dem Abheben und endete 3 Stunden 38 Minuten vor dem Abheben.

Die entstehenden Verdampfungsverluste wurden bis zum Abheben ergänzt. Vorher mussten beide Tanks, sowie die Leitungen inspiziert und gereinigt werden. Zuletzt wurden sie mit Helium gespült, um Luft zu vertreiben – Luft kann bei den Temperaturen von flüssigem Wasserstoff zu Eis gefrieren. Die Nebelschwaden, die man bei einer startbereiten Saturn V sieht, bestehen aus der Luftfeuchtigkeit, die zu Eis auskondensiert. Sowohl gasförmiger Wasserstoff wie Sauerstoff sind farblos und durchsichtig. Bei den Systemen, die nicht mit Wasserstoff in Kontakt kamen, wurde Stickstoff genutzt, um die Luft zu vertreiben. Hier galt es die Wasserdampf enthaltene Luft durch ein Gas zu ersetzen, das inert und frei von Wasserdampf ist. Stickstoff hat zudem einen niedrigeren Siedepunkt als Sauerstoff, ist also noch gasförmig, selbst wenn der Sauerstoff flüssig ist.

115 Minuten vor dem Start betrat die Mannschaft die schon aufgetankte Rakete. 43 Minuten vor dem Abheben wurde der Arm zur Kapsel zur Seite geschwenkt. 15 Minuten vor dem Start wurde die Saturn V auf Bordenergie umgestellt. Die letzten 3 Minuten 10 Sekunden verliefen automatisch durch einen Computer gesteuert. Für die Checks vorher waren beim Startzentrum rund 400 Personen, die einen ganzen Saal füllten, beschäftigt um die Systeme zu prüfen.

Auf dem Startturm wurde die Saturn V so ausgerichtet, das eine Achse der Inertialplattform genau nach Norden zeigte. Das war mittels Markierungen an der Rakete und einer Theodolitenstation, die 230 m südwärts lag, überprüfbar. Die Inertialplattform wurde in dieser Stellung fixiert, bis sie 17 Sekunden vor dem Abheben (im NASA-Kommentar an den Worten „Guidance is internal") freigegeben wurde.

Es gab bei Apollo mehrere Zeitbasen. Sie hatten ihre Ursache darin, dass ab bestimmten Zeitpunkten wichtige Dinge abhängig von einem Startzeitpunkt waren. Aber dieser Startzeitpunkt konnte sich verschieben. Zum Beispiel wenn man einen weiteren Orbit durchlief, weil man noch nicht alle Daten für die Zündung der S-IVB für das TLI hatte oder es Probleme gab, die zuerst gelöst werden mussten. Die Stufen konnten unterschiedlich lange arbeiten, abhängig von Treibstoffverbrauch und Schub, und so den Startpunkt der nächsten Stufe verschieben. Bei jeder Zeitbasis war ein anderes Computerprogramm aktiv, die so blockweise entwickelt werden konnten. So gab es folgende Zeitpunkte:

- Time Base 1: Abheben: initiiert durch Detektion des Disconnect-Signals und als Absicherung der Beschleunigung von mehr als 1 g durch die IU.

- Time Base 2: Abschalten des zentralen Triebwerks der S-IC. Zusätzliche Absicherung: Rakete hat horizontale Lage, um ein Gelangen in Zeitbasis 2 zu verhindern, wenn die Triebwerke vorher abgeschaltet wurden.

- Time Base 3: Abschalten der vier äußeren Triebwerke der S-IC: Löste die Stufentrennung und die Inbetriebnahme der S-II aus.

- Time Base 4: Abschalten der vier äußeren Triebwerke der S-II: Löste die Stufentrennung und die Inbetriebnahme der S-IVB aus. Das J-2 wird abgeschaltet, wenn die Zielgeschwindigkeit erreicht ist.

- Time Base 5: Erreichen des Orbits: Sicherung der Stufe, Betrieb des APS um die Treibstoffe zu setzen.

- Time Base 6: erneute Triebwerkszündung. Die Daten, wann diese zu erfolgen hatte, wurden über Funk zur IU gesandt. Nun wurde das Triebwerk vorgekühlt, das Helium vorgeheizt und die Tanks unter Druck gesetzt. Es endete mit der Zündung des J-2.

- Time Base 7: Erreichen von TLI: Das J-2 wurde abgeschaltet. Nun musste die Stufe in einem stabilen Zustand belassen werden, weil das LM auf ihr vom CM herausgezogen wurde. Dafür wurde der Tankdruck reduziert.

- Time Base 8: Entlassen der Treibstoffe. Das LM wurde abgetrennt, damit ist die Mission eigentlich vorbei. Nun wurde noch der Sauerstoff durch das Triebwerk entlassen, was einen zusätzlichen Schub lieferte. So wurde die S-IVB auf einen Kollisionskurs zum Mond geschickt oder auf eine andere Umlaufbahn, auf der sie möglichst weit vom CSM/LM entfernt war. Bei Erdorbitmissionen wurde sie über dem Pazifik deorbitiert (nur Saturn IB).

Besonders „sanft“ verfuhr man beim Start der S-IC. Die Triebwerke wurden nicht simultan gezündet, sondern zuerst das zentrale, dann in 300 ms Abstand die jeweils diagonal gegenüberliegenden Triebwerke. Nachdem sie ihren Sollschub erreicht hatten, blieb die Rakete noch kurze Zeit fixiert, um die korrekte Funktion (konstanter Brennkammerdruck = konstanter Schub) zu überprüfen. Erst dann gab die IU die Rakete frei. Wegen der Federn in den Halteklammern dauerte das „Soft Release“ allerdings lange – die Saturn V braucht 0,5 s um die ersten 15 cm zurückzulegen. Damit gab es mehr Zeit, die Halteklammern und -arme zurückzuziehen und eine Kollision mit diesen zu vermeiden.

Von den neun Armen, die vom Startturm zur Saturn V führten, waren zwei, Arm 3 zum Heck der S-II und Arm 9 zur Kommandokapsel schon vor dem Abheben zurückgezogen worden. Der Rest folgte in folgendem Zeitabstand:

- Arm 4: S-II LOX/LH2-Versorgung: bei 6,4 Sekunden

- Arm 5: S-II Entlüftung, Stromversorgung; bei 7,4 s

- Arm 6: S-IVB LOX/LH2-Versorgung bei 7,7 s

- Arm 1: S-IC: LOX Befüllung bei 8,0 s

- Arm 2: S-IC: Druckluft, Stromversorgung bei 8,0 s
- Arm 7: S-IVB LH2-Entlüftung, Druckluft und Stromversorgung bei 8,4 s
- Arm 8: Servicemodul, Kühlung und Stromversorgung bei 9 s

Die ersten 130 m des Wegs erfolgten ohne Korrektur der Triebwerksausrichtung, um die Rakete senkrecht aufsteigen zu lassen. Sie musste den Startturm passieren, ohne zu kollidieren. Das war ein wichtiges Ereignis, das in den Kommentaren als „Tower clear" vermerkt wird. Nun ging die Kontrolle der Saturn V vom Blockhaus nahe der Startrampe an die Missionskontrolle in Houston über.

Danach neigte sich die Saturn V in den vorgegebenen Flugpfad und drehte sich in den Zielazimut. Das Drehen war trotz der rotationssymmetrischen Rakete nötig, damit die Kreiselplattform nicht nach Norden, sondern in den Azimut der Bahn ausgerichtet war. Bei den Apollomissionen betrug der Azimut in der Regel 72 Grad, 0 Grad entspricht Norden, 90 Grad Osten.

Während der ersten 30 Sekunden war das Sicherheitssystem deaktiviert und sprengte die Rakete bei einem katastrophalen Ereignis nicht. Der Fluchtturm wäre natürlich ausgelöst worden. Die Saturn war noch so nahe an der Startrampe, dass die Explosion diese ernsthaft beschäftigen konnte. Auf der anderen Seite sah das MSFC die Saturn V als so sicher an, dass zwar ein Triebwerksausfall in dieser frühen Phase die Mission unmöglich machte, aber ein F-1 ist abschaltbar und die Rakete würde Richtung Atlantik gelenkt werden, bis sie durch den Schubverlust im Meer aufschlagen würde. Als zusätzliche Sicherheit wurden die vier äußeren Triebwerke nach 20 s so ausgerichtet, dass ihr Schub nicht durch den Schwerepunkt ging. Falls nun eines der äußeren F-1 ausfiel, konnten die anderen die Fehllage leichter kompensieren. Das wurde beendet, sobald nach 40 s ein Triebwerk ausfallen durfte, ohne die Mission zu gefährden.

Nach 69 s wurde die Zone maximaler aerodynamischer Belastung, also des höchsten Andrucks durch den Luftwiderstand passiert. Dann wirkten rund 2.087 kN Staudruck auf die Rakete ein. Die Rakete hatte zu diesem Zeitpunkt eine Geschwindigkeit von Mach 1, also rund 330 m/s.

Bei Erreichen einer bestimmten Beschleunigung, bei Mondmissionen 4,7 g nach 135,5 s, schaltete sich das zentrale Triebwerk ab, um den Andruck für die Besatzung zu verringern. Sensoren die das Verbrauchen des LOX oder Kerosins maßen, lösten die Stufentrennung aus. Aufgrund der Platzierung der Sensoren blieben immer Treibstoffreste zurück. Kerosin wurde im leichten Überschuss betankt. Selbst beim vollständigen Verbrauch des Sauerstoffs gab es noch Kerosin, das als Kühlmittel die Brennkammer durchströmt und eine Explosion verhindert hätte. Die nach Abschalten noch im Kreislauf befindlichen Resttreibstoffe beschleunigten die Stufe noch um rund 10,7 m/s, weshalb die S-IC aktiv abgebremst wurde.

0,6 s nach dem Abschalten der F-1 Triebwerke wurden zuerst die Retroraketen für 0,666 s gezündet, nahezu zeitgleich die Verbindung zur S-II durchtrennt. Die Stufentrennung fand bei Apollomissionen nominell in 62,5 km Höhe statt. Die erste Stufe stieg durch ihre Restgeschwindigkeit noch auf 111,6 km Höhe und ging dann 560 km von Cape Canaveral im Atlantik nieder.

Der Flug erfolgte nach zwei unterschiedlichen Strategien. Die S-IC arbeitete nach einem vorgegebenen Flugprofil, ohne Korrektur von Abweichungen. Der Grund bestand darin, dass es zu aufwendig ist, alle Einflüsse, denen die Rakete in der ersten Startphase ausgesetzt war, aktiv zu kompensieren. Es war sogar gefährlich. Die Saturn sollte, solange sie in der dichten Atmosphäre war, keine Steuerbewegungen ausführen, die zu schräg angreifenden Kräften führen konnten. Der erste Ariane 5 Starts scheiterte, als durch einen Computerfehler die Ariane in 3,7 km Höhe sich zu drehen anfing und durch die aerodynamischen Kräfte auseinanderbrach.

Die Saturn neigte sich, nachdem sie den Tower passiert hatte, um einen konstanten Winkel, bis kurz vor Brennschluss des inneren Triebwerks nach 135 s eine nahezu horizontale Lage erreicht war. Dieses Neigeprogramm war so ausgearbeitet, das die aerodynamische Belastung möglichst gering war. Sie wurde gemessen und es gab eine Anzeige in der Kommandokapsel, die von 0 bis 100 skaliert war. Bei Erreichen von 100 hätte der Kommandant den Abort ausgelöst.

Der Abtrennungspunkt der S-IC lag so hoch, dass nun eine aktive Computersteuerung einsetzen konnte, da die Atmosphäre als Einflussfaktor wegfiel. Zuerst folgte die S-II aber dem vorgegebenen Programm, da 30 s nach Stufentrennung der Zwischenstufenadapter abgetrennt wurde. Zu dem Zeitpunkt sollten die Triebwerke in Neutralstellung sein, damit der Adapter nicht eines streifen konnte. Daher wurden die Triebwerke in dieser Phase nicht bewegt.

40 Sekunden nach der Zündung der S-II wurde die Bahn aktiv vermessen und laufend an die Sollbahn angepasst. Der Computer berechnete auf Basis der vorliegenden Daten über Höhe, Beschleunigung und Geschwindigkeit einmal pro Sekunde den Kurs neu. Er wählte jeweils die Bahn aus, mit der ein Erdorbit mit dem geringsten Treibstoffverbrauch erreicht werden konnte. Dabei galt es, die Treibstoffvorräte der S-II optimal auszunutzen. Sensoren in den Tanks signalisierten die vorhandenen Restmengen. Ab einem bestimmten Zeitpunkt wechselte der Bordcomputer den Arbeitspunkt der J-2. So konnte der Treibstoff nahezu vollständig verbraucht werden. Dies erfolgte so gut, das beim Start von AS-502, als zwei der fünf S-II Triebwerke ausfielen, trotzdem ein abweichender Orbit erreicht wurde – die Steuerung hatte den Ausfall weitestgehend kompensiert. Geplant war das nicht: die Saturn war so ausgelegt, das bei den ersten beiden Stufen jeweils ein Triebwerk ausfallen durfte, bei der S-IC wegen des niedrigen Startschubs aber nicht direkt nach dem Abheben.

Die S-IVB brachte zunächst die noch fehlenden 700 m/s für den Parkorbit auf. Dieser dauerte nominell eineinhalb Umläufe, etwa 2 3/4 Stunden. In dieser Zeit rechnete die NASA mit 1.500 kg Verdampfungsverlusten, vor allem Wasserstoff.

Die Missionskontrolle bestimmte die Bahn um die Erde und errechnete die Daten für die TLI (**T**rans**l**unar **I**njection). Nachdem diese Daten an die IU und die Besatzung übermittelt waren, wurde die TLI nach eineinhalb Erdumläufen durchgeführt. Der Brennschluss erfolgte bei Erreichen der Sollgeschwindigkeit. Dabei arbeitete das J-2 zuerst mit dem Verhältnis 4,5:1, da Wasserstoff im Überschuss zugeladen wurde. Als der Überschuss verbraucht war, wurde auf 1:5 umgestellt, das erhöhte den Schub, senkte aber den spezifischen Impuls ab. Der Vorlauf für diese zweite Zündung war besonders lang. 100 Sekunden vor der Zündung des J-2 fing der LVDC mit den Berechnungen für die Bahn an. 80 s vorher zündeten die APS, um den Treibstoff zu sammeln. 8 Sekunden vor dem Start wurden die Ventile zum Wasserstofftank geöffnet und der flüssige Wasserstoff kühlte Turbopumpe und

Brennkammer vor. Zum Zündungszeitpunkt wurde das Ventil zum Starttank geöffnet und die Turbine gewann rasch an Leistung.

Nach Brennschluss des J-2 brannten die APS weiter, um die Stufe zu stabilisieren. Schließlich klang der Schub des J-2 durch Reste von Treibstoffen in den Leitungen langsam ab. Danach wurde aus dem Wasserstofftank durch Ventile der Druck entlassen. Diese Ventile waren so angelegt, das sie keinen Schub ausübten. Nun erst konnte das CSM entlassen werden. Dazu wurde die Verbindung zu den SLA sowohl am Servicemodul wie an der Basis durchtrennt. Die SLA trieben durch vorgespannte Federn weg. Das CSM driftete erst etwas weg, drehte sich dann und der Command Module Pilot dockte an das LM auf der S-IVB an und zog es heraus.

Damit war bei den ersten Missionen der Job der Saturn V getan. Man entließ den Sauerstoff durch die Entlüftungsventile und schaltete die S-IVB ab. Die S-IVB von Apollo 7,10 bis 12 gelangten wie die CSM auf Erdumlaufbahnen mit einem Apogäum hinter dem Mond in typisch 450.000 bis 500.000 km Entfernung. Diese Bahnen sind instabil, innerhalb weniger Jahre wird die S-IVB entweder auf Erde oder Mond einschlagen oder in eine Sonnenumlaufbahn gelangen.

Ab Apollo 13 wurden die S-IVB gezielt auf den Mond gelenkt, um die ab Apollo 12 auf dem Mond abgesetzten Seismometer der ALSEP-Stationen (**A**pollo **L**unar **S**urface **E**xperiments **P**ackage) zu kalibrieren (siehe Band 3). Schließlich waren Masse und Geschwindigkeit der S-IVB bekannt. Für die Bahnverfolgung erhielt die IU eine weitere Batterie. Sie betrieb den Sender weiter, mit ihm wurde die Stufe verfolgt. Damit war die Aufschlagsposition der Stufe, bis auf die S-IVB von Apollo 16, die nach 27 Stunden verstummte, bekannt. Ihr Einschlagskrater wurde erst am 4.1.2016 auf einer Aufnahme des Mondorbiters LRO, 30 km von der berechneten Position entfernt, gefunden.

Zuerst wurde für das Umlenken auf einen Kollisionskurs der Überdruck in den Tanks durch Ventile so entlassen, dass er keinen Schub lieferte. Dann wurden die APS erneut gezündet. Sie verbrannten nun fast den gesamten Treibstoff. Das Manöver diente dazu, die Distanz zum CSM zu vergrößern. Danach wurde das Hauptventil des LOX geöffnet. Ohne Turbopumpe, nur durch den Tankdruck, durchlief der Sauerstoff das Triebwerk und lieferte einen kleinen Schub. Bei Apollo 15 war es

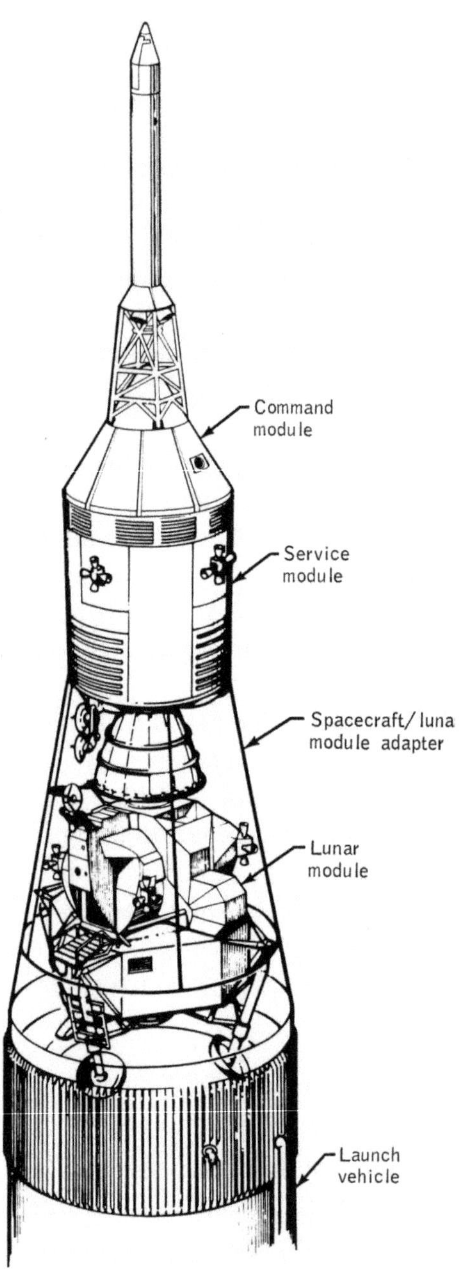

Abbildung 49: Aufbau der Nutzlastspitze

ein mittlerer Schub von 3,15 kN über 48 Sekunden. Das beschleunigte die Stufe um weitere 9,1 m/s. Zuletzt wurde der Rest an APS-Treibstoff verbrannt, um die Bahn fein zu justieren.

Schon die erste Mission zum Mond, Apollo 8, zeigte das die Saturn eine sehr präzise Rakete war. Es waren bei allen Missionen vier bis fünf Kurskorrekturen des CSM auf dem Weg zum Mond angesetzt. Meist wurden aber nur zwei bis drei benötigt und die dabei nötige Geschwindigkeitskorrektur war klein.

Abbruchmodi

Das Sicherheitskonzept war bei der Saturn IB und V identisch. Der Aufstieg wurde in vier Phasen unterteilt. Für einen Abbruch gab es in jeder Phase einen Abbruchmodus. Die entsprechenden Modi sind bei der Saturn IB auf S. 132 aufgeführt. Während der Arbeit der S-IC war das **L**aunch **E**scape **S**ystem (LES) aktiv. Es war ein Bündel von Feststoffraketen auf einem Mast. An ihm war eine kegelförmige Verkleidung angebracht, die mit der Kapsel verbunden war. Bei einer Fehlfunktion der ersten Stufe wurde dieses System aktiv. Bei einer Zündung hätte es die Kapsel abgetrennt und durch den hohen Schub rasch von der Saturn entfernt. Danach wurde es selbst abgetrennt, und die Kapsel landete nach einem freien Fall mit ihren Fallschirmen. Das LES war so ausgelegt, dass es auch auf der Startrampe ausgelöst werden konnte und in diesem Fall die Kapsel hoch genug transportierte, dass die Fallschirme wirksam wurden.

Nach der Zündung der zweiten Stufe wurde die Verbindung des LES zur Kapsel durchtrennt und ausgelöst, es zog so die Hülle über der Kapsel, die bis dahin auch als Schutzschild vor der Atmosphäre diente, weg. Erst jetzt konnten die Astronauten nach außen sehen.

Die NASA ging davon aus, dass sich Probleme mit den Triebwerken bald nach der Zündung zeigen würden, daher wurde das LES 36 s nach der Zündung der S-II abgetrennt, 6 s nach der Abtrennung des Stufenadapters. Die Ingenieure nahmen an, dass es nun genügend Zeit gab, die Kapsel normal abzutrennen. Die Triebwerke konnten abgeschaltet werden, und die Rakete war so hoch, dass ein Versagen der Steuerung nicht zum Zerbrechen des Trägers durch aerodynamische Kräfte führen konnte. Nun würde sich das Raumschiff bei einem Problem mit seinem Haupttriebwerk oder den RCS von der Rakete lösen. Danach sollte die Kapsel vom Servicemodul abgetrennt werden und im Atlantik nach einer ballistischen Phase wassern. Bei einer späten Abtrennung war eine weitere Zündung des Haupttriebwerks entgegen der Flugrichtung nötig, um die Geschwindigkeit zu reduzieren und den Landepunkt vor die afrikanische Küste zu verschieben.

Der nächste Rettungsmodus setzte nach 6 Minuten ein. Nun hatte die Saturn so viel Geschwindigkeit, dass sie einen Orbit erreichen konnte, entweder mit der

S-IVB (am Ende der Betriebszeit der S-II) oder mit dem Antrieb des Servicemoduls (nach Zündung der S-IVB). In einer mindestens 140 km hohen Umlaufbahn angekommen, wäre eine Notwasserung eingeleitet worden.

Bei einer Fehlfunktion der S-IVB nach der zweiten Zündung (um in die Mondtransferbahn zu gelangen) gab es mehrere Möglichkeiten. So wäre mit dem SPS-Triebwerk des Servicemoduls der Orbit wieder absenkbar gewesen, um nach einem Umlauf zu wassern, oder bei einem sehr späten Versagen der S-IVB (gleichbedeutend mit einer hohen Geschwindigkeit und stark elliptischen Umlaufbahn) hätten die Astronauten die Bahn mit dem SPS-Antrieb korrigiert und den Mond auf einer Rückkehrbahn zur Erde umflogen.

Die folgende Tabelle enthält die Daten einer Erdorbitmission (zweistufig, Skylab) und einer Mondmission (Apollo 14). Es gibt Unterschiede, vor allem im Abschalten der Triebwerke, die bei bestimmten Beschleunigungen erfolgte und dadurch auch in den Gesamtbrennzeiten. Die Saturn V von Skylab war durch das Fehlen der S-IVB leichter als eine Saturn für die Apollomissionen.

Abbildung 50: Testzündung einer S-IC mit ihren fünf F-1

Ereignis	Zeitpunkt Skylab 1	Zeitpunkt Apollo 14
Interne Navigation, Übernahme durch die IU:	-16,95 s	-17,00 s
Start der Zündsequenz:	- 8,9 s	-8,9 s
Abheben:	0 s	0 s
Rollmanöver:	18,2 s	12,3 s
Mach 1 erreicht:	61,1 s	69 s
Max Q. (maximale aerodynamische Belastung):	73,5 s	85,5 s
Abschalten Triebwerk 5:	140,72 s	135 s
Abschalten Triebwerke 1+3:	158,16 s	164,8 s
Abschalten Triebwerke 2+3:	158,23 s	164,8 s
Zündung S-II:	160,61 s	166,2 s
Abtrennung Stufenadapter:	189,9 s	195,5 s
Umschalten auf adaptives Flugprogramm:	197,7 s	205,6 s
Abschalten Triebwerk 5:	314,01 s	463,8 s
Umschalten der Triebwerke auf Mischungsverhältnis 1:4,8:	403,7 s	472,2 s
Abschalten Triebwerke 1 – 4:	588,99 s	556,67 s
Abtrennung Workshop:	591,1 s	
Erreichen des Orbits:	599 s	
Entlassen des Resttreibstoffs:	805 s	
Abtrennung Nutzlastverkleidung:	920,4 s	
Zündung S-IVB:		557,8 s
Erster Brennschluss S-IVB Erdorbit erreicht:		703,4 s
Erneute Zündung der S-IVB für TLI:		2 h 30 min 38,1 s
Brennschluss S-IVB, TLI erreicht:		2 h 36 min, 33,8 s
Abtrennung CSM:		3 h 1 min 34 s
Andocken an das LM:		3 h 16 min 16 s
Entlassen des restlichen Sauerstoffs:		4 h 40 min 54 s
Ende LOX Dump:		4 h 41 min 42 s
Passivierung S-IVB:		6 h 33 min 35 s

Startanlagen

Es wurden am Cape umfangreiche Investitionen in die Startanlagen getätigt. Für die Saturn V wurde das **V**ertical **A**ssembly **B**uilding (VAB) gebaut und ein Raupenschlepper, der sie zur Startrampe brachte. Die Infrastruktur war auf maximal sechs Starts pro Jahr ausgelegt. Im VAB konnten gleichzeitig drei Saturn V auf den Start vorbereitet werden. Nur 1969 wurden die Anlagen voll genutzt. Nach der Apollo 11 Mission entließ die NASA 5.600 ihrer 23.600 Angestellten im Kennedy Space Center. Mit dem verbliebenen Personal konnte die NASA maximal zwei Missionen pro Jahr durchführen. Der Großteil der Gebäude und Anlagen wurde bis 2011 für den Start des Space Shuttles verwendet. In das Kennedy Space Center wurden 1,3 Milliarden Dollar investiert, in das neu aufgebaute Zentrum für bemannte Raumfahrt in Houston (heute: Lyndon B. Johnson Space Center) eine weitere Milliarde Dollar.

Schon am 24.8.1961 wurde der Aufbau eines neuen Startkomplexes auf Merritt-Island, einer Halbinsel nördlich der Cape Canaveral Air Force Station beschlossen. Die NASA baute zwei Startrampen LC (**L**aunch **C**omplex) 39A und 39B, weil die Startvorbereitungen einer Saturn V sich über drei Monate hinzogen. Das war damals sehr lange, vor allem wenn man bedenkt, dass dies nur die Zeit ist, die die fertige Rakete an der Startrampe verbrachte. Dazu kam noch die Zeit im VAB, in der sie zusammengebaut wurde. Andere Träger wurden damals an der Startrampe zusammengebaut und benötigten trotzdem weniger Zeit für die Startvorbereitungen. Auch das VAB, mit 160,3 Metern Höhe, 218,2 Meter Länge und 157,9 Meter Breite eines der größten Hallengebäude, wird bis heute genutzt. Es wurde vom Ingenieurkorps der US-Marine errichtet. Im Dezember 1962 wurde der Auftrag vergeben. Schon 1965 wurde es fertiggestellt.

Die zwei Rampen wurden nur 1969 gebraucht, als in kurzer Folge das Apollo-Programm in der Mondlandung gipfelte. Es lagen nur acht Monate zwischen dem Start von Apollo 8 am 21.12.1968 und dem von Apollo 11 am 16.7.1969. In acht Monaten fanden vier Apollomissionen statt. Nach der Apollo 9 Mission am 3.3.1969 alle zwei Monate eine. Nur Apollo 10 startete von Rampe 39B. LC-39B wurde danach umgebaut, um von dort aus die Saturn IB mit Skylab 2 bis 4 zu starten. Alle 12 anderen unbemannten und bemannten Saturn V Starts fanden von Startkomplex 39A statt.

Ein eigens für die Rakete gebauter Schlepper trug die Saturn V samt dem Starttisch zur Startrampe. Dort wurde eine 5.400 t schwere bewegliche Struktur herangefahren, die die ganze Rakete umhüllte und Zugänge zu allen Ebenen und in jeder Position ermöglichte. Sie wurde vor dem Start wieder weggefahren.

Für den Zusammenbau wurde am 7.9.1961 die regierungseigene Michoud-Fabrik östlich von New Orleans selektiert. Dort wurden im Zweiten Weltkrieg Liberty-Frachter gebaut. Damit war die Fabrik groß genug für die Fertigung der Stufen. Außerdem hatte sie eine direkte Anbindung zum Meer. Das war wichtig, weil die S-IC zu groß war, um sie über Land zu transportieren. Die Firmen, die mit der Fertigung betraut waren, wie Boeing und Chrysler, bauten innerhalb der Fabrik eigene Fertigungsstraßen auf. Die S-II wurde im ebenfalls regierungseigenen Seal Beach Gebäude in Kalifornien zusammengebaut, ebenfalls mit Anbindung an den Pazifik.

Die Tests der Stufen fanden am Mississippi Test Facility an der Grenze zwischen den Bundesstaaten Mississippi und Louisiana statt. Für das Gelände sprach die räumliche Nähe zu Michoud, sodass die Stufen, vor allem die S-IC und S-IB, nicht weit transportiert werden mussten. Am 6.10.1961 wurde beschlossen, dort die Teststände aufzubauen. Das Mississippi Test Facility gehörte organisatorisch zum MSFC. Es wurde seitdem zweimal umbenannt und heißt heute John C. Stennis Space Center. Es ist nach wie vor aktiv. So erfolgten hier die Tests der J-2X und RS-25. Beim Schreiben des Buchs durchlaufen RS-25 ihre Qualifikation in Stennis für die SLS mit erhöhtem Schub. Ebenso nutzt die US-Industrie das Zentrum, da sie keine eigenen Teststände für schubstarke Triebwerke hat. So wurden dort die AJ-26 und Raptor Triebwerke getestet.

Die Entwicklungskosten für die Saturn V betrugen 6.539,5 Millionen Dollar. Dazu kamen noch ein Teil der 900,1 Millionen Dollar für die Triebwerksentwicklung der H-1, F-1 und J-2. Zur Spitzenzeit arbeiteten 250.000 Personen in irgendeiner Form am Saturn-Programm. Die höchste Finanzierung gab es 1966. Das verwundert den Laien, ist dies doch noch vor dem ersten Start. Es ist aber bei Raumfahrtprojekten üblich, das der Finanzbedarf am Ende der Entwicklung, vor dem Übergang in die Produktionsphase am höchsten ist. 1969, als innerhalb eines Jahres fünf Saturn V starteten, benötigte die NASA weniger als die Hälfte der Summe, da die Raketen schon bezahlt waren.

Jahr	59	60	61	62	63	64	65	66	67	68
Saturn I	7,4	32,4	59,8	101,8	246,5	320,3	65,3	5,1	0,3	-0,3
Saturn IB	–	–	–	–	2,7	74,1	243,2	304,8	217,7	108,7
Saturn V	–	–	–	22,0	229,5	638,0	999,6	1174,8	1048,9	792,5
Triebwerke	3,6	22,2	60,2	108,4	133,5	160,1	160,6	147,4	58,1	23,3
Startoperationen	–	–	–	–	0,5	2,8	0,8	–	–	–
Lunar Rover	–	–	–	–	–	–	–	–	–	–
Gesamt	11,0	54,6	120,0	232,2	612,7	1195,3	1469,5	1632,1	1325,0	924,2
Jahr	**69**	**70**	**71**	**72**	**73**	**74**	**75**	**76**	**Gesamt**	
Saturn I	-0,1	-0,2	-0,1	-0,1	–	–	–	–	838.1	
Saturn IB	48,2	1,7	0,9	0,3	0,5	-0,1	-0,5	–	1002.2	
Saturn V	653,2	436,0	260,0	198,5	93,5	-5,9	-0,1	-1,0	6539.5	
Triebwerke	13,3	9,2	0,1	0,1	–	–	–	–	900.1	
Startoperationen	–	–	–	–	–	–	–	–	4.1	
Lunar Rover	–	16,8	21,2	1,2	–	–	–	–	39,4	
Gesamt	714,6	463,5	282,1	200,0	94,0	-6,0	-0,6	-0,8	9323,4	

Die Produktionskosten einer Saturn V betrugen 113,1 Millionen Dollar, die sich wie folgt aufteilen:

Stufe	Hardware Produktion	Modifikationen	Sicherheitsreserve	Bodenunterstützung	Entwicklung Bodenanlagen	Gesamt
S-IC:	19,4	0,2	1,4	0,3	–	21,3
S-II:	21,0	1,0	3,6	0,6	–	26,2
S-IVB:	15,6	0,2	1,2	0,3	–	17,3
IU:	10,9	0,9	1,0	0,9	–	13,7
Bodenanlagen:	–	–	0,9	7,5	3,1	11,5
Triebwerke:	20,5	–	2,5	0,5	–	23,1
Gesamt:	87,2	2,3	10,4	10,1	3,1	113,1

Alle Angaben in Millionen US-Dollar

Der Start einer Saturn V kostete bei der Apollo 11 Mission 185 Millionen Dollar. Die Vorarbeiten für einen Saturn V Start erstreckten sich über vier Monate. Alleine am Countdown waren 450 Techniker beteiligt. Drei Saturn V können im Johnson- und

Kennedy Space Center sowie im US-Space & Rocket Center besichtigt werden. Die Letztere ist ein flugunfähiges Testmodell.

Die Bodenanlagen der Saturn wurden nach dem Programmende weiter genutzt. Das VAB wurde umgebaut für die Montage der Space Shuttles. Diese wurden vom selben Schlepper wie die Saturn V zum Startplatz gebracht. Auch die Rampen 39A und 39B wurden weiterverwendet. Seit Ausmusterung des Space Shuttle wird Startrampe 39A von der Firma SpaceX für den Start ihrer Falcon 9 und Falcon Heavy genutzt. In einer Übergangsperiode fanden dort auch unbemannte Falcon 9 Starts statt, nachdem eine Bodenexplosion einer Falcon 9 die Startrampe 41 zerstört hatte. Regulär sollten von diesem Startplatz aber nur bemannte Starts mit dem Crewed Dragon Raumschiff und Starts der Falcon Heavy stattfinden.

Die Rampe 39B wird in Zukunft von der SLS genutzt werden.

Startrampe (Stand 31.12..2018)	LC-39A	LC-39B
Saturn V Starts	12	1
Saturn IB Starts	–	4
Space Shuttle Starts	82	53
Falcon 9 Starts	15	–
Falcon Heavy Starts	2	–

Wie man sieht, hat LC-39B immer deutlich weniger Starts gehabt, auch während der Space Shuttle Ära. So war der erste Start eines Space Shuttle von LC-39B der 25-ste Shuttleflug, bei dieser Mission STS-51L ging die Fähre Challenger verloren. Schon 2006 fand mit STS-116 der letzte Shuttle-Start von 39B aus statt.

Nie gebaute Saturn V Varianten

Alle US-Trägerraketen wurden nach einer ersten Version in der Leistung gesteigert, so auch die Saturn V. Zuerst evolutionär verbessert, dann mit Booster unterstützt oder mit neuen Oberstufen versehen. Damit sollte mit den Saturn V Mitte der Achtziger Jahre eine Marsmission durchgeführt werden. Keine dieser Varianten wurde umgesetzt. Schon während der Konzeption stieg die Nutzlast von 43,1 auf 45,4 t an. Während Einsatzes stieg die Nutzlast einer Saturn V für eine Mondmission auf 48,6. Die höhere Nutzlast in der Einsatzzeit wurde durch ein geringeres Leergewicht der S-II, Reduzierung der Reserven, Absenkung der Orbithöhe und Verbringung des Azimuts erreicht.

Noch zur Einsatzzeit der Saturn wurden verbesserte Triebwerke entwickelt. Die F-1A und J-2S waren die Basis für die ersten geplanten Upgrades.

Die leistungsgesteigerte Saturn V hätte die NASA für den Aufbau einer Mondbasis benötigt, bei denen anstatt des leichtgewichtigen Mondlanders ein Labor landet. Geplant waren sogar mobile Labors, vergleichbar einem Wohnmobil.

Daneben waren sie nötig für eine Marsmission. Zum Mars nimmt die Nutzlast noch weiter ab. Wegen der Missionsdauer von fast drei Jahren wiegen das Habitat, die Vorräte und die Treibstoffe viel mehr als bei einer zwölftägigen Mondmission. Ein Plan Wernher von Braun aus dem Jahr 1970 sah daher sechs bis sieben Starts einer Saturn V vor, um im Erdorbit das Raumschiff zusammenzubauen. Mit einer höheren Nutzlast oder einem effizienteren (nuklearen) Antrieb wäre die Startzahl kleiner gewesen.

Das F-1A

Im April 1968 begann die Arbeit am F-1A, einem schubstärkeren Nachfolger des F-1. Wie beim J-2S wollte die NASA kein völlig neues Triebwerk entwickeln, sondern Erfahrungen aus Entwicklung und Betrieb des F-1 in ein leistungsfähigeres Triebwerk übernehmen. Das F-1A sollte in vielen Dingen einfacher als das F-1 sein. Der höhere Schub resultierte aus der genauen Kenntnis der Belastung des F-1, welche Reserven es gibt und wie weit der Brennkammerdruck angehoben werden kann, ohne das Triebwerk massiv anzupassen oder Sicherheit zu verlieren.

Das F-1A hatte als erstes großes Triebwerk die Fähigkeit zur Schubreduktion. Der volle Schub betrug 1,8 Millionen Pfund (8.007 kN) in Meereshöhe. Er konnte bis auf 1,35 Millionen Pfund Schub (6.005 kN) reduziert werden. Damit entfiel die Impulsbelastung, die bei der S-IC vorkam, wenn nach 136 s eines der fünf Triebwerke abgeschaltet wurde. Das F-1A wäre stattdessen im Schub gedrosselt worden.

Viele Spezifikationen des F-1A ähneln dem F-1, so arbeitete die Turbopumpe mit 5.300 U/min, das Mischungsverhältnis betrug 2,27 zu 1, konnte aber zwischen 2,15 und 2,35 zu 1 variiert werden. Die Düse war die gleiche wie beim F-1. Auf eine mögliche Verlängerung der Düse durch den höheren Brennkammerdruck wurde verzichtet. Um den höheren Schub zu erreichen, arbeitete das F-1A mit einem Brennkammerdruck von 80 bar. Das F-1 arbeitete mit knapp 70 Bar, war aber auf 78 Bar ausgelegt. Für den Einbau in die S-IC war es wichtig, dass das F-1A dieselben Abmessungen wie das F-1 hatte.

Das Entwicklungsprogramm für das F-1A wurde nach zwei Jahren beendet, als die NASA beschloss, zwei weitere Apollomissionen zu streichen. So gab es keinen Bedarf für ein schubstärkeres Triebwerk. Bis dahin waren alle Konstruktionszeichnungen angefertigt und ein Triebwerk zu 40 Prozent fertiggestellt worden. Einige Veränderungen wurden an F-1 Entwicklungstriebwerken getestet. Es gab Tests der Verbrennungsstabilität, die beim F-1 Entwicklungsprogramm in der frühen Phase problematisch war. Bei 62 Bomb-Tests verschwanden Instabilitäten nach maximal 45 ms. Weitere Tests gab es auf dem Komponentenlevel, also Baugruppen des Triebwerks. Anders als beim J-2S war die Entwicklung noch in einem frühen Stadium, als das „Aus“ für das F-1A kam.

Ein Vorteil des F-1A war, das es die Gravitationsverluste reduzierte, weil die Saturn schneller beschleunigte und der spezifische Impuls höher war.

Durch den hohen Schub des F-1A wären die Stufen verlängerbar gewesen. 1965 gab es einen Plan für eine „Advanced Saturn“, die einen durchgängigen Durchmesser von 10 m gehabt hätte. Die S-IVB wäre auf den Durchmesser der unteren Stufen verbreitert worden. Die Advanced Saturn sollte 2.540 anstatt 2.000 t Treibstoff in der ersten Stufe und fünf F-1A einsetzen. In der S-II sollten sieben J-2 eingesetzt werden, da die Treibstoffzuladung von 440 auf 540 t anstieg. Bei der S-IVB reichte ein J-2, da es nur noch wenig Geschwindigkeit aufbringen musste. Sie hätte 160 anstatt 110 t Treibstoff mitgeführt.

Die Nutzlast dieser Advanced Saturn wurde mit 128 t in den Erdorbit und 53 t zum Mond angegeben, allerdings basierend auf den Prognosen der damaligen Saturn V Performance (von 1965), die mit 118 t in den Erdorbit und 43,1 t zum Mond angegeben wurde. Der Autor errechnet, bei ansonsten keinen Änderungen, eine um 4,7 t höhere Nutzlast für eine Mondtransferbahn.

	F-1	F-1A
Schub Meereshöhe:	6.770 kN	8.009 kN
Schub Vakuum:	7.765 kN	8.989 kN
Spezifischer Impuls Meereshöhe:	2.603 m/s	2.645 m/s
Spezifischer Impuls Vakuum:	2.982 m/s	2.972 m/s
Brennkammerdruck:	67,7- 69 bar	80 bar
Mischungsverhältnis:	2,27 zu 1	2,27 zu 1
Expansionsverhältnis:	16 zu 1	16 zu 1
Höhe:	560 cm	560 cm
Durchmesser Brennkammer:	266 cm	266 cm
Durchmesser Düsenmündung:	364 cm	364 cm

1990 untersuchte Rocketdyne die Wiederaufnahme der Produktion des F-1A unter Verwendung von aktuellen Materialien und „State of the Art“ Technologien wie NC-Fabrikation und neueren Schweißverfahren. Die Wiederaufnahme der Entwicklung bis zur Zertifizierung eines Exemplars würde 315 Millionen Dollar kosten. Davon wären 100 Millionen für vier Testtriebwerke und ein Reservetriebwerk vorgesehen. Der Aufbau der Produktion würde weitere 1.080 Millionen Dollar kosten. Die Produktionskosten eines Exemplars waren niedrig: bei einer Produktionsrate von zehn bis zwölf Triebwerken pro Jahr, 40 Triebwerken insgesamt, hätte ein Exemplar 15 Millionen Dollar gekostet. Der Zeitpunkt für das Statement war kein Zufall: es lief das SDI-Programm, das die Stationierung von riesigen Waffen im Orbit vorsah. Das Space Shuttle war damit überfordert und das Militär plante ein **H**eavy **L**aunch **V**ehicle HLV. Für dessen erste Stufe wäre das F-1 gerade richtig gewesen.

Die Wiederaufnahme der Produktion nach zwanzig Jahren erscheint seltsam, aber Rocketdyne verwies darauf, dass man von 1968 bis 1989 keine Triebwerke für die Delta produziert habe und stattdessen die eingelagerten H-1 nutzte, bis diese verbraucht waren. 1989 musste man die Produktionsstraße neu aufbauen.

Bei den Vorschlägen für neue Booster für die SLS taucht das F-1B auf. Zwei F-1B haben einen höheren Schub als ein 5-Segment-Shuttle-SRB, den sie ersetzen sollen. Das F-1B ist eine Weiterentwicklung des F-1A von Rocketdyne. Wie dieses hat es eine vereinfachte Turbopumpe und einen höheren Brennkammerdruck. Neu ist der Aufbau der Brennkammer aus weniger Kühlröhren. Es sind nur noch 100 Stück. Die Düse ist vereinfacht, ohne eine Verlängerung und Einleitung des Turbinenabgases. Dazu kommt die Fertigung mit modernen Verfahren und Werkstoffen. Im Wesentlichen ist es eine weitere Vereinfachung und Kostenreduktion des F-1. Das F-1B hat wie das F-1A einen Maximalschub von 1,803 Mlbs, 8.030 kN.

Da der Jungfernflug der SLS mehrfach verschoben wurde und zuerst die Entwicklung einer Oberstufe höhere Priorität hat, hat die NASA noch nicht entschieden ob und was für Booster sie nach den SRB einsetzen will.

Das J-2S

Für spätere Versionen der Saturn V und IB entwickelte Rocketdyne von 1965 bis 1971 das J-2S. Das „S“ stand für „simplified“, also vereinfacht. Ziel war es, die positiven Eigenschaften des J-2, wie seine Sicherheit und Zuverlässigkeit zu erhalten, es im Aufbau aber bedeutend zu vereinfachen. So sollten Fehlermöglichkeiten eliminiert und die Produktionskosten reduziert werden. Die J-2S sollten die J-2 ersetzen können. Anschlüsse und Dimensionen waren daher weitestgehend identisch. Es gab auch Untersuchungen, das J-2 nur im Schub zu steigern, ohne das Triebwerk zu verändern. Eine Schuberhöhung des J-2 auf 1.112 kN nur durch Erhöhen des Brennkammerdrucks war möglich. Diese Untersuchungen wurden zugunsten eines einfacheren Triebwerks eingestellt.

Das J-2S verzichtete vor allem auf das aufwendige Startsystem. Es gab keinen Starttank, der während des Betriebs neu gefüllt wurde. Stattdessen wurde die Turbine von einem gaslieferenden Feststofftreibsatz hochgefahren. Drei hintereinander angeordnete Kartuschen mit Öffnungen zur Treibstoffleitung ermöglichten insgesamt drei Zündungen. Der Gasgenerator wurde eingespart, stattdessen trieb ein Teil des heißen Gases der Brennkammer die Turbinen an („Tap-off“ oder „Bleed“ Zyklus). Dazu gab es einen Ring am oberen Ende der Brennkammer, durch den das Gas durch kleine Röhren austreten konnte. Dieses Arbeitsgas wurde wie bisher nach Passage der Turbopumpe in die Düse geleitet, zur Nachverbrennung und Kühlung der Düse.

Der Schub war, anders als beim J-2, unabhängig vom Mischungsverhältnis regulierbar. Dies geschah beim J-2S durch Senkung des Brennkammerdrucks. Dazu wurde das Ventil des Heißgasstroms zur Turbine teilweise geschlossen, wodurch deren Förderleistung und Förderdruck sanken. Es gab zusätzlich die Möglichkeit, das Mischungsverhältnis über das Bypassventil des J-2 zu variieren. Nominell arbeitete das J-2S bei einem LOX zu LH2 Verhältnis von 5,5. Es konnte auch mit 5,0 und 4,5 zurechtkommen. Der Schub war geringer, der spezifische Impuls blieb, anders als beim J-2, auf dem gleichen Niveau.

Eine verlängerte Düse mit einem Expansionsverhältnis von 40 zu 1 erhöhte den spezifischen Impuls auf 4.276 m/s. Der Schub war mit 265.000 Pfund (1.178 kN) deutlich höher als beim J-2. Er konnte mit geringen Modifikationen, wie einem höheren Brennkammerdruck, auf 320.000 Pfund (1.423 kN) gesteigert werden. Darauf kam die NASA zurück, als sie aus dem J-2S das J-2X entwickelte.

Bei Tests war das J-2S im Schub um den Faktor 6 senkbar, eine Drosselung auf 10 Prozent erschien möglich. Dies war für das Mondprogramm nicht nötig, wurde aber für weitere Einsatzmöglichkeiten untersucht. Der Niedrigschubmodus könnte für kleine Orbitänderungen in Erdorbitmissionen eingesetzt werden. Die Fähigkeit zur drastischen Schubreduktion war beim Space Shuttle zur Reduktion der Spitzenbeschleunigung nötig. In den ersten Entwürfen von 1969 für das Space Shuttle ging man vom Einsatz der F-1 und J-2 Triebwerke in den beiden Stufen aus.

Zwei Versionen des J-2S, eines für die S-II (einmal zündbar) und eines für die S-IVB (dreimal zündbar) wurden entwickelt. Sie unterschieden sich in der Anzahl der Kartuschen für das Startgas.

Der Einsatz des J-2S ohne weitere Anpassungen hätte die Nutzlast der Saturn V leicht gesteigert. Bei einem Start in den GEO-Orbit z. B. von 27.200 auf 28,900 kg.

Das J-2S wurde 273-mal am Boden und unter Vakuum getestet. Die Gesamtbrenndauer aller Tests betrug 30.858 s. Sechs Triebwerke wurden für die Entwicklung gefertigt. Die Entwicklung war abgeschlossen. Es war bereit, in die Qualifikation zu gehen, als die NASA alle weiteren Ausbaupläne für die Saturn einstellte. Für die Qualifikation wären zwei weitere Triebwerke benötigt worden.

1990 schätzte Rocketdyne, dass die Wiederaufnahme der Entwicklung 245 Millionen Dollar kosten würde, die Produktion eines Triebwerks 13 Millionen Dollar. Wie das F-1A wäre es im HLV für das SDI-Programm eingesetzt worden.

Dreißig Jahre später nahm die NASA die Entwicklung neu auf, modernisierte das Triebwerk und benannte es um in J-2X. Das J-2X wurde für die Oberstufe der Ares V und zweite Stufe der Ares I entwickelt. Neben technologischen Anpassungen gab es vor zwei Änderungen gegenüber dem J-2S: eine längere Düse, die nicht aktiv gekühlt wurde und eine neue Turbopumpe, die für das Aerospike-Triebwerk des X-

33 Gefährts entwickelt wurde. Diese Turbopumpe für das Aerospike wurde wiederum aus der J-2S Turbopumpe entwickelt.

Die Entwicklung der Ares V wurde 2011 eingestellt, die Tests des J-2X liefen weiter bis zum Abschluss der Entwicklung. Die NASA baute dafür zwei vorhandene J-2S zu J-2X um. Als das Konzept der SLS stand, kündigte die NASA im Oktober 2013 an, dass die Tests des J-2S eingestellt werden. Der Grund war die Budgetierung der SLS. Sie sah kein Geld für eine Oberstufe vor und zudem sollten die Kosten gleichbleibend sein, ohne die bei Entwicklungen sonst üblichen Spitzen vor dem Übergang in die Produktionsphase.

Die SLS wird zuerst eine Delta IV Zweitstufe als Zwischenlösung (**I**nterim **C**ryogenic **P**ropulsion **S**tage ICPS) erhalten, dann eine größere Stufe, die ebenfalls RL10 Triebwerke einsetzt, davon aber vier anstatt einem in der IPCS. Die NASA befand, dass das J-2X zu schubstark für die Oberstufe der SLS sei, obwohl diese schwerer als eine S-IVB ist.

Typ	J-2	J-2S	J-2X
Höhe:	3,38 m	3,38 m	4,70 m
Maximaler Durchmesser:	2,04 m	2,01 m	3,05 m
Gewicht mit Flüssigkeiten:	1.788 kg	1.690 kg	2.510 kg
Gewicht trocken:	1.578 kg	1.463 kg	2.470 kg
Schub:	1.023 kN	1.178,8 kN	1.309 kN
Expansionsverhältnis:	27,5	40	92
Brennkammerdruck:	50 bar	82,7 bar	92 bar
Maximaler spezifischer Impuls:	4.216 m/s	4.275 m/s	4.393 m/s
Mischungsverhältnis:	4,5 bis 5,5	4,5 / 5.0 / 5,5	4,5 / 5,5
Zündungen:	2 nominal, 16 maximal	3	8
Maximale Betriebszeit:	3.750 s	3.750 s, 30 Zündungen	500 s am Stück, maximal 2.600 s

Feststoffbooster als Startunterstützung

Bei der Titan III wurden zwei große Feststoffbooster an die erste Stufe montiert, um diese zu unterstützen. So verwundert es nicht, dass Lockheed ähnliche Konzepte für die Saturn V untersuchte.

Es gab einen Test eines Boosters, der für die Saturn V vorgesehen war, des AJ-260. Die Ziffer gibt den Durchmesser von 260 Zoll (690 cm) an. Er war im Verhältnis zum Durchmesser kurz, nur 24,5 m lang. Damit war er so kurz, dass er bei einer Saturn V an der strukturverstärkten Zwischentankverbindung oben und am Schubgerüst unten angebracht werden konnte. Der AJ-260 kam trotz zweier Brennversuche über das Experimentalstadium nie heraus, er arbeitete nur mit niedrigem Brennkammerdruck (41 Bar) und niedrigem spezifischen Impuls (2.158 m/s). Seine Hauptfunktion war die Reduktion der Gravitationsverluste: Die Saturn V startete nun mit 4,7 m/s. Bei Brennschluss des Boosters war die Beschleunigung mit 3,4 g trotzdem noch kleiner als die Spitzenbeschleunigung zum Brennschluss der S-IC. Ein AJ-260 brannte 114 s lang und hatte einen Maximalschub von 22.200 kN, also dreimal so viel wie ein F-1 Triebwerk. Er wog 842,3 t, davon waren 768 t Treibstoff.

Geplant war, beim Einsatz des Boosters die S-IC um 12,8 m zu verlängern. Das erlaubte es, 1.200 t mehr Treibstoff zuzuladen. Das hätte die Nutzlast weiter gesteigert. Bei der S-IC mit ihren Treibstoffen mit hoher Dichte wiegen die Tanks viel weniger als Triebwerke und andere Strukturen. Der Gewinn durch die verlängerte S-IC ist mit 20 t mehr Nutzlast viel größer als der Gewinn durch die beiden AJ-260, der bei etwa 12 t liegt. Der AJ-260 wurde zugunsten anderer Optionen für eine Nutzlaststeigerung aufgegeben.

Es gab auf dem Papier die Idee, die Titan III Booster paarweise an die S-IC zu montieren. Zwischen 1965 und 1967 wurden in verschiedenen Studien die Möglichkeit vier UA1205 Booster (die Booster der Titan 3) bzw. UA1207 (die postulierten Booster der Titan 3M, bzw. der späteren Titan 4) an die Saturn anzubringen untersucht. Im unteren Diagramm erscheinen diese als „120 inch strapon Boosters".

Als Folge des zusätzlichen Schubs wären die Stufen verlängerbar gewesen. Eine Studie ging z. B. von einer um 57 Prozent verlängerten S-IC aus.

Der primäre Vorteil der Feststoffbooster ist, dass sie mehr Startschub liefern und so die Gravitationsverluste reduzieren. Sie sind ausgebrannt, bevor die S-IC selbst das mittlere Triebwerk zur Reduktion der Beschleunigung abschalten muss. Daneben erhöht ein Paar die Startmasse um rund 15 Prozent mit entsprechend höherer Nutzlast. Da Wernher von Braun gegen Feststoffbooster war, kam es nie zu einer Umsetzung. Sie wären neben den schubstärkeren Triebwerken die einfachste Möglichkeit gewesen, die Nutzlast für spätere Mond- und Marsmissionen deutlich zu erhöhen. Außerdem waren sie relativ preiswert, da man sie aus dem Titanprogramm entnehmen konnte. Ein Paar kostete damals weniger als 7 Millionen Dollar.

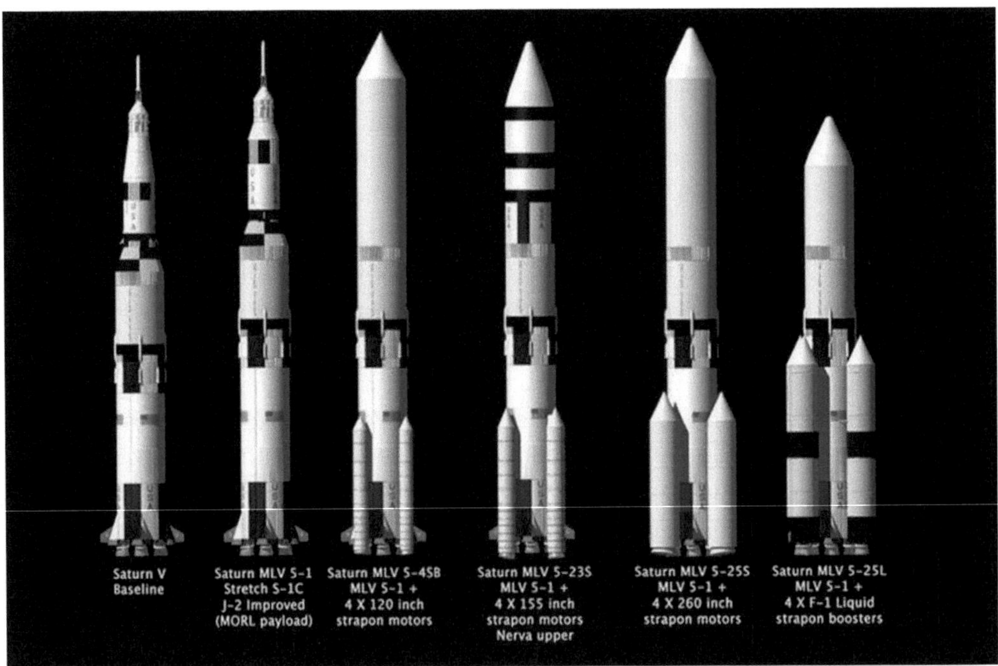

Abbildung 51: Einige vorgeschlagene Upgrades

Nukleare Oberstufen

Ein Projekt, das in den Sechziger Jahren verfolgt wurde, war NERVA (**N**uclear **E**ngine for **R**ocket **V**ehicle **A**pplication). Es wurde bei NERVA ein in einer Oberstufe einsetzbarer nuklearen Antrieb entwickelt. Die nuklearen Antriebe wären bei einer Marsmission in der Saturn V und im Marsraumschiff eingesetzt worden. Es gab zwei Pläne für die Saturn. Im ersten wurde die S-IVB, die dritte Stufe, durch eine nuklear betriebene Stufe ersetzt. In einem zweiten Schritt ersetzte eine nukleare Oberstufe beide Oberstufen. Dies ist möglich, weil der spezifische Impuls eines nuklearen Antriebs fast doppelt so hoch wie der der Kombination LOX/LH2 ist.

Ein nuklearer Antrieb hat wie ein chemischer Antrieb einen Tank. Er fasst aber nur flüssigen Wasserstoff. Auch das Raketentriebwerk kann zum größten Teil übernommen werden. Lediglich in der Brennkammer gibt es einen Unterschied. In ihr befindet sich der Reaktorkern. Sobald die Steuerstäbe herausgefahren werden, kommt die Kettenreaktion in Gang und der Kern heizt sich auf. Nun wird der Wasserstoff eingeleitet, der als Kühlmittel eine Kernschmelze verhindert. Die Temperatur des Wasserstoffs kann nicht höher sein als die Schmelztemperatur des Reaktorkerns. Sie ist niedriger als die Verbrennungstemperatur chemischer Antriebe. Damit der nukleare Antrieb trotzdem eine höhere Ausströmgeschwindigkeit des Gases erreicht, wird Wasserstoff eingesetzt, denn er hat die geringste Molekülmasse aller Substanzen, neunmal kleiner als die von Wasser, das bei der Verbrennung von Wasserstoff und Sauerstoff entsteht.

Der wichtigste Punkt für die Sicherheit: Eine nukleare Oberstufe mit einem Kernreaktor wird erst radioaktiv, wenn sie zündet. Vorher besteht der Kern aus angereichertem Uran mit geringer Radioaktivität. Erst wenn die Kernreaktion in Gang kommt, entstehen die gefährlichen kurzlebigen Spaltprodukte. Daher wäre jede Stufe nur einmal gezündet und danach abgetrennt worden, um das Strahlenrisiko für die Besatzung zu minimieren.

Das limitiert den Einsatz, denn nukleare Oberstufen haben selbst bei großen Kernreaktoren der Gigawatt-Klasse nur einen geringen Schub und damit lange Brennzeiten. In unteren Stufen sind sie nicht einsetzbar.

Beim Einsatz bei einer Marsmission gab es das Problem, den Wasserstoff über Monate hinweg flüssig zu halten.

Da der Reaktor erst nach der Zündung radioaktiv wird, konzentrierten sich die meisten Untersuchungen auf den Ersatz der S-IVB durch eine kleinere nukleare Stufe. Gibt es einen Fehlstart, so setzt der Reaktor beim Zerbrechen nur wenig Radioaktivität frei. Die Stufe wird (anders als sie S-IVB) erst im Orbit gezündet, der aber dann schon sicher erreicht ist. Damit war die Masse der Stufe zusammen mit der Nutzlast auf die maximale Nutzlast einer zweistufigen Saturn beschränkt.

Der Hauptvorteil von nuklearen Antrieben ist der hohe spezifische Impuls: 7.200 m/s wurde in Versuchen erreicht, über 8.000 m/s erschienen möglich. Dagegen wurden in den Sechzigern bei chemischen Antrieben 4.350 m/s erreicht. Bis heute wurde dieser Wert nur auf 4.560 m/s gesteigert.

Als Nachteil ist nicht nur das Triebwerk durch den Reaktor schwerer, sondern auch der Tank ist durch den flüssigen Wasserstoff deutlich schwerer. Dessen Dichte beträgt im flüssigen Zustand nur 0,07 kg/l und er verdampft leicht. So muss eine Stufe sehr gut isoliert werden. Dadurch hat sie eine hohe Leermasse. Eine postulierte Stufe für Marsmissionen hatte folgende Daten: (verglichen mit der S-IVB).

	S-IVB	**NERVA Stufe**
Startmasse:	120.697 kg	53.694 kg
Leermasse:	11.384 kg	10.429 kg
Schub:	1.023 kN maximal	266.8 kN maximal
Brennzeit:	475 s	1.250 s
Spezifischer Impuls:	4.180 m/s	7.840 m/s
Nutzlast Mars:	39.000 kg	54.500 kg
Volumen Treibstoff:	323 m³	636 m³

Die zweistufige Saturn V mit einer nominalen Leistung von 108 t in den Erdorbit hätte die NERVA-Stufe in einen Erdorbit befördert. Die S-IVB wäre entfallen. Bei einer leistungsstärkeren Saturn ist eine entsprechend größere Stufe möglich. Daher liefen zeitgleich die Untersuchungen für die Unterstützung durch Feststoffbooster, denn dadurch hätte man eine höhere Nutzlast für einen Erdorbit erreicht.

Beim Ersatz der S-II und S-IVB durch eine nukleare Stufe wären 113 t Treibstoff zugeladen worden. Die Stufe hätte den Durchmesser der S-II gehabt (Tankvolumen S-II: 1.331 m³, nukleare Oberstufe: 1.667 m³). Sie hätte als Nachteil bei nur einer Zündperiode direkt eine Marsbahn erreichen müssen, ohne vorher in einen Orbit einzutreten. Das war ein Bruch mit der bisherigen Strategie, zuerst eine Parkbahn einzuschlagen. Bei entsprechend hoher Nutzlast einer leistungsgesteigerten Saturn hätte man die größere Nuklearstufe und eine Marsnutzlast auch in einen Erdorbit transportieren können und damit dasselbe Missionsprofil wie bei Apollo gehabt´.

Nukleare Antriebe waren von allen hier vorgestellten Konzepten am weitesten von der praktischen Umsetzung entfernt. Das NERVA-Programm wurde 1972 eingestellt, schon 1970, nach Streichung der letzten Apollomissionen, wurden die Finanzmittel stark gekürzt. Wernher von Braun sah große Probleme, das Konzept praktisch umzusetzen. Jede Stufe konnte nur einmal gezündet werden. Danach war der Reaktor so radioaktiv, dass sich ihm Menschen nicht mehr nähern dürften. Selbst das Abwracken in den Bodentests konnte nur mit ferngesteuerten Werkzeugen durchgeführt werden. Ein Testprogramm wie bei normalen Triebwerken war nicht möglich. Sie wurden vor dem ersten Einsatz Hunderte Male gezündet und konnten nach jedem Test untersucht werden.

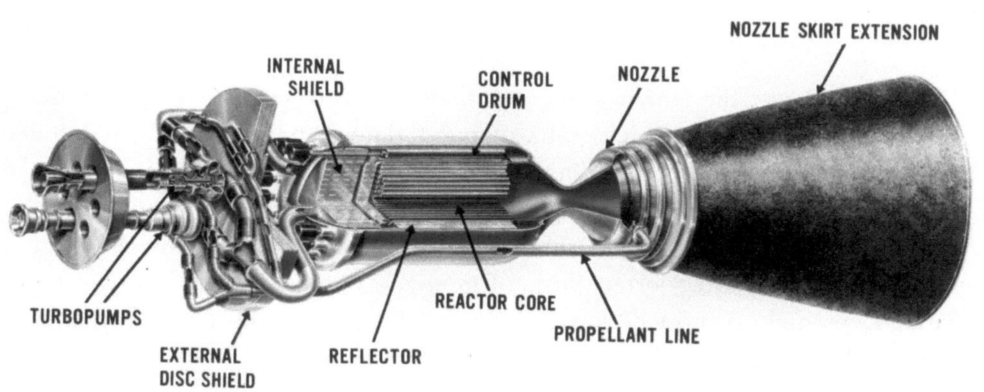

Abbildung 52: Aufbau eines nuklearen Triebwerks

Kleine Saturns

Es war denkbar, die Saturn V nur zweistufig einzusetzen. Ohne S-IVB kam dies beim Start der Raumstation Skylab vor. Denkbar war es, die erste Stufe wegzulassen. Würde man die Zahl der J-2 in der S-II auf 7 (oder 6 J-2S) erhöhen, so könnte die Rest-Saturn V auch ohne S-IC abheben. Mit Feststoffboostern bestand diese Möglichkeit in jedem Fall. Damit hätte die NASA einen Träger für mittlere Nutzlasten in einen Erdorbit z. B. für den Aufbau einer Raumstation. Ebenfalls untersucht wurde das Weglassen der S-II, wobei dann die S-IVB direkt auf die S-IC montiert worden wäre. Der Stufenadapter zwischen S-II und S-IVB könnte weiter verwendet werden, da die S-II denselben Durchmesser wie die S-IC hat.

Diese zweistufigen Varianten sind nur für den Erdorbit geeignet und wurden nicht weiter untersucht. Anbei eine Übersicht der theoretischen maximalen Nutzlasten in einen 200 km hohen Orbit mit einem Startazimut von 90 Grad (nach Osten):

Zweistufige Version	Nutzlast
Saturn ohne S-IVB	110 t
Saturn ohne S-II	72 t
Saturn ohne S-IC mit 7 J-2	27 t
Saturn ohne S-IC mit 2 × UA 1205	40 t

Die NASA überlegte, die Nutzlast der normalen Saturn V etwas besser zu nutzen. Wenn eine Mondmission sie nicht ganz ausnutzt, dann kann man an der Wand des Skirts der S-IVB neben dem Mondlander noch kleine Nutzlasten anbringen. Diese SPACE-PAC wären nach Abtrennung des LM freigesetzt worden. Eine Schwierigkeit war, dass sie aus räumlichen Gründen um 90 Grad gedreht angebracht werden mussten. Mit einem integrierten Feststoffmotor konnten bis zu 70 kg auf einen Mondkurs geschickt werden. Beim Erreichen von elliptischen Erdumlaufbahnen betrug die Maximalnutzlast 136 kg. Es kam jedoch nie dazu. Lediglich bei der Mission Skylab 2 (AS-206) wurden an der S-IVB Experimente befestigt, aber niemals ein Subsatellit (PFS), wie er zweimal bei den Apollomissionen (Apollo 15 und 16) eingesetzt wurde.

Reserven reduzieren

Was nicht erwogen wurde, bei den bekannten Daten aber auffällig ist, sind die großen Treibstoffreserven. Also der Treibstoff, der in der Stufe verbleibt, wenn diese Brennschluss hat. Dies waren typisch:

Stufe	Treibstoffreserve {kg]	Anteil am Gesamttreibstoff
S-IC	> 26.300 kg	1,25 Prozent
S-II	> 2.800 kg	0,6 Prozent
S-IVB	> 2.700 kg	1,47 Prozent
Space Shuttle ET	> 2.300 kg	0,30 Prozent

Lediglich bei der S-II wurde der Treibstoffvorrat gut ausgenutzt, doch selbst hier ist der Space Shuttle doppelt so effizient. Schon die Atlas ICBM kam auf 0,2 bis 0,3 Prozent Resttreibstoff. Wie großzügig die Reserven waren, zeigte sich bei Apollo 13. Als in der S-II das mittlere Triebwerk ausfiel, war der Treibstoffverbrauch höher. Trotzdem hatte die S-IVB noch 2.628 kg Resttreibstoff, der kleinste Wert aller Missionen. Bei den Saturn IB waren die Reserven viel kleiner, weil sonst die Nutzlast zu gering war. Die S-IB hatte nur 0,8 Prozent Resttreibstoff und die S-IVB weniger als 1.700 kg Resttreibstoff (0,9 Prozent).

Alleine die Reduktion der Treibstoffreserven der S-IVB auf den Wert der S-II (0,6 Prozent) hätte die Nutzlast zum Mond um 1,6 t gesteigert. Würde man wie beim Space Shuttle oder der Atlas praktisch demonstriert, 0,3 Prozent Reste in allen Stufen ansetzen, so steigt die Nutzlast für eine Mondtransferbahn um 3 t.

Es gibt eine weitere Optimierung. Bei allen Stufen wurde der Sauerstofftank mit gasförmigem Sauerstoff unter Druck gesetzt, der aus dem Sauerstoffvorrat stammte. Bei der S-IC waren dies fast 3.000 kg Treibstoff, die nicht genutzt werden konnten – das sind zwar nur 0,2 Prozent der Gesamtmenge, aber eben eine ungünstigere Lösung als Heliumdruckgas zu nutzen. Die Ursache liegt im Molekulargewicht. Ein Mol eines Gases nimmt bei gleichem Druck und Temperatur immer das gleiche Volumen ein. Hat das Gas eine geringere Molekularmasse, so wiegt das Gas, um den Tank auf einen bestimmten Druck zu setzen, weniger. Helium hat die Molekularmasse 4 und Sauerstoff die Atommasse 32. Man benötigt daher achtmal weniger Helium als Sauerstoff. Mit den schweren Stahlflaschen, die man für Heliumdruckgas nutzte, wäre der Gewichtsvorteil marginal gewesen. Doch schon damals gab es Fiberglas als leichtgewichtige Alternative. Da die Dichte auch von der Temperatur abhängt, heizte man das Druckgas vor dem Einleiten in die Tanks mit Wärmeaustauschern auf.

Die Daten der Nutzlasten der besprochenen Varianten wurden mit einer Aufstiegssimulation, nicht nur einfacher Geschwindigkeitsberechnung, gewonnen. Viele Angaben stammten aus der frühen Entwicklungszeit der Saturn V oder es gab keine Angaben über die Nutzlast.

Saturn V Version	Nutzlast Mondtransferbahn
Saturn V	48,63 t (Apollo 16/17), 49,5 t Maximum 51,5 t bei Reduktion der Treibstoff-reserven
Saturn V mit F-1A / mit reduzierten Treibstoffreserven	51,4 t / 54,0 t
Saturn V mit J-2S und reduzierten Treibstoffreserven	53,8 t
Saturn V mit J2S und F-1A / mit reduzierten Treibstoffreserven	54,4 t / 57,8 t
Saturn V mit 4 × UA 1205	51,6 t
Saturn V mit 4 × UA 1205 und F-1A	63,7 t
Saturn V mit 4 × UA 1205 und J-2S	64,7 t
Saturn V mit J2S, F1A und 4 × UA 1205	67,0 t
Saturn V mit J2S und 8 × UA 1205	75,8 t
Saturn V mit 2 × AJ-260	62 t
Saturn V mit 12,8 m längerer S-IC und 2 × AJ-260	82 t
Saturn V mit nuklearer Oberstufe	61,4 t
Saturn V ohne S-II	72 t in einen 435 km hohen Erdorbit
S-II + S-IVB + 4 × UA 1205	48 t in einen 435 km hohen Erdorbit
Advanced Saturn (Konzept 1965)	59,5 t

Die Saturn – 50 Jahre danach

Seit die erste Saturn V am 9.11.1967 abhob, sind mehr als fünfzig Jahre vergangen. Es ist interessant zu sehen, was sich in dieser Zeit im Raketenbau getan hat. Die USA haben angefangen, zwei Schwerlastraketen zu entwickeln – die Ares V, die 2011 wieder eingestellt wurde und die SLS. Wenn man nach der Nutzlast für einen niedrigen Erdorbit geht, gehört das Space Shuttle dazu, das bei Erreichen des Erdorbits über 100 t wog.

Alle neueren Trägersysteme haben eine andere Philosophie – anstatt die Stufen nacheinander zu zünden, setzen sie für das Erreichen des Erdorbits nur zwei Stufen ein, die aber parallel gestartet werden. Das sind Feststoffbooster, angebracht an einer Zentralstufe, die mit flüssigem Wasserstoff und Sauerstoff arbeitet. Beim Space Shuttle war dies vorgegeben durch die Wiederverwendbarkeit – nur robuste Feststoffantriebe waren mit dem bewilligten Budget wiederverwendbar auszulegen. Es gab auch Entwürfe mit geflügelten Erststufen, die F-1 Triebwerke einsetzten, doch sie waren nicht finanzierbar.

Bei Ares V und SLS wurde das Konzept ebenfalls durch die Finanzen diktiert. Es gab nicht das Geld, um etwas völlig neues zu entwickeln. Daher griff man auf das zurück, was man hatte. Das waren die schubstarken SRB des Space Shuttle und die schon entwickelten Triebwerke RS-25 (Space Shuttle Hauptantrieb), RS-68 (Haupttriebwerk der Delta 4) und J-2S. Eine Oberstufe wurde nur für die Ares V entworfen. Bei der SLS fehlt schon das Kapital für eine Oberstufe.

Die neuen Konzepte sind daher nicht mit der Saturn V zu vergleichen. Was wäre, wenn man heute die Saturn V nachbauen würde. Also eine Rakete mit dem gleichen Konzept (erste Stufe nutzt LOX/Kerosin, die Oberstufen LOX/LH2) und einer ähnlichen Treibstoffzuladung.

Die Nutzlast einer Rakete wird nach der Ziolkowski-Gleichung von zwei Faktoren bestimmt: Dem Strukturfaktor, das ist das Verhältnis von Startmasse und Brennschlussmasse jeder Stufe und dem spezifischen Impuls, das ist die Ausströmgeschwindigkeit der Gase bei Verlassen der Düse. Nimmt man die praktische Umsetzung hinzu, so spielt eine Rolle, welchen Stand die Steuerungstechnik hat und wie die Abläufe beim Flug sind. Es gibt also drei Teilgebiete: Strukturen, Triebwerke und Regelungstechnik.

Erstaunlich wenig hat sich bei den Strukturen getan. In den letzten fünfzig Jahren hat man keine neuen „Wunderlegierungen“ erfunden, welche die Nutzlast entscheidend erhöhen konnten. Die Standardlegierungen der Saturn V, Al 2014 und 2219 werden bis heute auch bei neuen Trägerraketen wie der Ariane 6 oder Vulkan eingesetzt. Es gibt eine leichtere Legierung, Al 2195. Obwohl seit 30 Jahren im Einsatz, wird sie nur sporadisch genutzt: Der Wasserstofftank des Space Shuttles bestand aus ihr und SpaceX soll sie einsetzen. Der Grund dürfte sein, dass die Legierung eine höhere Festigkeit aufweist, aber schwerer zu ver- und bearbeiten ist. Das gab schon bei Apollo den Ausschlag, für Strukturen, die man schweißen musste, nicht die Legierungen der 7000-er Serie zu verwenden.

Zur Zeiten der Saturn V gab es noch keine kohlenfaserverstärkte Kunststoffe (CFK: **c**arbon**f**aserverstärkter **K**unststoff) Diese werden im Raketenbau inzwischen breit eingesetzt. Vor allem bei Strukturen, die nicht mit Treibstoffen in Berührung kommen, wie Zwischentanksektionen, Stufenadapter und Nutzlastverkleidungen. Die NASA hat experimentell zwei Wasserstofftanks aus Kohlefaserverbundwerkstoffen entwickelt, doch danach das Programm eingestellt. Ein solcher Tank ist nochmals 30 Prozent leichter als ein Tank aus der Legierung AL2195. Für den Einsatz bei der Saturn V, wo die Wasserstofftanks der S-II und S-IVB den Großteil der Masse ausmachen, sind Kohlefaserverbundtanks in der benötigten Größe noch nicht qualifiziert. Beim Probecountdown einer Falcon 9 explodierte die Oberstufe, als sich eine Kohlefaserverbundwerkstoffflasche mit Heliumdruckgas im Sauerstofftank entzündete. Die Firma SpaceX hat inzwischen die CFK-Technologie bei ihrer nächsten Rakete aufgegeben, allerdings aus Kostengründen.

Im Raketenbau geht der Trend seit langem in eine andere Richtung. Anstatt möglichst leichtgewichtig zu bauen, lebt die Industrie mit höheren Strukturfaktoren, wenn Sie die Stufen preiswerter fertigen kann. Es werden keine Integraltanks mehr gefertigt, sondern die einfacheren, schwereren separaten Tanks. Eingesetzt werden Standardlegierungen der Luftfahrt, um normale Produktionsanlagen für Flugzeuge einsetzen zu können. So haben die alten Titan und Atlas ICBM Strukturfaktoren, die heutige Stufen nicht erreichen. Nicht anders sieht es bei der Saturn aus:

Stufe	S-IC	Atlas V Erststufe
Startmasse:	2.246.540 kg	305.143 kg
Trockengewicht:	130.441 kg	21.054 kg
Strukturfaktor:	17,22	14,49

Die Atlas V Erststufe ist sechsmal leichter als die S-IC der Saturn. Doch oberhalb von 100 t Masse ist der Strukturfaktor bei gleicher Technologie kaum noch steigerbar. Das Gewicht der Tanks wird durch ihren Inhalt vorgegeben. Schon Triebwerke mit 1.000 kN Startschub erreichen ein Schub-/Gewichtsverhältnis von 80 bis 100, das ist bei größeren Triebwerken nicht mehr steigerbar.

Ähnlich sieht es mit Wasserstoff als Treibstoff aus. In der folgenden Tabelle sind die Massen der S-II und Kernstufen jeweils mit Stufenadapter wiedergegeben. Die Angaben für die Ares V EDS und S-IVB enthalten zusätzlich die IU:

Stufe	S-II	S-IVB	Ares V Core	Ares V EDS	SLS Core
Startmasse:	496.955 kg	124.294 kg	1.761.200 kg	278.500 kg	979.452 kg
Trockengewicht:	40.155 kg	13.336 kg	157.300 kg	24.200 kg	85.420 kg
Strukturfaktor:	12.37	9,22	11,19	11,50	11,46

Weder die Ares V noch die SLS Zentralstufe erreichen den niedrigen Strukturfaktor der S-II. Die S-IVB ist deutlich schlechter als die EDS der Ares V. Doch dies liegt daran, dass das Gewicht von Instrumenteneinheit und Triebwerk bei beiden Raketen gleich groß ist. Die EDS nimmt aber das zweieinhalbfache an Treibstoff auf. Wenn man dies berücksichtigt, haben beide Stufen den gleichen Strukturfaktor.

Deutliche Fortschritte gab es bei den Triebwerken. Noch zu Apollozeiten wurde das J-2S entwickelt. Inzwischen wurde aus dem J-2S das J-2X. Der entscheidende Schritt, die Düse zu verlängern, hätte man schon in den Sechzigern unternehmen können. Neu hinzugekommen sind Triebwerke, die nach dem Hauptstromprinzip (S. 34) arbeiten. Dieses Prinzip, das russische Triebwerke seit Mitte der sechziger Jahre einsetzen, ersetzt den Gasgenerator durch einen Vorbrenner, der einen Teil des Treibstoffs mit dem gesamten Oxidator verbrennt. So wird mehr Arbeitsgas erzeugt als beim Gasgenerator. Das bedeutet eine höhere Förderleistung und damit höheren Brennkammerdruck.

Zudem wird das Arbeitsgas in die Brennkammer eingespritzt, während es bei den Triebwerken der Saturn in die Düse entlassen wurde, wo es zwar nachverbrannte, aber mit geringerer Effizienz als in der Brennkammer. Die Space Shuttle Haupttriebwerke setzen dieses Prinzip ein und erreichen im Vakuum einen spezifischen Impuls von 4.430 m/s. Das sind 200 m/s mehr als ein J-2. Bei Raketen steigt aus physikalischen Gründen die Nutzlast mit steigendem spezifischen Impuls exponentiell an. Derzeit werden in den USA Triebwerke entwickelt, die Kerosin oder Methan mit flüssigem Sauerstoff nach dem Hauptstromverfahren verbrennen. Ihre technischen Daten sind leider geheim. Doch das russische RD-170, das nach diesem Verfahren arbeitet, hat bei gleichem Schub wie ein F-1 einen spezifischen Impuls von 3.336 m/s im Vakuum – rund 350 m/s mehr als das F-1.

Würde man moderne Triebwerke in der Saturn V einsetzen, die Nutzlast steigt überproportional an. Der Gewinn ist viel größer, als durch leichtere Strukturen.

Hinsichtlich der Steuerungstechnik hat sich ebenfalls viel getan. Die Saturn V lies relativ viel Treibstoff in den Tanks zurück. Zum einen als Absicherung für eine Minderleistung der Triebwerke. So konnte ein Triebwerksausfall abgefangen werden. Zum anderen war der Bordcomputer fähig, eine neue Bahn für den Aufstieg zu bestimmen, jedoch nur unter vorgegebenen Randbedingungen.

Heute wären derartig große Reserven nicht mehr nötig. Das bewies das Space Shuttle, das mit geringeren Treibstoffresten auskam, obwohl es bemannt eingesetzt wurde. Fortschritte in der Regelungstechnik erlauben es, den Treibstoff nahezu komplett zu verbrauchen. Nicht zuletzt kann man heute Triebwerke besser überwachen und vor einem Ausfall in der Leistung drosseln. Das hat als Nebeneffekt eine Nutzlaststeigerung zur Folge. Man muss nicht wie bei der Saturn V in erster und zweiter Stufe ein Triebwerk abschalten, wenn die Beschleunigung zu hoch wird. Heute kann man den Schub aller Triebwerke reduzieren, um eine gleichmäßige Spitzenbeschleunigung beizubehalten.

Simuliert man eine Saturn V mit aktuellen Triebwerken und Kohlefaserverbundwerkstoffen bei allen Strukturteilen, nicht jedoch den Tanks, so kommt man auf folgende Ergebnisse:

- Verbesserte Regelungstechnik: 3,4 t mehr Nutzlast
- Höherer spezifischer Impuls der Triebwerke und höherer Schub (RD-170 und J-2X in den Stufen): 22 t mehr Nutzlast
- Leichtere Strukturen: 4 t mehr Nutzlast
- Alles zusammen: ~ 78 t in eine TLI-Bahn

Wie man sieht, war die Saturn V bei der Leichtbauweise schon auf die Höhe der Zeit. Da der spezifische Impuls eines Raketentriebwerks sich exponentiell auf die Nutzlast auswirkt, ist der Einsatz moderner Triebwerke die wirksamste Maßnahme. Von den 22 t mehr Nutzlast durch die Triebwerke entfallen 5 t auf die Reduktion der Aufstiegsverluste, da alle Stufen mehr Schub haben. (Ein RD-170 hat 9 Prozent mehr Schub als ein F-1, ein J-2X sogar 30 Prozent). Diese Aufstellung basiert darauf, dass man in allen Bereichen das Optimum anstrebt, was aber, wie schon beschrieben, heute nicht der Fall ist. Wie die Tabelle auf S. 291 zeigt, waren beim Einsatz der F-1A und J-2S und Reduktion der Reserven schon damals 57,8 t in eine TLI möglich. Heute wären es mit dem RD-170 und J-2X bei gleichen Strukturfaktoren 69 t.

Allerdings müsste man die Rakete anpassen, was in Richtung einer Neukonstruktion geht. Die Fertigungsanlagen für die Saturn gibt es nicht mehr. Finanziell ist es die bessere Option, eine Rakete aus verfügbaren Teilen zusammenzubauen. Ein Beispiel ist die SLS, auch wenn deren Nutzlast geringer ist. Sie kostet aber nach NASA-Schätzung nur rund 10 Milliarden in der Entwicklung – die Entwicklung der Saturn V kostete dagegen rund 46 Milliarden Dollar, wenn man die Kosten nach NASA-Methoden auf 2019 bezieht.

Die Starts der Saturn

Dieses Kapitel enthält eine kurze Beschreibung aller Starts der Saturn, was die Mission der Trägerrakete angeht. Natürlich fehlt der Platz in diesem Buch, alle gestarteten Apollomissionen zu beschreiben. Verglichen mit heute ging die Entwicklung enorm schnell. So wurde die Startrampe LC-34 erst am 5.6.1961 eingeweiht. Keine vier Monate später startete die erste Saturn von LC-34.

Die erste Saturn I, **SA-1** hob am 27.10.1961 ab. Die erste Stufe, die als einzige Stufe aktiv war, wurde am 15.8.1961 ausgeladen und auf LC-34 errichtet. Auf ihr waren nur zwei Modelle von Oberstufen (geplant war damals eine Oberstufe mit der Bezeichnung S-V, sie wurde durch eine Attrappe von der Größe einer Centaur modelliert) angebracht. Sie hatten ein Gewicht von 52.240 kg (kombiniert) als Ballast.

Die erste Stufe wurde nicht voll mit Treibstoff betankt, sondern nur zu 83 Prozent. So wog die Rakete 460 t beim Start und war 49,38 m lang. Das war der ersten Generation H-1 Triebwerken geschuldet, die nur 734 kN Schub hatten. Die folgende Generation würde 836 kN Schub liefern und damit auch das Vollbefüllen der Tanks zulassen. Die inneren vier Triebwerke schalteten nach 109 Sekunden ab, die äußeren nach 115 Sekunden. Eine Spitzengeschwindigkeit von über 1.600 m/s wurde erreicht. 500 Messparameter wurden zu den Bodenstationen übertragen.

Die Rakete erreichte eine Gipfelhöhe von 136,5 km und schlug nach acht Minuten 345,7 km vom Startort entfernt im Atlantischen Ozean auf. Das einzige Vorkommnis war, das sich die Triebwerke 1,6 s vor dem geplanten Zeitpunkt abschalteten. Die Untersuchung des Ereignisses ergab, das man 400 kg zu viel Sauerstoff und 410 kg zu wenig Kerosin zugeladen hatte. Die Triebwerke hatten bei Verbrauchen des Kerosins vorzeitig abgeschaltet. Dies würde bei den operativen Starts, mit vollen Tanks, nicht vorkommen.

Ein halbes Jahr später stand der zweite Teststart an. Er war er im wesentlichen eine Wiederholung des Ersten. Es sollte die Antriebsleistung gemessen werden, die aerodynamischen Belastungen bestimmt und die Genauigkeit der Rakete und ihres Steuersystems untersucht werden.

Die wichtigste Änderung war der Einbau zusätzlicher Blenden in die Tanks, nachdem man bei Auswertung der Daten von SA-1 ein zu starkes Schwappen der Treibstoffe festgestellt hatte.

Die erste Stufe der **SA-2** kam am 27.2.1962 an. Bald stellten sich zahlreiche kleine Probleme ein. Das größte war ein Leck zwischen dem Sauerstofftankdom und den Leitungen zu Triebwerk 4. Sie hielten den Start jedoch nicht auf.

Erneut wurden die Oberstufen durch Modelle ersetzt, die diesmal mit Wasser als Ballast gefüllt waren. Im Projekt Highwater setzte die Saturn I das Wasser in der Ionosphäre frei. Dabei wurde sie von Teleskopen beobachtet. In der Höhe, in der das Wasser freigesetzt wurde, herrscht ein Vakuum (es gab sogar einige Satelliten die sich bis auf 100 km der Erde näherten, das wäre in einer dichten Atmosphäre unmöglich). Deswegen war offen, was passieren würde, wenn man das Wasser freisetzt. Stufe 2 enthielt 44 t Wasser, Stufe 3 weitere 42 t. Explosionsladungen rissen fußballgroße Löcher in die Stufen – groß genug, dass das Wasser austreten konnte, aber zu explosionsschwach, als das sich das Wasser sofort zu einer Wolke geformt hätte. Die Löcher waren so bemessen, dass der Austritt einige Sekunden dauerte.

Die erste Stufe S-I war erneut nur zu 83 Prozent befüllt, da noch die erste Charge der H-1 Triebwerke mit 734 kN Schub (zweite Charge: 836 kN) zum Einsatz kam. Zugeladen wurden 283 t Treibstoff.

Die H-1 hatten wie vorgesehen Brennschluss nach 115 s in 56 km Höhe. Eine Spitzengeschwindigkeit von 6.400 km/h wurde erreicht. Als die Rakete nach 160 Sekunden 105,3 km Höhe erreichte, löste man durch Funkkommando die Dynamitsprengladungen aus. Beobachter sahen nach wenigen Sekunden eine Wolke, die etwa 5 Sekunden lang sichtbar blieb. Die Überwachung durch Messinstrumente wies nach, dass die Wolke bis auf 160 km Höhe stieg.

Der nächste Start **SA-3** wiederholte das Highwater-Experiment, erprobte neue Hardware und war der erste mit voller Tankbefüllung von 340.000 kg. Diesmal dürften die vier äußeren Triebwerke arbeiten, bis Sensoren den Verbrauch des Treibstoffs signalisierten. SA-2 wurde abgeschaltet, wenn eine vorgegebene Zielgeschwindigkeit erreicht wurde. Erstmals installiert und erprobt wurden die Retroraketen, welche die S-I als Teil der Stufentrennung abbremsten. Um ihren Einfluss zu messen, gab es 18 Temperatursensoren in der Oberstufenattrape. Daneben wurde Equipment für die folgenden Block II Flüge erprobt, so neue Telemetriesender, ein Prototyp der ST-124 Kreiselplattform, welche für die Saturn IB/V vorgesehen war, eine neue Antenne, Sender im UHF-Band und PCM-Modulation.

Die erste Atlas Centaur war kurz vorher am 8.5.1962 bei einem Start explodierte. Da die S-V Dummystufe die Abmessungen einer Centaur hatte, montierte man dort ein Aluminiumblech mit 11 Drucksensoren, um die Belastungen beim Durchlaufen der unteren Atmosphäre zu messen. Nachdem ein Isolationspaneel vom Wasserstofftank abriss, war die Atlas Centaur nach 55 Sekunden kurz vor Erreichen von Max-Q explodiert. Daneben wurde an der Startbasis schon Equipment für Block II eingesetzt, unter anderem der neue 110 m hohe Serviceturm.

Die Dummyoberstufen wurden mit 87.330 kg Wasser gefüllt. Neue Sprengladungen schnitten nun Längsrisse anstatt kreisrunde Löcher in die Stufen.

Die S-I für **SA-3** kam am 19.9.1962 an, wurde aber, da ein Wirbelsturm heranrückte, erst am 21.9.1962 aufgerichtet. Am 24.9.1962 wurden die beiden Oberstufenmodelle angebracht. Der Start erfolgte am 16.11.1962. Die vier inneren Triebwerke wurden durch die IU nach 141,7 s in 61 km Höhe abgeschaltet, gefolgt von den vier Äußeren nach 149,1 s in 71 km Höhe. Das war etwas später als berechnet. 4 Sekunden später wurden die Retroraketen aktiviert. Als die Rakete nach 292 s eine Höhe von 167 km erreichte, wurden die Sprengladungen ausgelöst. Erneut war die entstehende Wolke rund drei Sekunden lang visuell sichtbar.

Der Start war im wesentlichen erfolgreich. Es gab jedoch einige Abweichungen. So erzeugten die Retroraketen an den Dummyoberstufen viel höhere Temperaturen als vorgesehen und induzierten ein Rollen der S-I. Daneben war die Telemetrie teilweise unleserlich. Die Daten der Sensoren am Alupaneel, als Simulation der Centaurhülle, zeigte in der Tat eine Zone mit besonders niedrigem Druck, sobald die Rakete Mach 0,7 erreichte.

Der Start SA-4 war der letzte Einsatz von Block I, noch ohne Oberstufe. Wichtigstes Ziel des Tests war die Erprobung der Engine-Out-Fähigkeit der Saturn. Nach 100

Sekunden wurde Triebwerk #5 abgeschaltet. Wasser wurde diesmal in den Oberstufenattrappen nicht mitgeführt, stattdessen Ballast mit einem Gewicht von 52 t.

Nach nur 54 Tagen Vorbereitungszeit, der kürzesten bisher, hob **SA-4** am 28.3.1963 ab. Nach 100 s wurde planmäßig das Triebwerk 5 abgeschaltet. Das Verteilen des Treibstoffs über die Spinne im Schubgerüst in die anderen sieben Triebwerke klappte reibungslos. Anders als erwartet, zerlegte sich das Triebwerk durch die Notabschaltung (also nicht wie normal, indem zuerst der Sauerstofffluss unterbrochen wird und danach das Kerosin) nicht. Die noch im Triebwerk vorhandene Restmenge an Kerosin stellte sich als wirksame Kühlung heraus. SA-4 erreichte eine Gipfelhöhe von 129 km und eine Spitzengeschwindigkeit von 5.900 km/h. Damit waren die Block I Flüge abgeschlossen. Der nächste Start würde mit aktiver Oberstufe sein. Der erfolgreiche Test der Engine-Out Fähigkeit war ein wichtiger Meilenstein für das Apolloprogramm, denn auf ihr beruhte auch ein Teil der Sicherheitsarchitektur der ersten beiden Saturn V Stufen.

Die folgenden Flüge fanden vom Startkomplex 37B statt. Er war ursprünglich als Absicherung für einen Fehlstart bei Komplex 34 erbaut worden, für den Fall, dass dieser Komplex zerstört wird. Die Startanlagen von LC-37 wurden dann aber wesentlich größer als die von LC-34. Der bewegliche Startturm mit vier Aufzügen wog alleine 4.700 t und war 86 m hoch.

SA-5 war der erste Einsatz der Oberstufe S-IV. Dafür fehlte aber die Nutzlast. Man hatte die S-IV nur mit der Spitze einer Jupiter-Mittelstreckenrakete versehen, um die Aerodynamik zu verbessern. Sie war 50 m hoch, kürzer als die späteren Versionen mit 57,5 m Höhe. Im Vorfeld, wenige Tage vor dem geplanten Start, kam es zur Explosion einer S-IV bei einem Bodentest. Der Zwischentankboden war gebrochen. Wie sich herausstellte, lag dies an einer zu hohen Druckbeaufschlagung durch den Teststand. Die Druckbeaufschlagung der Saturn im Cape wurde geprüft, aber der Vorgang hatte keine Auswirkung auf den Start. Dieser musste wegen eines eingerissenen Flansches beim Befüllen um zwei Tage verschoben werden. Schließlich hob SA-5 am 29.1.1964 ab.

Neben den schubstärkeren H-1 Triebwerken wurde auch die S-I verlängert, sodass sie 31 Prozent mehr Treibstoff aufnehmen konnte. Weiterhin wurden Finnen an die Basis montiert, die bisher fehlten.

Erstmals erreichte eine Saturn einen Orbit. Sie war besonders gut instrumentiert. 1.183 Messparameter wurden zum Boden übertragen. Acht Kameras in der Rakete wurden in versiegelten Behältern nach der Stufentrennung abgetrennt und später geborgen. 21 Kameras am Boden filmten den Aufstieg. Nach 147,2 s begann die Stufentrennung. Zuerst mit dem Zünden der Ullageraketen der S-IV, dann mit dem Zünden der Retroraketen der S-IB und explosiven Durchtrennung der Verbindung. Die S-IV arbeitete tadellos und schaltete sich nach 8 Minuten ab, als die IU signalisierte, dass der Orbit erreicht war. Die Filmkapseln in den verschlossenen Behältern, die sich nach Stufentrennung von der ersten Stufe lösten, wurden bis auf eine verlorene Kamera 800 km vom Cape entfernt im Atlantik geborgen.

Zusammen mit dem Ballast erreichten rund 17 t den Orbit, eine elliptische Erdumlaufbahn mit einem Perigäum in 264 und einem Apogäum in 741 km Höhe. Das war die bis dahin größte Masse im Orbit. Die Kombination war, da es keine Trennung von der zweiten Stufe gab, 24,4 m lang. Ebenfalls ein Rekord, der im damaligen politischen Klima gefeiert wurde.

Die Startrate nahm nun zu. Nachdem es bisher fünf bis sechs Monate Pause zwischen den Starts gab (zwischen dem letzten Block I Flug SA-4 und dem ersten Block II Flug SA-5 sogar zehn Monate), startete die nächste Mission SA-6 schon vier Monate später. Allerdings musste der Start wegen verschiedener Probleme dreimal verschoben werden.

Erstmals hatte die Rakete eine „echte“ Nutzlast. Es war das Boilerplate 13 des Apolloraumschiffs, ein Massenmodell von 7.700 kg Gewicht. North American fertigte 40 Boilerplates für verschiedene Tests. Dieses war eines davon. Das Modell hatte keine funktionierenden Systeme, aber 116 Sensoren an verschiedenen Stellen, welchen den Druck, Temperatur und andere Einflüsse während des Starts maßen. Aufgrund dessen, das es erstmals eine Nutzlast für das Apollprogramm gab, gibt es auch eine zweite Bezeichnung für diesen Flug: **A-101** mit „A“ für Apollo. Dazu kam das Launch Escape System, das ebenfalls nur eine Attrappe war.

Nach drei Startversuchen hob **SA-6** am 28.5.1964 ab. Nach 116,1 s schaltete sich Triebwerk #8 ab. Das war nicht Bestandteil des Testprogramms. Die anderen Triebwerke kompensierten den Ausfall und arbeiteten 2,7 s länger. Das Raumschiff gelangte in einen 182 × 227 km hohen Orbit. Die Kapsel funkte vier Stunden lang Messwerte zu den Bodenstationen, bis die Batterie entladen war. Sie verglühte durch den niedrigen Orbit nach wenigen Tagen am 1.6.1964 beim Wiedereintritt. Die Ursache für den Ausfall des Triebwerks konnte rasch gefunden werden. Ein Zahn des Getriebes der Apparatur, welches das Schmiermittel bereitstellte, war abgebrochen. Dies hielt das Testprogramm nicht auf, da diese Konstruktion sowieso durch eine neue, weniger anfällige, ersetzt werden sollte.

SA-7 war, was die Saturn anging, eine Wiederholung von SA-6. Die wichtigsten Änderungen betrafen das Apollo-Raumschiff, erneut ein Boilerplate, diesmal BP-15. Es gab zusätzliche Sensoren an einer der RCS-Düsen, sodass die Zahl der Messwerte vom Modell auf 136 anstieg. Weiterhin war der Fluchtturm nun ein funktionsfähiges Exemplar. Eine weitere Änderung gab es. Bisher war die Mission vorprogrammiert, was den Ablauf der Ereignisse anging. Dies wurde durch einen Magnetbandrekorder mit 33 Spuren gesteuert, der die genaue Abfolge enthielt. Nun erhielt der Computer die Fähigkeit, das die Abfolge während des Flugs durch Funkkommando verändert werden konnte.

Die Stufen kamen am 6 und 12. Juli 1964 an. Bei der Überprüfung entdeckte man aber einen Haarriss an einem der Triebwerke der S-I. Gemäß den strengen Qualitätsstandards mussten alle acht Triebwerke demontiert und zu Chrysler zur Überprüfung verschifft werden. Jede Demontage eines Triebwerks dauerte 10 Stunden. So hielt dies den Start um zwei Wochen auf. Ursache war Stresskorrosion, die man schon bei Chrysler bei den Vorbereitungen von SA-5 beobachtet hatte. Die Rakete blieb am Serviceturm, als am 28.8.1964 der Wirbelsturm „Cleo“ mit Windgeschwindigkeiten von 110 km/h über das Cape zog.

Der Start von **SA-7** mit der Alternativbezeichnung **A-102** erfolgte am 18.9.1964 ohne Probleme. Nach 147,7 s wurde die S-I abgeschaltet, nach 148,4 s erfolgte die Stufentrennung und nach 149,4 s hatte die S-IV gezündet. Als neues Ereignis wurde nach 160,7 s der Fluchtturm durch seine eigene Rakete abgetrennt. Nach 621,2 s erreichte BP-15 einen 212,7 × 226,5 km Orbit. Über fünf Stunden gab es Messwerte vom Raumschiff, bis die Batterien entladen waren. Am 22.9.1964 verglühte BP-15 beim Wiedereintritt.

Damit war offiziell das Saturn I Testprogramm abgeschlossen und die Saturn I wurde für operationell erklärt. Es waren drei weitere Saturn I in der Produktion, diese sollten noch gestartet werden.

Da **SA-9** weiter in der Produktion fortgeschritten war als SA-8, wurde dieser Start vorgezogen. Nutzlast war wie zuvor ein Boilerplatte des Apollo CSM, diesmal jedoch nur 4.500 kg schwer. Dazu kam ein Pegasussatellit, der fest mit der S-IV verbunden war. Der Satellit bestand im wesentlichen aus zwei Flügeln, belegt mit einer Aluminiumfolie. Sie wurden im Orbit entfaltet und hatten dann eine Fläche von 29,3 × 4,3 m². Zusammengefaltet war der Satellit 5,1 m breit, 2,1 m weit, aber nur 28 cm hoch. Damit passte er in den Adapter, der zwischen dem Durchmesser der S-IV von 5,5 m und dem des Apollo Servicemoduls von 3,91 m vermittelte. Das Boilerplate wurde im Orbit zuerst abgetrennt. Eine Minute später wurden die Sammelflächen des Pegasus entfaltet.

Obwohl von den zwölf Zielen des Flugs nur eines auf den Pegasus-Satelliten entfiel, hatte dieser Priorität. Er hielt, da er in der Produktion zurücklag, den Flug um drei Monate auf. Die wissenschaftliche Fragestellung von Pegasus war, wie häufig Mikrometeoriten im Weltall vorkamen. Dazu gab es zwei Metallflächen auf den Flügeln. Ein auftreffendes Staubteilchen verdampfte beim Auftreffen auf die äußere Folie und verdampfte beim Einschlag auch Metall. Damit erzeugte es eine Entladung (Kurzschluss) auf der zweiten Folie, da kurzzeitig ein elektrischer Kontakt bestand. So konnten Teilchen zwischen 0,1 Mikrogramm und 0,1 Milligramm Masse detektiert werden. Die untere Grenze war gegeben durch die Auslegung der Raumanzüge. Darunter wären Teilchen in jedem Falle ungefährlich. Die obere Grenze war die minimale Masse, ab der Meteoriten fotografisch als Sternschnuppe noch detektiert werden konnten. Oberhalb dieser Masse war die Gefahr von den Beobachtungen des Sternenhimmels durch Astronomen schon bekannt.

Die Frage war nicht nur akademischer Natur, sondern betraf auch die Auslegung der Apollo-Raumanzüge, die gegen diese Teilchen schützen sollten. Um eine möglichst lange Lebensdauer des Satelliten zu ermöglichen, wurde ein hoher Orbit angestrebt. SA-9 setzte am 16.2.1965 Pegasus 1 in einer 500 × 723 km hohen Umlaufbahn aus. Der Satellit lieferte die geforderten Daten, auch wenn es Probleme gab. Er taumelte durch den Resttreibstoff der S-IV um seine Achse und das Auslesen seiner Speicher machte Probleme. Immerhin 70 Einschläge wurden in den ersten zwei Wochen detektiert. Trotzdem glaubte keiner, dass der Satellit das geforderte Jahr durchhalten würde. Er übertraf diese Dauer und wurde erst am 29.8.1968 abgeschaltet, noch immer funktionsfähig. Pegasus 1 verglühte am 17.9.1978, das Boilerplate, das einen geringeren „Luftwiderstand" hatte, blieb sogar bis zum 10.7.1985 im Orbit.

Die beiden folgenden Flüge SA-8 mit Apollo Boilerplate 26 (auch **A-104)** und SA-10 (alternative Bezeichnung: **A-105**) mit Boilerplate 9A, und den beiden Satelliten Pegasus 2 und 3 waren eine Wiederholung von SA-9. SA-8 war der erste Nachtstart einer Saturn. Bei SA-10, dem letzten Start der Saturn I, herrschte Hektik, den die NASA wollte ab August 1965 das Launchpad 37 für die Starts der Saturn IB umbauen. Wollte man die letzte Saturn I also noch starten, so musste dies vorher erfolgen. Der Start von **SA-10** erfolgte am 30.7.1965, unmittelbar vor der Deadline. 4.400 kg der Startmasse entfielen auf das Boilerplate. Es wurde ein nahezu kreisförmiger Orbit von 516 × 537 km Höhe erreicht. Pegasus 3 verglühte als erster Pegasus-Satellit am 4.8.1969, Boilerplate 9A erst am 22.11.1975, als schon die Apollo-Sojus-Testmission beendet war.

Der letzte Pegasussatellit hatte zusätzlich 352 Materialproben an Bord. Man nahm an, dass er von einem Geminiraumschiff besucht werden könnte. Bei einer EVA sollten die Materialproben durch einen Astronauten geborgen werden. Probleme im Geminiprogramm mit den GATV führten dazu, dass es nicht dazu kam. Doch der Pegasus-Satellit lieferte bis zum Verglühen am 4.8.1969 Daten. **SA-8** war nur kurz vorher am 4.7.1965 in einen etwas zu exzentrischen Orbit (Apogäum in 739 anstatt 530 km Höhe) aufgrund kleinerer Probleme beim S-IV-Antrieb befördert worden. Damit hatte die NASA erstmals zwei Saturn in einem Monat gestartet. Pegasus 1 und 2 wurden 1 am 29.8.1969 abgeschaltet. Die Satelliten lieferten die Erkenntnis, das Mikrometeoriten keine Gefahr für Astronauten waren.

Pegasus 2 verglühte am 3.11.1979, Boilerplate 26 als letzte Apollohardware im Orbit, sogar erst am 8.7.1989.

53. Abbildung: Start der allerersten Saturn I: SA-1 am 27.10.1961

54. Abbildung: Start von SA-2 (Highwater I) am 25.4.1962

55. Abbildung: Start von SA-3 (Highwater II) am 16.11.1962

56. Abbildung: Start der letzten Block I Mission, SA-4 am 28.3.1963

57. Abbildung: Start der ersten Block II Saturn I SA-5 am 29.1.1964

58. Abbildung: SA-6 mit Apollo A101 vor dem Start am 28.5.1964

59. Abbildung: Start von SA-7 / Apollo 102 am 18.9.1964

60. Abbildung: Start von SA-9 / Apollo A104 / Pegasus 1 am 16.2.1965

61. Abbildung: Start von SA-8 / A-103 / Pegasus 2 am 25.5.1965

62. Abbildung: Start von SA-10, Apollo A105, Pegasus 3 am 30.6.1965

Starts der Saturn IB

Der erfolgreiche und frühe Abschluss des Saturn I Projektes, drei Flüge vor den geplanten zehn Starts, führte dazu, dass für die nachfolgende Saturn IB erheblich weniger Testflüge geplant waren. Neu war nicht nur die Rakete selbst, sondern auch die immer stärkere Automatisierung der Überprüfungen vor dem Start. Dafür wurde ATOLL (**A**cceptance **T**est **O**r **L**aunch **L**anguage) als Computersprache eingeführt. Beim **AS-201** wurden sechs Prüfprozeduren automatisiert durch ATOLL durchgeführt. Die Zahl der ATOLL-Routinen stieg rapide an. 21 waren es schon bei AS-501, 43 bei AS-507 und 105 bei AS-509. Dafür wurden im Startzentrum RCA-110A Computer (RCA-110 mit vergrößertem Speicher), einer der ersten interruptgesteuerten Rechner, installiert. Sie wurden auch für die Saturn V Starts eingesetzt.

Mit dem Start von AS-201 wurden die Umbauarbeiten von Launch Complex 37 beendet. Sie beinhalteten nicht nur die Umrüstung auf die Saturn IB, sondern auch die Aufrüstung auf einen „Man rated" Startkomplex. Dazu gehörten alle Anlagen für die Astronauten wie White-Room und Rettungseinrichtungen. AS-201 startete aber noch von LC-34.

Der erste Start einer Saturn IB AS-201 zeigte dann die beschleunigte Entwicklung. Die erste Saturn IB wurde mit zwei aktiven Stufen getestet. Dazu kam ein funktionsfähiges Apollo-Raumschiff, kein Boilerplate. Das Raumschiff mit der Seriennummer CSM-009 war eines der Block I Serie. Die Saturn IB hätte es in einen Erdorbit befördern können. Doch da geplant war, den Hitzeschutzschild möglichst stark zu belasten, wurde es auf eine ballistische Bahn mit einem Apogäum von 492 km geschickt. Mit dem eigenen SPS-Antrieb beschleunigte es zusätzlich Richtung Erde. Dabei treten beim Wiedereintritt höhere Belastungen auf, als bei einem normalen Erdorbit und flachem Eintrittswinkel.

Die Automatisierung durch ATOLL machte im Vorfeld Probleme. Der Start sollte ursprünglich Ende Januar 1966 erfolgen. Dieser Zeitpunkt wurde nach Eintreffen der beiden Stufen und deren Überprüfung am 25.10.1965 festgelegt. Doch es gab massive Probleme mit dem RCA 110A Computer, der für die Prüfungen vorgesehen war. Zuerst waren es Hardwaredefekte. Man musste Platinen im Computer austauschen. An Weihnachten hinkte man dem Terminplan schon 13 Tage hinterher. Später funktionierte die Hardware, aber die Arbeiter, die bisher die Tests von Hand machten, kamen mit dem neuen Konzept nicht zurecht. So wurde einmal ein Programm gestartet, der Speicher, der aber noch die alten Ergebnisse enthielt, nicht gelöscht und die Ergebnisse dann als Eingaben akzeptiert. Wenn der Rechner über Mitternacht lief, sprang die interne Uhr von 2400 auf 0001, was ihn zum Absturz brachte. Der Countdown dauerte deswegen sechs Tage. Allerdings entfielen darauf drei Tage auf Pausen durch schlechtes Wetter, während derer der Countdown angehalten wurde.

Seitens der Saturn IB war es ein problemloser Flug. Im Vorfeld wurde der Countdown am selben Tag 4 s vor dem Abheben vom Computer angehalten, weil der Druck im LOX-Tank der S-IVB zu gering war. Anstatt den Start abzubrechen und die Rakete zu enttanken, beschloss man nach einer Berechnung, den Start nicht abzubrechen. Der Tankdruck war noch ausreichend hoch. Wenn die S-IVB zündet, würde Sauerstoffgas, durch Wärmeaustauscher erhitzt, den Tankdruck erhöhen. Man nahm den Countdown erneut auf und startete noch am 26.2.1966.

Die Saturn IB setzte nicht nur die CSM erfolgreich aus. Es gelang auch das zeitgleiche Entlassen von LH2 und LOX nach dem Absetzen des Raumschiffs. Das war wichtig, weil bei einer Saturn V auf der S-IVB der Mondlander war. Die Stufe mit LM sollte nicht durch austretenden Resttreibstoff taumeln. Das hätte das Ankoppeln des Kommandomoduls unmöglich gemacht.

Der nummerisch folgende Start, AS-202 war noch nicht startbereit. Das CSM musste überarbeitet werden, nachdem man beim Flug AS-201 einige Probleme, vor allem beim Antrieb, festgestellt hatte. So zog man den Start von AS-203 vor. Er würde von LC-37B erfolgen. Dort wiederholte sich das Problem mit dem RCA 110A Computer. Bei den Platinen waren Lotbrücken abgebrochen. Man tauschte 2.000 Platinen aus und plante, sobald man die Zeit dazu hatte, den Austausch von allen 6.000 Platinen in beiden Rechnern.

AS-203, der nächste Start, sollte ohne Apolloraumschiff erfolgen. Es gab nur eine aerodynamische Verkleidung auf der S-IVB. Vielmehr sollte die S-IVB ihre Fähigkeit zur Wiederzündung, die für den Einschuss in den TLI nötig war, demonstrieren. Bisher startete keine Saturn unter Schwerelosigkeit und nach einer längeren Freiflugphase erneut. Es zündeten immer Beschleunigungsraketen vor dem Start. Dieser fand unmittelbar nach Brennschluss der ersten Stufe statt, mit noch vollen Tanks. Damit der Status der S-IVB möglichst dem einer S-IVB der Saturn V nach Erreichen des Erdorbits entsprach, wurde der Sauerstofftank nicht voll befüllt, damit man so viel Wasserstoff mitführen konnte, wie eine S-IVB der Saturn V zu diesem Zeitpunkt hatte. Zwei Fernsehkameras wurden in die Tanks eingebaut und 88 Sensoren maßen das Verhalten. Hauptaugenmerk galt dem Wasserstoff. Wie steigt der Druck im Wasserstofftank an? Wie hoch sind die Verluste im Orbit durch Verdampfen?

AS-203 startete beim ersten Versuch am 5.7.1966 in einen 184 × 219 km hohen Erdorbit. Eine erneute Zündung des J-2 war nicht vorgesehen, stattdessen wurden zahlreiche Experimente mit den Treibstoffen durchgeführt. Man überwachte vor allem Temperaturen und Verhalten des Wasserstoffs. Längere Zeit ließ man den Tankdruck ansteigen, um den Einfluss auf die Bahn durch das periodische Öffnen von Überdruckventilen und durch den abgegebenen Treibstoff erzeugten Impuls zu messen. Dann wurde der Tankdruck schnell entlassen. Zuletzt lies man den Tankdruck im LH2-Tank steigen und öffnete das Überdruckventil im LOX-Tank, bis der Zwischenboden zwischen LOX und LH2-Tank brach. Das geschah wie bei Bodentests bei 2,72 Bar Überdruck.

Aus den Daten war ableitbar, das ein kompletter Restart des J-2 möglich war, wenn 1.800 kg LOX und 1.400 kg LH2 und Druckgase vorhanden waren. Das Verhalten der S-IVB in der Erdumlaufbahn entsprach den Erwartungen.

AS-202, gestartet am 25.8.1966, war eine Wiederholung des suborbitalen Flugs von AS-201, was die Saturn anging. Es gab einige Änderungen im CSM, das erstmals die vollständige Navigationsausrüstung und die Stromversorgung durch Brennstoffzellen hatte. Zudem waren vier anstatt zwei Zündungen des Servicemodulantriebs geplant. Die Saturn IB setzte das CSM-017, ein Block I CSM, auf eine suborbitale Bahn aus. Es war mit über 15 t Nettonutzlast (mit SLA und Fluchtturm sogar über 20 t) die schwerste Nutzlast einer Saturn IB. Das Servicemodul hob die Bahn zuerst an, drehte sich dann und beschleunigte die Kombination Richtung Erde. Nach 93 Minuten wurde die Kommandokapsel im Atlantik geborgen.

Die einzigen Probleme der Saturn IB waren einige Probleme im Rezirkulationssystem zur Vorkühlung durch festsitzende Ventile bei der S-IVB. Das J-2 zündete trotzdem problemlos. Es gab im Vorfeld die gleichen Probleme wie bei AS-201 und AS-203 mit dem RCA-110A Computer. Erneut waren die Platinen fehlerhaft. Als schnelle Problemlösung transferierte man alle nicht benötigten Platinen von LC-37 nach LC-34, von wo aus der Start erfolgte. Da man schon einen Vorrat an Platinen aufgrund der vorherigen Probleme hatte, hielt dies den Start nicht mehr so lange wie bei AS-201 auf.

Nachdem drei Testflüge der Saturn IB und zwei des Block I CSM problemlos erfolgt waren, sollte der nächste Flug bemannt erfolgen. Am 21.2.1967 sollte Apollo 1 mit den Astronauten Grissom, Chaffee und White starten. Sie kamen bei einer Übung am 27.1.1967 bei einem in der Kapsel ausbrechenden Brand ums Leben. Die Saturn IB (AS-204) wurde trotzdem eingesetzt, und zwar bei der nächsten Mission, Apollo 5, dem ersten Test des LM.

Der Start von **AS-204** fand erst nach einem Jahr Pause am 22.1.1968 statt. Der Grund war einfach: Bemannte Flüge waren nach der Katastrophe vorerst ausgesetzt und unbemannte Flüge des CSM, die nun in hochelliptischen Bahnen den Wiedereintritt aus einer Mondumlaufbahn simulieren sollten, erfolgten mit der stärkeren Saturn V. Lediglich ein Mondlander ohne CSM war leicht genug, um von einer Saturn IB in den Orbit gebracht zu werden. Das LM hinkte jedoch hinter dem Zeitplan her. Für den ursprünglich geplanten Termin im April 1967 hätte es bis zum September 1966 zum Cape gebracht werden müssen. Es wurde aber erst am 23.6.1967 ans Cape geflogen. Nachdem es am 17.11.1967 auf die Saturn IB montiert war, fiel ein weiteres LM bei Grumman durch die Prüfungen beim Zusammenbau. Bei einem Drucktest zitterten die Fenster des LM. Es wurde beschlossen, da bei AS-204 keine Mannschaft an Bord war, die Fenster durch Aluminiumplatten zu ersetzen und den Start nicht erneut zu verschieben.

Ursprünglich sollte der Start des Mondlanders auf der Saturn AS-206 stattfinden. Doch nach dem Feuer beim Probecountdown von Apollo 1 wurde beschlossen, die Saturn IB dieser Mission zu verwenden, die vom Feuer nicht in Mitleidenschaft gezogen war. Apollo 5 setzte daher die Saturn IB der ersten geplanten bemannten Mission Apollo 1 ein.

Das LM wurde von einer aerodynamischen Hülle umgeben, was die Höhe der Saturn IB auf 55 m verringerte. Mit einem CSM und Rettungsturm war sie 68 m hoch. Am 22.1.1968 beförderte die Saturn IB das LM-1 im einen 167 × 222 km hohen Orbit, nachdem zuerst der Nasenkonus abgetrennt wurde. Das LM absolvierte die vorgesehenen Tests des Abstiegs- und Aufstiegstriebwerks, auch wenn sich der Bordcomputer beim ersten Test weigerte, das Triebwerk zu starten. Die nur zum Teil befüllten Tanks standen nicht unter dem hohen Druck, als wenn sie voll gewesen wären. Dadurch brauchte das Triebwerk zu lange, um den Sollschub zu erreichen. Der Bordcomputer erkannte dies und schaltete es wieder ab. Die Missionsführung hatte jedoch Ausweichpläne und konnte das Programm erfolgreich abschließen. **Apollo 5** (AS-204) war der letzte Start einer Saturn IB von LC-37B aus.

Nach dem zweiten Testflug der Saturn V mit Apollo 6 folgte mit **Apollo 7** (**AS-205**) der erste bemannte Einsatz. Die Mission von Apollo 7 hatte die Aufgabe, die CSM-Systeme über einen Zeitraum zu testen, der einer Mondmission entsprach, also 12 Tage. Der Flug konnte bis zu 14 Tage ausgedehnt werden, um den bisher von Gemini 6A gehaltenen Rekord für die Flugdauer zu brechen. Apollo 7 war der letzte Start von LC-34, das danach eingemottet wurde.

Die Saturn IB brachte das CSM-101, das erste CSM von Block II, in einen 162 × 222 km hohen Erdorbit. Doch damit war die Mission der Saturn IB noch nicht beendet. Die S-IVB diente als Ziel. Mehrfach wurde der Kurs des CSM geändert, um zur S-IVB zurückzukehren. Die meisten Fotografien, die eine S-IVB im Orbit zeigen, entstanden bei dieser Mission. Etwas Sorge bereitete anfangs der Umstand, dass sich eine der vier Flächen, die zwischen dem Durchmesser der Saturn IVB und dem des Servicemoduls vermittelten (SLA), nach innen neigte. Bei einem Mondflug befindet sich in dem Zwischenraum der Mondlander. Man befürchtete, dass sich nach innen neigende Flächen die Ankopplung des CSM verhindern könnten. Doch da für die Saturn V vorgesehen war, zwei der vier SLA abzutrennen, gab es Entwarnung.

Walter Schirra, Kommandant der Mission und Veteran, der schon mit der Atlas und Titan ins All geflogen war, beschrieb den „Ritt“ auf der Saturn IB als sehr sanft. Die Saturn IB war die erste Trägerrakete, die speziell für bemannte Starts konstruiert war. So achtete das MSFC darauf, dass die Spitzenbeschleunigung nicht zu hoch war und die Vibrationen verringert wurden. Zu der Missionsverlängerung, um einen neuen Rekord für den Aufenthalt im All aufzustellen, kam es nicht. Die Mannschaft ging kurz nach dem Start auf Konfrontationskurs zur Missionskontrolle, weil sich alle drei erkältet hatten.

Das war der letzte Einsatz der Saturn IB für fünf Jahre. Mit Apollo 4 hatte die Saturn V ihren Jungfernflug und alle folgenden Apollomissionen fanden ab jetzt mit der Saturn V statt.

Die nach vier Jahren Pause 1973 folgenden Starts **AS-206, AS-207** und **AS-208** brachten die drei Besatzungen der Raumstation Skylab in einen Orbit. Zur Steigerung der Nutzlast und als Bestandteil des Transferorbits transportierte die Saturn IB die Raumschiffe nicht in den Orbit von Skylab in 435 km Höhe, sondern einen 150 × 346 km hohen Orbit. Danach wurde der Resttreibstoff aus der S-IVB entlassen und so die Stufe um 30 m/s verlangsamt, was nach 6 Stunden zum Verglühen über dem Pazifik führte. Es war das erste Mal, dass eine Stufe aktiv deorbitiert wurde, lange bevor der Begriff des „Weltraumschrotts“ aufkam. Skylab 4 war mit einem 14.916 kg schweren CSM die schwerste Nutzlast einer Saturn IB in einem Orbit. Dazu kamen die SLA von 1,8 t Gewicht und der nach 160 s abgetrennte Fluchtturm mit 4 t Gewicht.

Die Saturn IB mit der Bezeichnung **AS-209** war für einen Rettungseinsatz für die Skylab 4 Mission vorgesehen. Sie wurde nach dem Start von Skylab 4 (AS-208) mit dem zugehörigen CSM am Startplatz montiert. Bei Skylab 2 und 3 war für den Rettungseinsatz die jeweils nächste Mission vorgesehen. Als Skylab 4 landete, wurde die Saturn IB wieder demontiert.

Die letzte Saturn IB, **AS-210**, gleichzeitig die letzte Saturn überhaupt, transportierte 1975 das Apollo-Raumschiff mit Docking-Adapter für das Apollo-Sojus-Testprojekt in einen 162 km × 224 km × × 51,78 Grad Orbit.

Abbildung 63: Jungfernflug der Saturn IB mit AS-201 am 26.2.1066

Abbildung 64: Test der S-IVB für Saturn V Missionen bei AS-203 am 5.7.1966

Abbildung 65: AS-202 vor dem Start am 25.8.1966

Abbildung 66: Start der letzten unbemannten Saturn IB mit AS-204 / Apollo 4 am 22.1.1968

Abbildung 67: Die S-IVB von Apollo 7 im Orbit, fotografiert von der Besatzung

Abbildung 68: Start der ersten Besatzung zu Skylab, Skylab 2 vom "Milchstuhl" aus vom Pad 39B am 25.5.1973

Abbildung 69: Start der Besatzung Skylab 3 am 28.7.1973

Abbildung 70: Start der letzten Besatzung zur Raumstation Skylab am 16.11.1973

Abbildung 71: Start der letzten Saturn zur Apollo-Sojus-Testmission am 15.7.1975

Starts der Saturn V

Alle Starts der Saturn V waren erfolgreich, es gab jedoch Probleme. Die ersten beiden Starts waren Testflüge. Diese Saturn V waren besser instrumentiert und führten Kameras mit. Doch die Performance war ebenfalls geringer. Für AS-502 wurden 43,5 t zum Mond und 117 t in einen Erdorbit genannt. Die Exemplare ab AS-509 konnten 49,5 t zum Mond und 129,3 t in einen Erdorbit befördern.

Tadellos erfolgte der erste Testflug **AS-501** (Apollo 4) mit einem CSM und einem LM-Testmodell (LTA). Das CSM-017 war ein Block I CSM, das LTA Ballast von 13,4 t Gewicht mit der Massenverteilung eines LM. Die Nutzlast war mit 36,3 t Gewicht erheblich leichter als eine spätere Apollomission.

Das mittlere Triebwerk der S-IC wurde durch einen Zeitgeber nach 135,5 s abgeschaltet. Die Stufentrennung erfolgte durch Verbrauchen des Brennstoffs nach 150,8 s, mit einer Abweichung von 1,2 s gegenüber den Erwartungen.

Der gute Eindruck setzte sich bei der S-II fort. Lediglich die Temperaturen in der Schutzschicht um die Triebwerke und den dort angebrachten Druckgasflaschen waren höher als berechnet, aber noch innerhalb der vorgegebenen Grenzen. Die S-II schaltete nach 519,8 s ab, 3,5 s später als vorgesehen. Nach 520,7 s zündete das J-2 der S-IVB und schaltete sich nach 665,7 s ab. Das war eine um 6,2 s längere Brennzeit mit einer Gesamtzeitverzögerung von 9,6 s. Erreicht wurde ein nahezu kreisförmiger, 190 km hoher Parkorbit. Nach zwei Umläufen wurde die S-IVB erstmals im Weltall gezündet. Sie schaltete diesmal 15,2 s zu früh ab, primär, weil sie von der IU gesteuert 37 s länger im Hochschubmodus arbeitete. Die S-IVB erreichte eine Umlaufbahn mit einem Apogäum in 17.218 km Höhe, dessen Perigäum 83 km unter der Erdoberfläche lag. Das war so geplant, damit in jedem Falle das CSM wieder in die Atmosphäre eintrat, wenn die Zündung des eigenen Antriebs misslingt. Zudem verglühte die S-IVB nach einem Umlauf.

Das CSM hob nach der Abtrennung das Perigäum an, und sobald es das Apogäum durchlaufen hatte, beschleunigte es mit dem SPS Richtung Erde. Es trat mit 11,14 km/s in die Atmosphäre ein, der Geschwindigkeit, die auch bei der Rückkehr vom Mond erreicht wurde.

Beobachtet wurde bei der Saturn V nur ein zu niedriger Druck im Starttank der S-IVB vor der Wiederzündung. Außerdem ein ebenfalls zu niedriger Druck in den Heliumflaschen. Das hatte aber keinen Einfluss auf den Betrieb des J-2. Ebenfalls nach den Erwartungen war der Betrieb der Hydraulik. Die Triebwerke, die je nach Stufe, um 6 bis 8 Grad schwenkbar waren, hatten nur Maximalausschläge von 0,6 Grad bei der S-IC und 0,8 Grad bei der S-II. Es trat eine maximale Beschleunigung von 4,15 g bei Brennschluss der S-IC auf. Der Flug verlief weitaus reibungsloser als geplant. Die zeitlichen Differenzen, die während der Mission auftraten, hatten keinen Einfluss auf die Nutzlastkapazität.

Die nächste Mission sollte dieses Profil wiederholen. Erneut war die Nutzlast ein Massenmodell des LM (**L**unar **T**est **A**rticle LTA-2R) mit 12 t Masse und ein CSM. Das war mit 25,14 t Startmasse etwas schwerer, aber immer noch leichter als ein CSM für die Mondmissionen. Es bestand aus CM-020 und SM-014, da das eigentlich vorgesehene Servicemodul SM-020 bei einem Test zerstört wurde und CM-014 auseinandergenommene wurde, um die Unglücksursache des Apollo 1 Brandes (mit CSM-012) festzustellen. Ziel war erneut eine elliptische Erdumlaufbahn, bei der das CSM auf dem Gipfelpunkt zur Erde hin beschleunigen sollte, um die Wiedereintrittsgeschwindigkeit einer Mondmission zu erreichen.

Beim zweiten Testflug **AS-502 (Apollo 6)** gab es starke POGO-Schwingungen (Schwingungen der Rakete um die Längsachse durch Schwappen des Treibstoffs in den Tanks) während des Betriebs der S-IC. Sie waren höher als beim ersten Testflug, aber noch in einem akzeptablen Limit. Fünfmal pro Sekunde vibrierte die Rakete kurz vor der Stufentrennung.

Bei der zweiten Stufe schalteten sich Triebwerk #2 und #3 nach 408,7 und 410 s ab, zwei Minuten vor dem normalen Zeitpunkt. Die anderen drei Triebwerke arbeiteten deswegen 58 s länger.

Die dritte Stufe arbeitete 29,2 s länger als vorgesehen, denn sie musste den Schubverlust der zweiten Stufe kompensieren. Auch wenn ein elliptischer und etwas zu niedriger Parkorbit von 173 × 194 km erreicht wurde, sah man dies als einen Beweis für die Flexibilität des Steuersystems, denn ein Ausfall von zwei Triebwerken war keine Situation, auf die es ausgelegt war.

Die dritte Stufe zündete beim Restart in eine hochelliptische Bahn nicht mehr. Mit dem SPS-Antrieb des CSM wurde noch ein elliptischer Orbit mit einem Apogäum von 22.000 km erreicht. Es konnten dennoch alle Systeme des CSM und ein Eintritt unter hoher Geschwindigkeit getestet werden. Dies war die Primärmission.

Die Auswertung zeigte, dass die zweifache Triebwerksabschaltung durch eine fehlerhafte Verdrahtung zustande kam. Als der Schub in Triebwerk #2 um 22 kN fiel, löste dies durch die eingebauten Sensoren eine Notabschaltung aus. Gleichzeitig wurde das Engine OK-Signal zur IU zurückgesetzt, die Triebwerk #2 abschaltete (obwohl es sich bereits selbst abgeschaltet hatte). Durch die fehlerhafte Verdrahtung wurde aber in Wirklichkeit Triebwerk #3 abschaltet.

Dann beschäftigte man sich mit der Ursache. Nach 278,4 s sanken die Temperaturen in der Hauptleitung und Steuerleitung für LOX von Triebwerk #5 und es gab einen steigenden Druck im Gieraktuator von Triebwerk #2.

Im J-2 Triebwerk der S-IVB war der Druck der Heliumflasche kurz vor der zweiten Zündung gefallen, hätte aber noch zur Zündung gereicht. Die Stufe erhielt auch das Startsignal von der IU und die Ventile öffneten sich. Das J-2 zündete aber nicht. Die 2.800 Messkanäle lieferten genug Daten, die Probleme zu erkennen und zu lösen. Von den sechs mitgeflogenen Filmkameras gingen allerdings vier verloren.

Es zeigte sich, das es im J-2 Triebwerk der dritten Stufe ein Leck in der Treibstoffleitung zum **A**ugmated **S**parc **I**gniter (ASI) gab, der im Injektor die Treibstoffe entzündete. Dadurch gab es zu wenig Treibstoff für die Entzündung und die zweite Zündung blieb aus.

Schlussendlich hatten beide Ausfälle eine gemeinsame Ursache. In beiden Fällen war eine Leitung zum ASI gerissen, wahrscheinlich durch POGO. Als man das Phänomen genauer untersuchte, kam man auf eine erstaunliche Beobachtung. Die Triebwerke waren bei Bodentests künstlichen Vibrationen ausgesetzt worden. Sie waren sogar stärker als die bei AS-502 beobachteten. Doch bei den Bodentests vibrierten die Leitungen, die flüssigen Wasserstoff zum ASI transportierten, nicht so stark. Der einfache Grund: Durch die Leitungen floss flüssiger Wasserstoff. Er kühlte die umgebende Luft so stark ab, dass sie an den Leitungen zu Eis gefror und sie versteifte. Das konnte im Vakuum nicht passieren und so rissen die Leitungen durch die POGO-Schwingungen vom Injektor ab. Es kam beim Triebwerk-2 der S-II zu einem Durchbrennen des Injektors durch Erosion. Das induzierte die Abschaltung durch Schubverlust. Bei der dritten Stufe erhielt das J-2 bei der Wiederzündung nicht genug Treibstoff, um die Stufe zu zünden.

Verursacht wurde das Reißen der Leitungen durch die POGO-Schwingungen der ersten Stufe, aber auch durch die eigenen Vibrationen der S-II, die mit zunehmender Entleerung der Tanks immer größer wurden. Daher schlug das Phänomen auch erst nach 400 s bei der S-II bzw. bei der Wiederzündung bei der S-IVB zu. Die POGO-Schwingungen konnten durch Prallbleche in den Erststufentanks und Heliumdruckgaszugabe in die LOX-Treibstoffleitungen der S-IC beseitigt werden. Alle J-2 Triebwerke bekamen neue, steifere, Wasserstoffleitungen für die Zündvorrichtungen.

Da die Fehlfunktion gefunden und beseitigt wurde, stimmte das NASA-Topmanagement zu, den nächsten Flug bemannt durchzuführen. Bisher war in den Planungen ein weiterer Testflug als Absicherung für einen Fehlstart vorgesehen. Die folgenden Flüge von Apollo 8 bis 11 erfolgten ohne besondere Vorkommnisse, was die Saturn V anging.

Apollo 8 (**AS-503**) setzte eine verbesserte Saturn V mit etwas höherer Nutzlast und reduzierten Leermassen ein. Sie war erneute eine gut instrumentierte Saturn V. 2.683 Sensoren und Meßsonden gab es, nachdem der zweite Start nicht die elliptische Erdumlaufbahn erreichte. Die Triebwerke hatten einen um 2 Prozent höheren Schub. Es gab zahlreiche Veränderungen im Flugprofil. Das Schwenken der vier äußeren Triebwerke der S-IC nach Passage des Startturm in eine Position in der ein Ausfall eines der Triebwerke von den anderen drei Triebwerken kompensiert werden konnte. Außerdem das verfrühte Abschalten des mittleren Triebwerks der S-IC nach 126 s, um POGO zu reduzieren. Erstmals wurde bei der S-II das Mischungsverhältnis angepasst. Zum letzten Mal wurden Kameras mitgeführt, die jedoch alle verloren gingen. Die Nutzlast war neben dem CSM-103 zum letzten Mal ein Massenmodell des LM, diesmal 9 t schwer. Auch das CSM wog mit rund 28 t weniger als spätere, musste aber keinen Mondlander in den Mondorbit schleppen. Das Massenmodell verblieb auf der S-IVB Stufe.

Apollo 9 (**AS-504**) führte „nur“ in einen Erdorbit. Dadurch hatte die S-IVB große Treibstoffreserven. Die Nutzlast war das CSM-104 und erstmals ein einsatzfähiger Mondlander, LM-3A. Im Erdorbit erprobten die Astronauten Abkopplungen und Manöver des LM, Abtrennung der Abstiegsstufe, erneutes Ankoppeln, EVA-Operationen und schließlich wurde das LM ohne Besatzung mit dem Resttreibstoff der Aufstiegsstufe in eine Umlaufbahn mit einem Apogäum von nahezu 7.000 km gebracht, in der es bis zum 23.10.1981 verblieb.

Mit der S-IVB führte man testweise zwei weitere Zündungen durch. Die erste Wiederzündung nach 17.147 s Sekunden, deutlich später als die Vorgabe, die bei Apollomissionen eine Wiederzündung nach etwa 9.000 s vorhersah. Diese erste Zündung war mit 62,6 s lang genug, um den Starttank erneut zu füllen. Sie war aber nicht lange genug, um eine Fluchtbahn zu erreichen. Dann wurde nach 22.039 s die S-IVB erneut 242,8 s lang betrieben. Damit erreichte die S-IVB eine Fluchtbahn.

Mit diesem Manöver wurde zweierlei demonstriert: Die Betriebszeit der S-IVB im Erdorbit war deutlich länger als die Vorgabe von 1,5 Umläufen, mit einem weiteren Orbit als Reserve, ohne das zu viel Treibstoff verdampfte. Zum anderen bewies die Stufe, dass sie mehrmals zündbar war, obwohl nur eine Wiederzündung gefordert war. Das stärkte das Vertrauen in die Saturn weiter.

Die Saturn V SA-504 war de erste „operationelle“ Saturn. Die vorherige Saturn von Apollo 8 hatte noch zahlreiche Messsonden. Ab jetzt wurden nur noch die wichtigsten Parameter gemessen. Die operationelle Saturn V war trocken 4 t leichter, betankt aber 100 t schwerer als SA-503.

Es gab aber bei der S-II erneut starke POGO-Oszillationen mit einer Frequenz von 16 Hz und Spitzen von bis zu 12 g. Über starkes POGO hatte schon Frank Borman bei der Apollo 8 Mission berichtet. Die Lösung, die jetzt zum Einsatz kam, war das zentrale Triebwerk der S-II nach etwa 300 s auszuschalten, um die Schwingungen zu reduzieren. Damit schien das Problem gelöst. Michael Collins beschrieb bei der Apollo 11 Mission die S-II als die ruhigste der drei Stufen. AS-504 war der erste Einsatz der leicht im Schub gesteigerten F-1 (1,522 Mill. lbs anstatt 1,5 Mill. lbs Schub) und J-2 (230 klbs anstatt 225 klbs Schub).

Ab jetzt hatten alle Flüge dasselbe Profil: Zuerst wurde ein niedriger Erdorbit erreicht. Nach 2,75 Stunden wurde dieser mit einer weiteren Zündung verlassen. Das CSM wurde abgelöst, dabei die SLA abgetrennt. Das CSM drehte sich, koppelte an den LM an und zog den Mondlander heraus. Die S-IVB entließ danach den Treibstoff oder wurde auf einen Kollisionskurs zum Mond (ab Apollo 13) geschickt.

Bei Apollo 10 (**AS-505**) wurde die Zahl der Messstellen weiter verringert. Der Gesamtschub der S-II stieg um 1 Prozent durch eine längere Hochschubphase, zudem wurde die Stufe um 100 kg leichter. Die S-IVB dagegen um 200 kg schwerer.

Bei **AS-506**, Apollo 11 wurde das mittlere Triebwerk der S-II noch etwas früher abgeschaltet, um die Längsschwingungen weiter zu reduzieren.

Kritisch war die Situation beim Start von Apollo 12 (**AS-507**). Die Saturn startete trotz eines heraufziehenden Gewitters. Die Kapsel wurde 36 und 52 s nach dem Start vom Blitz getroffen. Dadurch fiel der Bordcomputer im Apollo-Raumfahrzeug aus. Zudem fiel die Telemetrie aus, sodass bei der Missionskontrolle nicht bekannt war, welche Störung aufgetreten war. Die Besatzung bemerkte aber, dass die Saturn ruhig weiter flog. Ihre Elektronik war durch den Einschlag nicht beschädigt worden. So brach Charles Conrad als Kommandant den Start nicht ab. Nach Umschalten auf die Reservetelemetrie wusste Mission Control, dass drei Hauptsicherungen für die Stromkreise in der Kommandokapsel durchgebrannt waren.

Nach Ausbrennen der S-IC Stufe und Abtrennen des Fluchtturms schaltete Alan Bean auf die Reservesicherungen um. Die IU, welche die Saturn V steuerte, war von dem Ereignis nicht betroffen. Die Ursache für den Blitzeinschlag lag in einem leitfähigen Kanal, den die Abgase der Rakete verursachten. Die S-IVB von Apollo 12 war die letzte Drittstufe, die auf eine Sonnenumlaufbahn entlassen wurde. Sie geriet 2002 nochmals in die Schlagzeilen, als sie von der Erde eingefangen wurde und am 3.9.2002 als Objekt J002E3 katalogisiert wurde. Anhand des Schutzanstrichs mit Titandioxid, das in den Spektren von J002E3 nachweisbar war, wurde das Objekt als S-IVB Drittstufe identifiziert und ein Vergleich mit den Bahnen der bekannten Stufen führte zur Identifizierung als die Drittstufe von Apollo 12. Der Orbit war nicht stabil. Im Juni 2003 verließ die S-IVB erneut das Erde-Mondsystem und wird 2032 wieder zurückkehren. Die folgenden S-IVB wurden gezielt auf den Mond gelenkt, um die bei den Apollo-Missionen zurückgelassenen Seismometer der ALSEP Stationen (Band 3) zu testen und zu eichen.

Bei Apollo 13 (**AS-508**) schaltete sich das zentrale Triebwerk der S-II 132 s zu früh ab. Es wurde durch ein 34,5 s längeres Brennen der anderen vier Triebwerke ausgeglichen. Erneut lag die Ursache in den POGO-Schwingungen. Es gab am Triebwerksrahmen eine Spitzenbeschleunigung von 68 g mit einer Frequenz von 16 Hz. Diese verbogen den Rahmen um 76 mm. Er gab die Vibration zum Teil (mit 33,7 g) an die Turbopumpe weiter, wo sie zu der Eigenvibration hinzukam und leider genau die Resonanzfrequenz traf. Es kam zur Kavitation in der Turbopumpe. Das wiederum führte zu Brennkammerdruckschwankungen, welche die IU das mittlere Triebwerk abschalten lies. Die Vibrationen sollten in den unteren Stufen durch frühzeitiges Abschalten des zentralen Triebwerks vermindert werden. Wegen des reduzierten Schubs war das nur kurz vor Brennschluss möglich. Die S-IVB brannte neun Sekunden länger, um den Erdorbit zu erreichen. Ein Triebwerksausfall war von der Sicherheitsphilosophie abgedeckt, sodass Apollo 13 den nominalen Erdorbit erreichte und die Treibstoffreserven der S-IVB reichten für das Erreichen des Mondorbits. Trotzdem verblieben noch über 2.600 kg Resttreibstoff in den Tanks.

Der Start von AS-508 mit Apollo 13 war gleichzeitig der letzte Start mit der ersten Generation von J-2 Triebwerken. Die folgenden Triebwerke hatten Verbesserungen, wodurch die POGO-Oszillationen deutlich kleiner wurden. Dies war der letzte Ausfall eines Triebwerks einer Saturn V. Weiterhin waren sie einfacher aufgebaut. So konnte der PU-Shift nur noch mit zwei anstatt drei Levels arbeiten. Schon bei AS-508 kam eine neue, einfachere Isolation der S-II mit aufgesprühtem PU-Schaum zum Einsatz.

Bei **AS-509** (Apollo 14) wurde nach dem Ausfall des mittleren Triebwerks bei der letzten Mission das J-2 überarbeitet. Es bekam einen neuen Schwenkmechanismus eine Reserveabschalteinrichtung und alle J-2 Triebwerke der S-II bekamen einfachere LOX-Bypassventile um den PU-Shift zu verändern.

AS-510 Apollo 15 sparte vier der acht Retroraketen der S-IC ein. Sie wurden bei AS-511 wieder installiert. Nach der Auswertung zeigte sich, das die beiden Stufen kollidieren konnten, wenn eine der vier Retroantriebe nicht zündete. Danach gab es keine Änderungen an den Saturn mehr.

Bei Skylab 1 (**AS-513**) entfaltete sich der Mikrometeoritenschutzschild nach 63 s vorzeitig. Er beschädigte die Solarzellen und riss den Sonnenschutzschild ab. Dies war ein Konstruktionsfehler der Sprengbolzen des Meteoritenschutzschildes. Zudem konnte der Zwischenstufenadapter zwischen S-IC und S-II nicht abgeworfen werden. Da Skylab rund 8 t weniger wog als die nominelle Nutzlast für diesen Orbit, wurde dies aufgefangen. Die S-II brannte 0,7 s länger, was den Treibstoffverbrauch um 3 t erhöhte. Es verblieben trotzdem noch 10 t Treibstoff in der Stufe (typisch für Apollo-Missionen: 6 t).

Dieser Start war der Einzige der zweistufigen Saturn. Bei dieser führte die IU, die in das Labor integriert wurde, auch die komplette Inbetriebnahme von Skylab durch. Sie sprengte die Nutzlastverkleidung ab, entfaltete die Solarzellen, das Sonnenteleskop, drehte die Station zur Sonne und aktivierte Skylabs Bordcomputer.

Eine Untersuchung konnte die Ursache der fehlenden Abtrennung des Stufenadapters nicht bestimmen. Am wahrscheinlichsten erschien, dass der abreisende Mikrometeoritenschutzschild auch die Drahtverbindung von der IU zu den Sprengsätzen unterbrach. Darauf wies die Abklingzeit der Spannung bei der Auslösung der Sprengsätze hin, die viel schneller abfiel als normal, was zu einer durchtrennten Leistung passte.

In der folgenden Tabelle entsprechen die Nutzlasten den „echten“ Nutzlasten. In Publikationen wird oft noch der Fluchtturm hinzugerechnet, der kurz nach Zündung der S-II abgetrennt wurde und die SLA, die zwischen S-IVB und CSM vermitteln. Bei Skylab fehlt der ebenfalls in den Orbit beförderten Stufenadapter und die Nutzlastverkleidung. Mit diesen beträgt die Nutzlast 93.469 kg.

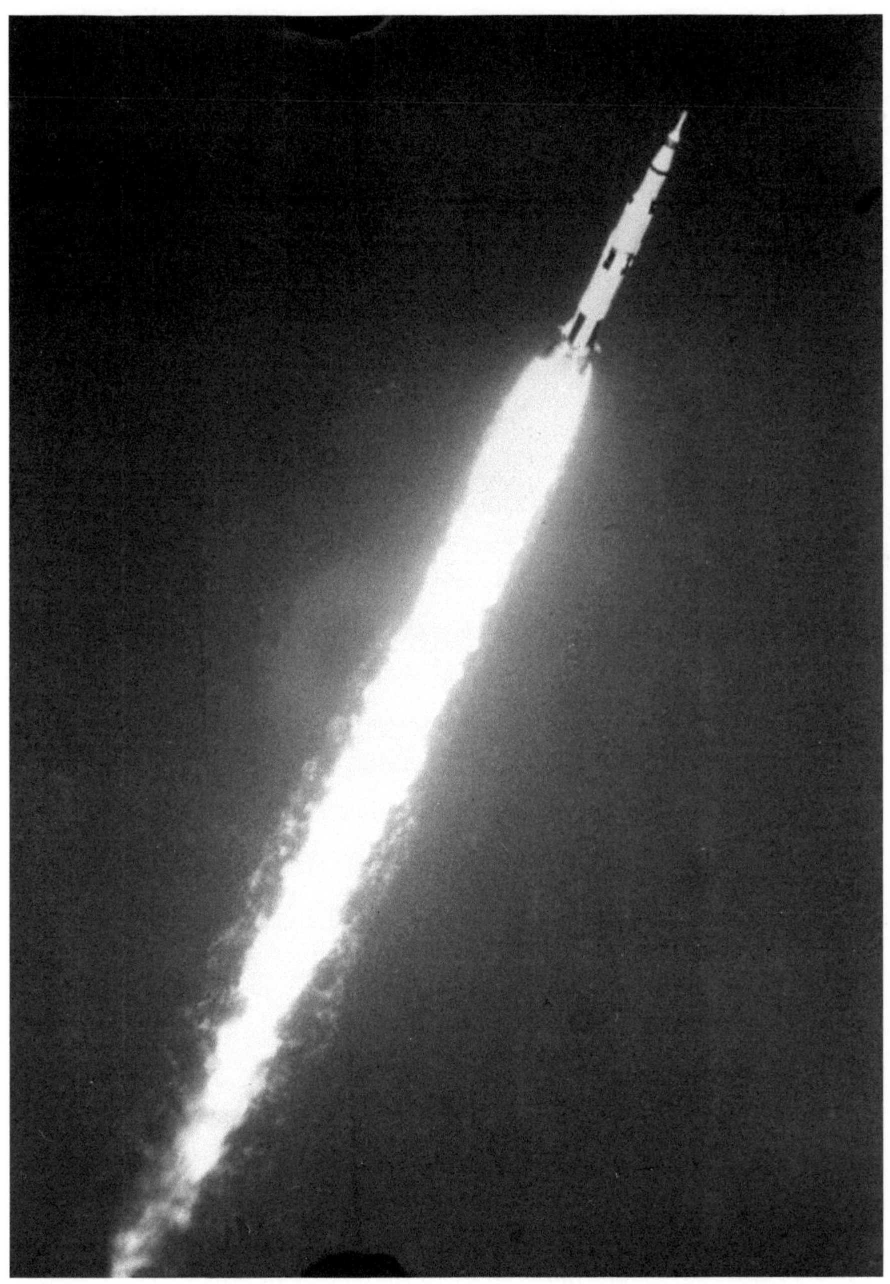

Abbildung 72: Jungfernflug der Saturn V mit AS-501 am 9.11.1967

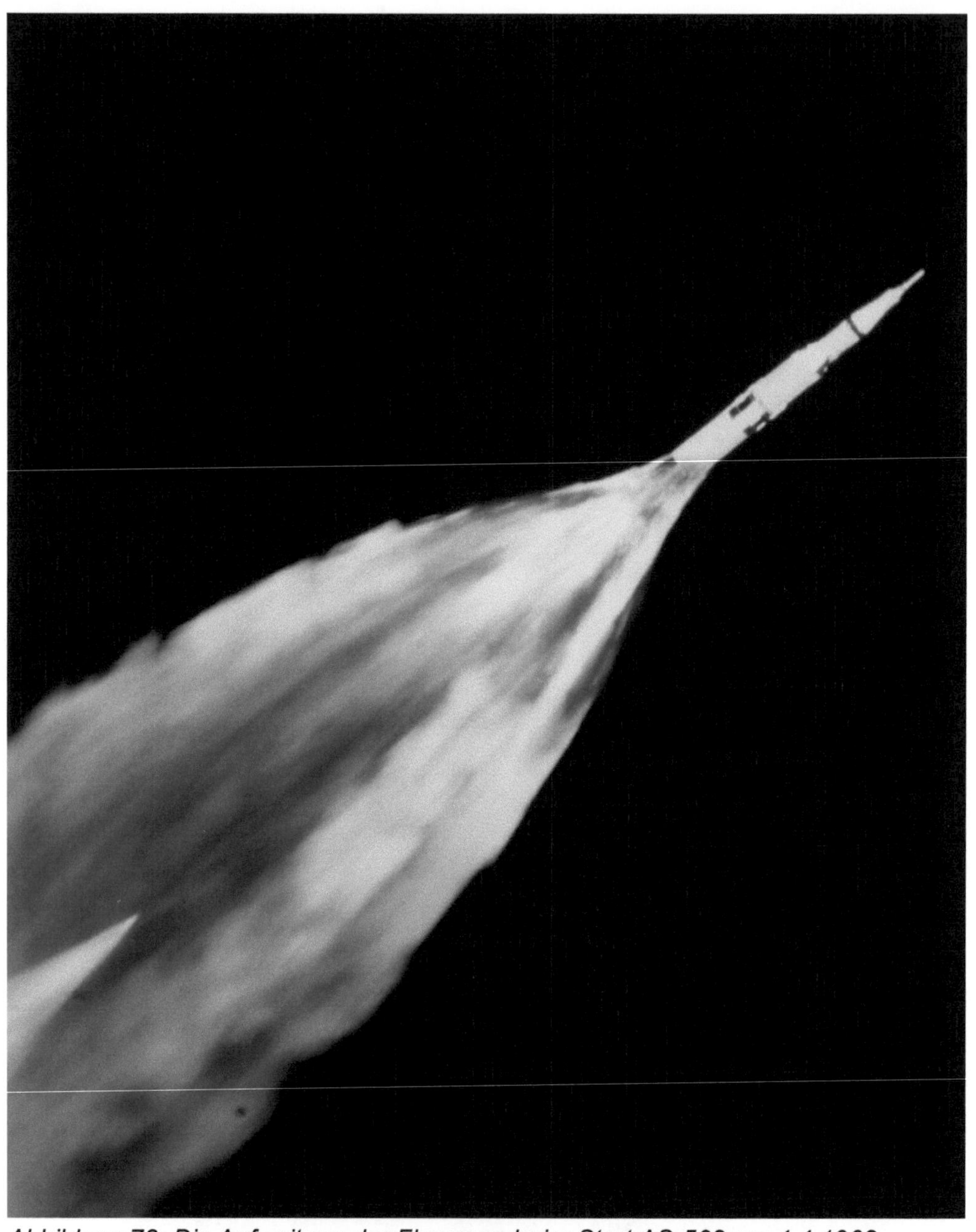

Abbildung 73: Die Aufweitung der Flammen beim Start AS-502 am 4.4.1968

Abbildung 74: Start der Apollo 8 Mission zum Mond am 21.12.1968

Abbildung 75: Apollo 9 zu einer Testmession des LM im Erdorbit hebt am 3.3.1969 ab

Abbildung 76: Die Besatzung von Apollo 10 vor ihrer Saturn

Abbildung 77: Die Saturn von Apollo 11 passiert den Startturm am 16.7.1969

Abbildung 78: Blick auf die Saturn V von Apollo 12 vom Montagegerüst aus

Abbildung 79: Start von Apollo 13 zu einer Odyssee am 11.4.1970

Abbildung 80: Apollo 14 auf dem Weg zum Startplatz

Abbildung 81: Apollo 15 rollt aus dem VAB heraus

Abbildung 82: Das Montagegerüst an der Apollo 16 Saturn

Abbildung 83: Die letzte Apollomission zum Mond, Apollo 17 vor dem Start am 7.12.1972

Abbildung 84: Start der einzigen zweistufigen Saturn V mit der Raumstation Skylab am 14.5.1973

Datum	Nutzlast	Trägerrakete	Startplatz	Träger-nummer	Nutzlast
27.10.1961	Ballast	Saturn I	CC LC-37B	SA-1	
25.04.1962	Highwater II	Saturn I	CC LC-37B	SA-2	
16.11.1962	Highwater II	Saturn I	CC LC-37B	SA-3	
28.03.1963	Ballast	Saturn I	CC LC-37B	SA-4	
29.01.1964	Jupiter Nosecone	Saturn I	CC LC-37B	SA-5	8.168 kg
28.05.1964	Apollo BP-13	Saturn I	CC LC-37B	SA-6	7.700 kg
18.09.1964	Apollo BP-15	Saturn I	CC LC-37B	SA-7	7.800 kg
16.02.1965	Pegasus 1 / Apollo BP-16	Saturn I	CC LC-37B	SA-9	10.500 kg
25.05.1965	Pegasus 2 / Apollo BP-26	Saturn I	CC LC-37B	SA-8	10.500 kg
30.07.1965	Pegasus 3 / Apollo BP-9A	Saturn I	CC LC-37B	SA-10	10.206 kg
26.02.1966	Apollo AS-201	Saturn IB	CC LC-34	AS-201	13.939 kg
05.07.1966	Apollo AS-203	Saturn IB	CC LC-37B	AS-203	8.518 kg
25.08.1966	Apollo AS-202	Saturn IB	CC LC-34	AS-202	15.065 kg
09.11.1967	Apollo 4	Saturn V	KSC LC-39A	AS-501	36.656 kg
22.01.1968	Apollo 5	Saturn IB	CC LC-37B	AS-204	14.439 kg
04.04.1968	Apollo 6	Saturn V	KSC LC-39A	AS-502	36.930 kg
11.10.1968	Apollo 7	Saturn IB	CC LC-34	AS-205	14.740 kg
21.12.1968	Apollo 8	Saturn V	KSC LC-39A	AS-503	28,897 kg
03.03.1969	Apollo 9	Saturn V	KSC LC-39A	AS-504	36,553 kg
18.05.1969	Apollo 10	Saturn V	KSC LC-39B	AS-505	42,774 kg
16.07.1969	Apollo 11	Saturn V	KSC LC-39A	AS-506	45,677 kg
14.11.1969	Apollo 12	Saturn V	KSC LC-39A	AS-507	45,721 kg
11.04.1970	Apollo 13	Saturn V	KSC LC-39A	AS-508	45,789 kg
31.01.1971	Apollo 14	Saturn V	KSC LC-39A	AS-509	46,349 kg
26.07.1971	Apollo 15	Saturn V	KSC LC-39A	AS-510	48,619 kg
16.04.1972	Apollo 16	Saturn V	KSC LC-39A	AS-511	48,629 kg
07.12.1972	Apollo 17	Saturn V	KSC LC-39A	AS-512	48,623 kg
14.05.1973	Skylab 1	Saturn V	KSC LC-39A	AS-513	77.030 kg
25.05.1973	Skylab 2	Saturn IB	KSC LC-39B	AS-206	13.978 kg
28.07.1973	Skylab 3	Saturn IB	KSC LC-39B	AS-207	14.196 kg
16.11.1973	Skylab 4	Saturn IB	KSC LC-39B	AS-208	14.916 kg
15.07.1975	Apollo-Sojus Test Project	Saturn IB	KSC LC-39B	AS-210	14.648 kg

N-1

Nach der genauen Beschreibung der Saturn V folgt ein Kapitel über das russische Gegenstück zur Saturn, die N-1. Die Entwicklung der N-1 verlief ganz anders als die Entwicklung der Saturn. Es gab nie die politische Unterstützung wie für das Apollo-Programm in den USA, damit einhergehend zu wenige Mittel. Zusätzlich startete Russland die Entwicklung einige Jahre nach den USA, die schon vor dem Apolloprogramm erste Tests mit dem F-1 Triebwerk durchführten. Zudem starb Koroljow, der „Wernher von Braun Russlands" am 14.1.1966 mitten während des Programms. Sein Nachfolger Wassili Mischin hatte noch weniger politische Unterstützung. Zudem wollte das Programm zu gerne Koroljows Konkurrent Walentin Gluschko übernehmen. So verwundert es nicht, dass die N-1 scheiterte.

Russland konnte sich über den Fortschritt von Apollo relativ einfach informieren, indem sie NASA-Presseerklärungen und Fachmagazine durchlasen. Über das N-1 Programm wusste man in den USA lange Zeit nichts, bis die NRO ein Mockup der ersten N-1 am 19.9.1968 mit einem GAMBIT Spionagesatelliten fotografierte. Das es ein russisches Mondprogramm gab, war seit Oktober 1965 bekannt, als ein US-Aufklärungssatellit erstmals den Bau des Launchpad aufnahm. Von den Abmessungen her war klar, dass dies für eine Riesenrakete ausgelegt war. GAMBIT Fotoaufklärungssatelliten fotografierten später im Januar 1969 die erste N-1 auf der Startrampe. Beim nächsten Überflug war sie nicht mehr dort – sie hatte inzwischen abgehoben. Den GAMBITs entging auch das nach dem zweiten Fehlstart im Juli 1969 zerstörte Launchpad nicht. So waren die USA zwar nicht über das Programm informiert, aber die Startversuche entgingen ihnen nicht.

Die N-1 (auch die Abkürzung N1 ist gängig) geht auf einen Entwurf Koroljows für eine Rakete mit 70 t Nutzlast von 1956 zurück. Sie war für den Transport einer Raumstation gedacht. Die Abkürzung „N" kommt von **N**ositjel (Träger) im Gegensatz zur Abkürzung „R" von **R**aketa (Rakete), bei den militärisch genutzten Typen (R-7: Semjorka, R-36: Zyklon). Der russische Produktcode war 11A52. Der Entwurf wurde über die Jahre geändert. So gab es anfangs Pläne für Oberstufen mit Wasserstoff und Sauerstoff, sogar mit einem Kernreaktor als Antrieb. Für die unteren Stufen blieb Koroljow bei der schon erprobten Kombination von LOX und Kerosin.

Entwicklung

Die N-1 war lange Zeit ein Papierprojekt, selbst als in den USA bereits das Apolloprogramm begann. Die politische Führung sah sich in der Raketentechnik zu lange weit vor den USA.

Den ersten offiziellen Beschluss für ein vages Programm, das die N-1 benötigte, erfolgte mit dem Regierungsbeschluss vom 23. Juni 1960 „Über die Erstellung von leistungsfähigen Trägerraketen, Satelliten, Raumfahrzeugen und die Weltraumforschung von 1960-1967“. Es wurden zahlreiche Projekte skizziert, die eine Trägerrakete von 1.000 bis 2.000 t Startgewicht mit einer Nutzlast von 60 bis 80 t erforderlich machten. Es blieb beim Beschluss.

Immerhin wurde Koroljow als Chefkonstrukteur benannt. Diese russische Bezeichnung steht eigentlich für einen Projektmanager. Ein Manager war jedoch ein „kapitalistischer“ Beruf. So musste der Chef einen Titel tragen, der irgendwie nach Arbeit klang, wie eben „Chefkonstrukteur“. Koroljow und andere Chefkonstrukteure Russlands waren technisch nicht so tief in die Projekte involviert, wie dies bei Wernher von Braun und vielen Peenemündern der Fall war. Sie verwalteten die Projekte und fällten Entscheidungen nach der Konsultation von Mitarbeitern, die sich mit der Technik auskannten. Für einen Chefkonstrukteur war es viel wichtiger, einen guten Draht zur politischen Führung zu haben. Denn in Russland gab es kein ziviles Raumfahrtprogramm. Die Raketenstreitkräfte waren für die Raumfahrt verantwortlich. Wenn es ein nichtmilitärisches Projekt gab, dann nur in Gebieten, in denen sich Russland in Konkurrenz mit den USA sah, wie Raumsonden oder der bemannten Raumfahrt. Um an die Milliarden zu kommen, die man für ein Mondprogramm benötigte, waren gute Kontakte zur Führung notwendig.

Zwei Jahre später gab es kurz vor Kennedys Mondrede den ZK-Beschluss vom 13. Mai 1961, ein bemanntes Mondprogramm aufzunehmen. Doch die N1 wurde dabei nicht erwähnt. Erst am 13.4.1962 konnte sich die Sowjetunion dazu aufraffen, die Entwicklung des L1-Programms zu beschließen. Beim L1-Pojekt sollten ein oder zwei Kosmonauten an Bord einer Sojus den Mond umfliegen, ohne in eine Umlaufbahn einzutreten. Der Start sollte mit einer Proton-Trägerrakete erfolgen. Unbemannt erprobten die Russen das L1-Programm mit den Raumsonden Zond 4 bis 8 von 1967 bis 1970. Auch L1 wurde zweimal angegangen und erst 1965 die Zweitentwicklung abgebrochen.

Koroljows OKB-1 finalisierte die Pläne für die N-1 im Juli 1962. Im September 1962 wurden die Pläne von einer unabhängigen Kommission durchgesehen und für umsetzbar befunden. Doch Koroljow konnte die Rakete der Führung nicht schmackhaft machen. Egal ob er damit Raumstationen starten oder Mondmissionen durchführen konnte. Die 1962 projektierte N-1 hatte 24 Triebwerke in der ersten Stufe, eine Masse von 2.200 t und eine Nutzlast von 75 t in einen Erdorbit. Für Mondmissionen war der Start von mindestens zwei N-1 geplant, deren Nutzlasten im Erdorbit ankoppelten, eine Vorgehensweise (Earth Orbit Rendezvous), die auch in der Frühzeit des Apollo-Programms untersucht wurde. 19 Aktenordner und 7 Anlagen enthielten die Details und die Baupläne.

Die NASA entwickelte die Saturn V, nachdem man nach langen Diskussionen das Lunar Orbit Rendezvousverfahren selektiert hatte. Damit kannte das MSFC die benötigte Nutzlast und konnte die Saturn V konzipieren. Ganz anders bei der N-1. Hier gab es zuerst die Rakete. Erst später kam das Mondprojekt dazu, für das die N-1 substanziell modifiziert wurde.

Die Entwicklung der N-1 war von drei Faktoren geprägt – Zeit- und Geldmangel und eine Aufspaltung der Ressourcen auf zu viele Projekte. Am 25. Mai 1961 gab J.F. Kennedy den Startschuss für das Apollo-Programm. Auf russischer Seite gab es dagegen erst am 3.8.1964 den ZK-Beschluss 655-288 für Mondprojekt L3. Erst jetzt wurde die Entwicklung der N-1 formell beschlossen. Dieser ZK-Beschluss umfasste drei Mondprogramme: das einer bemannten Mondumkreisung eines Sojusraumschiffs mit der Proton (L1), unbemannte Mondlander und Mondorbiter (das Programm L2) und den Bau der N-1 und des Mondlandekomplex L3.

Doch noch immer wollte sich die Führung nicht festlegen und vergab Aufträge für die Entwicklung zwei weiterer Raketen. Dies waren die UR-700 und die R-56, als Alternativen zur N-1. Die UR-700 von Tschelomeis OKB-52 (**ó**pytno-**k**onstrúktorskoje **b**juró = Experimentalkonstruktionsbüro) hatte bei einer Startmasse von 4.823 t eine Nutzlast von 151 t in einen Erdorbit. Die R-56 von Jangels OKB-856 wirs eine Nutzlast von 40 t auf. Beide basierten auf dem Triebwerk RD-270, welches mit 6.713 kN Schub erheblich stärker als das NK-15 Triebwerk war und in etwa den Schub des F-1 hatte. Erst Ende 1966 gab die UdSSR die beiden alternativen Konzepte auf.

Für die N-1 standen weniger als ein Drittel der Mittel zur Verfügung, welche die USA für die Saturn V aufwendeten. Schon zu Beginn 1964/1965 gab es nur einen Bruchteil der benötigten Gelder. Das führte zusammen mit dem späten Beginn dazu, dass die erste Stufe niemals als Ganzes getestet wurde, um die Kosten für einen Teststand zu sparen. Stattdessen sollten die Testflüge die notwendigen Daten liefern. Nur für die zweite und dritte Stufe gab es in Samara Teststände.

Auch ein weiterer Plan scheiterte: Koroljow wollte die oberen Stufen schon testen, bevor er an die N-1 ging. Er plante zwei weitere Raketen: die N11 aus Stufe 2 bis 5 der N-1 und N111 aus Stufe 3 bis 5 der N-1. Die N11 hätte 700 t gewogen und eine Nutzlast von 20 bis 24 t gehabt. Die N111 wog 200 t mit einer Nutzlast von 5,5 t. Der Einsatz dieser Versionen erlaubte es, die oberen Stufen zu qualifizieren, bevor die N1 zur Verfügung stand. So musste nur die erste Stufe, Block A, qualifiziert werden. Dies schien ein vertretbares Risiko und so konnte man auf Teststände für Block A verzichten und die Stufe im Flug erproben.

Fünf erfolgreiche Starts der N1 mussten vorliegen, bevor die erste bemannte Mission stattfinden sollte. Die N11 und N111 wurden nie gebaut. Eine modifizierte R-9 mit Kusnezows NK-9 Triebwerken wurde zwar entwickelt, aber durch Änderung der Militärdoktrin (Übergang auf Raketen mit lagerbaren Treibstoffen) nie gebaut. So entfiel die Qualifikation der NK-9 Triebwerke (in der N1 in der dritten und vierten Stufe eingesetzt). Immerhin konnte Koroljow durchsetzen, dass Block D als Oberstufe in der Proton eingesetzt wurde, nachdem deren Oberstufe in der Entwicklung zurücklag. Bis heute wird Block D auf der Proton eingesetzt. Wäre die N11 gebaut worden, so wäre die Proton überflüssig gewesen und Russland hätte sich ihre Entwicklungskosten sparen können. Mehr noch: die Proton hatte anfangs eine miserable Zuverlässigkeit. Das lähmte die Programme L1 und L2, die mit der Proton gestartet wurden. Von den ersten 18 Starts der Proton K Block D scheiterten nicht weniger als 13!

Nach Koroljows Tod am 14. Januar 1966 übernahm Wassili Mischin das Projekt. Koroljow hörte jedem zu und überdachte die Argumente Anderer, bevor er eine Entscheidung traf. Mischin setzte dagegen immer seinen eigenen Kopf durch. Wer damit nicht einverstanden war, bekam eine Standpauke. Eingeweihte bezeichneten beide als „Gehirn und Hand".

Mischin war ein guter ausführender Manager. Aber er war nicht die Person für wichtige programmatische Entscheidungen, die spätestens nach dem zweiten Fehlstart nötig waren. Schlimmer: Er hatte nicht den guten Draht Koroljows zur Führungsriege. Die waren für ein solches Programm aber unverzichtbar, denn anders als bei vorherigen Trägern gab es keinen militärischen Bedarf für die N1. Das Militär war an allen vorherigen Trägern beteiligt. Bisher konnte Koroljow die Raketen und Raumschiffe als „Dual-Use" verkaufen. Ohne Unterstützung des Militärs musste die Führung ein Interesse an der N-1 haben und das schwand dramatisch, nachdem der Wettlauf zum Mond verloren war.

Die Zeitvorgaben waren irreal. So sollte nach dem Beschluss vom August 1964 der erste Erprobungsstart 1967 und 1968 die Mondlandung stattfinden. Dies entspannte sich erst nach dem zweiten Fehlstart, als klar war, dass man die USA nicht mehr einholen konnte.

Als das Mondlandeteam am 14.1.1966 eine Nutzlast von 95 t anstatt 75 t verlangte, musste das Design des Trägers geändert werden. Nun kamen in der ersten Stufe zu den ringförmig angeordneten 24 Triebwerken sechs weitere Triebwerke im Zentrum hinzu. Das erhöhte die Komplexität der ersten Stufe. Um die Belastung für die Besatzung am Brennschluss, wenn der Treibstoff fast aufgebraucht ist, zu reduzieren, wurden die inneren sechs Triebwerke nach 90 Sekunden abgeschaltet. Trotzdem war es nicht möglich, mit dem Entwurf die geforderte 95 t Nutzlast zu erreichen. Für eine Umkonzeption der N-1 war es zu spät. So sollte die erste Version der N-1 nur den Träger erproben. Erst eine leistungsfähigere Version, die N-1F, sollte die benötigte Nutzlast für die Mondmission erreichen. Die Nutzlast der Testversionen lag zwischen 70,3 und 89,8 t. Die ersten drei Stufen wurden größer (von 1.500 auf 1.900 t bei Stufe 1, von 500 auf 550 t bei Stufe 2 und 160 auf 185 t bei Stufe 3) und die Startmasse erreichte 2.800 anstatt 2.200 t.

Triebwerke

Als die Triebwerke 1961 ausgeschrieben wurden, präsentierten alle vier große russische Hersteller von Triebwerken Entwürfe. Doch Issajew und Ljulka schieden aus, weil sie kryogene Triebwerke entwarfen. Koroljow wollte keinen Wasserstoff einsetzen. Übrig blieben die Entwürfe von Gluschko und Kusnezow. Gluschkos OKB-456 hatte die meiste Erfahrung im Triebwerksbau. Aber wegen Verbrennungsinstabilitäten, die beim RD-111 Triebwerk der R-9 auftraten, setzte das OKB die damals neue Kombination UDMH/NTO ein. Durch die Selbstentzündung und niedrigere Verbrennungstemperaturen verbrannte dieses Gemisch stabiler. Gluschkos Kombinat hatte das RD-250 auf Basis dieser Mischung entwickelt, das in der R-36 (Zyklon) eingesetzt wurde. Er schlug eine Weiterentwicklung des RD-250 mit 862 kN Schub für die N-1 vor.

Kusnezow war Neuling bei den Antrieben, hatte aber das NK-9 mit 400 kN Schub für die R-9 entwickelt (doch es wurde das RD-111 von Gluschko eingesetzt). Kusnezow wollte eine viermal stärkere Version, das NK-15 für die ersten beiden Stufen einsetzen und das NK-9 für die beiden oberen Stufen.

Koroljow favorisierte den Entwurf, weil er LOX/Kerosin einsetzte und der spezifische Impuls höher war als beim RD-250. Das lag daran, dass das Triebwerk das Hauptstromverfahren einsetzte. Später schwenkte auch Gluschko auf dieses Verfahren um. Eine Kommission unter dem Vorsitz von Keldysch bestätigte die Wahl von Koroljow. Gluschko entwickelte das RD-250 weiter zum RD-253 der Proton. Es kam zum Bruch Koroljows mit Gluschko. Die Rivalität beider Konstrukteure geht zurück bis in die Dreißiger Jahre, als Gluschko Koroljow bei der Polizei denunzierte und er für Jahre ins Gulag deportiert wurde.

Durch den Schub von 1.500 kN pro Triebwerk war klar, dass die Rakete sehr viele Triebwerke in der ersten Stufe haben würde. Das NK-15 hatte weniger als ein Viertel des Schubs eines F-1 Triebwerks der Saturn V. Gluschko schlug später vor, die Triebwerke durch seine zu ersetzen. Er empfahl das RD-253 (mit 1.474 kN Schub). Doch der geringe Schub war Absicht: man führte Analysen durch und sah in Triebwerken mit etwa 150 t Schub das Optimum. Sie wären kein großer technologischer Sprung zu den existierenden Triebwerken. Dies würde Kosten bei der Entwicklung und für die notwendigen Produktions- und Testanlagen sparen. Trotzdem sollten 30 Triebwerke noch kontrollierbar sein.

Auf Basis des NK-9 mit 39 t Schub entwickelte Kusnezow ab 1962 das Triebwerk NK-15 mit 150 t Schub. Es durchlief ab September 1967 die Prüfungen.

NK-15 / 15V (Erzeugniscode: 11D51 / 11D52)	
Höhe:	2,34 / 2,70 m
Maximaler Durchmesser:	1,50 m / 2,00 m
Masse:	1.247 kg / 1.345 kg
Mischungsverhältnis LOX/Kerosin	2,5
Turbopumpe:	18.500 U/min, 33.850 kW Leistung
Brennkammerdruck:	78,5 bar
Brennzeit:	196 s nominal, 600 s maximal
Expansionsverhältnis:	9 / 16
Schub Boden:	1.510 kN
Schub Vakuum:	1.544 / 1.648 kN
Spezifischer Impuls Meereshöhe:	2.913 m/s
Spezifischer Impuls Vakuum:	3.118 m/s / 3.334 m/s

Doch wie sich zeigte, war das Kombinat von Kusnezow, OKB-276, eigentlich Hersteller von Düsentriebwerken, mit den Triebwerken überfordert. Schon früh in der Entwicklung musste das OKB-276 den Brennkammerdruck von 150 auf unter 80 bar absenken. Trotzdem zeigten die Triebwerke NK-15 der ersten und zweiten Stufe bei Tests eine niedrige Zuverlässigkeit. Gluschko versuchte bei Bekanntwerden der Probleme erneut sein RD-270 mit 6.713 kN Schub durchzusetzen.

Zu diesem Zeitpunkt war die Sowjetunion im Wettrennen zum Mond bereits ins Hintertreffen geraten. Man konnte das Triebwerk nicht mehr auswechseln. Dadurch hätte man noch mehr Zeit verloren. Nach den ersten beiden Fehlstarts beschloss Mischin, die Triebwerke von Grund auf neu konstruieren zu lassen. Die Triebwerke NK-33 und NK-43, welche vom Juli 1970 bis 1974 aus den ursprünglichen Triebwerken entstanden, sollten in den folgenden Flügen eingesetzt werden und die geforderte Sicherheit bei höherer Leistung erreichen.

Die Verwendung von Wasserstoff als Treibstoff zumindest in den Oberstufen, wie bei der Saturn V, wurde nur in den frühen Planungen erwogen. Später, wenn die Rakete erfolgreich flog, sollte die N-1F eine kryogene Oberstufe erhalten. Doch es blieb bei den Planungen. Die N-1 setzte folgende Triebwerke ein:

- Erste Stufe: Block A: 30 × NK-15 (11D1, später NK-33)
- Zweite Stufe: Block B: 8 × NK-15V (11D2, Vakuum-Version des NK-15, später NK-43).
- Dritte Stufe: Block W: 4 × NK-21 (11D53),
- Vierte Stufe: Block G: (Stufe 1 des Mondkomplexes L-3). 1 × NK-19 (11D54, schwenkbares NK-21)
- Fünfte Stufe: Block D: (Stufe 2 des Mondkomplexes L-3). 1 × RD-58 (11D58).

Das „V" stand für an den Betrieb im Vakuum angepasste Versionen. Es gibt für die Triebwerke auch andere Bezeichnungen. Es ist daher eindeutiger, die Erzeugniscodes 11D51 bis 11D58 zu verwenden.

Die Triebwerke setzten das Hauptstromverfahren mit Oxidatorüberschuss ein: Der Sauerstoff wurde mit einem Teil des Kerosin verbrannt und erzeugte Arbeitsgas (bei der ersten Stufe 830 °C heiß). Dieses trieb die Turbine an. Durch die große Gasmenge, verglichen mit den wenigen Prozent des Treibstoffs, der beim Gasgeneratorverfahren eingesetzt wird, erreichte man eine hohe Förderleistung und einen hohen Brennkammerdruck. Das Turbinenabgas wurde mit dem Rest des Kerosin in die Brennkammer eingespritzt. Ein Teil des Abgases wurde mit Kerosin versetzt und abgekühlt zur Druckbeaufschlagung des Kerosintanks verwendet. Ein anderer Teil des Abgases wurde durch Düsen entlassen, um die Rollachse stabil zu halten. Die Schubregelung erfolgte durch Variation der Treibstoffmenge, die zum Vorbrenner/Gasgenerator durchgelassen wurde.

Von den Triebwerken NK-15 / NK-15V wurden 199 Entwicklungsexemplare und 382 Serienexemplare (davon eingesetzt: 152) gebaut. Diese absolvierten 832 Tests mit einer Gesamtbrenndauer von 86.000 Sekunden. Trotzdem galten sie als nicht ausgereift. Beide Generationen arbeiteten mit dem Hauptstromverfahren. Die Zweite Generation hatte den doppelten Brennkammerdruck der Ersten. Der wesentliche Unterschied war die Zündung. Die erste Generation setzte zwei Feststoffantriebe ein, die zum einen durch die Flammen die Treibstoffe entzündeten und zum anderen Startgas für die Turbinen erzeugten. Damit waren diese Triebwerke nur einmal zündbar. Es war nicht möglich, die Triebwerke vor dem Einbau zu testen, ohne sie danach auseinanderzunehmen. Stattdessen wurden die Triebwerke in Chargen von sechs Stück gebaut. Von einer Charge wurden zwei per Zufall ausgewählt und auf dem Teststand getestet. War dies erfolgreich, so wurden die anderen vier eingebaut, ansonsten die ganze Charge verschrottet. Die NK-33/43 waren dagegen 15-mal wiederzündbar und wurden vor jedem Start getestet.

	NK-15	NK-15V	NK-33	NK-43
Eingesetzt in:	1 Stufe N-1	2 Stufe N-1	1 Stufe N-1F	2 Stufe N-1F
Interner Produktcode:	11D52	11D52V	11D111	11D112
Entwicklungszeitraum:	1962 – 1972	1962 – 1972	1970 – 1974	1969 – 1974
Einsatz:	N-1 Flug 1-7	N-1 Flug 1-7	N-1F Flug 8ff Antares, Sojus 2v	N-1F Flug 8ff
Höhe:	2.70 m	2.34 m	3.71 m	5,00 m
Breite:	1.50 m	2.00 m	1.50 m	2.50 m
Gewicht:	1.247 kg	1.345 kg	1.354 kg	1.471 kg
Schub Boden:	1.510 kN		1.510 kN	
Schub Vakuum:	1.544 kN	1.648 kN	1.690 kN	1.770 kN
spez. Impuls Boden:	2.913 m/s		2.923 m/s	.
spez. Impuls Vakuum:	3.118 m/s	3.393 m/s	3.247 m/s	3.404 m/s
Brennkammerdruck:	78.5 bar	78.5 bar	145.7 bar	145.7 bar
Mischungsverhältnis LOX/Kerosin:	2,6 zu 1	2,6 zu 1	2,8 zu 1	2,8 zu 1
Expansionsverhältnis:	9	16	27,9	71,9

Abbildung 85: NK-33 Triebwerk bei Aerojet

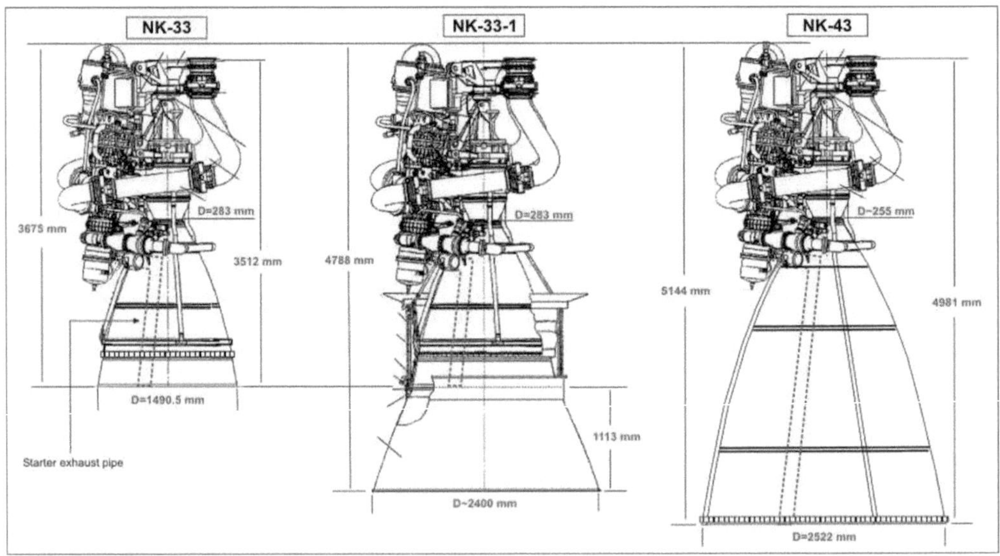

Abbildung 86: Vergleich der Triebwerke erste und zweite Generation und Vakuum-anpassung

Aufbau

Die N-1 (Erzeugniscode 11A52) bestand aus drei Stufen, die mit der Treibstoffkombination LOX und Kerosin angetrieben wurden. Sie transportierten den Mondlandekomplex L3 in eine Erdumlaufbahn. L3 verfügte über zwei weitere Stufen, eine zum Verlassen der Erdumlaufbahn und eine zum Einschwenken in eine Mondumlaufbahn und Landung auf dem Mond. Es handelte sich um getrennte Projekte, auch wenn Koroljows OKB-1 auch für den Mondkomplex L3 verantwortlich war.

Zuerst war geplant, nach zwei nicht flugfähigen Testmustern (1L und 2L, später bezeichnet als M1M und M2M) fünf Flugexemplare zu bauen. Die ersten Raketen hatten nur eine Nutzlast von 70 bis 83 t. Sie erhielten die Bezeichnung 3L bis 7L. Das achte Exemplar wäre das erste der endgültigen Version N-1F gewesen. Diese sollte 95 bis 97 t Nutzlast erreichen, mit höherer Treibstoffzuladung auf 105 bis 115 t steigerbar. Die ersten drei Fehlstarts führten dazu, dass das Exemplar 7L einige der konstruktiven Änderungen der N-1F übernahm, aber noch die NK-15 Triebwerke verwendete.

Um die Strukturmasse zu verringern, hatten die Tanks Kugelform. Bei Kugeltanks braucht man aus physikalischen Gründen nur eine halb so dicke Wand wie bei einem Zylindermantel. Da man mehr Sauerstoff als Kerosin braucht, war der Kerosintank kleiner. Er wurde über dem Sauerstofftank angebracht. Das Schweißen von Integraltanks in der benötigten Größe wurde als zu riskant angesehen, getrennte zylindrische Tanks waren zu schwer. Ein weiterer Grund für die ungewöhnliche Konstruktion der Rakete war der Zeitdruck – als der Träger im August 1964 genehmigt wurde, wurde als Starttermin für den Jungfernflug allen Ernstes 1967 genannt. Zudem waren die Tanksegmente leichter per Bahn zu transportieren.

Ein weiteres Konstruktionsmerkmal war, dass alle Treibstoffleitungen des oberen Kerosintanks über den unteren Sauerstofftank führten. Dabei gab es in der ersten Stufe sehr viele Leitungen. Bei der Saturn V führten sie in der ersten Stufe durch den Tank, bei den oberen Stufen dagegen auch darüber.

Die Stufen wurden durch Gitterrohradapter getrennt, um Gewicht zu sparen. Sie waren in russischen Trägern üblich. Um Triebwerksausfälle aufzufangen, hatten die ersten drei Stufen eine Schubreserve von 25 Prozent. Es konnte also ein Viertel der Triebwerke ausfallen. (Sechs in der Ersten, zwei in der Zweiten und eines in der dritten Stufe). Alle Triebwerke waren fest eingebaut, nicht schwenkbar. Das vereinfacht die Konstruktion. Zum anderen reduziert dies die Belastungen, sowohl für das Triebwerk (bei einem geschwenkten Triebwerk induziert die schnell rotierende Turbine ein Drehmoment) wie für den Schubrahmen. Diese Konstruktion ist in Russland üblich. So hat die Sojus fest eingebaute Haupttriebwerke und die Lageregelung erfolgt durch drehbare Steuertriebwerke.

Es wurde das Überwachungssystem KORD (**KO**ntrol **R**aketnykh **D**vigateley) entwickelt, das bei einer Fehlfunktion das gegenüberliegende Triebwerk abschaltete. Dies war notwendig, um die Schubsymmetrie zu erhalten.

Auffällig ist die spitzkegelförmige Form der Rakete. In der Größe war die N-1 mit der Saturn V vergleichbar. Sie war 105 m mit Fluchtturm und Mondlander hoch und hatte an der Basis eine Breite von 16,69 m. Die Startmasse von 2.778 t war etwas kleiner als die der Saturn V (2.870 t). Die Benennung der Stufen erfolgte nach dem russischen Alphabet. Im Westen ist es üblich den Buchstaben zu nehmen, der der Aussprache am nächsten kommt. A, B, W, G, D entsprechen so in unserem Alphabet den Buchstaben A, B, C, D, E im kyrillischen Alphabet.

Der größte Teil der Rakete wurde aus Aluminiumlegierungen gefertigt. Einzelne Teile mit hohen thermischen Anforderungen an das Material wurden aus Stahl hergestellt. Dies waren die Gitterrohradapter und die Oberseiten der Kerosintanks, da sie den Flammen der Triebwerke der oberen Stufe ausgesetzt waren. Diese zündeten, während die Stufe noch mit der Unterstufe verbunden war.

Die ersten drei Stufen hatten denselben Grundaufbau: Das Heck bestand aus mindestens drei Teilen: der Außenschale, welche die Kräfte an die untere Stufe weiterleitet, der Innenschale die zusammen mit der Außenschale den Schub der Triebwerke aufnahm, die sich zwischen beiden Schalen befanden und der Verkleidung, in der sich die Triebwerke befanden. Sie hatte zwei Aufgaben. Zum einen fixierte sie die Triebwerke und zum anderen war ein Wärmeschutz aufgetragen, der isolierte. Die Stufenzündung erfolgte noch, während die untere Stufe arbeitete, sodass die

Flammen zurückschlugen. Zudem vermutete man, das so viele Triebwerke im Flug das Heck aufheizen würden.

Über dem Heck gab es den Sauerstofftank, um den die Leitungen des Kerosintanks herumführten, eine verkleidete Zwischentanksektion und der obere Kerosintank. Auf dessen Äquator wurde der Gitterrohradapter angebracht, an dem die nächste Stufe mit demselben Aufbau angebracht wurde.

Die N-1 war mit Stabilisatoren am Heck 22,33 m breit und 64,40 m hoch. Den Rest der Höhe machte die Nutzlast (mit Block G und D) aus. Ohne Fluchtturm betrug die Höhe 92 m, mit Fluchtturm 105 m. Die Startmasse wird bei den gestarteten Raketen zwischen 2.750 t und 2.820 t angegeben. Die Nutzlastkapazität in den LEO soll zwischen 93 und 95 t liegen. Betankt wurden die ersten drei Stufen mit 1.730 t Sauerstoff und 680 t Kerosin.

Zur Nick- und Gierachsenregelung wurde der Schub jeweils eines Triebwerkspaars gesenkt und durch die Schubassymmetrie die N-1 geneigt. Die Rollachsenkontrolle geschah mit zusätzlichen Steuertriebwerken.

Alle Stufen der N-1 wiesen ein schlechtes Voll-/Leermasseverhältnis auf. Verglichen mit ähnlichen US-Stufen wie der S-IB oder S-IC hatten sie eine hohe Trockenmasse. Demgegenüber haben die russischen Triebwerke Rekordwerte beim spezifischen Impuls und Schub-/Gewichtsverhältnis. Bis heute setzt das NK-33 beim letzten Parameter den Rekord. Das ist ein typischer Anachronismus: In Russland wurden die Triebwerke immer besser, um schließlich sowohl bei LOX/Kerosin wie auch lagerfähigen Treibstoffen die weltweit besten Kennwerte zu erreichen. Demgegenüber gab man sich nie Mühe, leichte Werkstoffe einzusetzen, wenn andere Legierungen leichter zu bearbeiten waren.

Bei der N-1 wurde wenigstens Aufwand getrieben, um durch eine geometrische günstige Tankform (Kugeltanks) und eingespartes Material bei den anderen Strukturen (Gitterrohrgeflechte) die Trockenmasse zu reduzieren.

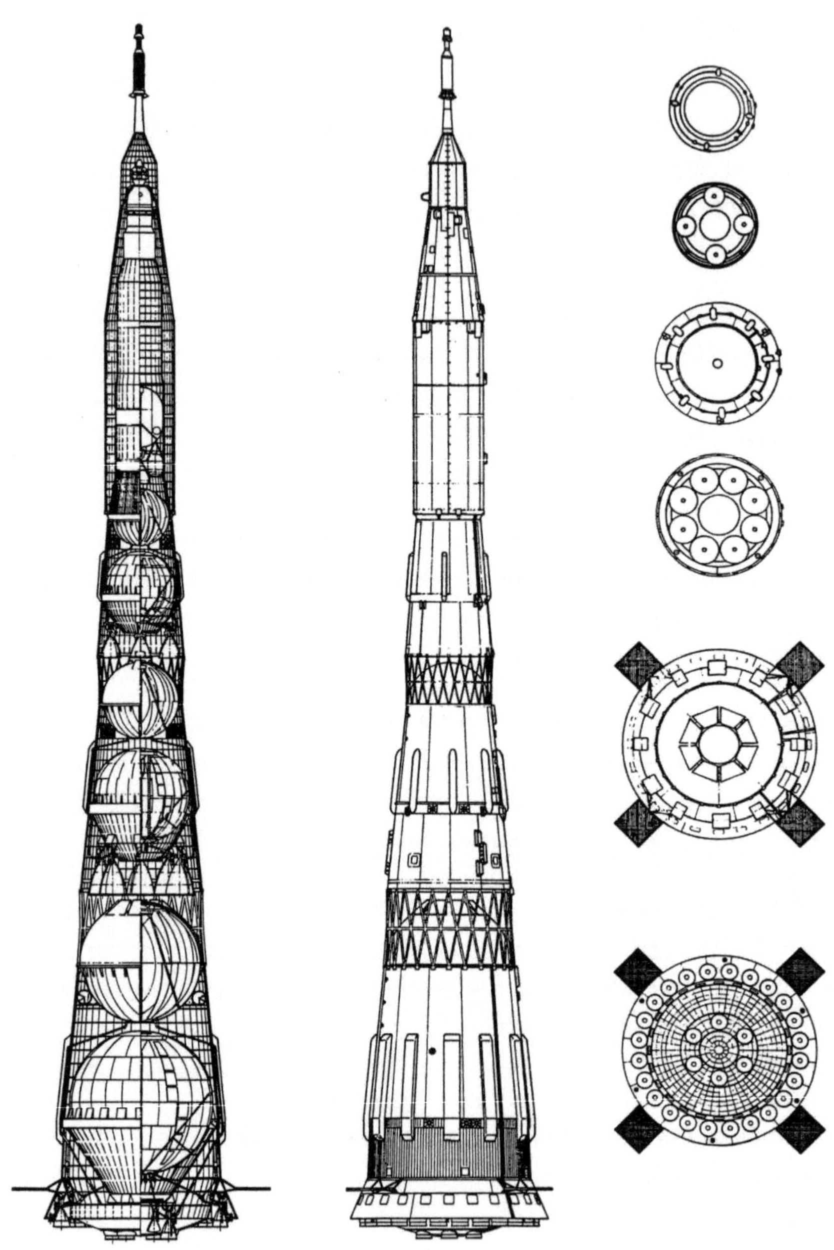

Abbildung 87: Aufbau der N-1

Block A

Die erste Stufe Block A bestand aus 30 NK-15 Triebwerken. 24 Triebwerke waren an der Außenseite in einem Kreis mit einem Durchmesser von 13,40 m um die sechs zentral angeordnete Triebwerke angeordnet. Der Abstand der Triebwerke im Kreisring betrug 15 Grad. Die inneren sechs Triebwerke saßen im 60-Grad-Winkel in einem Kreis mit einem Durchmesser von 4,80 m. Die Triebwerke saßen in zwei Rahmen, einem Äußeren und einem Inneren, jeweils in einer Kegelhalbschale ausgeführt. Unten abgeschlossen war das Schubgerüst von einem Wärmeschutz in Torusform aus Asbest. Wie bei bisherigen Raketen vom OKB-1 waren die Triebwerke nicht schwenkbar fixiert.

Die Lageregelung in der Rollachse erfolgte durch acht drehbare Düsen, welche in vier Paaren im 90-Grad-Winkel um die Rakete angeordnet waren. Durch sie wurde ein Teil des Abgases der Turbine expandiert. Ihr Schub betrug 4 kN. In der Nick- und Gierachse erfolgte die Lageregelung durch Schubsenkung von Triebwerken im Außenbereich. Ab Flug 7 und bei der N-1F gab es zwölf Triebwerke für die Rollachse mit einem Schub von jeweils 12,4 kN. Sie verbrannten einen Teil des Treibstoffs, anstatt die Turbinenabgase zu nutzen.

Die Rakete ruhte auf 24 Stützen, die sich zwischen inneren und äußeren Triebwerksring befanden. Das Heck hatte eine Länge von 7 m bei einem oberen Durchmesser von 14 m. Der untere Durchmesser des Hecks lag bei 16,88 m bei den ersten sechs Raketen und 15,90 m beim Flug 7 und der N-1F. Die Reduktion des Durchmessers erfolgte, um die Belastung des Hitzeschutzschildes zu verringern.

Über dem Heckteil mit den Triebwerken befand sich der kugelförmige Sauerstofftank. Dieser hatte einen Durchmesser von 12,80 m und ein Volumen von 1.098 m^3. Er nahm bis zu 1.250 t Sauerstoff auf. Der Sauerstofftank war unversteift und an 48 Stellen am Äquator mit der äußeren Struktur verbunden. Die äußere Verkleidung bestand aus einem Gerüst von Quer- und Längsträgern, belegt mit einer 3 mm dicken Verkleidung aus Aluminium. Aus dem Sauerstofftank führten am Pol 15 Leitungen von jeweils 250 mm Durchmesser zu den Triebwerken. Jeweils zwei Triebwerke teilten sich eine Leitung. Über die Außenseite des Tanks führten sechs Leitungen von jeweils 270 mm Durchmesser, durch die das Kerosin nach unten geleitet wurde. Hier teilten sich jeweils fünf Triebwerke eine Leitung. Beide Tanks wurden während des Fluges mit einem Druck von 8 bar beaufschlagt – der Sauerstofftank durch das Erhitzen von Sauerstoff am Triebwerk und der Kerosintank durch Einspritzen von Kerosin abgekühltes Vorbrennergas. Dieser hohe Druck reduzierte die Kavitation in den Treibstoffleitungen, machte die Tanks aber auch schwer.

Zwischen den Tanks lag die Zwischentanksektion, bestehend aus sieben Stringern und 168 Querspanten. Die Höhe der Zwischentanksektion betrug 13 m, der untere Durchmesser 13,85 m. Sie war mit einer 3 mm dicken Verkleidung überzogen. Die sechs Kerosinleitungen von 270 mm Durchmesser verliefen in Tunneln mit einer eigenen Verkleidung.

Der kugelförmige Kerosintank von 10,9 m (genannt werden auch 11,0 m) Durchmesser und einem Volumen von 680 m³ nahm bis zu 500 t Kerosin auf. Er war am Äquator mit einem Ring in der Struktur verankert. Die Dicke des Tanks variierte. Die untere Kugelschale war verhältnismäßig dünn, die obere dicker. Am oberen Ende war er mit einem Wärmeschutzschild bedeckt, um eine Explosion des Tanks durch die auftreffenden Flammen der zweiten Stufe zu vermeiden.

Am Äquators des Kerosintanks schloss sich der Gitterrohradapter aus 24 Stahlknoten an, mit daran angebrachten, 200 mm starken Rohren mit einer Wandstärke von 3 mm an. Er erlaubte das Austreten der Flammen von Block B bei der Zündung und endete mit einem Ring, auf dem Block B befestigt wurde. 24 Sprengbolzen trennten an dieser Stelle die Verbindung der beiden Stufen.

Block A war konzipiert mit einem Schubüberschuss von 25 Prozent. Die Beschleunigung der Rakete betrug beim Start 1,54 g. Das ist für eine mit flüssigen Treibstoffen angetriebene Rakete sehr hoch. Bis zu drei Triebwerke konnten innerhalb der ersten 90 s ausfallen. In diesem Fall schaltete das Steuerungssystem KORD das achsensymmetrisch dazugehörige Triebwerk ab. Nach 90 bis 94 Sekunden wurden die inneren sechs Triebwerke ausgeschaltet, um die Beschleunigung zu senken. Die Brenndauer von Block A betrug durch den hohen Schub lediglich 113 bis 120 Sekunden.

Block A	
Gesamtlänge:	30,09 m
Durchmesser:	16,88 m (15,90 m bei Start 7) unten, 9,80 m oben
Sauerstofftank:	12,80 m Durchmesser, 1,090 m³ Volumen
Kerosintank:	10,90 m Durchmesser, 680 m³ Volumen
Heckteil:	16,88 m Basisdurchmesser, 14,00 m Abschlussdurchmesser, 7,32 m Länge
Zwischentanksektion:	13,85 m Basisdurchmesser, 11,00 Abschlussdurchmesser, 13,00 m Länge
Stufenabschluss:	11,00 m Basisdurchmesser, 9,80 m Abschlussdurchmesser, 11,00 m Länge
Triebwerke:	30 × NK-15
Startschub:	45.300 kN
Brenndauer:	Alle Triebwerke 90 – 94,5 s, äußere 24 Triebwerke: 113 – 120 s
Startmasse:	1.870.000 bis 1.880.000 kg
Trockenmasse:	120.000 bis 131.800 kg

Abbildung 88: Blick auf die Triebwerke von Block A

Block B

Block B, die zweite Stufe, setzte acht Triebwerken des Typs NK-15V ein. Die NK-15V hatten eine verlängerte Düse, um den Treibstoff im Vakuum besser ausnützen. Der Mündungsdruck betrug 6 Pa. Ansonsten waren sie baugleich zu den NK-15. Die Stufe führte 145 t Kerosin und 360 t Sauerstoff mit sich. Block B hatte einen Durchmesser von 10,30 m an der Basis und 7,59 m an der Spitze.

Die acht Triebwerke saßen auf einem Kreis mit einem Durchmesser von 10 m, alle 45 Grad eines. Im wesentlichen war Block B genauso wie Block A aufgebaut. Auch hier finden wir einen äußeren Ring, in dem die Triebwerke sitzen, unten abgeschlossen von einem Hitzeschutzschild. Die Tanks sind kugelförmig und die Stufe hat die Form eines Kegelstumpfes. Nur fehlt der innere Triebwerksring des Blocks A und die Stufe ruht nicht auf Abstandsblöcken im Inneren, sondern dem äußeren Schubgerüst. Dieses leitet die Kräfte auf Block A weiter. Es wird nach der Stufentrennung abgeworfen.

Die Zündung des Gasgenerators und der Triebwerke erfolgte pyrotechnisch und wurde ausgelöst, während Block A brannte, kurz bevor der Schub abfiel. Durch Sprengbolzen wurde dann die zweite Stufe vom Gitterrohradapter abgetrennt. KORD konnte den Ausfall eines Triebwerks abfangen. Ebenso wie bei der ersten Stufe, schaltete es dazu das gegenüberliegende Triebwerk ab. Alle Triebwerke waren nicht schwenkbar eingebaut. Die Regelung um die Rollachse wurde durch das Vorbrennerabgas durchgeführt, die Regelung in der Nick- und Gierachse durch Schubdrosselung eines Triebwerks.

Der Sauerstofftank der zweiten Stufe hatte einen Durchmesser von 8,40 m bei einem Volumen von 300 m³ (andere Angabe: 8,5 m /321 m³). Er hing an 48 Stellen am Außengerüst. Der Sauerstofftank hatte acht Leitungen. Jede Leitung führte direkt zu einem Triebwerk.

Das Zwischentankgerüst aus sechs Spanten und 96 Stringern hatte eine Länge von 6,60 m. Die Wandstärke der Beplankung betrug 3 mm. Die vier Kerosinleitungen führten über die Außenseite der Zwischentanksektion zu den Triebwerken.

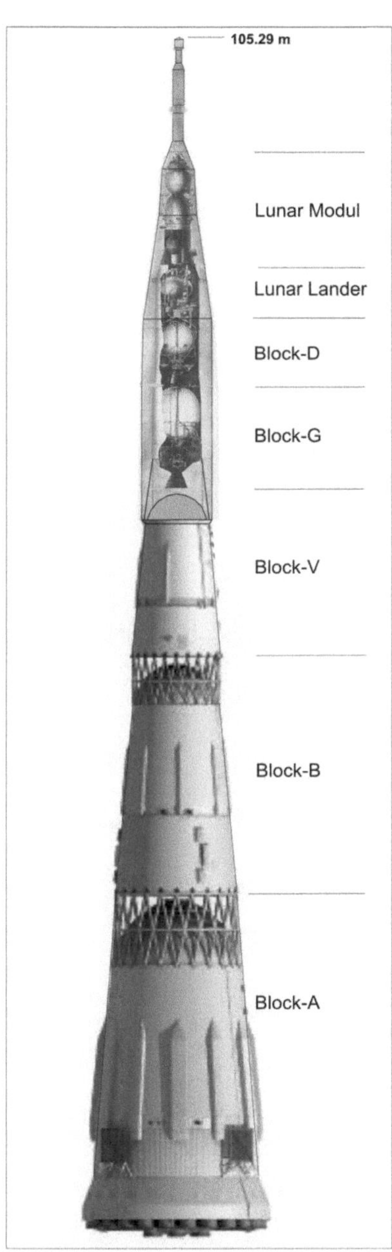

Abbildung 89: Aufbau der N-1

Der obere Kerosintank hatte einen Durchmesser von 6,66 m und ein Volumen von 155 m³ (andere Angabe: 7,0 m / 179 m³, sie scheint beim bekannten Mischungsverhältnis die verlässlichere zu sein). Beim Kerosintank teilten sich je zwei Triebwerke eine Leitung. Es ist offen, ob schon bei den ersten Flügen unterkühlte Treibstoffe zum Einsatz kamen. Einige Quellen sprechen davon, andere nicht.

Es folgt der Gitterrohradapter. 24 Rohre von 150 mm Durchmesser und einer Wandstärke von 3 mm verbinden Block B und C.

Block B	
Gesamtlänge:	20,50 m
Durchmesser:	10,30 m unten, 6,80 m oben
Sauerstofftank:	8,40 m Durchmesser, 321 m³ Volumen
Kerosintank:	7,00 m Durchmesser, 179 m³ Volumen
Heckteil:	10,30 m Basisdurchmesser, 14,00 m Abschlussdurchmesser, 7,32 m Länge
Zwischentanksektion:	8,40 m Basisdurchmesser, 7,00 Abschlussdurchmesser, 6,60 m Länge
Stufenabschluss:	7,00 m Basisdurchmesser, 6,80 m Abschlussdurchmesser, 4,00 m Länge
Triebwerke:	8 × NK-15V
Startschub:	13.184 kN
Brenndauer:	130 s
Startmasse:	540.000 bis 560.700 kg
Trockenmasse:	52.200 bis 55.700 kg

Abbildung 90: Block B

Abbildung 91: Block A von der Seite

Abbildung 92: Das Heck der N-1

Block W

Block W glich im Aufbau den beiden unteren Stufen mit redundanter Triebwerksauslegung, fest montierten Triebwerken, Kugeltanks und einer verkleideten Zwischentanksektion.

Die dritte Stufe wurde mit vier Triebwerken NK-21 mit je 402 kN Schub ausgestattet. Der Schub am Boden war mit 294 kN deutlich kleiner. Die NK-21 entstanden aus den NK-9 der R-9 und waren für den Betrieb im Vakuum angepasst. Block V führte 125 t LOX und 50 t Kerosin mit sich. Der Durchmesser der Stufe verjüngte sich von 7,59 m an der Basis auf 4,40 m an der Spitze.

Die Triebwerke waren wie bei Block A und B fest eingebaut. Es fanden dieselben Konstruktionsprinzipien wie bei den unteren Stufen Anwendung. Die Rollsteuerung erfolgte durch vier Düsen im 90-Grad-Winkel an der Außenseite. Nick- und Gierachsensteuerung über Schubsenkung eines Triebwerks.

Das Heck bestand aus der kegelförmigen Hauptschale, mit einer 2,5 mm starken Verschalung und der Triebwerkssektion, die die Triebwerke aufnahm. Diese bestand zur Gewichtsersparnis aus acht Sektoren. Die vier Sektoren, welche die Triebwerke aufnahmen, waren massiver als die vier anderen.

Nach dem 4,40 m langen Heckteil, welches die vier Triebwerke im 90-Grad-Winkel aufnahm, folgte der Sauerstofftank von 5,74 m Durchmesser und 98,6 m³ Volumen (andere, besser zur den 125 t Sauerstoff passende Angabe: 5,90 m / 107 m³). Er war in der Mitte an 48 Stellen mit der aus 72 Stringern bestehenden Zwischentanksektion verbunden. Die Zwischentanksektion hatte eine Länge von 7 m und war mit oben 2,0 und unten 2,2 mm dicken Aluminiumblechen belegt. Auch sie bestand aus acht Teilsektionen.

Der kugelförmige Kerosintank mit einem Durchmesser von 4,90 m und einem Volumen von 61,6 m³ war an einem Ring an der Zwischentanksektion befestigt. Die vier Treibstoffleitungen sollten ab der achten N-1 unter der Verkleidung zu den Triebwerken führen, bei den ersten sieben Raketen verliefen sie noch über die Außenseite.

Daran schloss sich die ohne Fluchtturm 30,20 m lange und an der Basis 6,10 m breite Nutzlastverkleidung an. Sie wog 17 t und umhüllte die beiden Stufen des Mondlandekomplexes L3 (Block G und D), den Mondlander und das Sojus Raumschiff. Es folgte der Fluchtturm mit dem Rettungssystem SAS. Das SAS war 13,00 m lang. Insgesamt war der Mondlandekomplex L3 43,20 m lang. Nach Ausbrennen der ersten Stufe wurde SAS abgetrennt und zog dabei die Nutzlasthülle von der Rakete weg. Wie bei der Saturn V nahm man an, das man das Raumschiff nur während des Betriebs der ersten Stufe aktiv abtrennen musste und danach aufgrund der Höhe genügend Zeit für eine normale Abtrennung blieb.

Der Komplex L3 wurde direkt über dem Kerosintank befestigt. Am Äquator wurde das Heck von Block G angebracht, es gab keinen oberen Stufenabschluss, um Gewicht zu sparen.

Block W	
Gesamtlänge:	13,00 m
Durchmesser:	8,40 m unten, 4,40 m oben
Sauerstofftank:	5,90 m Durchmesser, 107 m³ Volumen
Kerosintank:	4,90 m Durchmesser, 61,6 m³ Volumen
Heckteil:	8,40 m Basisdurchmesser, 5,90 m Abschlussdurchmesser, 4,40 m Länge
Zwischentanksektion:	5,90 m Basisdurchmesser, 4,90 Abschlussdurchmesser, 4,60 m Länge
Stufenabschluss:	5,90 m Basisdurchmesser, 4,40 m Abschlussdurchmesser, 4,00 m Länge
Triebwerke:	8 × NK-21 (11D53)
Startschub:	3.216 kN
Brenndauer:	288 s
Startmasse:	185.000 bis 188.700 kg
Trockenmasse:	12.500 bis 13.700 kg

93. Abbildung: Blick auf Block C,B,A

94. Abbildung: Block C

Block G

Block G war die erste Stufe des Mondlanders. Sie brachte Block D und die Sojus mit dem Mondlander auf einen Fluchtkurs. Anders als die ersten drei Stufen wurde Block G erst in einem Erdorbit gezündet. Sie musste also in der Schwerelosigkeit zündbar sein. Block G und D hatten einen anderen Stufenaufbau, um die Baulänge zu verkürzen und Gewicht zu sparen. Block G war von zylindrischer Gestalt mit einem durchgängigen Durchmesser von 4,10 m und einer Länge von 9,10 m. Er war damit klein genug, um über den Schienenweg in komplett montiertem Zustand zum Startplatz gebracht zu werden.

Die vierte Stufe hatte nur ein Triebwerk NK-19. Das NK-19 war ein NK-21 (Triebwerk der dritten Stufe), welches anders als die NK-21 der dritten Stufe schwenkbar aufgehängt war. Es verbrannte Sauerstoff und Kerosin, wobei der Kerosintank das Triebwerk als Ring umgab und der zylindrische Sauerstofftank sich darüber befand. Diese Konstruktion wurde auch bei Block D angewandt.

Es gab zwei weitere Blocks von Steuertriebwerken im Heck. Sie sorgten zusammen mit dem Kopfsteuerblock DOK von der Sojus (LOK) für die Stabilisierung während des Fluges. Das Programm sah eine bis zu 24 Stunden dauernde Phase im Erdorbit vor, in der das Raumschiff und Block D / G geprüft und die Bahn vermessen wurde. Während dieser Zeit musste die Kombination stabilisiert werden. Vor eine Zündung zündeten die Steuertriebwerke, um den Treibstoff zu sammeln.

Block G	
Gesamtlänge:	9,10 m
Durchmesser:	4,10 m oben
Triebwerke:	1 × NK-19 (11D54)
Startschub:	392 kN
Brenndauer:	480 s
Startmasse:	61.800 kg
Trockenmasse:	6.800 kg

95. Abbildung: Die Nutzlastspitze der N-1

Block D

Über Block G befand sich Block D. Er hatte die Aufgabe, ein Sojus-Raumschiff mit angekoppeltem Mondlander aus der Transferbahn in einen Mondorbit zu bringen und nach der Abkopplung den Großteil der Geschwindigkeit der Landung abzubauen. Block D wurde von einem Triebwerk RD-58 angetrieben. Das RD-58 hält bis heute den Rekord für den höchsten spezifischen Impuls eines LOX/Kerosintriebwerks. Es arbeitet wie die anderen Triebwerke mit dem Hauptstromverfahren.

Erneut wurden Sauerstoff und Kerosin eingesetzt. Block D war als einzige Stufe mehrfach wiederzündbar (ausgelegt bis zu sieben Zündungen) und die Treibstoffe mussten mindestens siebeneinhalb Tage flüssig bleiben. Block D hatte ebenfalls einen ringförmigen Kerosintank und einen zylindrischen Sauerstofftank. Dazu kam das Lageregelungssystem SOZ mit lagerfähigen Treibstoffen und zwei Triebwerksbündeln. Jedes Bündel bestand aus je zwei Triebwerken mit 50 N Schub für Nick- und Gierachsenkontrolle, ein 100-N-Triebwerk für die Gierachsenkontrolle und zwei Triebwerke mit 25 N Schub für die Rollachsenkontrolle. Jedes SOZ-Bündel wog 240 kg mit und 56 kg ohne Treibstoff. Die SOZ-Triebwerke brennen beim Block D der Proton schon vor dem Haupttriebwerk, um den Treibstoff zu sammeln. Es ist zu vermuten, dass dies beim Block D der N-1 auch so war. Bei der Proton waren die ersten Versionen von Block D ohne eigene Steuerung und wurden von der Nutzlast gesteuert (die dafür sogar den Argon 16 Computer des Mondlanders bekam). Vieles spricht dafür, dass dies auch beim Mondprogramm so war.

Block D wurde mit zwei Kosmos-Missionen getestet und bei der Proton Trägerrakete als vierte Stufe eingesetzt. Er war die einzige Stufe, die vor dem Jungfernflug flugerprobt war. Bis zum ersten Start der N-1 am 21.2.1969 waren zehn Starts der Proton mit Block D erfolgt, davon scheiterten vier, allerdings nie durch Block D. Er war jedoch in der Folge für zahlreiche Fehlstarts oder im Erdorbit gestrandete Raumsonden verantwortlich. Das gilt bis in die jüngste Vergangenheit für die neueste Ausführung Block DM3.

Der Block D der N1 ist deutlich schwerer als der der Proton. Das liegt neben dem zusätzlichen Treibstoff für das Lageregelungssystem vor allem an der Verkleidung, die Block D und den Mondlander LK umgab, schließlich musste der Treibstoff mindestens fünf Tage lang flüssig bleiben. Das relativ hohe Leergewicht von Block D ist bis heute ein Manko beim Einsatz auf der Proton.

Triebwerk RD-58 (11D58)	
Gesamtlänge:	2,27 m
Durchmesser:	1,17 m
Zündungen:	4
Startschub:	83,4 kN
Brenndauer:	600 s
Brennkammerdruck:	78 bar
Trockenmasse:	300 kg
Expansionsverhältnis:	189
LOX/Kerosin:	2,48
Gebaute Exemplare:	45
Entwicklungszeitraum:	1964 – 1968
Einsatzzeitraum:	1967 – 1996
In Stufe:	Block D, D-1 und D-2 auf Proton und N-1

Block D	
Gesamtlänge:	5,70 m
Durchmesser:	2,90 m
Triebwerke:	1 × RD-58 (11D58)
Startschub:	83,4 kN
Brenndauer:	600 s
Startmasse:	18.320 kg
Trockenmasse:	3.420 kg, davon 1.090 kg Verkleidung und Isolation 2.330 kg Block D alleine
Vergleichsdaten Block D Proton:	6,28 m × 3,70 m, 13.360 kg voll, 1.800 kg leer

Steuerung und KORD

Die N-1 verfügte über eine interne Navigation. Sie besaß eine Inertialplattform mit Kreiseln, durch welche die Lage im Raum und die Beschleunigung ermittelt wurden. Die Inertialplattform war dreifach redundant. So gab es drei Gyroplattformen als Inertialsysteme, 27 Beschleunigungsmesser und drei Bordcomputer mit je einem Sender/Empfänger. Alleine die Kabelverbindungen zu den über 200 Messinstrumenten wogen zwischen 3 bis 5 t. Der Bordcomputer war der erste digitale Computer an Bord einer russischen Rakete. Die Telemetrieeinheit übertrug 1.300 Messwerte bei den ersten drei Starts und 2.000 beim vierten Start.

Der Stromverbrauch der Rakete war so groß, dass ein Generator den Strom erzeugte. Er hatte eine Leistung von 5 kW.

Die Entwicklung des Steuerungssystems gestaltete sich schwierig. Es wurde zuerst von Koroljows OKB-1 entwickelt. Dann forderte Nikolai Piljugin für sein Kombinat NII-885 den Auftrag für das System. Dadurch begann die Entwicklung von vorne. Die ersten beiden Stufen hatten das Sicherheitssystem KORD in der Zwischentanksektion integriert.

Das digitale Kontrollsystem KORD sollte die Betriebsparameter der Triebwerke prüfen und sie bei Abweichungen abschalten. Es verlängerte dann die Betriebsdauer der Stufe. KORD bekam von jedem Triebwerk anfangs vier (später fünf) Werte. Doch es zeigte sich, dass das System mit der Aufgabe überfordert war und beim damaligen Stand der Technik auch überfordert sein musste. Das Abbruchsystem von Gemini überwachte nur 11 Parameter, die IU der Saturn V nur fünf Engine_OK Signale. KORD musste in der ersten Stufe 120 Werte laufend überwachen. Das ging nur mit festen Grenzen, ohne die zeitliche Entwicklung zu verfolgen oder einen Messparameter mit anderen des Triebwerks zu vergleichen.

So schaltete es beim Jungfernflug gleich nach dem Abheben einige Triebwerke ab, weil beim Hochlaufen der Triebwerke ein Messwert der Turbopumpe die einprogrammierte Grenze überschritt. Dabei hätte die Auswertung aller fünf Werte vom Triebwerk gezeigt, dass das Triebwerk in Ordnung war. Alleine die Schaltung für das Verstärken der elektrischen Signale der Sensoren und das Konvertieren in digitale Daten hatte 1.600 Bauelemente. KORD wurde bei den Teststandversuchen der zweiten und dritten Stufe eingesetzt und bewährte sich dort. Es konnte keine Explosionen verhindern, doch langsamere Veränderungen von Betriebsparametern erkannte es rechtzeitig und schaltete die Triebwerke ab – allerdings oft ohne Ursache. Immer wieder induzierten die Stromkabel neben den Signalleitungen ein Signal, dass von der Triebwerkselektronik als Abschaltsignal interpretiert wurde, auch wenn KORD kein Abschaltsignal abgesetzt hatte.

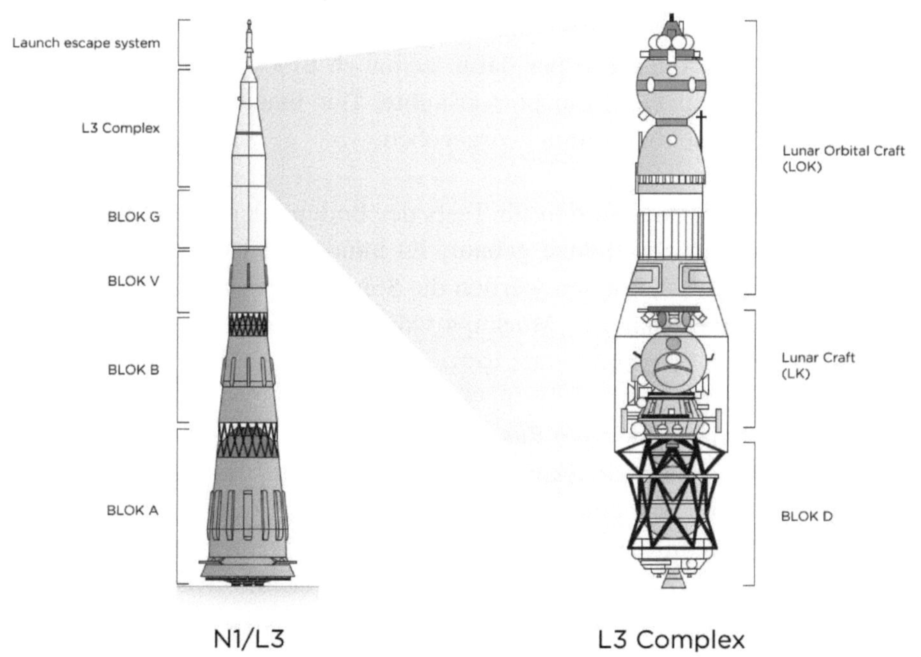

Abbildung 96: Aufbau den Mondlandekomplexes L3

Bodenanlagen

In Baikonur wurde für die Montage ein riesiges Gebäude errichtet. Die N-1 wurde am Startplatz aus Einzelteilen zusammengebaut, anders als die Saturn V, bei denen nur die fertigen Stufen zusammengebaut wurden. Mit 240 m Länge, 190 m Breite und 30 bis 60 m Höhe hatte das Gebäude in etwa die Hälfte des Volumens des VAB im Kennedy Space Center. Alle russischen Trägerraketen werden horizontal integriert, die meisten US-Träger dagegen vertikal. Die N-1 wurde in Einzelteilen nach Baikonur gebracht und erst dort zusammengebaut. 165 Güterwaggons waren dafür pro Rakete nötig. Aufgrund der Größe war die Montage nicht im OKB-1 in Samara möglich. Die Stufen waren zu groß, um über Land transportiert zu werden. Russland transportiert Raketen meist per Bahn. Lediglich Block G und D hatten einen Durchmesser, der einen Landtransport erlaubte. Der maximale Durchmesser ist durch die Weite der Eisenbahntunnel vorgegeben.

Zwei Modelle 1M1 und 1M2 wurden für Tests der Bodenanlagen und für die Schulung des Personals der Startplätze gebaut. Es handelt sich um nicht flugfähige „Technologieattrappen“. Mit ihnen wurden die Startabläufe und die Betankung erprobt. Das zweite Exemplar der Mockups wurde nach dem Fehlstart 5L abgewrackt, das Erste nach Programmende 1975.

Mit vier Dieselloks wurde die leere Rakete, nur mit betanktem L3 Komplex, auf einem mobilen Starttisch zum Startkomplex 110N gefahren. Dieser hatte zwei 500 m voneinander entfernten Rampen. Jede Startrampe bestand aus einer 30 m großen Plattform, in der Mitte mit einer kreisrunden Öffnung für die Flammen der Triebwerke. Vom 42 m tiefen Flammenschacht führten drei mit Wasser gefüllte Umlenkschächte im Winkel von 120 Grad weg. Eine sechsseitige Pyramide teilte die Flammen auf. Die Rakete wurde von einem Stützring mit 16 m Durchmesser an 24 Stellen gehalten und ruhte auf 24 Standflächen. 48 Sprengbolzen öffneten den Stützring beim Start.

Der Startturm hatte eine Höhe von 145 m. Dreizehn, in der Höhe verschiebbare Plattformen, ermöglichten den Zugang zu der N1. Neben dem Startturm befanden sich zwei Blitzableitermasten mit jeweils 180 m Höhe. Der Startturm wurde nach Programmende auf ein Drittel der Höhe gekürzt und für die Energija eingesetzt.

Mission

Die Nutzlast der N-1 war der Mondlandekomplex L1. Er bestand neben den beiden Stufen Block G und Block D aus dem Mondlander LK und dem Raumschiff LOK, aus dem sich die Sojus entwickeln sollte. Verbunden waren die Basis der Sojus (oben), Mondlander (Mitte) und Block D (unten) durch eine Verkleidung. Die Sojus unterschied sich von der heutigen Sojus vor allem durch höhere Treibstoffvorräte. Sie waren nötig, um die Mondumlaufbahn zu verlassen. Die Besatzung bestand aus nur zwei Kosmonauten.

In einem Erdorbit angekommen, wurden zuerst alle Systeme geprüft und die Bahn vermessen. Nach 24 Stunden wäre mit Block G die Kombination auf eine translunare Transferbahn gebracht worden. Bei den Testflügen war Block G noch nicht leistungsfähig genug um die Bahn zu erreichen. Daher musste Block D noch kurz zünden, um die Restgeschwindigkeit aufzubringen. Block G wurde nach Erreichen der Mondtransferbahn abgetrennt.

Block D bremst nach drei bis vier Tagen in der Transferbahn die Kombination in einen Mondorbit ein. Danach steigt ein Kosmonaut aus, hangelt sich über die Verkleidung zum Mondlander, und erst wenn der Mondlander LK in Betrieb genommen wurde, wird die Verkleidung abgetrennt und der Mondlander mit Block D abgelöst. Block D bremste den Mondlander LK ab und wurde in niedriger Höhe (2 bis 4 km) über der Oberfläche abgetrennt.

Dort werden nun die Triebwerke des LK in Betrieb genommen. Der Mondlander landete dann weich. Ein Kosmonaut hätte Bodenproben gewonnen. Nach 6 bis 24 Stunden startet er zurück in den Orbit. Die Treibstoffvorräte des LK reichten aus, um in den Orbit zurückzustarten. Er hat also nur eine kombinierte Aufstiegs-/Abstiegsstufe. Im Mondorbit koppelt er an die Sojus an. Erneut muss sich der Kosmonaut mit den Bodenproben über die Oberfläche des LK zur Luke in der Sojus hangeln. Es gibt keinen Koppeladapter, sondern der Mondlander hat oben über eine Wabenstruktur „Kontakt“, in der sich der Sporn des Hakens der Sojus einhakt, mit dem diese sonst an eine andere Sojus koppeln würde.

Abbildung 97: Vor dem Aufrichten am Startplatz

Die internen Treibstoffvorräte der Sojus hätten die Kosmonauten zurück zur Erde gebracht. Kurz vor dem Wiedereintritt wären Servicemodul und Wohneinheit abgetrennt worden.

Schon die abenteuerliche Konzeption mit zwei Weltraumausstiegen und mehreren Zündungen von Block D und der Abtrennung von Block D wenige Kilometer über der Mondoberfläche zeigt, das das Mondprogramm mit der heißen Nadel gestrickt war. Es fehlte die Nutzlastkapazität. Die Sojus wog mit Treibstoffen 9,85 t, der Mondlander 5,5 t. Selbst mit Block D war die Kombination mit knapp 34 t Masse noch 14 t leichter als Apollo. Die Zielnutzlast im Erdorbit war am Schluss 97 t.

Testflüge

Der erste Flug der N-1 mit Rakete 3L (Nummer 1 und 2 waren Mockups) trug anstatt des kompletten Mondkomplexes mit Mondlander nur das 7K-L1S Raumschiff, das Russland als „Zond“ auf Mondumrundungsmissionen schickte. Mit Block G, aber ohne Block D, wog die Nutzlast 70,6 t. Die Nutzlastkapazität dieser ersten Rakete wurde auf mindestens 90 t, aber noch nicht auf die vollen 95 t geschätzt. So wog Block G noch 15,4 t ohne Treibstoffe und Block D noch 4,5 t. Nach 597 s sollte ein Erdorbit erreicht werden. Das digitale Kontrollsystem war noch nicht einsatzbereit. Daher wurde ein analoges Kontrollsystem installiert, wie es alle anderen russischen Trägerraketen einsetzten.

Der erste Start verzögerte sich schon um Monate. Als man die Rakete am 7.5.1968 erstmals zum Startkomplex fuhr, zeigten sich Haarrisse in den Tanks der ersten Stufe. Man musste sie zurück in die Montagehalle bringen und nach der Ursache suchen. Erst im Januar 1969 fuhr man sie erneut zur rechten Rampe. Auf der zweiten Rampe wurde das Modell 1M1 aufgebaut, an der die Bodenmannschaften die Änderungen mit der 3L vergleichen konnten. 2.300 Personen arbeiteten in drei Schichten, um den Start möglichst schnell vorzubereiten.

Die N1 wog 2.772.103 kg beim Start. Die Triebwerke von Block A hatten bis zum Jungfernflug 100.000 Sekunden an Tests absolviert. Dies relativiert sich, wenn man weiß, dass die F-1 zweieinhalbmal mehr Testsekunden absolvierten. Die Gesamtbrenndauer aller fünf Triebwerke der S-IC war trotzdem viermal kleiner als die der 30 Triebwerke von Block A. Eigene Schätzungen gingen nur von einer Chance von 38 bis 67 Prozent aus, das die Nutzlast einen Erdorbit erreicht.

Am 21.2.1969 fand der erste Testflug einer N-1 statt. Nach 54,5 Sekunden brach im Heck von Block A ein Feuer aus und nach 68,6 Sekunden schalteten sich fast alle Triebwerke ab. Auch wenn der Start fehlschlug, so war man nach dem Start nicht enttäuscht. Schließlich war die Flugerprobung Bestandteil des Konzepts. Man konnte die erste Stufe nicht vorher testen. Es schien, als wären alle Triebwerke einwandfrei gelaufen, bis es einen Fehler von KORD gab. Anders konnte man sich das Abschalten von 28 Triebwerken auf einen Schlag nicht erklären.

Es dauerte Wochen, um die Ursache zu finden. Triebwerk 12 und 24 wurden schon beim Start (nach 0,34 s) aufgrund eines Fehlers von KORD abgestellt. Die Vibrationen zusammen mit der Gasfreisetzung durch den Feststoffzündsatz des Gasgenerators für den Triebwerksstart hatte ein Signal auf den Signalleitungen von Triebwerk 12 induziert, das KORD als eine zu hohe Drehzahl der Turbopumpe interpretierte und so Triebwerk 12 und 24 abschaltete. Bei Tests zeigte sich, dass in den Leitungen durch das gleichzeitige Zünden aller Triebwerke ein Signal induziert wurde und es am stärksten dort war, wo die Leitung zu KORD am längsten war – das war bei Triebwerk 12 der Fall. Auf die Idee, wie bei der Saturn V, die Triebwerke zeitlich verzögert kurz hintereinander zu zünden kam man nicht.

Nach 6 Sekunden brach die Membran eines Sauerstoffsensors. Nach 54,5 s folgte das Gehäuse eines Kerosinsensors. Nun konnte 340° C heißes Gas austreten und es entstand ein Feuer im Heck. Als der Kabelbrand einen Stromstoß in den Leitungen induzierte, löste dies das Abschalten der Triebwerke aus. Es lag ein Spannungsimpuls von 25 V an, deutlich über den 15 V, die man nach den Problemen mit der Interferenz der Stromkabel als Maximum spezifiziert hatte. KORD hatte nicht das Abschalten ausgelöst, aber der Stromstoß in der Signalleitung wurde als Abschaltsignal interpretiert. Das spricht für eine analoge Steuerung, bei der ein Impuls Relais öffnet oder schließt, die dann die Ventile zum Treibstofftank schließen.

Wegen des Zeitdrucks (zu diesem Zeitpunkt stand die Apollo 9 Mission vor dem Start) behob man nicht die Fehlerursache, sondern reagierte nur auf die Auswirkungen. So wurde KORD ins Heck verlagert, damit es vor Kabelbränden geschützt war und Ventilöffnungen im Heck eingebaut, um Gas abzuleiten, wenn welches austrat. Dazu kamen Ventilationsöffnungen im Heck, damit es sich in der Hitze des kasachischen Sommers nicht zu stark erhitzte und später austretendes Gas leichter austreten konnte.

Die Nutzlast war beim zweiten Start 5L die gleiche wie beim Ersten: Ein 7K-l1S Sojusraumchiff ohne Mondlander LK. Diesmal aber mit Block D. Die Rakete 4L, die eigentlich als nächste N-1 dran wäre, wurde vor dem Start von 3L umgebaut, um Leistungssteigerungen zu testen. Der zweite Testflug von Rakete 5L am 3.7.1969 endete in einer Katastrophe: Die Rakete hob langsamer ab als beim ersten Flug, schwankte und nach 12 Sekunden schaltete KORD in 200 m Höhe alle Triebwerke ab. Die Rakete fiel zurück auf den Startturm und explodierte nach 23 Sekunden. Die Untersuchung zeigte, dass Metallteile in den Treibstoffleitungen nach 0,25 s die Oxidatorpumpe von Triebwerk 8 zerstört hatten. Die Splitter beschädigten die benachbarten Triebwerke 7 und 9 und die Steuerleitungen. Es kam zur Störung der Stromversorgung und damit zum Abschalten der restlichen Triebwerke, nachdem durch den Ausfall von drei Triebwerken schon sechs Motoren direkt nach dem Start abgeschaltet wurden. Lediglich ein Triebwerk – Nummer 28 arbeitete weiter und drehte die N-1 nach dem Abheben langsam in die Horizontale. Immerhin funktionierte der Fluchtturm, der nach 15 s die Sojus (ohne Servicemodul) abtrennte.

Die Explosion der Rakete, diesmal am Startplatz, zerstörte nicht nur die Rampe, sondern beschädigte Gebäude, die Kilometer vom Startplatz entfernt waren. Bei vielen wurden „nur“ die Fenster zerschlagen (was im russischen Winter einer Nichtnutzbarkeit gleichkommt) bei einigen fand man Trümmerteile der N-1 auf den Dächern. Die Rampe 110 rechts wurde nie wieder aufgebaut.

Nun begann eine umfangreiche Fehlersuche, die man im Februar unterlassen hatte. Das Mondrennen war mit der Landung von Apollo 11 am 20.7.1969 gelaufen, sodass man sich nicht mehr beeilen musste. Die Ursache konnte nicht komplett geklärt werden. So schaltete KORD nur die Triebwerke 7,19,20 und 21 ab. Die anderen müssen sich durch beschädigte Steuerleitungen selbst abgeschaltet haben.

Die wichtigste Frage aber war: Wie konnte die Turbopumpe von Triebwerk 8 explodieren. Das Triebwerk wurde gefunden. Es war zusammengeschmolzen und viel stärker beschädigt, als die anderen Triebwerke. Kuznesows Ingenieure meinten, ein „Fremdes Objekt“, z. B. die Metallmembran eines Drucksensors, wäre in die Turbopumpe gelangt. „Fremd“ ist hier zu verstehen als „stammt nicht von unseren Triebwerken“. Beim OKB-1 meinte man dagegen, dass bei den geringen Toleranzen in der Turbopumpe eine leichte Verschiebung der Achse des Rotors zum Schleifen am Gehäuse und damit zur Erhitzung führen konnte. Bei einer Pumpe, die flüssigen Sauerstoff fördert, reicht das aus, um das Metall zum Brennen zu bringen. Alle Turbopumpen sind empfindlich gegenüber Fremdobjekten. Ein Propeller dreht sich mit hoher Umdrehungszahl und es gibt wenig Spielraum zur Wand. Die Triebwerke der ersten Generation waren schon bei den Tests sehr anfällig. Größere Metallspäne (ab einigen Millimetern Größe) zerstörten die Turbinenschaufeln der LOX-Turbopumpe, kleinere Späne die Turbinenlager des Gasgenerators. Trotzdem hatte man keine Filter in die Treibstoffleitungen eingebaut.

Es wurden nun Filter in die Treibstoffleitungen eingebaut und die Rakete schwenkte nach dem Start sofort in die Horizontale, damit bei einem Fehlstart nicht erneut der Startplatz zerstört wird. KORD betrieb nun die Triebwerke mindestens bis zur 50 Flugsekunde, damit die Rakete nicht auf der Startbasis niederging. Zudem wurde die Turbopumpe umkonstruiert, mit größeren Spielräumen zwischen Rotor und Gehäusewand. Ein Freon-Löschsystem wurde eingebaut, das Heck mit Stickstoff vor dem Start gespült, um Feuer einzudämmen. Zusätzlich wurden Leitungen besser geschützt und Messinstrumente in sichere Zonen verlagert.

Das Grundproblem blieb: Ohne Teststand konnte man nicht bestimmen, wie oft Metallteile durch die Vibrationen beim Start von 30 Triebwerken freigesetzt wurden. Man konnte sie weder finden noch die Fehlerursache beseitigen. Ein Teststand bekam die N-1 aber immer noch nicht. Aber nach zwei Fehlstarts sollte nun eine neue Generation von NK-Triebwerken entstehen, die man wenigstens alle vor dem Einsatz testen konnte. Dies führte zu den NK-33/43/39 Triebwerken. Es würden aber Jahre vergehen, bis sie zur Verfügung standen.

Die Zerstörung einer Startrampe und das frühe Versagen der Triebwerke und des Steuersystems hatte das Programm um mindestens eineinhalb Jahre zurückgeworfen. Erst am 27.6.1971 hob erneut eine N-1 ab. Die Nutzlast der 6L waren diesmal Mockups der LK und LOK Raumschiffe, also nicht flugfähige Exemplare. Diesmal geriet die Rakete in eine Schieflage, die immer stärker wurde. Nach 7,5 s hatten die Steuerdüsen ihre maximale Neigung von 45 Grad zur Achse erreicht. Nach 14,5 s erreichte die Abweichung der N-1 von 14 Grad zur Vorgabe die maximal zulässige Abweichung. Nach 39 s blockierten die Kreiselgeräte. Nun war die Rakete ohne Daten der Inertialplattform nicht mehr steuerbar. Nach 46,8 Sekunden brachen die Nutzlastspitze und Stufe 3 ab. Dies löste das Rettungssystem SAS aus. Nach 50,9 Sekunden wurden von KORD die Triebwerke abgeschaltet.

Die Untersuchung zeigte, dass die Rakete aufgrund der aerodynamischen Belastung auseinanderbrach. Das neue Neigeprogramm war nur vordergründig daran schuld. Die wahre Ursache war ein Designfehler. Die aerodynamischen Kräfte, die auf die große Rakete wirken, wurden unterschätzt. Es bildete sich unter den vielen Triebwerken eine seitwärts einwirkende Kraft, welche die N-1 in Rotation versetzte. Die 4 kN starken Rollachsentriebwerke hatten zu wenig Schub, um dieses Rollmoment zu kompensieren. Immerhin hatte KORD die Triebwerke erst nach der neu einprogrammierten Zeit von 50 s abgeschaltet und so eine weitere Explosion am Boden verhindert. Das war 11 s nach dem Verlust der Kontrolle und sogar nach dem Auseinanderbrechen der Rakete.

Das Heck wurde überarbeitet und zylinderförmig gestaltet, um die einwirkenden Kräfte zu reduzieren. Anstatt das Abgas des Gasgenerators für die Lageregelung zu nutzen, wurden 12 neue Triebwerke mit jeweils 12,4 kN Schub installiert und damit die Schubkraft der Rollachsensteuerung um mehr als das vierfache erhöht.

Vor dem nächsten Start wurde das Mondprogramm L3 beendet. Nachdem man die Amerikaner nicht mehr überholen konnte, wurde ein neues Programm L3M mit mehr Möglichkeiten begonnen. Vorschläge, dann die 7L zu verschrotten und gleich mit der 8L mit neuen zuverlässigen Triebwerken fortzufahren, wurden abgewiesen, da dies eine Pause von zweieinhalb Jahren bedeutet hätte.

Am 23.11.1971 fand der letzte Start der N-1 statt. Die Nutzlast der 7L war mit 89,803 t die bisher schwerste. Sie sollte in einen 200 × 740 km hohen Orbit gelangen. Diesmal explodierte nach 106,94 Sekunden die N-1 in 40 km Höhe. Über die Ursache stritten die Konstrukteure. OKB-1, welche die N-1 fertigten, machte wieder die Triebwerke verantwortlich. Kusnezow wies diesen Vorwurf von sich und nahm als Ursache eine Schockwelle an. Diese sollte sich nach 94,5 Sekunden, als die inneren sechs Triebwerke abgeschaltet wurden, gebildet haben. Sie sollte eine der Treibstoffleitungen beschädigt haben. Als Ursache konnte die Oxidatorpumpe von Triebwerk 4 dingfest gemacht werden. Doch warum sie explodiert war und eine Schockwelle auslöste, die innerhalb von 0,03 Sekunden alle anderen Treibwerke lahmlegte, blieb ein Rätsel. KORD hatte funktioniert und 3 Sekunden später das Rettungssystem SAS aktiviert.

Abbildung 98: Die N-1 vor dem Start

Das Ende der N-1

Nun hofften die Beteiligten auf einen erfolgreichen Test der N-1F, deren Erstflug für den Herbst 1974 vorgesehen war. Es war ein Doppelstart von 8L und 9L vorgesehen, der die Mondmission deutlich vereinfachen würde.

Da das Mondprogramm obsolet geworden war, schlugen die am Programm beteiligte vor, ein Marsprogramm anzugehen. Bei diesem könnte man die USA schlagen. Doch am 15.5.1974 wurde Mischin vom Programm entbunden und Gluschko übernahm die Leitung. Mischins OKB-1 und Gluschkos OKB-456 wurden zum neuen Kombinat „Energija" zusammengelegt und Gluschko wurde dessen Leiter.

Gluschko stellte bis zum Oktober 1974 alle Arbeiten an der N-1F ein. Er wollte stattdessen eine eigene Trägerraketenfamilie entwickeln. Sie sollte aus standardisierten Stufen bestehen:

- Bis 1979 die zweistufige RLA-120 mit 980 t Startmasse und 30 t Nutzlast in den Erdorbit für Raumstationen.
- Bis 1981 die RLA-135 mit 2.700 t Startmasse 100 t Nutzlast für Mondmissionen. Ziel war eine permanente Basis auf dem Mond als Vorbereitung eines Marsprogramms. Die RLA-135 setzte zwei weitere erste Stufen der RLA-120 als Booster ein.
- Bis 1983 die RLA-150 mit 6.000 t Startmasse bei 250 t Nutzlast für Marsexpeditionen. Die RLA-150 setzte sechs der RLA-120 Stufen als Booster ein, die eine RLA-120 im Zentrum umgaben.

Das Programm sollte 12 Milliarden Rubel kosten. Doch die sowjetische Führung wollte keine weitere Schwerlastrakete finanzieren, nachdem die Amerikaner ihr Mondprogramm bereits beendet hatten. Vor allem waren sie nicht bereit, nochmals sieben Jahre auf eine einsatzfähige Rakete warten. Zudem hatte sich Gluschko selbst angreifbar gemacht. Er hatte die Triebwerke der N-1 als „faule" Triebwerke bezeichnet und sich gegen die Bündelung von 30 Triebwerken gewandt. Nun hatte seine RLA-150 auch 28 Triebwerke in der ersten Stufe. Genauer gesagt waren es 28

Brennkammern von sieben Triebwerken. Gluschko sah seine Triebwerke als zuverlässiger an. Er verwies auf die günstige Fertigung im Blockdesign: Es gab nur zwei Stufen, beide von 6 m Durchmesser, die man per Schiff transportieren konnte. Sie wurden in der Fabrik montiert und nicht am Startplatz. Außerdem konnten sie getrennt mit den zur Verfügung stehenden Testständen getestet werden. Die größeren Versionen hatten zwei oder sechs erste Stufen als Booster. Auch wunderte man sich, das Gluschko nun LOX/Kerosin favorisierte – doch die Treibstoffe waren günstiger und der spezifische Impuls höher als bei UDMH/NTO.

Es gab Gegenwind von den anderen Chefkonstrukteuren anderer OKB, welche die Kosten für unterschätzt hielten, auf den Zeitverlust von mindesten fünf bis sechs Jahren verwiesen und dass Gluschko Triebwerke mit einem Schub von 12.000 kN – achtmal mehr als die der N-1 – einsetzen wollte, deren Entwicklungsrisiko unkalkulierbar wäre. Die Führung entschied zuerst nicht für Gluschko, tolerierte aber seine Demontage der N-1. Anders als Demontage kann man es nicht bezeichnen. Die Raketenteile wurden in Baikonur für Spielplätze und Garagendächer eingesetzt. Lediglich die Triebwerke, die schon produziert waren, entgingen der Vernichtung, da sie sich bei Kusnezow befanden. Am 17.2.1976 wurde das N-1 Programm offiziell terminiert. Gluschko bekam die Genehmigung, die kleinste Version, RLA-120 zu entwickeln. Im Laufe des Jahres 1976 beschloss Russland die Entwicklung des sowjetische Space Shuttle Buran. Aus der RLA-120 wurde nach Halbierung der Größe die Zenit. Die größeren Versionen wurden nie gebaut.

Die Kosten des Mondprogramms (mit 16 Flugmustern der N-1) wurden auf 4,97 Milliarden Rubel geschätzt, davon hatte man bis zum 1.2.1973 schon 3,6 ausgegeben, davon wiederum 2,4 Milliarden für die N-1. Am 1.1.971 waren es 2,9 Milliarden Rubel. Die höchste Finanzierung gab es im Finanzjahr 1970 mit 600 Millionen Rubel. Die nachfolgende Entwicklung der Energija und Buran war mit 12 bis 14 Milliarden Rubel rund drei bis viermal teurer.

Da der Rubel keine international gehandelte Währung ist, ist die Umrechnung in westliche Währungen schwierig. Russland koppelte den Wert bei Ausgabe 1961 an das englische Pfund Sterling, sodass dies 2,4 Milliarden Pfund oder 4,8 Milliarden Dollar entsprach. Der renommierte Wissenschaftsautor Asif Siddiqi nimmt für 1970 den Faktor 3 an, sodass die 2,4 Milliarden Rubel rund 7,2 Milliarden Dollar entsprechen. Berücksichtigt man, das die Ausgaben für die Saturn V 15 gebaute Träger beinhalten, so sind die Ausgaben vergleichbar.

In der Retrospektive wurde erstaunlich wenig erreicht. Schuld waren nicht nur die Triebwerke, sondern das gesamte Konzept. Aus Geld- und Zeitmangel hat man nie ganze Stufen getestet, wie dies die USA taten. So waren die Testflüge extrem riskant. Zudem war die Absicherung gegen Probleme mangelhaft. SpaceX, die in der Falcon Heavy auch 27 Triebwerke nutzt, umgibt jedes mit einer Hülle aus Kevlar, um Trümmer bei Explosionen abzufangen. Das rettete bei einem Triebwerksausfall die Mission. Die N-1 hatte nichts dergleichen.

Historiker betrachten heute das russische Weltraumprogramm in den sechziger Jahren nicht als Wettlauf zwischen den Supermächten. Es war vielmehr ein Konkurrenzkampf der Konstrukteure Koroljow, Tschelomej, Gluschko und Jangel. Sie alle kämpften um die Mittel und die Unterstützung des Politbüros. So war Sergei Chruschtschow, Nikitas Chruschtschows Sohn, bei Tschelomej angestellt. Das soll der Grund dafür sein, dass die in diesem Kombinat entwickelte Proton unterstützt wurde, obwohl ihre militärische Aufgabe schon während der Entwicklung wegfiel.

Anstatt der Proton hätte Russland die kleine Version der N-1, die N-11, für Satelliten- und Raumsondenstarts einsetzen und erproben können. Sie hatte die gleiche Nutzlast. Ebenso ist das abrupte Einstellen des Mondprogramms nicht verständlich, denn die Raketen für zwei weitere Starts waren bereits fertig. Viele am Programm Beteiligte glaubten an einen Erfolg der ersten N-1F. Gluschko, so einige Autoren, stellte das Programm ein, weil er genau das fürchtete. Denn dann wären seine Pläne für die RLA nie genehmigt worden.

Datenlage

Es gibt heute sehr unterschiedliche Daten zur N-1. Offensichtlich hat Gluschkos Säuberung nicht nur die Hardware, sondern auch die Unterlagen vernichtet. Die Memoiren von Tschertok und Mischin liefern leider nur wenige technische Angaben, da sie Programmmanager und keine Techniker waren.

Sehr oft werden in Datenblättern die Daten der Triebwerke der zweiten Generation angegeben. Sie haben in den ersten beiden Stufen einen höheren Schub und vor allem höhere spezifische Impulse. So ist offen, ob diese Angaben eine N-1F wiedergeben oder die N-1.

Quelle	N-1 Herkules	The Sowjet Reach for the Moon	Russian Spaceweb. com	Astronau-tix.com	ww-w.B1464 3.de	Mischin: Sowjetische Mondprojekte
Vollmasse Block A	1870 t	1870 t		1880 t	1875 t	1943,26 t
Leermasse Block A	120 t		180,8 t	130 t	131,8 t	201,26* t
Spez. Impuls Block A [m/s]	2.970 Boden/ 3.180 Vakuum	3.247 m/s		3.237 NK-33 3.119 NK-15	3.059	2.855 Boden 3.188 Vakuum
Brenndauer Block A	120 s	110 s	113 s	125 s	113 s	
Vollmasse Block B	540 t	540 t		560,7 t	540 t	557,74 t
Leermasse Block B	52,2 t / 55 t		52,2 t	55,7 t	35,4 t	60 t
Spez. Impuls Block B [m/s]	3.250	3.394		3.394 NK-43 3.188 NK-15V	3.187	3.394
Brenndauer Block B	130 s	130 s	108 s	130 s	122 s	
Vollmasse Block W	188,7	185 t		188,7 t	185 t	204 t
Leermasse Block W	13,7 t		13,7 t – 14,5 t	13,7 t	9,9 t	22 t
Spez. Impuls Block W [m/s]	3.120	3.453		3.462 NK-19 3.335 NK-39	3.334	3.404
Brenndauer Block W	288 s	400 s	375 s	370 s	363 s	
Startmasse	2.750 – 2.820 t	2.700 t	2.783 – 2.820 t	2.692 – 2.753 t	2.747 t	~2.800 t
Nutzlast in LEO	105 t	92 t	82 – 95 t	71 t	95 t	92 – 95 t

*: Mit Nutzlastverkleidung (17 t). Mischin scheint eine N-1F wiederzugeben. Die Stufen wiegen deutlich mehr als bei anderen Quellen und die spezifischen Impulse sind recht hoch. Er nennt 117 t Masse im Erdorbit (mit Leermasse Block W).

Genauere Werte gibt es für das Volumen der Tanks. Die folgende Tabelle enthält die Füllmenge mit normalen Treibstoffen und unterkühlten Treibstoffen (Werte der SpaceX Falcon 9 übernommen). Wie der Vergleich mit den genannten Treibstoffmengen zeigt, müssen schon bei der N-1 unterkühlte Treibstoffe zum Einsatz gekommen sein. Lediglich bei der ersten Stufe ist eine Steigerung der Treibstoffzuladung möglich. Die Volumina stammen aus den Büchern „N-1 Herkules“ und „The Soviet Reach for the Moon“. Schon sie sind nicht identisch.

Stufe	Block A	Block B	Block W
Volumen LOX-Tank	1.100 m³	310 m³ / 321 m³	98,6 / 107,5 m³
Volumen Kerosintank	680 m³	155 m³ / 179 m³	61,6 m³
Füllmenge LOX-Tank (d=1,141 g/cm³)	1.255,1 t	353,7 t / 366,8 t	112,5 t / 122,6 t
Füllmenge Kerosin-Tank (d=0,81 g/cm³)	550,8 t	125,5 t / 145 t	49,9 t
Füllmenge LOX-Tank (d=1,22 g/cm³)	1.342 t	370,2 t / 383,9 t	120,3 t / 131,1 t
Füllmenge Kerosin-Tank (d=0,83 g/cm³)	564,4 t	128,7 t / 148,5 t	51,1 t
Genannte Füllmenge LOX	1.250 t	360 t	125 t
Genannte Füllmenge Kerosin	500 t	145 t	50 t

Mit 1.735 t LOX und 695 t Kerosin in allen Stufen passen die Angaben recht gut zu der Summe von 1.730 t LOX und 680 t Kerosin, die Tschertok und Mischin nennen. Für die erste Stufe ergibt sich bei der Brenndauer von 113 s, die für den letzten Start genannt wird, eine Treibstoffzuladung von 1.592 t nach dem Abheben. Insgesamt ergibt sich bei voller Treibstoffzuladung eine Betriebsdauer von 118 s ohne vorzeitige Abschaltung von Triebwerken.

Für die zweite Stufe sind es bei 505 t Treibstoff, 1.648 kN Schub und eine Brenndauer von 124,4 s, ebenfalls niedriger als die Angabe von 130 s, die oft genannt wird. Für diese müssten 528 t Treibstoff zugeladen werden.

Bei Stufe 3 sind die Angaben für die Brenndauer stark schwankend zwischen 288 und 400 s. Für die NK-19/21 Triebwerke gibt es noch weniger Daten als für die unteren Stufen. Als Schub werden 392, 408 oder 441 kN genannt, die Angabe der spezifischen Impulse schwanken zwischen 3.120 m/s (vom Autor für zu niedrig gehalten, wahrscheinlich eine Angabe für Meereshöhe) bis zu 3.383 m/s. Mit dem kleinsten Schub und höchsten spezifischen Impuls kommt man auf 377,5 s Brennzeit, mit dem höchsten Schub und kleinsten spezifischen Impuls auf 330,8 s Brennzeit. Das passt recht gut für die Angaben von 363 bis 375 s Brennzeit.

Bei Block G wird eine Brennzeit von 375 bis 400 s genannt mit Ausnahme der unten genannten Publikation mit 480 s. Ich errechne bei 392 kN Schub, 55 t Treibstoff und einem spezifischen Impuls von 3.335 m/s eine Betriebszeit von 467,9 s.

Für Block D werden mehrheitlich 600 Sekunden Brennzeit genannt. Da das RD-58 später noch eingesetzt wurde, sind seine Kenndaten bekannt und man kann daraus auf die Treibstoffmenge von 14,9 t schließen.

In der Gesamtsicht sind die Werte der ältesten Veröffentlichung „N-1 Hercules“ von Olaf Przybilski / Stefan Wotzlaw am stimmigsten. Sie habe ich für die Berechnung genommen, nur die spezifischen Impulse von dritter und vierter Stufe den höheren Werten anderer Websites angepasst.

Das Datenblatt wurde von Autor mit einer Aufstiegssimulation erstellt. Die Nutzlasten sind daher für diesen Datensatz real. Höhere Nutzlasten wie 95 bis 97 t würden erheblich leichtere Stufen oder mehr Treibstoff voraussetzen. Selbst mit optimistischeren Angaben kommt die Rakete nicht auf 34 t in eine Mondtransferbahn.

Datenblatt N-1					
Einsatzzeitraum: Starts: Zuverlässigkeit: Abmessungen: Nutzlastverkleidung: Startgewicht: Maximale Nutzlast:	1969 – 1972 4 davon 4 Fehlstarts 0 Prozent erfolgreich Höhe: 105,27 m, maximaler Durchmesser: 22,33 m 43,20 m Länge, 6,10 m Durchmesser, 17 t Gewicht (mit Rettungssystem SAS) 2.750.000 – 2.820.000 kg 88.000 kg in einen 200 × 740 km hohen 51,6° Orbit 26.000 kg zum Mond ohne Zündung von Block D				
	Block A	**Block B**	**Block V**	**Block G**	**Block D**
Länge:	30,09 m	20,50 m	14,10 m	9,10 m	5,70 m
Max. Durchmesser:	16,90 m	9,80 m	6,40 m	4,40 m	2,90 m
Startgewicht:	1.882.000 kg	557.200 kg	188.700 kg	61.800 kg	18.320 kg*
Trockengewicht:	132.000 kg	52.200 kg	13.700 kg	6.800 kg	3.420 kg*
Schub Meereshöhe:	30 × 1.510 kN	–	–	–	–
Schub (maximal):	30 × 1.544 kN	8 × 1.648 kN	4 × 392 kN	1 × 392 kN	1 × 85 kN
Triebwerke:	30 × NK-15	8 × NK-15V	4 × NK-21	1 × NK-19	1 × RD-58
Spezifischer Impuls (Meereshöhe):	2.913 m/s	–	–	–	–
Spezifischer Impuls (Vakuum):	3.118 m/s	3.250 m/s	3.335 m/s	3.335 m/s	3.434 m/s
Brenndauer:	94,5 / 113 s	124,4 s	372,2 s	467,9 s	601,9 s
Treibstoff:	LOX / Kerosin	LOX / Kerosin	LOX / Kerosin	LOX / Kerosin	LOX / Kerosin

*: enthält 1.090 kg die während des Flugs abgeworfen werden.

N1-F

Geplant war die N-1 als erste Version für die Testflüge. Ihr sollte die N-1F als Serienversion für die eigentlichen Mondflüge folgen. Die N-1F erreichte die volle Nutzlast von je nach Autor 105 bis 115 t. Dies wurde vor allem durch verbesserte Triebwerke erreicht. Auch die Startmasse der N-1F war mit 2.950 t um etwa 200 t größer als die der N-1. Die N-1F wurde von 1970 bis 1974 entwickelt.

Für die N-1F waren folgende Änderungen geplant:

- Schubstärkere Triebwerke der zweiten Generation in den ersten vier Stufen, welche einen höheren spezifischen Impuls besaßen.
- Geringere Bahnhöhe von 220 anstatt 300 km beim Einschuss in den Orbit
- Änderung des Startazimuts – Umlaufbahn mit 52 anstatt 65 Grad Neigung
- Einfügung von zylindrischen Zwischenstücken in den Tanks um deren Volumen zu vergrößern
- Einsatz von unterkühlten Treibstoffen, mit einer um 2 % höheren Dichte.
- Optimierungen der Form, so aerodynamische Verkleidungen der Triebwerkskanäle, Reduzierung des Heckdurchmessers von 16,88 auf 15,90 m

Ein Teil der Änderungen wurde bereits bei den letzten Flügen der N-1 eingesetzt, so die Anpassung der Erdumlaufbahn. Die erste N-1F wäre das Exemplar Nr. 8 gewesen. Doch nach der Ernennung Gluschkos zum Leiter des Programms wurde das Programm eingestellt. Bis dahin wurden zumindest zwei N-1F (8L und 9L) fertiggestellt. Zwei weitere Raketen sollen teilweise oder ganz fertiggestellt worden sein. Geplant war die Fertigung bis zur 16-ten N-1/N1F,

Die N-1F unterschied sich äußerlich von der N-1. Die erste Stufe hatte ein zylinderförmiges Heck, die Treibstoffleitungen waren aerodynamisch verkleidet. Das sollte das Rollmoment, das beim Start von 6L auftrat, reduzieren und wurde schon beim letzten Exemplar 7l der N-1 eingesetzt. Ab Rakete 8 sollten die Treibstoffleitungen der dritten Stufe unter der Verkleidung verlaufen.

Die Länge war fast identisch zur N-1. Je nach Quelle wird dieselbe Höhe bis maximal 5 m mehr (110 zu 105 m) angegeben. Die Daten der Rakete sind sehr spekulativ, noch mehr als bei der N-1.

Die Tanks (zumindest der unteren beiden Stufen) wurden mit unterkühltem Sauerstoff (Dichte 1,25 g/cm³ anstatt 1,141 g/cm³) und Kerosin (0,86 anstatt 0,83) gefüllt. Das ermöglichte es, die Treibstoffzuladung um etwa 200 t zu steigern. Auf das dadurch höhere LOX/Kerosinverhältnis von 2,6 zu 1 anstatt 2,5 zu 1 wurden die neuen Triebwerke eingestellt. Ob Block D das damals schon verfügbare RD-58M mit etwas höherem spezifischen Impuls einsetzte, ist nicht bekannt.

Ich bin für das Datenblatt von derselben Tankgröße, aber dem Einsatz von unterkühlten Treibstoffen in den ersten beiden Stufen ausgegangen. Diese Rakete hat eine um 168,3 t höhere Startmasse, passend zu der genannten Startmasse, die etwa um 200 t höher als bei der N-1 ist (der Rest entfällt auf die schwerere Nutzlast).

Die höhere Nutzlast erlaubte nicht nur den Start des zuletzt 97 t schweren L3-Komplexes, sondern vereinfachte auch die Mission. Bei den ersten N-1 reichte Block G nicht aus, um die gesamte Geschwindigkeit für die Mondtransferbahn aufzubringen. Block D musste nach der Stufentrennung noch im Erdorbit kurz gezündet werden. Bei der N-1F hat Block G nicht nur ein effizienteres Triebwerk, sondern die ersten drei Stufen können den L3 in einen elliptischen Orbit mit einer höheren Startgeschwindigkeit absetzen.

Für die folgenden Flüge der N-1F waren modifizierte Mondmissionen, das Programm L3M, geplant. Da man mit einer einfachen Mondlandung keinen PR-Erfolg mehr hätte (vor allem, nachdem der Kosmonaut nicht mehr tun konnte, als Bodenproben zu nehmen und der Aufenthalt auf dem Mond auf 6 bis 24 Stunden begrenzt war) plante Russland nun längere Missionen bis zu 14 Tagen Aufenthalt auf dem Mond. Die Brücke dazu war das L3M Programm, das den riskantesten Teil der Mondmission strich: das Umsteigen in den Mondlander und zurück. Stattdessen sollte eine N-1 einen Bremsblock auf eine Mondmission schicken. Die Zweite die Besatzung auf einem Rückkehrblock. Es gab keinen Mondlander, sondern ein modifiziertes Sojus Raumschiff landete auf dem Mond. Allein dessen Masse machte zwei Starts nötig. Im Mondorbit koppelte die bemannte Mission an die Bremsstufe. Sie bremst die Kombination ab, wird wie bisher in niedriger Höhe abgeworfen und dann mit dem Rückkehrblock gelandet. Dieser bringt die Besatzung zurück zur Erde. Die größere Sojus sollte längere Aufenthalte ermöglichen. Scheiterte das Ankoppeln oder gab es einen Fehlstart der Abbremsstufe, so hätte man die Treibstoffe der Aufstiegsstufe genutzt, um den Mondorbit wieder zu verlassen, ohne zu landen. Die Vorgehensweise entspricht einer Mischung aus LOR-Verfahren und direkter Landung. Später sollte die Besatzung länger auf dem Mond blieben, man träumte sogar von permanenten Mondbasen.

Für weitere Expeditionen war eine kryogene Oberstufe RTB geplant. Diese auch Bock SR genannte Stufe sollte Block G ersetzen. Die 77,9 t schwere Stufe blieb ein Projekt, doch das Triebwerk KWD-1 (11D56) kam bis zu ersten Tests. Vier Triebwerke mit je 70 kN Schub sollten die RTB antreiben. Da man die meiste Erfahrung mit dem Staged Combustion-Cycle (S. 34) hatte, setzte das KWD-1 dieses Verfahren ein, was zu einer hohen Triebwerksmasse von 285 kg führte. Aus dem KWD-1 wurde das RD-56, dass Chrunitschew Anfang der Neunziger Jahre an die ISRO verkaufte und das seitdem die letzte Stufe der GSLV Mark I+II antreibt. Auch Bock D wurde durch den leistungsfähigeren Block DM ersetzt.

Die NK-33 und NK-43 Triebwerke wurden ab Juli 1970 entwickelt. Die Oberstufe setzte ebenfalls neu entwickelte Triebwerke des Typs NK-39 und NK-31 ein. Die NK-33 und NK-43 waren identische Triebwerke, das NK-43 war nur an den Betrieb im Vakuum angepasst. NK-39 und NK-31 entstanden aus dem NK-19 / NK-21 und unterschieden sich nur in dem beim NK-31 eingebauten Schwenkmechanismus. Die Prüfungen der NK-33/43 wurden im September 1972 abgeschlossen, die der NK-39/31 im November 1972.

Es wurden 250 Exemplare der NK-33 für Tests und den Einsatz gebaut. Die Triebwerke absolvierten 677 Tests mit 108.000 Sekunden Brenndauer. Dabei gab es nur 35 Probleme, wobei die letzten 246 Tests des NK-33 und die letzten 86 des NK-43 ohne Probleme verliefen. Das NK-33 konnte bis auf 2.040 kN (135 Prozent) im Schub gesteigert werden und mit sich ändernden Mischungsverhältnissen von 20 Prozent bei den Treibstoffen arbeiten. Es war auf 70 Prozent des Nennschubs drosselbar. In der Antares arbeitete es zum Beispiel mit 108 Prozent Schub. Alle Triebwerke waren wiederzündbar. Die Triebwerke konnten bis zu 16.000 Sekunden (bzw. 17 Zündungen) ohne Überholung betrieben werden und hatten eine Lebensdauer von maximal 25.000 Sekunden oder 25 Zündungen. Diese hohe Lebensdauer erlaubte es auch, ein Triebwerk ausgiebig zu testen, bevor es eingebaut wurde. Für das NK-43 wurde eine Zuverlässigkeit von 99,85 Prozent angegeben.

Der Brennkammerdruck stieg von 78,5 auf 145,7 bar und der spezifische Impuls um rund 200 m/s. Zugleich wurde der Aufbau einfacher. So gab es nur noch sieben Anschlüsse für Leitungen anstatt vorher zwölf. Der Preis für die hohe Leistung war, dass das Fördersystem sehr hohe Anforderungen hatte. Die Turbopumpe erreichte 18.500 U/Min und hatte eine Leistung von 33,8 MW.

Russland baute 208 NK-33 und 42 NK-43 Triebwerke. Davon waren 107 für den Flugeinsatz vorgesehene Serienexemplare. Der Rest wurde für Tests benötigt.

NK-33(11D111) / NK-43 (11D112)	
Höhe:	3,705 m
Maximaler Durchmesser:	1,491 m / 2,50 m
Masse:	1.240 kg (auch 1.354 kg genannt) / 1.471 kg
Mischungsverhältnis LOX/Kerosin	2,62
Turbopumpe:	18.500 U/min, 33.850 kW Leistung
Brennkammerdruck:	145 bar
Brennzeit:	196 s nominal, 600 s maximal
Expansionsverhältnis:	27 / 71
Schub Boden:	1.510 kN
Schub Vakuum:	1.690 / 1.770 kN
Spezifischer Impuls Meereshöhe:	2.923 m/s
Spezifischer Impuls Vakuum:	3.247 m/s / 3.404 m/s

Die Triebwerke der Oberstufen teilten viele Eigenschaften mit denen der ersten beiden Stufen, wie der geschlossene Kreislauf, ein hohes Schub- zu Masseverhältnis und eine gute Treibstoffausnutzung. Gegenüber den Triebwerken in den ersten beiden Stufen war die Mischung in Block W und G etwas reicher an Kerosin (2,5 zu 1 anstatt 2,6 zu 1) und entsprach so dem der alten Triebwerke.

Nach der Einstellung des N-1 Programms wurde ein Großteil der Hardware verschrottet. Die für den Einsatz gebauten NK-33 und NK-43 Triebwerke wurden in einer unklimatisierten Halle eingelagert. Heute soll es noch mindestens 66 Triebwerke geben. Der US-Triebwerkshersteller Aerojet kaufte 36 Stück für 440 Millionen Dollar und ließ sie in Russland überholen. Sie erhielten zum Teil einen

Schwenkmechanismus. Bei Aerojet bekamen sie die Bezeichnung AJ26-58 bis 60. Weitere Triebwerke werden in der Sojus 2v eingesetzt. Die Nutzung dieser Triebwerke wurde bei vielen Raketenprojekten erwogen:

- Für die erste Stufe der japanischen J-1A / GX. Diese Rakete wurde wegen zu hoher Kosten eingestellt.

- Für die erste und zweite Stufe der Kistler K-1. Die Rakete sollte wiederverwendbar sein. Kistler geriet in finanzielle Schwierigkeiten als 80 Prozent der ersten Rakete fertiggestellt war und musste Insolvenz anmelden.

- In der Sowjetunion war der Einsatz für verschiedene Varianten der Sojus im Zentralblock vorgesehen, so bei der Yamal, Aurora, Sojus 1, 2.3 und 3. Eingesetzt wird das NK-33 in der Sojus 2.1v.

Für die Sojus 2.1v war die Wiederaufnahme der Produktion von leistungsgesteigerten Versionen geplant. Das derzeit verwendete NK-33 ist jedoch noch ein aufgearbeitetes NK-33 aus den Siebziger Jahren. Es hat den Erzeugniscode 14D52. Da es wie das Original nicht schwenkbar ist, benötigt die Sojus 2.1v noch ein RD-110R Triebwerk (aus der Block I Drittstufe der normalen Sojus 2A), das mit vier Brennkammern für das Nicken, Gieren und Rollen der Rakete verantwortlich ist.

Es kam zuerst zum Einsatz der NK-33 in der Antares 1xx. Am 21.4.2013 startete die erste Antares von Wallops Island. Zwei Triebwerke trieben die erste Stufe an. Als beim fünften Start am 28.10.2014 ein Triebwerk nach wenigen Sekunden ausfiel, wechselte Orbital/ATK auf das RD-181. Die Firma suchte schon vorher nach einer Alternative, da es nur einen begrenzten Vorrat an AJ-26 (US-Bezeichnung) bei Aerojet gab. Der Verlust der Cygnus-Kapsel gab den Ausschlag, sofort auf ein neues Triebwerk zu wechseln. Orbital und NASA starteten unabhängig voneinander Untersuchungen über die Unglücksursache.

Nach einem Jahr Untersuchungen gaben NASA und Orbital/ATK unterschiedliche Ursachen in ihren Abschlussberichten an. Die primäre Ursache war, dass sich ein Rotor innerhalb der Turbopumpe aus der Rotationsachse verschoben hatte und so mit dem **H**ydraulic **B**allance **A**ssembly, HBA der Sauerstoff-Turbopumpe in Kontakt geriet. Die Reibungshitze entzündete dann ein Feuer, das durch den flüssigen Sauerstoff zu der Explosion des Triebwerks E15 führte. Wie es aber zu dem Versagen des Rotors kam, darüber gab Uneinigkeit. Der NASA Untersuchungsbericht kam auf drei Ursachen. Jede, oder eine Kombination mehrerer, kann die Explosion verursacht haben.

- Die erste war „mangelnde Robustheit des Triebwerks“: Die Auslegung des Triebwerks machte die HBA empfänglich für das Auftreten von Feuern. Weiterhin war das Akzeptanz-Testprogramm seitens Orbital nicht ausreichend, um das Auftreten von Feuern zu erkennen und notfalls durch Maßnahmen zu verhindern.

- Fremdkörper in der Turbopumpe: Man fand in forensischen Untersuchungen Silikate und Titan in der Turbopumpe. Diese Elemente kommen dort nicht vor. Allerdings waren es nur Spuren und es gab keine Anzeichen von Beschädigungen durch größere Bruchstücke. Daher ist offen, ob Fremdkörper ein Versagen verursacht haben.

- Fehler in der Fertigung des Gehäuses: Man entdeckte eine Abweichung in der Schmierung des Turbinengehäuses, die nicht mit den Vorgaben übereinstimmte. Dies wurde schon vor dem Start entdeckt. Es war kein Einzelfall, man entdeckte diese Abweichungen 1998 in einem Testtriebwerk und den Triebwerken E16 und E17. Daneben fand man diese Abweichung bei einigen Turbopumpen, die es als Reserve gab. Während E16 und das Testtriebwerk erfolgreich ihr Testprogramm durchliefen bzw. eingesetzt wurden, gab es bei E17 im Mai 2014 ein Feuer bei einem Akzeptanztest. Es konnte nicht geklärt werden, ob die Abweichung schon immer da war, oder eine Folge der Alterung nach 40 Jahren Lagerung war.

Weiterhin befand die NASA, dass die Instrumentierung nicht ausreichend war, um Fehler genau zu bestimmen. Auch das Testprogramm der Triebwerke vor dem Einbau war unzureichend. Es wurden zu wenige Tests gemacht, ob das Missionsprofil der Antares (das von dem in der N-1F abwich), keine Probleme bereitete.

Die NASA kam zu der Empfehlung, nicht mehr die AJ-26 einzusetzen, ohne dass sie ein ausreichendes Testprogramm durchlaufen hatten. Zudem sollten die Tests bei den RD-181 als Nachfolger intensiviert werden.

Orbital/ATK kam zu dem Schluss, es gäbe nur einen Fehler, der höchstwahrscheinlich die Ursache war. Dies sei ein Defekt, der schon vor 40 Jahren bei der Fertigung passierte. Ein Teil dass geborgen wurde, zeige „klar", dass es einen Fehler bei der Herstellung der Turbopumpe gab. Es verwundert nicht, das Orbital den Fehler auf die Sowjetära verschiebt, außerhalb ihrer Verantwortung. Die NASA fand allerdings auch programmatische Versäumnisse. Insgesamt habe Orbital zu wenig Einblick in die Testhistorie zu Sowjetzeiten gehabt und die Tests der Triebwerke bei Aerojet seien unzureichend gewesen.

Wahrscheinlich wird sich eine Frage nie klären lassen: Wäre mit den NK-33 die N-1F erfolgreich geflogen? Einige NASA-Statements gehen in die Richtung, dass die NK-33 Designfehler hatten. „Mangelnde Robustheit" ist das Stichwort. Die NASA legte bei den Saturn V großen Wert auf Robustheit, dazu gehörte auch, dass sich das Triebwerk von Abweichungen erholen konnte. So testete man die Einspritzung des Treibstoffs solange, bis man eine Lösung fand, die bei der Zündung auftretenden Druckschwankungen, die sich in einer ungleichmäßigen Verbrennung niederschlugen, im Griff hatte. Das waren damals Ursachen für Schubabfall bis hin zu Triebwerksausfällen.

Die NK-15 Triebwerke wurden von Boris Tschertok als „faule Triebwerke" mit einer niedrigen Zuverlässigkeit beschrieben. Sollten die NK-33 dieses Schicksal teilen? Russland verwies auf eine intensive Testhistorie, aber die NASA stellte fest, dass Aerojet in diese Dokumentation nur unzureichend Einblick hatte. Aerojet und Orbital setzten nach Ansicht der NASA zu wenige Tests an, um sicher zu sein, dass die Triebwerke heute noch in Ordnung sind. Schlussendlich kann niemand sagen, ob die Probleme nicht durch 40 Jahre Lagerung entstanden. Diese erfolgte nicht unter optimalen Bedingungen. Die Triebwerke wurden versteckt und in einer unklimatisierten Halle untergebracht. Sie sollten wie der Rest der N-1 verschrottet werden. Gluschko wollte die Rakete seines Rivalen Koroljow aus den Geschichtsbüchern tilgen und die sowjetische Führung unterstütze ihn dabei, weil sie die offizielle Politik vertrat, es gäbe kein sowjetisches Mondprogramm.

Besonders der Fund von „Fremdkörpern“ in der Turbopumpe erinnert an den zweiten Fehlstart der N-1. Flug 5L scheiterte, weil kurz nach dem Start Metallteile in die Oxidatorpumpe von Triebwerk #8 gelangten und diese zur Explosion brachten. Also die gleiche Ursache.

Die Möglichkeit, die Triebwerke intensiv zu testen, hatten Aerojet und Orbital. Schließlich hatten die NK-33 eine Lebensdauer von 25.000 s, 17 Zündungen ohne Überholung. Das war weitaus länger, als die Triebwerke später betrieben wurden. Schon während der Abnahmetests der Triebwerke, vor dem Einbau in die Antares, fingen zwei Triebwerke im Stennis-Testcenter der NASA Feuer. Bei einem Vorfall wurde der Teststand beschädigt.

Aerojet und Orbital prozessierten nach dem Fehlstart gegeneinander, wegen der durch den Unfall verursachten Kosten. Bevor es zu einem Urteil kam, einigte man sich über eine Zahlung von 50 Millionen Dollar seitens Aerojet an Orbital. Weitere Details des Verfahrens wurden nicht veröffentlicht.

Da inzwischen auch bei der Sojus 2.1v an einen Ersatz der NK-33 durch das Triebwerk der Angara gedacht wird, wird die Zuverlässigkeit der NK-33 offen bleiben. Sehr vieles ist bis heute nicht geklärt, so die Zahl der noch vorhandenen Triebwerke. Zwischen 96 und 136 Triebwerke werden genannt. Da 107 Serienexemplare gebaut wurden, muss die obere Grenze auch Testexemplare miteinschließen.

Russland hat inzwischen viermal die Sojus 2.1v mit den NK-33 gestartet. Dabei gab es einen Fehlstart, der jedoch auf Versagen der neuen Oberstufe beruhte.

Wie bei der N-1F habe ich das Datenblatt durch numerische Simulation überprüft. Diese N-1F erreicht nur durch die neuen Triebwerke und dichtere Treibstoffe fast die geforderte Nutzlast bei einer Startmasse von 2.895 t. Bei den genannten etwas höheren Startmassen durch vergrößerte Tanks sollte die geplante Nutzlast von 115 bis 117 t in den Erdorbit erreichbar sein.

Datenblatt N-1F					
Einsatzzeitraum: Starts: Zuverlässigkeit: Abmessungen: Nutzlastverkleidung: Startgewicht: Maximale Nutzlast:	– keiner 0 Prozent erfolgreich Höhe: 105,00 – 110,00 m, maximaler Durchmesser: 21,33 m 43,20 m Länge, 4,10 m Durchmesser, 17 t Gewicht (mit Rettungssystem SAS) 2.950.000 – 3.020.000 kg 111.000 kg in einen 220 km hohen 51,6° Orbit 35.000 kg zum Mond (ohne Zündung von Block D)				
	Block A	**Block B**	**Block V**	**Block G**	**Block D**
Länge:	30,09 m	20,50 m	14,10 m	9,10 m	5,70 m
Max. Durchmesser:	15,87 m	9,80 m	6,40 m	4,40 m	2,90 m
Startgewicht:	1.985.000 kg	587.200 kg	199.100 kg	65.100 kg	18.320 kg
Trockengewicht:	132.000 kg	52.200 kg	13.700 kg	6.800 kg	3.420 kg
Schub Meereshöhe:	30 × 1.510 kN	–	–	–	–
Schub (maximal):	30 × 1.680 kN	8 × 1.755 kN	4 × 408 kN	1 × 408 kN	1 × 83,4 kN
Triebwerke:	30 × NK-33	8 × NK-43	4 × NK-39	1 × NK-39	1 × RD-58M
Spezifischer Impuls (Meereshöhe):	2.923 m/s	–	–	–	–
Spezifischer Impuls (Vakuum):	3.247 m/s	3.404 m/s	3.453 m/s	3.453 m/s	3.434 m/s
Brenndauer:	119,3 s	129,7 s	392,2 s	493,4 s	614,3 s
Treibstoff:	LOX / Kerosin	LOX / Kerosin	LOX / Kerosin	LOX / Kerosin	LOX / Kerosin

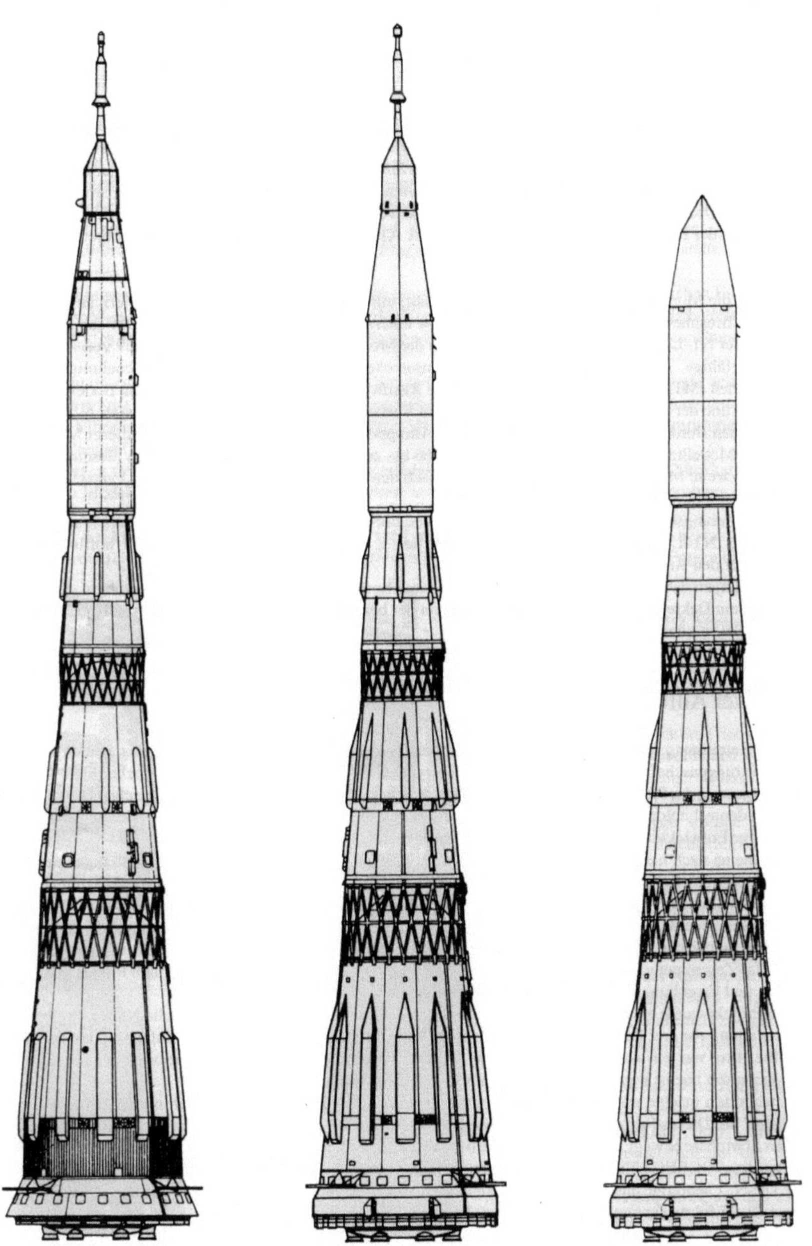

Abbildung 99: Vergleich erste N-1. Exemplar 7L und N-1F

Zusammenfassung

Das das russische Mondprogramm scheiterte, verwundert in der Retrospektive nicht. Es war unterfinanziert und wurde zu spät begonnen. Es verwundert, dass man die Rede Kennedys am 25.5.1961 nicht ernst nahm und erst Jahre später mit dem Mondprogramm begann, zu einem Zeitpunkt, als die Entwicklung der Saturn I abgeschlossen war und sich die Apollo-CSM der Flugtauglichkeit näherten.

Die N-1 litt unter mehreren Problemen. Zum einen, dass man nie so viel in das Bodensegment investierte wie die USA. Das bemängelt Mischin in seinen Memoiren. Die großen Teststände des Marshall Zentrums der NASA, bei denen ganze S-IC getestet werden konnten, ermöglichten es, mit nur zwei Testflügen der Saturn IB und V auszukommen. Die Investition war nicht vergebens – sie werden bis heute benutzt, auch von der Industrie wie SpaceX oder ATK. Dieses Konzept, alles am Boden zu testen, sodass der erste Flug der einer erprobten Rakete ist, sparte Zeit. Es ist viel einfacher, eine Stufe am Boden zu testen als eine Saturn über Monate zusammenzubauen und zu starten. Das Russland, obwohl sie später als die USA starteten, auf viele Testflüge mit dem entsprechenden Zeitaufwand setzten, ist für den Autor nicht nachvollziehbar.

Technologisch machte Koroljow zwei Fehler: Das eine war das Festhalten an LOX/Kerosin, weil bisher alle seine Raketen mit diesem Treibstoff arbeiteten. Selbst die weiterentwickelte N-1F hätte mit der Treibstoffkombination nur 34 t zum Mond befördern können. Das waren nur zwei Drittel der Masse von Apollo, wo der Mondlander schon extrem leichtgewichtig war. Daher gab es so riskante Manöver, wie das Umsteigen des Kosmonauten im All ohne einen Kopplungstunnel einzusetzen oder das Abwerfen von Block D wenige Kilometer über der Oberfläche. Erst dann zündeten die Triebwerke des Mondlanders.

Der zweite Fehler war, dass Koroljow auf eine massive Triebwerksbündelung setzte. Das Konzept hätte funktionieren können, wenn man das Zusammenspiel am Boden getestet hätte. So hätte man die Fehler und Probleme erkannt und eliminiert. Dafür fehlten die Testanlagen. Heute hat die Falcon Heavy 27 Triebwerke – zumindest ihre ersten beiden Starts waren erfolgreich.

Abbildung 100: Die N-1 mit Fluchtturm am Startplatz

Wernher von Braun hatte nach ersten Negativerfahrungen mit der Qualität von US-Firmen bei der Redstone ein rigides Qualitätsmanagement eingeführt, das er bei der Saturn beibehielt. Russland scheint diesen Punkt nicht ernst genommen zu haben. Ich kann nicht verstehen, dass man nicht jedes Triebwerk vor dem Start testete. Man wählte aus einer Charge zwei Triebwerke aus und wenn diese den Test nicht bestanden, wurde die ganze Charge verschrottete. Als wären von zufälligen Fehlern alle Triebwerke betroffen und würden diese in anderen Chargen nicht auftreten. Auch dies war ein Punkt, der zum Scheitern der N-1 führte, was aber auch mit der knappen Zeit zusammenhängt. Demgegenüber wurden alle Triebwerke der Saturn V mehrmals vor jedem Start getestet.

Starts der N-1:

Nr.	Datum	Nutzlast	Trägernummer	Startplatz	Gewicht	Erfolg
1	21.02.1969	L-1S No. 3 11F92	3L	LC110R	70.600 kg	–
2	03.07.1969	L-1S No. 5	5L/V15005	LC110R		–
3	26.06.1971	LK	6L/Kh15006	LC110L		–
4	23.11.1972	Mockup LK	7L/Kh15007	LC110L	89.803 kg	–

Abbildung 101: Größenvergleich Saturn V und N-1

Quellen

NASA-CR-117729: Direct flight schedule and feasibility study for Project Apollo

NASA-TM-X-66728: Addenda to Office of Manned Space Flight manned lunar program mode comparison

NASA SP-4205: Chariots for Apollo: A History of Manned Lunar Spacecraft
The Apollo Spacecraft – a Chronology

Payload capabilities of Saturn-IB-Centaur for launch opportunities to Mars in 1971, 1973, and 1975

Saturn 1B/Centaur propulsion systems compatibility study

NASA-TM-X-53083: Orbital payload potential: Saturn 1B earth launch vehicle using solid propellant motors

Saturn I launch vehicle SA-1 and launch complex 37b functional systems description. volume ix-RL10A-3 engine and hydraulic system functional description, index of finding numbers, and mechanical schematics

NASA-TM-X-53340: Saturn SA-10/Pegasus C postflight trajectory

Pratt & Whitney: RL10B2 Fact Sheet

Pratt & Whitney: Cryogenic Upper Stages Propulsion RL10 and Derivative engines

Saturn V Launch Vehicle Flight Evaluation Report AS-513 Skylab 1
https://ntrs.nasa.gov/archive/nasa/casi.ntrs.nasa.gov/19730025115.pdf
(für die anderen Berichte jeweils AS-5XX und Skylab 1 durch die Nummer und Missionsbezeichnung bei der Suche im NTRS ersetzen)

Technical Information Summary – Apollo 11 /AS-506/, Apollo Saturn 5 Space Vehicle

https://ntrs.nasa.gov/archive/nasa/casi.ntrs.nasa.gov/19700011707.pdf
(für die anderen Berichte jeweils AS-5XX und Apollo XX durch die Nummer und Missionsbezeichnung bei der Suche im NTRS ersetzen)

Advanced transportation system studies, technical area 3. Alternate propulsion subsystem concepts: J-2S restart study

Apollo Program Flight Summary Report
https://ntrs.nasa.gov/archive/nasa/casi.ntrs.nasa.gov/19740013403.pdf

NASA: Development of the Saturn Space Vehicle

Rocketdyne: Technical Manual Engine Data H-1 Rocket Engine

NASA: Advanced Transportation System Studies. Technical Area 3: Alternate Propulsion Subsystem Concepts

NASA-CR-105775: Summary J 2S improvement study

NASA N66 – 23597: Saturn I Summary

NASA TM X-70137 Saturn IB Skylab Flight Manual

Saturn IB Payload Planers Guide

NASA: Saturn illustrated Chronology

Rocketdyne: J-2 Rocket Engine Design Information

NASA Press Release 65-38 Projekt Pegasus- Saturn

NASA: The Apollo „A“ / Saturn C-1 Launch System

Robert Biggs: The F-1 Eingine

David Woods: How Apollo flew to the Moon

Roger E. Bilstein: Stages to Saturn

NASA-CR-138312: F-1A Task Assignment Program

NASA CR-55836: State of the Art Reliability Estimate of Saturn V Propulsion Elements

NASA Monograph 45: Remembering the Giants: Apollo Rocket Propulsion Development

NASA TM-X-69534: Saturn V Launch Vehicle Flight Evaluation Report AS-512 Apollo 17 Mission

BELLCO INC: Description of the S-IC Stage Structure

MSFC: Saturn V Press Kit

Olaf Przybilski / Stefan Wotzlaw: „N-1 Hercules – Entwicklung und Absturz einer Trägerrakete“

NASA SP-4029: „Apollo by the Numbers, a statistical reference“

NASA TM-X-881: Apollo Systems Description: Volume II Saturn Launch Vehicles

MSFC: Technical Information Summary AS-501 Saturn V Launch Vehicle

Weiterführende Literatur

Neben den Quellen, bei denen es sich meist um technische Reporte handelt, hier einige Empfehlungen für weitere Bücher zu dem Thema.

W. David Woods: Saturn V Owners Workshop Manual:

Das Buch von Wood zur Saturn V ist eine gute Ergänzung zu diesem Buch. Etwas weniger technisch, aber gut erklärend, sofern man keine Probleme mit den zahlreichen englischen Fachbegriffen hat. Es ist vor allem mit vielen farbigen Abbildungen und Diagrammen visuell sehr gut aufgemacht. Es beschreibt leider nur die Saturn V und nicht die Saturn I und IB. Dafür wird Skylab kurz erklärt.

MSFC: Saturn V News Reference

Dieses Dokument, das 1968 erschien, ist eine komplette technische Beschreibung der Saturn, aus der ein Großteil der technischen Informationen im Buch stammt.

Wernher von Braun: Bemannte Raumfahrt

Das Buch, das 1967 erschien, enthält noch keine Informationen über die Saturn V, ist aber ein sehr leicht verständlich. Man findet sowohl Themen über Grundlagen: wie funktionieren Raketen, wie gewinnt man Strom im Weltraum als auch über Details, die man sonst selten findet, z. B. die Funktionsweise der Kameras bei den Saturn oder die verschiedenen Kameras, welche den Start beobachteten. Das nur noch antiquarisch erhältliche Buch ist daher sehr empfehlenswert.

Olaf Przybilski / Stefan Wotzlaw: „N-1 Hercules – Entwicklung und Absturz einer Trägerrakete“

Die älteste Publikation zu der N-1 aus dem Jahr 1996 ist meiner Ansicht nach die noch verlässlichste. Sie enthält in deutscher Gründlichkeit vor allem viele technische Daten, die man in der englischsprachigen Literatur vergeblich sucht. Leider heute nur noch antiquarisch erhältlich.

Ernst A. Steinhof: Weltraumfahrt

Steinhof war schon bei der A-4 Leiter der Steuerungsentwicklung und ging mit Wernher von Braun in die USA. Sein Buch über Weltraumfahrt ist auch für Laien gut zu lesen, enthält zahlreiche Details und eine umfangreiche Beschreibung der Saturn V und der Startanlagen. Das Buch aus dem Jahr 1973 ist heute nur noch antiquarisch erhältlich.

NASA SP-4204: Moonport

Das Buch der NASA beschreibt detailliert die Geschichte der Bodenanlagen des Weltraumbahnhofes und die bei den einzelnen Starts auftretenden Probleme.

NASA SP-4206: Stages to Saturn

Dieser Band der NASA hat anders als dieses Buch seinen Fokus auf die Projektgeschichte, die Entscheidungen, die Aufgaben, Probleme und Lösungen und ergänzt daher diesen Band sehr gut.

MSFC MHR-5: Saturn illustrated Chronology

Für alle, die es genau wissen wollen. Listet jedes Ereignis in der Entwicklung, Produktion und Einsatz der Saturn I bis V auf.

NASA SP-4209: Apollo by the Numbers, a statistical Reference

Alles, was man an Statistiken aus dem Apolloprogramm herausholen kann, vom Impaktpunkten aller S-IVB bis zu den Mahlzeiten, welche die Astronauten aßen.

NASA TM-X-881: Apollo Systems Description: Volume II Saturn Launch Vehicles

und

MSFC: Technical Information Summary AS-501 Saturn V Launch Vehicle

TM-X-881 ist eine detaillierte technische Beschreibung der Saturn I, IB und V. Für alle, denen dieses Buch zu oberflächlich ist. Noch weiter bei der Saturn V geht die Zusammenstellung des MSFC mit Informationen zum Jungfernflug AS-501.

NASA SP 2009-4545: Remembering the Giants: Apollo Rocket Propulsion Development

Vorträge von Entwicklern, die damals am Programm beteiligt waren mit interessanten Einsichten in Philosophien, Probleme und Lösungen.

NASA: Saturn 5 Launch Vehicle Flight Evaluation Report AS-5XX, Apollo XX Mission

Wer genau wissen will was bei diesen Missionen passierte, inklusive aller Abweichungen, dem Schub jedes Triebwerks und dem verbrauchten Treibstoff und eine detaillierte Zeitlinie, der ist hier richtig. Die Bände sind jeweils über 100 MB groß und wie die meisten Referenzen in diesem Buch über den Technical Reports Server der NASA zu beziehen (https://ntrs.nasa.gov/search.jsp). Dazu „Saturn 5 Launch Vehicle Flight Evaluation Report" in die Suchzeile eingeben. Es gibt die Reporte für Apollo 8, 14 bis 17 und Skylab.

NASA: Apollo Program Flight Summary Report

Eine Zusammenfassung der Ziele und Ergebnisse jedes Flugs sowie die Modifikationen und Besonderheiten dieses Flugs. Nicht so ausführlich wie die Flight Evaluation Reports, aber mit 125 Seiten für alle Missionen von AS-201 bis Apollo 16 auch deutlich kürzer.

Bernd Leitenberger: Das Gemini Programm

Das Geminiprogramm war ein Apollovorbereitungsprogramm, bei dem man Kopplungsmanöver, EVA-Arbeiten und Erdorbitmissionen bis 14 Tage durchführte. Dieses kleine Buch informiert über das Programm, die Trägerraketen und die Pläne des Militärs für die Raumstation MOL. Es ist ein kurzer Band mit den wichtigsten Infos über das zweite bemannte Weltraumprogramm der NASA.

Bernd Leitenberger: Das Mercury Programm

Deutlich umfangreicher als mein Buch über das Geminiprogramm (obwohl die Missionen viel kürzer waren) ist mein Buch über das erste bemannte Programm deutlich umfangreicher und eher im Stil dieses Buchs. Das Buch umfasst alle Aspekte von Mercury: die Projektgeschichte, die Missionen, die Raumfahrzeuge und Trägerrakete und die Karrieren der Astronauten. Es geht allerdings nicht so sehr auf die Technik ein, wie dieser Band.

Bernd Leitenberger: Skylab

Die letzte Saturn V startete die Raumstation Skylab. Dieses Buch beschreibt die Station im Detail, informiert über die Experimente. Die Missionen mit der dramatischen Rettung von Skylab werden ausführlich beleuchtet. Ein eigenes Kapitel beschäftigt sich mit den Saturn, allerdings viel kürzer als dieser Band. Das Astronautentraining und die Rettungsmöglichkeiten bilden ein weiteres Kapitel. Auch das dramatische Ende der Station und die Pläne für eine Rettung und den Einsatz eines zweiten Exemplars fehlen nicht im Band.

Bernd Leitenberger: Mit Raumsonden zu den Planetenräumen

Die beiden Bände behandeln alle Raumsonden die bis 2018 starteten. Band 1 (1958 bis 1993) enthält eine genaue Beschreibung der Sondenprogramme Pioneer, Ranger, Surveyor, Lunar Orbiter, Luna und Zond. Parallel zum Apolloprogramm erfolgte die Erkundung des Mondes und ein unbemannter Wettlauf wer welches Ziel als erstes erreicht. Damit ergänzt dieser Band diese Reihe ideal.

Abkürzungsverzeichnis

AAP: Apollo Application Program: Programm bei dem Apollo-Raumschiffe einer Zweitverwendung in Erdorbitmissionen im Anschluss an das Apollo-Programm eingesetzt werden sollten. Aus diesem entstand die Raumstation Skylab.

APS: Auxillary Propulsion System: System mit kleinen Triebwerken, das nach Brennschluss des J-2 und vor der erneuten Zündung den Treibstoff am Tankboden sammelte.

ASC: Advance System Controller Model 15. Von IBM entwickelter digitaler Computer für die Steuerung der Titan II. Er wurde ab SA-5 auf der Saturn I eingesetzt. Ab SA-7 steuerte er beide Stufen.

ASI: Augmated Sparc Igniter: Zünder im Injektor des J-2 Triebwerks, mit verantwortlich für den Triebwerksstart. Fiel beim Flug AS-502 bei der Wiederzündung der dritten Stufe aus.

ATK: Alliant Techsystems. US-Hersteller von Feststofftriebwerken. Nach mehreren Fusionen inzwischen Bestandteil des Grumman Konzerns

ATOLL: Acceptance Test Or Launch Language. Entwickelte Computersprache für die automatisierten Prüfungen vor dem Start bei der Saturn IB und V.

CM: Commandmodule: Bezeichnung für die kegelförmige Kapsel, die als einziger Teil des Apolloraumschiffs wieder landete.

CSM: Command-Servicemodule: Bezeichnung für das Apollo-Raumschiff ohne den Mondlander bestehend aus Kommandokapsel und Servicemodul.

ECS: Environmental Control System: Bezeichnung für die Anlagen, um in der IU und den Heckteilen der Stufen Temperaturen zu schaffen, die nicht zu hoch oder tief für die dort angebrachte Elektronik sind.

EDS: Emergency Detection System. System, das eine Beschädigung der Rakete feststellt und den Fluchtturm auslöst.

EOR: Earth Orbital Rendezvous: Eine der Möglichkeiten eine Mondlandung mit mehreren Raketen durchzuführen, anstatt einer Schwerlastrakete. Dabei transportieren die erste(n) Raketen nur den Treibstoff, die letzte(n) die Gerätschaften in einen Erdorbit von wo aus dann das ganze Gespann zum Mond startet.

ICBM: Intercontinental Ballistic Missle : Interkontinentalrakete

KORD:KOntrol Raketnykh Dvigateley: Steuersystem der N-1 Trägerrakete.

KSC: Kennedy Spaceport Center: An Cape Canaveral anschließendes Gelände mit den Startrampen 39A und 39B für die Saturn V.

LEO: Low Earth Orbit: Eine Umlaufbahn in geringer Höhe und meist geringer Bahnneigung.

LES: Launch Escape System: Bezeichnung für den Feststoffantrieb, der die Apollokapsel bei einer Katastrophe in Sicherheit bringen sollte.

LM: Lunar Module. Bezeichnung für den Mondlander, mit dem zwei Astronauten auf dem Mond landeten und zurück zum CSM in den Orbit gelangten.

LOK: Lunniy Orbitalny Korabl: Bezeichnung für das Sojus-Raumschiff für Mondmissionen.

LOR: Lunar Orbital Rendezvous: Bezeichnung für das im Apolloprogramm durchgeführte Verfahren, bei dem der Mondlander im Mondorbit sich vom CSM löst, landet und wieder zurückkehrt.

LOX: Liquid Oxygen: Flüssiger Sauerstoff mit einer Temperatur von -183°C.

LVDC: Launch Vehicle digital Computer: Bezeichnung für den dreifach redundanten Bordrechner der Saturn IB und V.

MMH: Monomethylhydrazin, ein lagerfähiger, mit Stickstofftetroxid selbstentzündlicher Treibstoff, der für Satellitenantriebe und Oberstufen verwendet wird.

MSFC: Marshall Space Flight Center: NASA-Zentrum in Huntsville Alabama, wo die Triebwerke für die Saturn entwickelt wurden. Bis heute das NASA-Zentrum für die Triebwerksentwicklung.

NAA: North American Aviation. Hersteller der Stufe IC und des Apolloraumschiffs

NASA: National Aeronautics and Space Administration. Weltraumbehörde der USA, gegründet am 1.10.1958.

NERVA: Nuclear Engine for Rocket Vehicle Application: US-Programm zur Entwicklung nuklearer Raketentriebwerke.

NTO: Nitrogentetroxide. US-Bezeichnung für Stickstofftetroxid N_2O_4, das gemischte Anhydrid der Salpetersäure und salpetriger Säure.

NTRS: NASA Technical Reports Server. Wichtigste Quelle für öffentlich einsehbare NASA-Dokumente. Webadresse: https://ntrs.nasa.gov/

OKB: ópytno-konstrúktorskoje bjuró: Bezeichnung für ein Experimental-Konstruktionsbüro. OKB entwickelten in Russland die Raketen und Raumschiffe.

POGO: Nach dem Pogo-Stick, einem Spielzeug benanntes, unerwünschtes Resonanzphänomen bei Raketen.

RCA: Radio Corporation of America. Hersteller der Rechner, die die automatischen Startvorbereitungen bei den Saturn durchführten.

RCS: Reaction Control System: Bezeichnung für Triebwerke, mit denen die Lage von Raumschiffen und Raketen verändert wird.

RDS: Raumfahrt-Demenzsyndrom. Siehe S. 378

RLA: (Rocket Flight Apparatus im englischen): Bezeichnung für eine Serie von Schwerlastraketen, welche die N-1 ersetzen sollten von Konstrukteur Gluschko.

RWS: Raumfahrt-Wissensdefizitsyndrom. Siehe S. 378

SAS: система аварийного спасения: Rettungssystem der Sojus-Kapsel.

SLA: Saturn Lunar Module Adapter: Adapter aus vier Teilen der zwischen dem Durchmesser der S-IVB von 6,7 m und dem des Servicemoduls von 3,91 m vermittelte. Innerhalb des SLA befand sich beim Start der Mondlander. Nach Abtrennen des CSM wurden die SLA abgesprengt.

SLS: Space Launch System. Aktuell entwickelte Schwerlastrakete der NASA, die ab 2021 starten soll. Die Bezeichnung „SLS" kann sich bis dahin noch ändern, da die NASA derzeit einen neuen Namen sucht. Unter Kennern des US-Raumfahrtprogramms steht das Kürzel auch für „Senate Launch System", da der US-Senat Mittel für eine Schwerlastrakete freigab, welche die NASA gar nicht beantragt hatte.

SPS: Service Propulsion System: Bezeichnung für das Haupttriebwerk des Apollo-Servicemoduls.

SRB: Solid Rocket Booster: Bezeichnung für die Feststoffraketen des Space Shuttles.

SSME: Space Shuttle Main Engine: Haupttriebwerk, das in die Orbiter eingebaut wurde.

STDV: Start Tank Discard Valve. Ventil im J-2, durch das der flüssige Wasserstoff vor dem Triebwerksstart ins Triebwerk entlassen wurde, um es abzukühlen.

STS: Space Transport System: Offizielle Bezeichnung für das Space Shuttle mit Tank und Boostern.

TEA: Triethylaluminat. Chemische Substanz, die sich mit Sauerstoff spontan entzündet. TEA wurde in den H-1 und F-1 Triebwerken zur Zündung eingesetzt.

TLI: Translunar Injection: Zeitpunkt, in dem die Übergangsbahn zum Mond erreicht ist.

UDMH: Unsymmetrisches Dimethylhydrazin, ein lagerfähiger, mit Stickstofftetroxid selbstentzündlicher Treibstoff, der für Satellitenantriebe und Oberstufen verwendet wird.

UHF: Ultra-High-Frequency: Bezeichnung für ein Frequenzband von 300 bis 3.000 MHz mit Wellenlängen im Dezimeterbereich. Die Saturn Trägerraketen übertrugen die Telemetrie im UHF-Band.

USA: United States of America: Führten das Apolloprogramm von 1962 bis 1972 durch. Versuchen eine Wiederholung dessen seit 2005.

VAB: Vertical Assembly Building: Für den Zusammenbau der Saturn V errichtetes Gebäude am Kennedy Space Center.